普通高等学校“十一五”规划教材

全方位网页制作教程

主　编　欧阳开翠　谭　渊
副主编　郑 建 标　陈珊珊

北京航空航天大学出版社

内容简介

本书着重讲述了在 Dreamweaver 8.0 环境下网页设计的基本方法和技巧，详细介绍了如何在网页中使用各种网页元素和如何利用网页元素进行网页布局。由于在网页中合理使用图像和动画会使网页增色不少，因此，本书还以较大篇幅介绍了图像处理软件 Fireworks 8.0 和动画制作软件 Flash 8.0 的基本功能、操作方法和技巧，最后还介绍了创建动态网页的脚本知识和网站发布的基本方法，并设计了丰富的实例来加深读者对各章节内容的理解和掌握。

本书可作为高等院校网页制作的基础教材，也可作为广大网页制作爱好者的参考工具。

图书在版编目(CIP)数据

全方位网页制作教程/欧阳开翠，谭渊主编．— 北京：北京航空航天大学出版社，2009.1

ISBN 978-7-81124-580-6

Ⅰ．全…　Ⅱ．①欧…②谭…　Ⅲ．主页制作—教材　Ⅳ．TP393.092

中国版本图书馆 CIP 数据核字(2008)第 203283 号

全方位网页制作教程

主　编　欧阳开翠　谭　渊

副主编　郑　建　标　陈珊珊

责任编辑　胡　敏

*

北京航空航天大学出版社出版发行

北京市海淀区学院路 37 号(100191)　发行部电话:010-82317024　传真:010-82328026

http://www.buaapress.com.cn　E-mail:bhpress@263.net

涿州市新华印刷有限公司印装　各地书店经销

*

开本:787 mm×1 092 mm　1/16　印张:22.25　字数:570 千字

2009 年 2 月第 1 版　2009 年 2 月第 1 次印刷　印数:5 000 册

ISBN 978-7-81124-580-6　　定价:36.00 元

前言

随着计算机技术、计算机通信和计算机控制技术的迅猛发展，特别是互联网的普及和发展，使得信息的交换，资源的共享更加广泛，网页制作的技术也随之不断提高，网页设计也从最初的代码设计发展到了今天的所见即所得。

目前，有很多的网页制作软件相继问世，Dreamweaver 8.0 则是最优秀的网页制作和网站建设的软件之一，它是 Macromedia 继 Dreamweaver MX 2004 后推出的一个新版本的网页制作软件，也是目前流行的功能最强大的可视化网页制作工具。它集 HTML 代码编辑器、网页页面可视化视图窗口为一体，实现了所见即所得；具有浮动面板、浮动窗口，并可跨窗口、跨平台、跨浏览器进行浏览网页；还具有强大的网站管理功能，可以对远程站点实现管理，可以实现在线的上传和下载。

作为业界领先的网页制作软件，Dreamweaver 8.0 除了增加许多精巧的改进、工作流程更加先进之外，在新功能中还加入了经过重新设计的 CSS 工具、速度更快的后台 FTP，以及用于将 XML 文件转换为设计完美且更友好地支持浏览器的文档的工具。

与网页设计软件 Dreamweaver 8.0 一起称为网页设计三剑客的是 Fireworks 和 Flash 软件，这三者是当今网站开发的必备工具。

Fireworks 8.0 是与 Dreamweaver 8.0 捆绑在一起的图像处理软件，专门为网页图形编辑而设计。用于矢量图形制作和图像处理，尤其是对网页上常用的.jpg 和.gif 图像的制作和处理，最为突出的功能是可以将多种格式的图像直接导出成为网页文件，同时 Fireworks 8.0 还能辨识矢量文件中绝大部分标识和 Photoshop 文件中的图层。其卓越的切割和优化功能使得用户可以直观简便地找到图像质量与下载速度之间的最佳平衡点；支持更多文件格式，比如 QuickTime 图像、MacPaint、SGI 及 JPEG 2000；优化了批量处理流程，可使用户成批地重命名文件、在批量缩放文件的过程中检查文件大小；此外还新增了状态栏和日志文件，用于显示批处理状态信息和记录批处理的详细情况；可以识别 ActionScript 颜色值，提供了可仿真移动设备实体模型的移动设备界面组件，为路径与文本对象添加阴影等。

同样，Flash 8.0 与 Dreamweaver 8.0 捆绑在一起，是一个优秀的矢量绘图与动画制作软件。它秉承了矢量绘图软件的所有优点，能够制作出声色俱佳、互动性强的动画效果；特别由它制作出的动画文件非常小，在追求速度的网络上非常灵活，因此倍受网络界和动画界的喜爱。

1. 本书的读者对象

本书以浅显易懂、细腻流畅的语言对 Dreamweaver 8.0、Fireworks 8.0 和

Flash 8.0 的功能和基本操作方法进行了详细的介绍，并提供大量的实例以使读者能够尽快地掌握网页制作的方法和技巧，在课后还提供了一定量的练习，使读者能活学活用并对所学的知识进行彻底的掌握。

本书是一本适合高等院校的学生学习网页制作的基础教材，也可以作为广大网页制作爱好者的自学、入门书籍；而对于有一定基础的中级以上用户还可作为提高自身网页制作水平书籍，还适合初步掌握 Fireworks 等设计工具的网页美工设计人员、网页设计爱好者和动画爱好者的借鉴和阅读；而对于网站开发者的用户来说，本书非常具有参考价值。

2. 本书的安排

本书内容共分为 14 章。第 1 章主要介绍了 HTML 基础知识。第 2 章～第 11 章以循序渐进的方式全面介绍 Dreamweaver 8.0 中文版的基本功能，剖析了网页设计技巧，并以实例来加深对基本功能的理解和掌握；其中，第 2～4 章，为网页制作基本工具以及网站设计的基本方法；第 5～10 章分别讲述文本、图像、超级链接、多媒体、表格、框架、层、表单、CSS 样式的制作方法和使用技巧；第 10 和 11 章详细讲述了行为、库和模板的概念和使用方法。第 12 章介绍了 Fireworks 8.0 基本功能、操作方法和技巧。第 13 章介绍了 Flash 动画制作软件的基本功能、操作方法和技巧。第 14 章简单介绍动态网页的基本概念、创建动态网页的脚本知识和网站发布的基本方法。本书的章节安排合理、层次清晰、内容翔实，丰富的例子和全新的图解方式易学易懂，使读者能在最短的时间内轻松地精通 Dreamweaver 8.0 的精髓，学会图像处理和动画制作的基本方法。

3. 本书的作者

本书由欧阳开翠、谭渊、郑建标和陈珊珊共同执笔编写，其中第 3、6～11 章由欧阳开翠编写，第 2、4、5 章由谭渊编写，第 1、14 章由郑建标编写，第 12、13 章由陈珊珊编写。谢安俊、乔韡韡、廖雪峰等老师也对本教材的编写提供了很大的帮助。此外，温州大学瓯江学院领导对本教材的编写和出版也给予了大力的支持和帮助。在此一并向他们致以最诚挚的感谢。

编者们都是来自教学战线的老师，他们在编写教材的过程中加入了大量的实际经验和体会，希望能对读者有所帮助。同时，由于作者的水平有限，对本书中存在的不足之处，恳请广大读者提出宝贵意见及建议。

作　者
2008 年 12 月

目录

第1章　HTML基础

HTML标记语言是网页制作的基础，所有的网页都是由HTML标签及各种文本内容所组成的。从理论上来讲，如果一个人掌握了所有的HTML标签及其使用方法，那么他就可以不使用任何网页制作软件，而只需使用文本编辑器记事本即可制作各种复杂的网页了。

当然随着FrontPage、Dreamweaver等网页制作软件的出现，使得记事本制作网页的方法已逐渐过时。因此，HTML的基本概念以及一些常用的HTML标签的学习和掌握成为制作网页的基础。在掌握了HTML的相关知识后，至少可以做这样一些事情：

① 即使机器中没任何网页制作软件，也可以用记事本进行简单的网页编写，或对已有网页进行简单的修改。

② 对于部分网页制作软件没有提供的功能，也可以用HTML直接编写出相应的功能。

③ 容易读懂现有的网页代码。

④ 制作或修改动态网页时，经常需要直接使用HTML来实现网页功能。

【本章内容和重点】

- HTML的基本知识
- 常用标签
- XHTML的基本知识
- CSS样式的基本知识

1.1　HTML的基本概念

本节将对网页文件即HTML文件的概念、基本结构等进行解释。着重讲解HTML中标签及其属性的概念、用途及其相应的格式规定。

1.1.1　关于HTML文件

HTML的英文全称是Hyper Text Markup Language，中文叫做“超文本标记语言”。网页文件，即HTML文件，扩展名为html或htm，是一个文本文件。普通文本文件是没有格式的，所有的字都是相同的字体、相同的大小等，但网页是有字体、字号、颜色、图形、表格等特殊内容或格式的。那么纯文本文件又是如何实现各种显示效果的呢？其实网页文本里面除了要显示的网页文字以外，还包含一些被称为标签(英文叫Tag)的内容，由此来控制特殊的格式与内容。

使用文本编辑器可以编写HTML文件。但双击打开一个网页文件，并不是打开就进行修改，而是在浏览器中浏览网页内容。若想打开网页文件进行代码编辑，可在右键菜单中选择“编辑”，系统将用一个关联的软件对其进行编辑；若要用记事本查看、编辑，可以先启动记事本，再用菜单打开此网页，或者直接把文件拖放到记事本窗口中。

1.1.2　HTML文件的结构

为了说明HTML的文件结构，还是先试写一个HTML文件吧！

打开记事本，新建一个文件，然后输入以下代码到这个新文件，并把这个文件存成一个扩展名为 html 的文件。

【例 1－1】

```
<html><head >
<title>我的网页</title>
</head>
<body>
<font color = "red" face = "隶书" size = 5>第一行，
还是第一行</font>  <br>第二行
</body>
</html>
```

这就是一个 HTML 网页文件，直接双击此 html 文件即可浏览网页效果。在记事本中修改内容并保存，切换到浏览器窗口，单击“刷新”按钮即可查看修改后的效果。这一段网页代码的显示效果如图 1－1 所示。

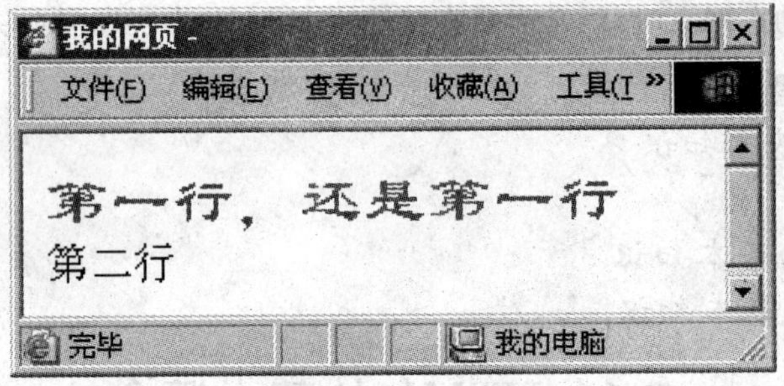

图 1－1　显示效果

示例解释：

这个文件的第一个标签是<html>，这个标签用于告诉浏览器这是 HTML 文件的头。文件的最后一个标签是</html>，表示 HTML 文件到此结束。一般这一对标签在文件的最前与最后。

在<head>和</head>之间的内容是头信息。头信息是显示不出来的，在浏览器里看不到。在头信息里可以放一些相关的信息，有几个标签专门在头信息里使用，如标题、关键字、网页刷新等。

在<title>和</title>之间的内容是这个文件的标题。可以在浏览器的标题栏及任务栏里看到这个标题。

在<body>和</body >之间的信息是正文。所有需要在网页上显示的内容都要在此。

<font>标签为其间的内容指定字体、字号、颜色信息。

是换行的意思，它只有单个标签，没有配对的结束标签。

对照上面的例子，HTML 结构的网页文件有以下一些规定与特点：

① HTML 文件是一个文本文件：所有的网页内容及格式都是由文本及 HTML 标签描述出来的，包括字体、字号、颜色、间距、表格、表单和框架等。但多媒体文件（声音、视频和图形等）是单独以文件的方式存放的，网页中只是指出文件名。

② HTML 标签放在<>中间(或者说以<开始,以>结束):一般成对出现,前面的称首标签(Opening Tag 或 Start Tag);后面的称尾标签(Closing Tag 或 End Tag),尾标签是在首标签名前加一个"/"。有少量的标签没有尾标签,是单个出现的,如
。为了方便说明,若某标签没有尾标签,本章中都在末尾加一个"/",如
,这种写法也是符合 XHTML 格式的。

③ 首标签里面可以添加若干可选的属性:属性的格式是"属性名=属性值",属性与标签名之间及多个属性之间都用空格隔开。属性值虽然可以不用引号,但最好都用双引号引起,即使是数字。也有少量的属性,没有"=属性值",直接一个属性名即可,如表单中的多选框属性 checked,有则已选中,无则没选中。属性只是对标签起补充说明,千万别把属性当成标签来使用。如 color 只是<font>标签的一个属性,不要写成<color>。属性只在首标签里使用,尾标签永远没有任何属性。

④ 标签名、属性名、属性值都不区分大小写,可以大写,也可以小写,甚至大小写混合均可,但建议用小写。

⑤ HTML 中的内容与标签都与回车换行无关。如上例中的<html>与<head >写在一行也可以。同样道理,对于内容,代码的换行不能使结果换行,若需要结果换行,只能在需要换行的地方添加
标签。在例中的"第一行"与"还是第一行"将在同一行显示(若浏览器窗口已显示到最右边会自动换行),而"第二行"才会换行。

⑥ HTML 标签可以嵌套,但不能交叉,即先出现的首标签要后结束(出现尾标签),后出现的要先结束。如"<font color=red><b>文字</b></font>"是对的,而"<font color=red><b>文字</font></b>"就是错误的。

注意: 所有标签中所用的符号如等号、引号等要一律使用英文半角符号,而不能用中文全角符号。英文引号"无前后之分,而中文引号“”有前后之分。

1.2　常用标签介绍

标准的 HTML 标签有 100 多个,但常用的只有几十个,现在根据标签的分类对一些常用的标签进行介绍。最好在学习标签时对照后续相关章节的内容,或者在学习后续章节时再回头参考本节内容。

1.2.1　公共属性与知识

属性本身可以任意使用大小写,但为了方便理解与记忆,如果某属性由几个单词组成,则在本章中,把属性中的单词书写成首字母大写。

1. 公共属性

标签的属性是由标签本身决定的,有的标签多,有的少。但标签的属性中,有一些是多个标签所共有的,为了方便介绍,现在先统一介绍几个:

- BgColor　背景颜色。属性值为颜色名或 16 进制 RGB 颜色(参见下文的颜色表示)。
- Background　背景图。属性值为文件名,一般有了此属性就不用 BgColor 了。
- Id 或 Name　为标签起一个名字。一般来说,在同一网页中不能有重名的。此属性在表单控件等很有用，在有客户端脚本程序的地方也有用，其余地方用处不大。

- Src　源文件名。图形及多媒体控件等需要提供文件名的地方使用。
- Align　水平对齐方式。一般属性值有：Left、Center、Right 等，很多标签都用到，如段落、表格、水平线、图形等都有此属性。
- VAlign　垂直对齐方式。一般属性值有：Top、Middle、Bottom 等，也有很多标签都用到。

2. 颜色表示

在网页中，有许多地方用到颜色。表示颜色有 BgColor（背景颜色）与 Color 等属性；表示颜色的值有两种方法。

① 用颜色的英文单词表示，如 Red、Blue、White、Yellow 分别表示红、蓝、白、黄。具体能识别的单词数量由浏览器决定，一般的浏览器如 IE、Firefox 等都认识几十种英文单词，可以说常用的英文颜色名都认识。

② 用 16 进制红绿蓝 3 基色任意调制。具体方法是用"＃rrggbb"的格式表示，其中 rr 两位表示红，gg 表示绿，bb 表示蓝，它们都是 16 进制数，最小为 00，最大为 ff，数值越大，表示此颜色越多。如：＃000000 表示黑，＃00ff00 表示绿，＃ff00ff 表示红与蓝调出的颜色，即粉红色，＃123456 则表示红 12、绿 34、蓝 56 调出的颜色，比较偏蓝偏暗。

每种颜色都有 256 种可选，颜色丰富多彩。为了使各种浏览器都能正常显示，规定了一种安全颜色系列，即红绿蓝三种颜色都从 00、33、66、99、cc、ff 这 6 种里面选，总共有 216 种。若要使用颜色，最好从这些安全颜色里面选择。

3. 文件路径

网页中要用到各种文件的文件名，最常用的场合是在超链与图形中。表示一个文件的完整名称称为路径。网络目录的分隔符用"/"（本地磁盘目录用"\"分隔），在网页中表示一个文件的路径有几种方法。

① 相对路径：这是最常用的一种表示方法，以当前网页文件所在的文件夹为参照。这种表示方法有个优点，如果把整个文件夹移动到任何地方，只要相对关系保持不变，则网页中的所有文件都会保持正常。假设目标文件名为 x. html，则当目标文件相对当前网页在不同的目录下表示方法如下（注意：所有的路径，最左边都没有"/"）：

- 若在相同的文件夹下，则直接写文件名"x. html"。
- 若是上级目录，则用"../x. html"表示，上级的上级用"../../x. html"，依此类推。
- 若是当前目录的下级目录 a，则用 a/x. html。
- 若是上级目录的下级目录 a，则用../a/x. html。

② 站点根相对目录：以当前网站站点的根为起点，依次表示各层目录。表示方法以"/"开头。这种表示方法只要目标文件所在的文件夹不变，不管当前网页保存在何处，结果都正确。

③ 绝对路径：从域名开始，完整表示一个文件。一般表示其他网站的网页，网址前面的"http://"不能省略。

1.2.2 HTML 基本框架

一个网页的基本结构就像例 1-1 所示的代码，除了<font>等用于修饰文字的格式标签外，其余的标签基本上一般网页都具有。标签名后无"/"的均为成对标签。

1. <html>

这是整个网页的总标签，所有内容都在其中。<html>内部又分成<head>与<body>两部分。<html>只有几个不太常用的属性，一般不需要设置属性。

2. <head>

头部，所有内容都不显示在网页中。里面有若干标签可用。无属性。

3. <title>

网页标题，显示在浏览器的标题栏与任务栏中，一般要设置。无属性。

4. <body>

网页正文内容，所有要显示的都放此标签中。属性是用来对整个网页进行一些设置，主要属性有

- Text：设置文字的颜色
- BgColor、Background：背景颜色或背景图案。
- LeftMargin、TopMargin：设置显示画面的左边沿、上边沿的空间，以像素为单位。
- Link、ALink、VLink：超链、已访问过的超链、激活的超链的颜色。

5. <! --注释-->

与所有的编程语言一样，网页中也可以用注释。网页中间的注释将会被浏览器全部忽略（就像没此内容一样），因为从实质来讲，注释不是给机器用的，而是给人看的，其作用有几点：

- 添加说明，方便以后修改。用于说明某段网页的作用、修改方法等，以免过后忘记。
- 添加一些给别人看的内容，如版权声明等。
- 一段网页内容临时性删除，有恢复的需要。如果真的删除，以后再恢复就麻烦了，用注释就很容易恢复，把注释去掉即可。

6. <meta />

<meta />标签只用在<head>标签内，本身没有一个固定的功能或用途，配合两对属性，对应多种用途。其组合是：http-equiv 与 content 属性，或 name 与 content 属性。这一对属性实际上只是相当于一个属性，前者相当于属性名，后者相当于属性值。http-equiv 与 content 的值是固定的几种，但 name 与 content 的值除了几种固定的搭配外，甚至可以自己添加，指示某种特别的含义。如：

```
<meta http-equiv="refresh" content="5" />
<meta name="author" content="zjb" />
<meta http-equiv="content-type" content="text/html; charset=gb2312" />
```

具体的说明如表 1-1 所列。

表 1-1　程序语句说明

属性名	属性值	Content 属性值(例)	用途说明
http-equiv	refresh	5 5;url=某网页	5 s 自动刷新 5 s 后自动跳转到某网页
http-equiv	content-type	text/html; charset=gb2312	网页编码为 gb2312 (常用编码还有 utf8 等)
http-equiv	content-language	zh-CN	网页语言为中文-中国
http-equiv	pragma	no-cache	网页不缓冲
name	author	张三	作者是张三
name	keywords	HTML;XHTML	设置关键字
name	description	html 教程,html 标签内容	设置网页描述
name	copyright	http://www.ojc.zj.cn	设置版权
name	robots	noindex	设置此网页不让搜索引擎搜索进入其数据库

1.2.3　排版控制

1. <p>

段落标记,在文字或图形之间插入一行空白。<p>比
要多空一行。<p>主要属性有:

Align　对齐方式。

2.

换行。需要换行的地方要加
,网页的换行与 HTML 原文是否换行无关,只有
才能控制换行。
无尾标签。

无属性。
与<p>标签的显示效果如图 1-2 所示。

原始代码	显示效果
<P>第一行</P> 第二行 第三行 	第一行 第二行 第三行

图 1-2　
与<p>标签的显示效果

3. <hr>

插入一条水平线。<hr>主要属性有:

■ Align　水平对齐方式。

■ Size　厚度,单位像素。

■ Width　宽度,可为像素,也可用%表示。

■ Color　颜色。

■ Noshade　只有属性名,无属性值,平面方式,默认有阴影。

4. <div>

对一段文字、图形或表格进行标记，可以统一设置属性。另外，层也用此标签实现。若一图形需要在屏幕上居中对齐，可用标签<div align=center>与</div>包围实现，图形标签<img>本身的align属性是指图形与周围的文字对齐方式，与此含义不同。多段、图文一起等需要设置统一对齐方式等，可用此标签。<div>主要属性有：

Align　对齐方式

5. <center>

居中对齐。虽然使用简单，但一般不建议使用，而用<div align=center>代替。无属性。

1.2.4　字体标签

1. <strong>、<b>、<i>、<u>

<strong>、<b>：均表示加粗；<i>：倾斜；<u>：下划线。这些标签均无属性。

2. <h1>、<h2>、<h3>、<h4>、<h5>、<h6>

<h1>～<h6>为标题标签。字体<h1>最大，<h6>最小。它们本身已有段落功能，不需再添加标签<p>了。无属性。

3. <basefont />、<font>

这两个标签有相同的属性，都是用于设置文字的字体、大小与颜色。

<basefont>用于设置全文的默认字体，对网页中所有未设字体的文字产生作用。<basefont>放在<head>中，它不需尾标签。

<font>放在<body>中，只影响所包含的文字。

两者的主要属性有：

■ Face　字体名称。可以给出多个字体名称，之间用逗号隔开，如果计算机中没有第一种字体，系统就用第二种，以此类推。若均没有，则用默认字体。所以建议尽量不要用windows本身自带以外的字体。

■ Size　字体大小。用数字表示，默认为3，数字越大字就越大，最大为7。除了用绝对数字以外，在<font>中还可以用相对大小，在数字前加“+”或“-”号，如size="+2"表示在<basefont>设置的Size的基础上再增加2。<basefont>不能用相对值。

■ Color　颜色。颜色表示方法参见1.2.1小节。

1.2.5　清单标签

1. <ol>、<li />

<ol>为顺序清单，或叫编号清单，在每项前自动增加1、2、3等编号。<li />用于标示具体的清单项目，<li />在<ol>里面。常用参数如下所述。

■ Type　数目款式(默认为1)，其中：

- 1：1、2、3
- a：a、b、c
- A：A、B、C

- i：i、ii、iii
- I：I、II、III

■ Start　起始编号，默认为 1。不管哪种款式，起始编号只能是整数数值。

2. <ul>、<li />

<ul>为无序清单，就是在每项前面增加●等符号，也叫符号清单。与<ol>一样，具体的项目由<li />指出。常用参数如下所述。

Type　符号款式。属性值及代表的符号有：disc：●，square：■，circle：○。默认为disc。

1.2.6　表格标签

HTML 表格用<table>表示。一个表格可以分成很多行，用<tr>表示；每行又可以分成很多单元格，用<td>表示。这三个标签是创建表格最常用的标签。

表格标签<table>中不直接放内容，里面应该嵌套行<tr>，同样<tr>中嵌套<td>。

下面属性在<table>、<tr>、<td>中都有，作用类似，如果都设置，则范围小的优先。

■ Align：水平对齐方式。

■ VAlign：垂直对齐方式。

■ Bgcolor、Background：背景颜色与背景图。

■ BorderColor：边框颜色。

1. <table>

表格标签，除了上述公用属性外，其他常用参数如下所述。

■ Width　表格宽度，可用像素或用百分比。如果后面有百分号，则为百分比，指表格占用当前浏览器窗口宽度的百分比。如果嵌套在其他的单元格中，则百分比是指占此单元格的百分比。

■ Border　表格外边框宽度。如果设置为 0，则包括内边框都为 0，成了无线表格。默认为 0，就是无线表格。

■ CellSpacing　内线由两条组成。此属性设置表格线的宽度，即此两条线的距离。默认为 1。对 CellSpacing 不同的设置效果如图 1-3 所示。

■ CellPadding　设置单元格的内容与表格线间的距离。对 CellPadding 不同的设置效果如图 1-4 所示。

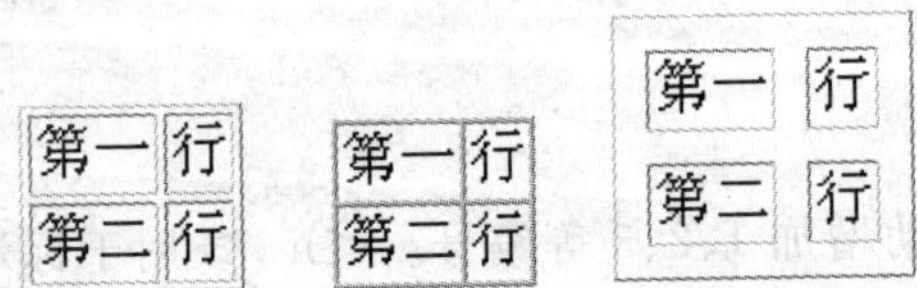

图 1-3　分别对 CellSpacing 不设置、设置 0 与设置 10 的表格效果

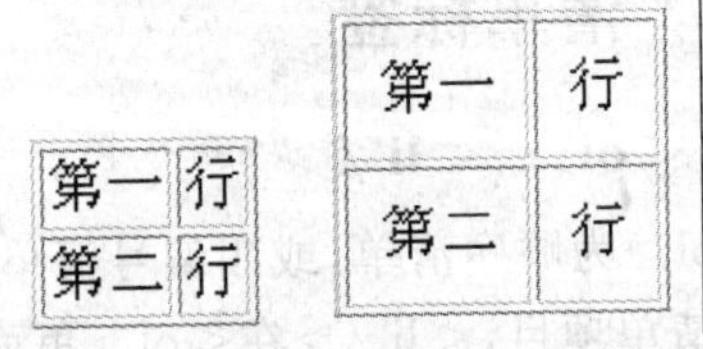

图 1-4　分别对 CellPadding 不设置与设置 10 的表格效果

2. <tr>

行标签，主要属性与为上述三者的公用属性。

3. <td>

单元格标签。一般来讲所有行的单元格数应相等，否则表格将不齐，但可以用 ColSpan 或 RowSpan 来合并单元格。除了上述公用属性外，常用参数还有：

- Width 单元格宽度。可用像数或用百分比，百分比是指表格宽度的百分比。
- Height 单元格高度。
- ColSpan 设置单元格所占的列数。即向右合并单元格数，值 3 代表合并右面 2 列，总共 3 列，本行的单元格数量将少 2 个。
- RowSpan 设置单元格所占的列数。即向下合并单元格数，值 3 代表合并下面 2 行，总共 3 行，后面 2 行的单元格数量将各少一个。

4. <th>

<th>的作用与属性与<td>都相同，区别在与<th>会自动对其中的内容加粗，一般用于表格第一行的标题中，代替<td>。

5. <caption>

表格标题，一般放在表格的上面，整个都没有表格线，表面上看是表格以外的，但实质是属于表格内的元素。主要属性有：

- Align 水平对齐方式，默认为 center。
- VAlign 垂直放置位置，可选 top 与 bottom，默认是 top。<caption>标签放在<table>里面的什么位置无关，显示位置只与 VAlign 有关。例如，无 Valign，<caption>放在所有<tr>以后，那么标题也是显示在表格之上。

6. <tbody>

表格分组。通常一个表格的内容要等所有数据都下载完才显示的，如果表格非常大，那么在整个表格数据还没下载完的时候，表格内容是都不显示的。为了减少用户的等待时间，可以对表格进行分组，在一组数据下载完后即会显示。把若干个<tr>放到<tbody>中即可实现分组。

1.2.7 图形与超链标签

图形与超级链接（简称超链）是网页制作中最常用的两个功能。

1. <img />

图形标签，无尾标签。在当前位置插入一幅图形。支持的图形格式有 gif、jpg、png 等。主要属性有：

- Src 必有属性，指定图形的文件名。
- LowSrc 设置低分辨率图形。如果要显示一个大图，可能要等待很长时间，设置这个小点的、分辨率低点的文件，系统会先下载显示，用户就可以慢慢等待了。
- Width、Height 设置图形的高度与宽度。单位为像素，默认为原始图的大小。
- Border 图片边框厚度。

■ Align　对齐方式，有 top、middle、bottom、left、right。这是指与旁边的文字对齐方式。

■ Alt　提示文字。下列情况将会显示此文字：图形不存在时，正在下载图形还没下载完时，鼠标移到图片上时。

2. ＜a＞

超链标签。＜a＞与＜/a＞之间的内容为显示的内容。主要属性有以下三个。

■ Href　超链的目的地址，可以有下面几种：

- 网页　可用相对地址、绝对地址等。绝对地址前面的"http：//"不能省略。
- 网址　不带文件名的域名或域名下的文件夹名。
- 某网页中的锚点(Dreamweaver 名称，FrontPage 叫书签)，格式是：网页名＃锚点名，若为本网页，则直接为＃锚点名，如：Href＝＃abc。
- Email 地址　格式是在 email 地址前加 mailto，如：href＝mailto：abc@xyz.com。
- ftp 地址　ftp 地址前直接加协议 ftp：//，如：Href＝ftp：//abc.com。

■ Name　定义锚点名。可以只定义一个锚点名，而无超连，那么就不需 Href 属性了。如：Name＝abc

■ Target　定义目标框架或窗口名。有下面几种属性值可用：

- 框架名。在多框架网页中的超链，可以把超链显示在另外的框架中，则属性值要写框架名。无框架网页则不用框架名。
- _blank　将在新窗口中打开超链。
- _self　在当前窗口中打开超链，也是默认值。
- _top　有框架的网页中，去除框架，在整个窗口中打开超链。
- _parent　有框架的网页中，在上层框架中打开超链。

注意：超链的字体颜色不是由超链的属性来决定。一般网页的超链的颜色由＜Body＞的属性或 a 样式统一定义。

1.2.8 表单标签

表单是用于收集用户输入或选择的信息的，获取信息后由后台服务器程序进行处理。表单本身可以放在静态网页中，但处理时要用动态网页的程序进行。

表单分表单本身与表单控件(或称为表单域)，表单控件一般嵌套在表单内，在表单外的控件，信息无法提交到服务器，虽然理论上允许，但只有少数场合有用。

1. ＜form＞

表单标签，在表单控件的外层。里面也可嵌套除表单控件以外的其他网页元素。主要属性有：

■ Action　表单提交的后台处理程序的名称，一般是动态网页如 ASP 文件。默认为提交到当前网页。除了动态网页外，表单还可直接提交给一个 Email，意思就是直接把表单控件的内容通过 Email 发送出去。

■ Method　提交的方式，有 get 与 post 两种，默认是 get。get 方式提交的数据直接会显示在地址栏中，有长度限制，保密性不好，但直观。post 方式刚好相反，数据不显示，并且可以提交大量数据。如果包含密码等数据，一定要用 post 方式。

2. 表单控件的共有属性

■ Name 或 id　控件的名称，不能用数字开头，也不要用汉字，请用字母或字母加数字。后台程序就是依据此名称获取内容的，无此内容则程序无法获取控件的值。

■ Value　控件的值，用户输入或选择的内容。后台程序就是获取此值。

3. <input />

同样一个<input>标签，根据 Type 属性的不同，会产生多种不同的表单控件。<input>无尾标签。

■ Type=Text　单行文本框，用于输入文字。其他属性有，size，宽度，maxlength，可输入最大字符数。文本框最多可输入 255 字符。

■ Type=Password　密码框，用于输入密码。输入的字符都会显示为"*"。其他属性同文本框。

■ Type=Radio　单选框，一组中选一个。一组单选框的 name 或 id 属性要相同。每项的 value 属性要设置。属性：checked，选中，属于无值属性，一组中最多有一个使用此属性。

■ Type = Checkbox　复选框。每个复选框独立，value 属性也必须设置。属性：Checked，选中。

■ Type=Submit　提交按钮。单击按钮时就提交整个表单的数据。Value 的值就是显示在按钮上的内容。由于一般此按钮本身的数据（即显示内容）无使用价值，所以提交时不必提交本身，方法就是提交按钮本身的 Name 属性不设置。

■ Type=Reset　复位按钮。用户单击后，表单中的所有内容恢复到初始状态。同理，其 name 属性一般不用。

■ Type=Image　图像按钮。功能与 Submit 相同，用于提交表单，但按钮为图像。属性：src，图像文件名。

■ Type=File　文件框，用于文件上传。其实这个控件已经包含一个文本框与一个"浏览"按钮了。文件框不能给 Value 设置初始值，也就是说文件只能由用户浏览输入，不能实现设定（防止服务器偷用户的文件）。

■ Type=hidden　隐藏控件。不显示任何界面，用户也就无法输入或选择，value 值只能先设置。一般用于多个动态网页间传递参数，如用户名等。

■ Type=Button　普通按钮。单击后的工作只能由客户端脚本程序实现。所以普通按钮若不配合程序，用处不大。

4. <select>、<option>

列表框或下拉菜单，从多个选项中选一项。<option>嵌套在<select>内，一个<option>一项。Name 属性在<select>中设置，Value 属性在每个<option>中设置。

<select>的其他属性有：

■ Size　列表框的行数（即高度），默认为 1，也叫下拉菜单。

■ Multiple　无值属性，允许多选。

<option>的其他属性有：

Selected　无值属性，选中状态。

5. <textarea>

多行文本框，功能与文本框类似。用于输入大量文字或多行文字，与文本框不同，<textarea>无 value 属性，首尾标签间的内容为初始值。主要属性有：

■ Cols、rows　多行文本框的宽度与高度，字符为单位。

■ Wrap　换行方案。值有 3 种：off(默认)，不换行，超过行宽时出现滚动条；physical，显示与读取数据中均自动换行；virtual，显示自动换行，读取数据中无此换行(按回车输入的当然有)。

1.2.9　滚动字幕

<marquee>

滚动字幕功能在 Dreamweaver 的"设计"视图中没有对应的操作，只能直接输入 HTML 代码实现。常用属性有如下几种。

■ Direction　滚动方向。属性值有 left、right、up、down。

■ Behavior　滚动方式。属性值有

● Scroll：一般滚动，默认。

● Slide：幻灯片方式，一格格方式。

● Alternate：左右来回滚动。

■ BgColor　背景颜色。

■ Height、Width　滚动范围高与宽，可用像素或百分比。

■ Loop　滚动次数，默认无限次。

■ ScrollAmount　每次滚动像素值。

■ ScrollDelay　滚动的停顿时间，单位毫秒。

1.2.10　标签一览表

上面介绍的只是一部分标签，还有许多标签由于使用得不多，因此没有一一介绍。表 1-2 将常用标签按字母顺序列一下，需要了解相关标签的详细说明，请查阅相关资料。

表 1-2　常用标签及说明

标签名称	说　明
<!—注解—>	注释，加上说明，但不显示
<a>	超级链接
<address>	地址标签，斜体效果
<area />	地图区域定义
<b>	粗体标签，产生字体加粗的效果
<base />	基准标签，可将相对 URL　转绝对及指定连结目标
<basefont>	基准字体标签，设定所有字体、大小、颜色
<bgsound />	背景声音，背景播放声音或音乐
<big>	字体加大，使字体稍为加大
<blink>	闪烁文字

续表 1-2

标签名称	说　明
<blockquote>	引述文字区块，缩排字体
<body>	Html 正文，所有要显示的内容都放其中
 	换行标签，换行显示
<caption>	表格标题，居中显示在表格上面
<center>	居中，显示居中
<cite>	传记引述，斜体效果
<code>	代码，字体为等宽字体
<dd>	在定义列表中表示定义，通常在定义列表中缩进显示
<dfn>	述语定义，斜体效果
<dir>	目录清单，清单项目将以圆点排列
<div>	定义 Html 块，或层定义
<dl>	定义清单，清单分两层出现
<dt>	定义条目，标示该项定义的标题
<em>	强调标签，字体出现斜体效果
<embed />	多媒体，加入声音、音乐或视频
<font>	字体标签，设定字体、大小、颜色
<form>	表单标签
<frame>	设定框窗
<frameset>	设定框架集
<h1>～<h6>	6 级标题标签，变粗变大加宽，h1 最大，h6 最小
<head>	html 头，提供文件整体信息
<hr />	插入一条水平线
<html>	html 文件声明
<i>	斜体标签，字体出现斜体效果
<iframe />	页内框架，于网页中间插入框架，IE 可用
<img />	图形标签，用以插入图形
<input />	输入标签，type 属性决定多种输入形式
<isindex />	页内寻找器，可输入关键字寻找于该一页
<kbd>	键盘字体，等宽字体
<Label>	为页面上的其他元素指定标签。
<li>	清单项目，每一标签标示一项清单项目
<link />	外部连结定义，连接一个外部文件
<map>	图像地图名称设置
<marquee>	滚动字幕，使文字左右或上下滚动
<menu>	创建一个无序列表
<meta />	提供文档的额外信息

续表 1-2

标签名称	说　明
<nobr>	不折行，使文字不因太长而换行
<noframes>	不支援框架，设定当浏览器不支援框架时的内容
<ol>	顺序清单，清单项目将以数字、字母顺序排列
<option>	<select>中的选项，每一标签标示一个选项
<p>	段落标签，换行并多留一空行
<pre>	预设格式，使文件按照原始码的排列方式显示
<samp>	代码范例
<script>	提供客户端脚本代码
<select>	列表标签，建立下拉菜单或列表
<small>	字体缩细，使字体稍为缩细
<span>	自定义标签，独立使用或与样式表同用
<strike>	删除线，为字加一删除线
<strong>	加重语气，产生字体加粗的效果
<style>	样式表，控制网页版面
<sub>	下标字
<sup>	上标字
<table>	表格标签
<td>	表格单元格
<textarea>	多行文本框，以输入较多的文字
<th>	表格标头，相等于<td>，但字体会变粗
<title>	网页标题，在<head>中定义，将显示于浏览器标题栏
<tr>	表格行
<tt>	打字字体，等宽字体
<u>	下划线
<ul>	无序列表，项目将以圆点排列
<var>	变量，斜体效果
<wbr>	向一块 nobr 文本中插入软换行

1.3 特殊字符

由于所有的标签都是放在<>中，属性值可以放在双引号(")中，而标签本身并不显示在网页中，现在就有了一个问题：如何在屏幕上显示“<font size="4">abc</font>”这样的内容呢？直接把这个放到 HTML 文件中肯定是不行的，因为它显示的是字号为 4 的“abc”，总共就这几个字母。要想在网页中显示“<>""等字符，必须用另外的办法，即用另外的内容代表这些符号，这就叫 HTML 字符实体。字符实体由 3 部分组成，由符号“&”开始，分号“;”结束，当中是一个名称或＃加编码数值。如“<”可以用“<”或“<”表示，lt 即英文的 less than 的意思，60 就是“<”的 ASCII 码。对于空格，HTML 是这样处理的，单个空格会显示，当多个连续的空格，也只显示一个空格，所以希望显示多个空格时，必须用“ ”来替换。除

了空格外，其他必须替换的字符有""&<>"。除了这几个符号以外，键盘上的符号都可以直接在网页上使用，汉字也可以。

如果在网页中直接使用这些符号，那么将有可能显示错误的网页内容，也有可能一两个这种特殊的符号会引起后面整个网页的错误显示。

在动态网页中若要显示用户输入的内容，因为不知道里面是否有特殊的符号，但处理必须按有这些特殊符号对待。处理方法就是使用 Server. HtmlEncode()方法对文字进行编码，系统会自动将这些符号转换成能显示的符号。

为了使用一些常用的符号，在表 1-3 所列的字符实体表中，添加一些常用的、键盘上没有的符号(部分可以用中文实现)。

表 1-3　HTML 字符实体表

字　符	ASCII 码方式	实体名方式	说　明
"	"	"	双引号
&	&	&	& 符号
<	<	<	小于号
>	>	>	大于号
			空格
¢	¢	¢	货币分标志
£	£	£	英镑标志
¤	¤	¤	通用货币标志
¥	¥	¥	元标志
§	§	§	分节号
©	©	©	版权标志
®	®	®	注册商标标志
°	°	°	度数标志
±	±	±	加或减
^{2}	²	²	上标 2
^{3}	³	³	上标 3
μ	µ	µ	符号微
$^1/_4$	¼	¼	四分之一
$^1/_2$	½	½	二分之一
$^3/_4$	¾	¾	四分之三
×	×	×	乘号
÷	÷	÷	除号

1.4　XHTML 简介

XHTML 是一种新的网页标准，与 HTML 有相同的地方，也有一些不同的规定。XHTML 比 HTML 更严格，HTML 比 XHTML 更自由。当前的浏览器一般对 HTML 及 XHT-

ML 都会支持。现在对 XHTML 进行简单的介绍。

1.4.1 XHTML 概况

XHTML 是 The Extensible HyperText Markup Language(可扩展超文本标识语言)的缩写。HTML 是一种基本的 WEB 网页设计语言,XHTML 是一个基于 XML 的网页设计语言与 HTML 有些基本一样,只有一些小的但重要的区别。实际上 XHTML 是结合了部分 XML 的强大功能及大多数 HTML 的简单特性,是一种严格遵守 XML 规矩的 HTML,或者说是具有 HTML 特点的 XML。2000 年底,国际 W3C 组织(World Wide Web Consortium)组织公布发行了 XHTML 1.0 版本。

HTML 语法要求比较松散,这样对网页编写者来说,比较方便。但对于机器来说,语言的语法越松散,处理起来就越困难,对于一般的计算机来说,完全有能力兼容处理松散语法,但对于其他的许多设备,比如手机,难度就比较大。因此,XHTML 更适合于用手机上网等方式的浏览器,也就是说如果要做给手机上网用的网页,那么应该使用 XHTML 标准。

大部分常见的浏览器都可以正确地解析 HTML 与 XHTML,即使老一点的浏览器,XHTML 作为 HTML 的一个子集,许多也可以解析。也就是说,几乎所有的网页浏览器在正确解析 HTML 的同时,可兼容 XHTML。

跟 CSS(Cascading Style Sheets,层叠式样式表)的结合也可以说是 XHTML 的一个表现,可以发挥网页真正的威力。

XHTML 是一种很严格的 HTML,从这点来看它并不是 HTML 的扩展,而是限制。但是如果都按照 XHTML 的语法要求制作网页,那么网页中所有的歧义的语法将不存在。或者说使用 XHTML 可以令使用者更严谨。

1.4.2 XHTML 的语法规定

XHTML 的语法规定很严格,主要有以下几点。

1. 所有的标记都必须要有一个相应的结束标签

在 HTML 中,许多标签,例如＜br＞是没有尾标签的,另外一些标签虽然有尾标签,但不写也是可以的,如＜td＞(遇到另一个＜td＞或＜tr＞就结束)、＜option＞(遇到另一个＜option＞就结束)等,所以在 HTML 中格式比较自由。在 XHTML 中,标签必须配对,没有配对的,必须在标签后加一个"/"号,如＜br /＞。

2. 所有标签的元素和属性的名字都必须使用小写

与 HTML 不一样,XHTML 对大小写是敏感的,＜title＞和＜TITLE＞是不同的标签。XHTML 要求所有的标签和属性的名字都必须使用小写。大小写夹杂也不可以,通常 Dreamweaver 自动生成的属性名字"onMouseOver"也必须修改成"onmouseover"。

3. 所有的属性必须用引号""引起来

在 HTML 中,你可以不需要给属性值加引号,但是在 XHTML 中,它们必须被加引号。例如:

＜height=80＞ 必须修改为＜height="80"＞

4. 给所有属性赋一个值

XHTML 规定所有属性都必须有一个值，没有值的就重复本身。例如：

```
<input type = "checkbox" name = ".apple" value = "medium" checked>
```

必须修改为：

```
<input type = "checkbox" name = "apple" value = "medium" checked = "checked">
```

一些没有值的属性主要有下列一些，在 XHTML 中就要用属性名代替属性值了：compact、checked、declare、readonly、disabled、selected、defer、ismap、nohref、noshade、nowrap、multiple、noresize。

5. 用 id 属性代替 name 属性

HTML 中这两个都属性都可以使用，含义差不多，XHTML 标准要用 id 属性。

1.4.3 关于 XHTML 的讨论

从标准来讲，XHTML 是比较严格的，有关组织还建议大家都用 XHTML 来制作网页，甚至在一些地方还能听到这样的说法：以后 HTML 要慢慢被 XHTML 所代替，也许到某一天，不符合 XHTML 的 HTML 网页可能就不能用了。总有一种标准将一统天下的势头。

但是，从这几年的实际应用来看，情况肯定不是这样的。看了上面的标准，大家都有一种感觉：这个标准也太霸道了，这不行、那不行，都要按这个标准来做网页，可能太难了点。那么现在的浏览器对标准是个什么态度呢？一个软件很讲究兼容性，IE 也好，Firefox 也好，原来的版本都是支持 HTML 的，甚至一些标签省略了、标签嵌套不对等不满足 HTML 标准的小问题，软件能显示都尽量显示，更何况 HTML 标准了。浏览器尽量能解释非标准的内容，网页设计者尽量设计标准的网页，这是不矛盾的。现在 HTML 标准都应用了那么多年，绝对不会出现哪个版本突然宣布对 HTML 不支持，而只支持 XHTML 的。所以说网页制作用 HTML 应该是没问题的，但如果能用 XHTML，还是尽可能多向这里靠一点为好。

1.5 CSS 样式简介

CSS 样式现在也大量用于网页制作中，有关 CSS 样式，在第 9 章中会介绍。在这里先稍作介绍 CSS 样式与 HTML 的关系：CSS 样式其实不属于 HTML，语法规定与 HTML 不同，但 CSS 也有一些与 HTHL 相同的地方，如也是用纯文本表示，也有属性与属性值，也可以用网页制作软件直接制作等。

样式用 HTML 标签＜style＞定义，定义后在后续的标签中可使用，使用方法是在某标签中用属性“Class＝样式名”的方式引用，也有直接在标签中定义及直接定义一类标签的样式等。具体的引用方法请参阅第 9 章，本章不介绍引用方式，只介绍定义的语法格式。也可以在学习第 9 章时，参考本节。

整体 CSS 样式表的定义都放在＜style＞标签中，＜style＞标签中的内容为 CSS 样式定义，不再是 HTML 的内容了，语法格式都按 CSS 样式的规定。与 HTML 的规定类似，CSS 样式也是文本文件，也是与大小写无关，与换行无关。每个样式包括一个名称与定义的若干属性，属性放在{}中，紧跟样式名后。与 HTML 不同的是：属性名与属性值之间不是用等号，而是用冒号；多个属性间不用空格分隔而代之以分号分隔；许多属性名是由多个单词组合而成，当中用减号“-”相连。还有一点与 HTML 有区别，一般 HTML 的属性与标签是对应的，每种标签有哪些属性是有规定的，有些属性只有个别标签有，有些属性虽然名称相同，对不同的标签可能含义不是完全相同，可对于 CSS 样式，属性的名称与含义基本上是一样的、通用的，一般可适合于所有样式使用(没有使用价值是另外一回事)。下例定义了一个样式“.aa”为：字体 12 磅大，颜色＃008000，背景色＃ff00ff，字体加粗：

【例 1-2】

```
.aa {font-size: 12pt; color: #008000; font-weight: bold; background-color: #ff00ff }
```

这里介绍了 CSS 样式的目的是让大家明白，一个网页文件中，不是所有的内容都是 HTML，还有一种语法规定与 HTML 不同的 CSS 样式存在，阅读时请分清，不要搞混。

本章小结

在这一章中，主要介绍了 HTML 的基本概念、基本知识，还对常用的一些 HTML 标签及其属性进行介绍。虽然后续的一些章节都是介绍直接用 Dreamweaver 进行“所见即所得”网页制作，基本上不需要记忆 HTML 标签及属性，但掌握一些常用的 HTML 标签与属性对于提高后续内容的学习与理解是很有好处的。特别是动态网页，都是由程序动态执行得到的网页，大量内容可能需要直接通过标签实现。若不掌握标签及其使用，是不可能做好动态网页的。

练习与思考

一、问答题

1. 下面的网页内容，哪些是直接包含在网页文件中的，哪些是还需要单独的文件：表格、图形、动画、超链、彩色文字、表单控件？

2. HTML 与 XHTML 两种标准，各有何特点？哪种要求更严格、哪种更容易使用？

3. 网页中的颜色有哪几种表示方法？请分别写出背景色是黄色、黑色、绿色的属性表示方法。

4. 必能直接写在 HTML 文本中，必须使用特殊的内容表示的键盘符号有哪几个，分别要用什么代替？

二、操作题

1. 打开“百度”首页，用浏览器菜单的“查看网页代码”对照网页内容分析代码，对网页内容进行适当修改后，另存成网页，查看显示效果。

2. 用记事本编写网页内容，掌握保存、浏览、修改、刷新的调试方法。网页内容由老师布置或自定。

3. 检查某网站、网页是否符合 HTML 或 XHTML 的语法规定。在 http://validator.w3.org 中输入要检查的网页地址，系统将会自动检查。

第 2 章　Dreamweaver 8.0 简介

Macromedia Dreamweaver 8.0 是一款专业的 HTML 编辑器，用于对 Web 站点、Web 页和 Web 应用程序进行设计、编码和开发。无论用户直接编写 HTML 代码还是在可视化编辑环境中工作，Dreamweaver 都会为其提供帮助良多的工具，丰富用户的 Web 创作体验。

【本章内容和重点】

- Dreamweaver 8.0 的功能
- Dreamweaver 8.0 的工作界面
- Dreamweaver 8.0 的基本操作
- 快捷键介绍

2.1　Dreamweaver 8.0 的功能

Dreamweaver 是集网页设计、代码开发、网站创建和管理于一体的软件。它不仅可以轻松设计网站前台的页面，而且也可以方便地实现网站后台的各种复杂功能。

利用 Dreamweaver 中的可视化编辑功能，可以快速地创建页面而无须编写任何代码，可以查看所有站点元素或资源并将它们从易于使用的面板直接拖到文档中，可以在 Macromedia Fireworks 或其他图形应用程序中创建和编辑图像，然后将它们直接导入 Dreamweaver，或者添加 Macromedia Flash 对象，从而优化用户的开发工作流程。

Dreamweaver 还提供了功能全面的编码环境，其中包括代码编辑工具（例如代码颜色和标签完成），以及有关层叠样式表（CSS）、JavaScript 和 ColdFusion 标记语言（CFML）等的语言参考资料。Macromedia 可自由导入导出 HTML 技术可使用户手工编码的 HTML 文档而不会重新设置代码的格式。用户可以随后用其首选的格式设置样式来重新设置代码的格式。

Dreamweaver 还使用户可以使用服务器技术（如 CFML、ASP. NET、ASP、JSP 和 PHP）生成由动态数据库支持的 Web 应用程序。

Dreamweaver 还可以完全自定义。用户可以创建自己的对象和命令，修改快捷键，甚至编写 JavaScript 代码，用新的行为、“属性”面板和站点报告来扩展 Dreamweaver 的功能。

Dreamweaver 8.0 包括许多新增功能，使用户只需花费最少的时间和精力便可生成 Web 站点和应用程序。下面是 Dreamweaver 8.0 中的一些主要新增功能：

- “缩放”工具和辅助线
- 可视化 XML 数据绑定
- 新的 CSS 样式面板
- CSS 布局的可视化
- 代码折叠
- “编码”工具栏
- 后台文件传输
- “插入 Flash 视频”命令

2.2 Dreamweaver 8.0 的启动

启动 Dreamweaver 8.0 与启动一般软件的方法相同,可以通过以下任意一种方式启动:

方式一:单击"开始"|"所有程序"|"Macromedia"|"Macromedia Dreamweaver 8.0"菜单项。

方式二:单击快速启动栏中的 Dreamweaver 8.0 快捷方式图标。

方式三:双击桌面上的 Dreamweaver 8.0 快捷方式图标。

2.3 工作区布局

Dreamweaver 8.0 提供了面向设计人员和面向手工编码人员的两种工作区布局。第一次启动 Dreamweaver 8.0,会出现如图 2-1 所示的"工作区设置"对话框,供用户选择工作区。

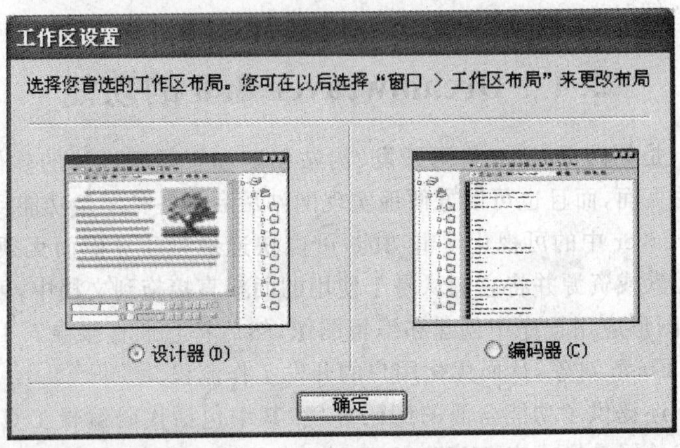

图 2-1 "工作区设置"对话框

■ 设计器:是一个使用 MDI(多文档界面)的集成工作区,其中全部"文档"窗口和面板被集成在一个较大的应用程序窗口中,并将面板组停靠在右侧。

■ 编码器:同样是集成的工作区,但它将面板组停靠在左侧,布局类似于 Macromedia HomeSite 和 Macromedia ColdFusion Studio 所用的布局,而且"文档"窗口在默认情况下显示"代码"视图。

如果不熟悉手写代码,建议选择"设计器"工作区布局。此外,在启动 Dreamweaver 后,也可通过"窗口"|"工作区布局"菜单项,重新选择工作区布局。

2.4 起始页

工作区布局设置完后,接着会打开 Dreamweaver 8.0 的起始页,在这时可以打开最近使用的文档或创建新文档,还可以通过产品介绍或教程了解关于 Dreamweaver 8.0 的更多信息。图 2-2 所示的就是 Dreamweaver 8.0 的起始页。

■ 打开最近项目:该栏中显示了当前最近打开过的文档。单击"打开"按钮可以打开计算机中的其他文件。

■ 创建新项目:该栏中列出了 Dreamweaver 中可创建的各类文件。单击"更多"按钮,打

图 2-2　Dreamweaver 8.0 的起始页

开“新建文档”对话框，可以创建其他“类型”的文件。单击“Dreamweaver 站点”可新建一个站点。

■ 从范例创建：针对某个具体的类创建文件。

在启动 Dreamweaver 时以及在每次没有打开文档时，都会显示 Dreamweaver 起始页。用户可以选择隐藏起始页，以后再显示它。当起始页被隐藏并且没有打开的文档时，“文档”窗口处于空白状态。

■ 隐藏起始页：选择起始页上的“不再显示此对话框”复选框。

■ 显示起始页：“编辑”|“首选参数”|“常规”选项，选择“显示起始页”复选框。

2.5　Dreamweaver 8.0 的工作界面

Dreamweaver 提供了一个将全部元素置于一个窗口中的集成布局。在集成的工作区中，全部窗口和面板都被集成到一个更大的应用程序窗口中。Dreamweaver 8.0 的工作界面保持了 MX 版本的灵活与方便特点，并由标题栏、菜单栏、插入栏、文档工具栏、文档窗口、状态栏、“属性”面板、“文件”面板组成的，如图 2-3 所示。

1. “插入”栏

包含用于创建和插入对象（如表格、层和图像）的按钮如图 2-4 所示。当鼠标指针滚动到一个按钮上时，会出现一个工具提示，其中含有该按钮的名称。

“插入”栏按以下的类别进行组织：

“常用”类别　可以创建和插入最常用的对象，例如图像和表格。

“布局”类别　可以插入表格、div 标签、层和框架。还可以从三个表格视图中进行选择“标准”（默认）、“扩展表格”和“布局”。当选择“布局”模式后，可以使用 Dreamweaver 布局工具，即“绘制布局单元格”和“绘制布局表格”。

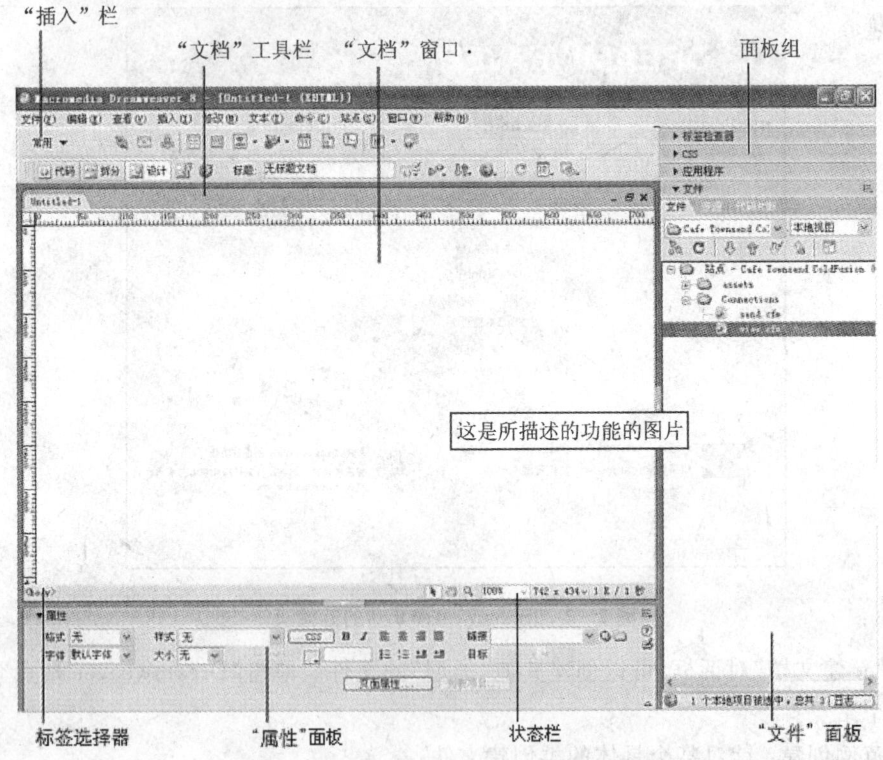

图 2-3 Dreamweaver 8.0 的工作界面

图 2-4 "插入"栏

"表单"类别 包含用于创建表单和插入表单元素的按钮。

"文本"类别 可以插入各种文本格式设置标签和列表格式设置标签，例如 b、em、p、h1 和 ul。

"HTML"类别 可以插入用于水平线、头内容、表格、框架和脚本的 HTML 标签。

"服务器代码"类别 仅适用于使用特定服务器语言的页面，这些服务器语言包括 ASP、ASP.NET、CFML Basic、CFML Flow、CFML Advanced、JSP 和 PHP。这些类别中的每一个都提供了服务器代码对象，可以将这些对象插入"代码"视图中。

"应用程序"类别 可以插入动态元素，例如记录集、重复区域以及记录插入和更新表单。

"Flash 元素"类别 可以插入 Macromedia Flash 元素。

"收藏"类别 可以将"插入"栏中最常用的按钮分组和组织到某一常用位置。

2. "文档"工具栏

包含各种按钮，它们提供各种"文档"窗口视图(如"设计"视图和"代码"视图)的选项、各种查看选项和一些常用操作(如在浏览器中预览)，如图 2-5 所示。

3. "标准"工具栏(在默认工作区布局中不显示)

包含来自"文件"和"编辑"菜单中的一般操作的按钮："新建"、"打开"、"保存"、"保存全部"、"剪切"、"复制"、"粘贴"、"撤消"和"重做"。若要显示"标准"工具栏，可选择"查看"|"工具

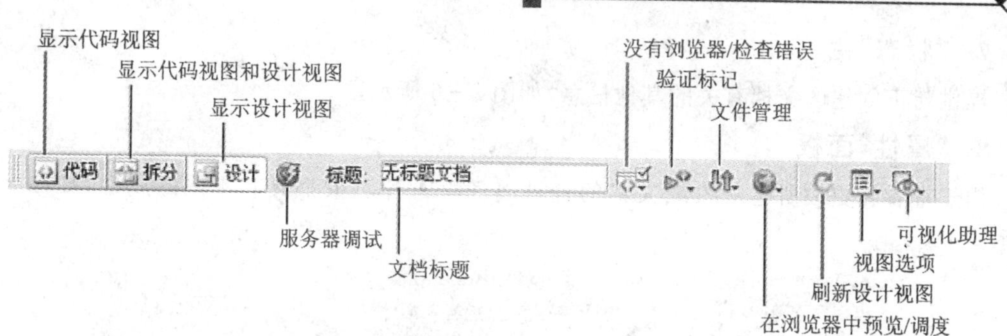

图 2-5　“文档”工具栏

栏”|“标准”。

4. “编码”工具栏(只在“代码”视图中显示)

包含允许用户执行许多标准编码操作的按钮。

5. “文档”窗口

显示当前创建和编辑的文档。可以选择下列任何一种视图方式：

①“设计”视图是一个用于可视化页面布局、可视化编辑和快速应用程序开发的设计环境。在该视图中，Dreamweaver 显示文档的完全可编辑的可视化表示形式，类似于在浏览器中查看页面时看到的内容。还可以配置“设计”视图以在处理文档时显示动态内容。

②“代码”视图是一个用于编写和编辑 HTML、JavaScript、服务器语言代码(如 PHP 或 ColdFusion 标记语言 (CFML))以及任何其他类型代码的手工编码环境。

③“代码和设计”视图可以在单个窗口中同时看到同一文档的“代码”视图和“设计”视图。

当“文档”窗口有一个标题栏时，标题栏显示页面标题，并在括号中显示文件的路径和文件名。如果对文档做了更改但仍未保存，则 Dreamweaver 会在文件名后显示一个“*”号。

当“文档”窗口在集成工作区布局(仅限 Windows)中处于最大化状态时，它没有标题栏。在这种情况下，页面标题以及文件的路径和文件名显示在主工作区窗口的标题栏中。

当“文档”窗口处于最大化状态时，出现在“文档”窗口区域顶部的选项卡显示所有打开的文档的文件名。若要切换到某个文档，可单击它的选项卡。

6. “标签选择”器

图 2-6 所示中位于“文档”窗口底部的状态栏中，显示环绕当前选定内容的标签的层次结构。单击该层次结构中的任何标签可以选择该标签及其全部内容。

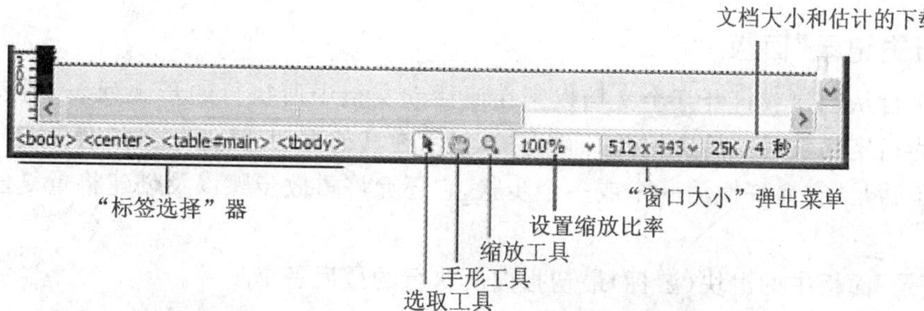

图 2-6　“标签选择”器和状态栏

7. “状态”栏

提供与正创建的文档有关的其他信息，如图 2-6 所示。

8. “属性”面板

用于查看和更改所选对象或文本的各种属性。每种对象都具有不同的属性，如图 2-7 所示。

图 2-7 “属性”面板

9. 面板组

面板组是组合在一个标题下面的相关面板的集合，如图 2-8 所示。若要展开一个面板组，可单击组名称左侧的展开箭头；若要移动一个面板组，可拖动该组标题条左边缘的手柄。还可以对面板进行关闭和显示的操作。

10. “文件”面板

用来管理文件和文件夹，无论它们属于 Dreamweaver 站点的一部分还是位于远程服务器上。还可以访问本地磁盘上的全部文件，非常类似于 Windows 资源管理器，如图2-9 所示。

图 2-8 面板组

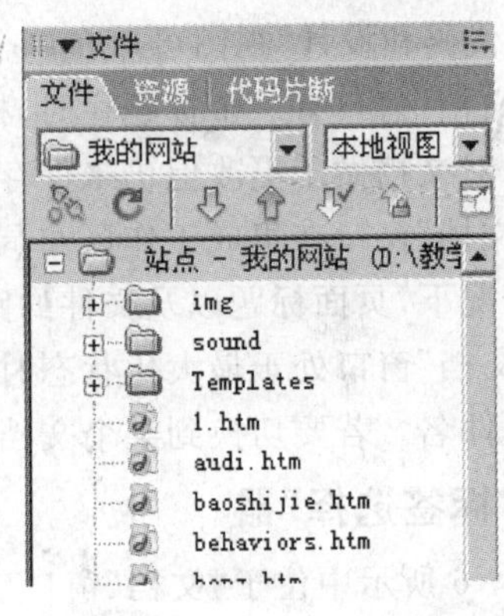

图 2-9 “文件”面板

11. “历史记录”面板

用来显示自从创建或打开某个文档以来在该活动文档中所执行的步骤列表，列表中步骤的数目最多为指定的数目（“历史记录”面板并不显示在其他框架、其他“文档”窗口或“站点”面板中执行的步骤）。它允许撤消一个或多个步骤；它还允许重放步骤以及创建将重复任务自动化的新命令。

“历史记录”面板中的滑块（游标）最初指向所执行的最后一个步骤。

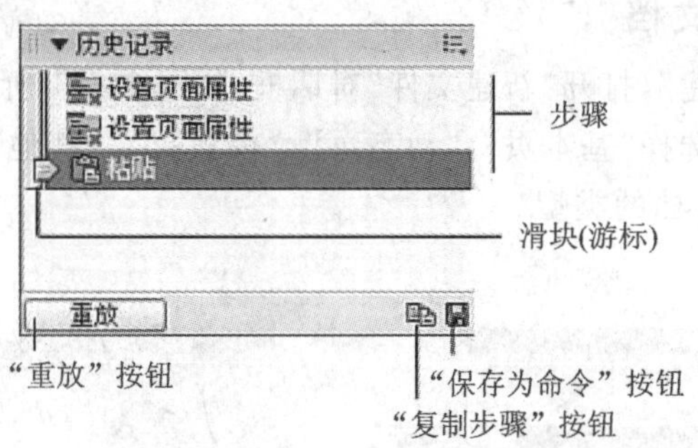

图 2-10 "历史记录"面板

2.6 Dreamweaver 8.0 文档的基本操作

2.6.1 Dreamweaver 中常见的文件类型

在 Dreamweaver 8.0 中可以使用多种文件类型，主要文件类型是 HTML 文件，可以使用.html 或.htm 扩展名保存 HTML 文件。在默认情况下 Dreamweaver 8.0 使用.html 扩展名保存文件。

以下是使用 Dreamweaver 时的一些常见文件类型：

① CSS 层叠样式表文件的扩展名为.css。它们用于设置 HTML 内容的格式并控制各个页面元素的位置。

② GIF 图形交换格式文件的扩展名为.gif。GIF 格式是用于卡通、徽标、具有透明区域的图形、动画的常用 Web 图形格式。GIF 最多包含 256 种颜色。

③ JPEG 联合图像专家组文件（根据创建该格式的组织命名）的扩展名为.jpg，通常是照片或色彩较鲜明的图像。JPEG 格式最适合用于数码照片或扫描的照片、使用纹理的图像、具有渐变色过渡的图像以及需要 256 种以上颜色的任何图像。

④ XML 可扩展标记语言文件的扩展名为.xml。它们包含原始形式的数据，可使用 XSL（Extensible Stylesheet Language：可扩展样式表语言）设置这些数据的格式。

⑤ XSL 可扩展样式表语言文件的扩展名为.xsl 或 .xslt。可用于设置要在 Web 页中显示的 XML 数据的样式。

⑥ CFML ColdFusion 标记语言文件的扩展名为 .cfm。可用于处理动态页面。

⑦ ASPX ASP.NET 文件的扩展名为 .aspx，用于处理动态页。

⑧ PHP 超文本预处理器文件的扩展名为.php，可用于处理动态页。

2.6.2 创建新文档

在 Dreamweaver 中，可以用下列方法创建新文档：

① 创建新的空白文档。

② 创建基于 Dreamweaver 设计文件的文档。

③ 创建基于现存模板的文档。

下面具体介绍操作步骤：

1. 创建新的空白文档

① 单击“文件”|“新建”，打开“新建文件”对话框，如图 2－11 所示。

② 从“类别”列表中选择“基本页”、“动态页”、“模板页”、“其他”或“框架集”；然后从右侧的列表中选择要创建的文档的类型。

③ 单击“创建”即可。

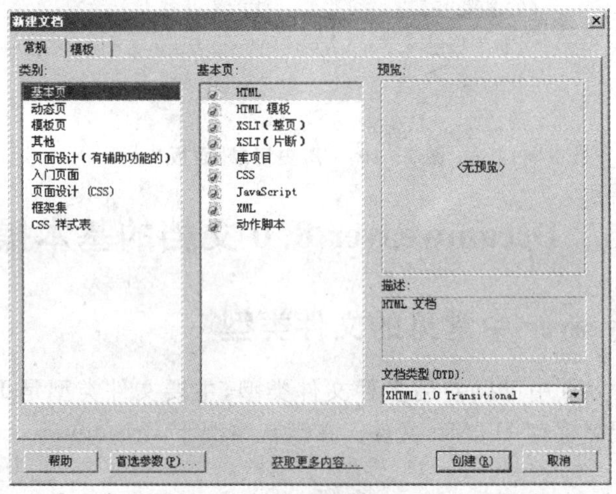

图 2－11　“新建文件”对话框

2. 创建基于 Dreamweaver 设计文件的文档

① 单击“文件”|“新建”，打开“新建文件”对话框。

② 从“类别”列表中选择“CSS 样式表”、“基于表格的布局”、“页面设计（CSS)”、“页面设计”或“页面设计(有辅助功能的)”，然后从右侧的列表中选择一个设计文件。如图 2－12 所示。

③ 单击“创建”即可。

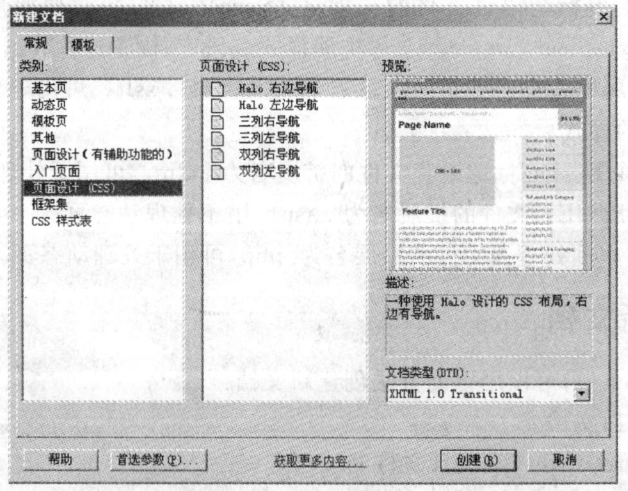

图 2－12　“新建文件”之页面设计文件对话框

3. 创建基于现存模板的文档

① 单击“文件”|“新建”，打开“新建文件”对话框。

② 单击“模板”选项卡。

③ 在“模板用于”列表中，选择包含要使用的模板的 Dreamweaver 站点，然后从右侧的列表中选择一个模板，如图 2－13 所示。

④ 单击“创建”即可。

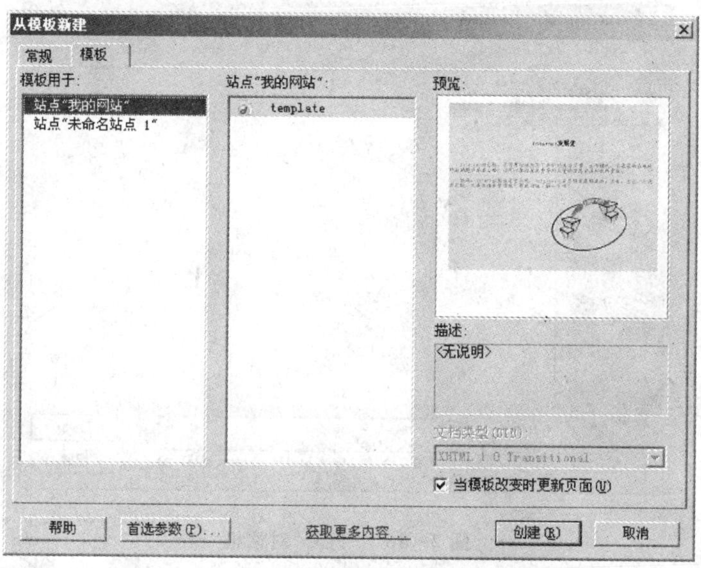

图 2－13 “新建文件”之使用模板对话框

2.6.3 保存新文档

在 Dreamweaver 8.0 中保存文件的操作步骤如下所述。

① 单击“文件”|“保存”，打开“另存为”对话框，如图 2－14 所示。

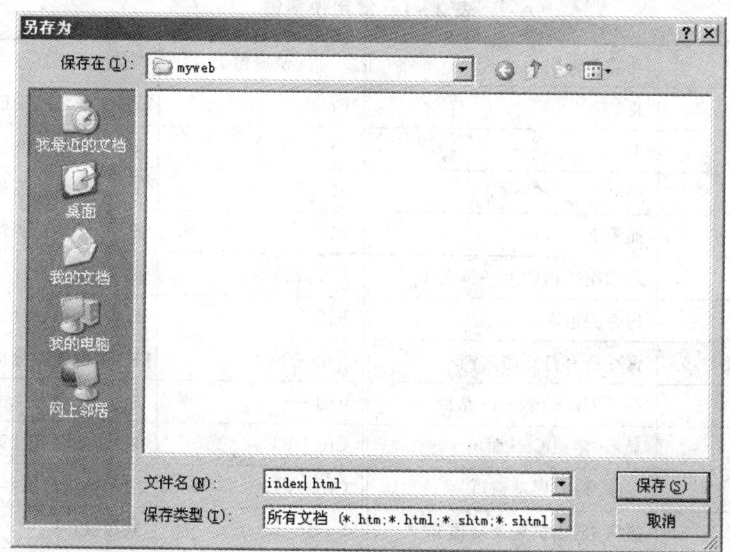

图 2－14 “另存为”对话框

② 在“另存为”对话框中设置保存路径，输入文件名并选择文档类型单击“保存”按钮即可。

2.6.4 打开已有文档

在 Dreamweaver 8.0 中打开文件的操作步骤如下所述。

① 单击“文件”|“打开”菜单项，打开“打开”对话框，如图 2－15 所示。

② 在“查找范围”文本框中选择文件路径，选择一个需要打开的文件，单击“打开”即可。

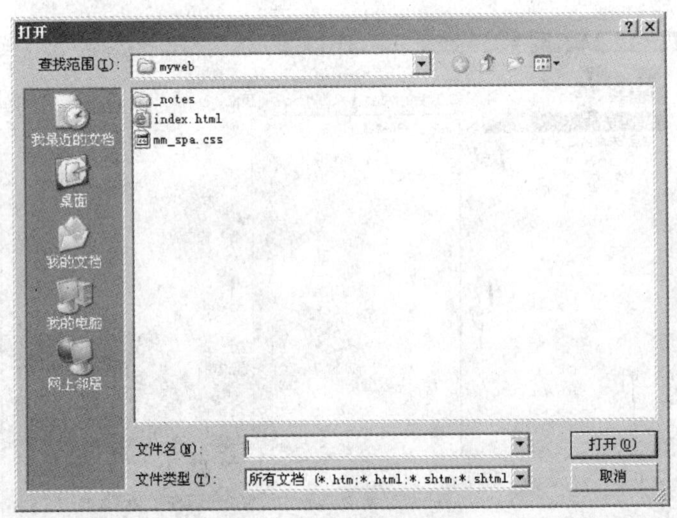

图 2－15 “打开”对话框

2.7 常用快捷键介绍

表 2－1 列出的是 Dreamweaver 中最常用和最好用的快捷键，灵活使用它们可以提高文档编辑的速度。

表 2－1 常用快捷键

快捷键	功能及说明	快捷键	功能及说明
Ctrl+C	复制	F7	显示/隐藏结果面板
Ctrl+X	剪切	F8	显示/隐藏文件面板
Ctrl+V	粘贴	F9	显示/隐藏标签检查器
Ctrl+Z	撤销上一步操作	F10	显示/隐藏代码检查器
Ctrl+Y	重做刚撤销的上一步操作	F11	调出资源面板
Ctrl+S	保存当前文档	F12	启动主浏览器预览
Ctrl+Shift+S	保存所有打开的文档	Shift+F10	显示/隐藏历史记录面板
F1	打开 Dreamweaver 帮助	Ctrl+F2	显示/隐藏对象面板
F2	显示/隐藏 CSS 面板	Ctrl+F3	显示/隐藏属性面板
F4	显示/隐藏浮动窗口	Ctrl+F12	启动第二浏览器预览
F6	进入/退出扩展表格模式	Shift+Enter	紧凑换行

本章小结

本章简要介绍了 Dreamweaver 8.0，包括 Dreamweaver 8.0 的工作界面以及 Dreamweaver 8.0 的新功能，并介绍了 Dreamweaver 8.0 文档的基本操作和常用的快捷键。这些知识都应熟练掌握，其中应重点掌握 Dreamweaver 8.0 的工作界面，它是以后几章的学习基础。

练习与思考

1. 启动 Dreamweaver 8.0 典型界面后，窗口界面中有哪些对象？
2. 利用新建文件对话框中的页面设计(CSS)新建一个网页文件并保存。
3. 练习本章所讲的快捷键。

第3章　网站制作流程、站点的创建与管理

目前网站题材有很多，比如娱乐休闲、体育、综合门户、就业、音乐、社区等无奇不有，包罗万象。然而，要设计出一个精美的网站，前期工作是必不可少的。一个网站的成功与否，很重要的因素在于它的构思，好的创意及丰富详实的内容，这样才能使网页充满勃勃生机。所以在选定题材时一定要有创意。选定题材的原则是在竞争方面不激烈而且具有潜力。这需要进行大量的市场调研和咨询，一定要论证该题材的可行性，否则策划的网站生命力不强壮，投入的巨资很难有回报。因此，一般说来，如果仅仅只学习网站的入门设计是比较容易的，但是要成为一个网页设计高手就不是一个简单的问题。因为在网页设计制作中需要对各种出现的问题进行解决，这就需要有一定的方法和技巧。如果掌握好网站在设计制作方面的基本流程后，制作起来就会得心应手，事半功倍。

有了前期的准备工作后，建立的站点则是进行网站开发的第二个关键步骤。建立站点就是在 Dreamweaver 8.0 中定义站点、策划站点结构、部署开发环境。定义站点是为了更好地利用文件面板对站点文件进行管理，也是为减少一些错误的出现，如路径出错和链接出错等。许多初学者开始做网页时，就只知道做单一网页，对文件的条理性、结构性不加以管理，也没有对文件进行分类管理，就会使整个站点结构显得很乱，所以在开发之前应该认真策划好站点结构。

【本章内容和重点】

- 网站建设的基本流程
- 站点的创建与管理

3.1　网站建设流程

正如前文所言，一个网站的成功，很重要的因素在于它有好的构思、好的创意以及丰富详实的内容。因此，在建立网站前应明确建设网站的目的，确定网站的功能。简单地说就是要做好建网站前的策划工作。只有详细的策划，才能避免在网站建设中很多问题的出现，使网站建设能顺利进行。

具体地说，网站策划是指在网站建设前对市场进行分析后确定网站的目的和功能、网站规模和投入费用，并根据需要对网站建设中的技术、内容、费用、测试和维护等做出策划。网站策划对网站建设起到计划和指导的作用，对网站的内容和维护起到定位作用。

网站策划应该尽可能涵盖网站中的各个方面，并且对网站的策划书的书写要科学、认真、实事求是。一般可以从下面几个方面加以考虑。

1. 建设网站前的需求分析

网站需求分析是进行网站制作的整个流程中的第一步，也是非常重要的一步，在这个阶段，必须了解建立的网站的真正目的和确定网站的规模大小。

例如，对于一个企业网站来说，必须确定相关行业的市场并了解市场的特点，通过对市场主要竞争者进行分析，利用企业自身条件和在市场上的优势，判断是否能够在互联网上开展公

司业务；然后，根据网站功能确定网站应达到的目的和作用。

网站的规模可根据网站的自身情况进行决定，它关系到网站的后期维护和发展方向。一般说来，设计一个网站可以从小规模开始，然后逐步发展，可以在网站设计的需求分析期就对网站的规模进行策划，确定网站的规模、类别和版式，网站设计的风格等，并制定或更新计划。

2. 设计网站结构

对网站的需求分析工作完成之后，接下来就要考虑网站的结构以及实现方式等问题。例如，设计的网站主页是以什么方式展现在来访者的面前？往往访问者第一次进入主页时，通常不是在寻找值得阅读的地方，可能正在寻找可供选择的东西，以超文本术语来说就是导航（可用鼠标点击的词句、图像、按钮等）。接下来才是阅读文字，选定一个可选项后按鼠标键，下个页面出现后又重复此过程。因此，网站的内容设计是最为关键的，设计时必须根据网站设计的目的确定网站的内容，再根据网站的内容设计出网站的结构导航。

例如，一般企业型网站导航应包括：公司简介、企业动态、产品介绍、客户服务、联系方式、在线留言等基本内容。更多内容还有常见问题、营销网络、招贤纳士、在线论坛、英文版等。如图 3－1 是温州庄吉服装集团有限公司的首页。

图 3－1　温州庄吉服装集团有限公司首页

又如，要设计如政府部门的网站时，则要考虑到作为政府机关对外的窗口，它代表的是国家形象，在设计制作时就要考虑到它的严肃性和亲和性。其首页的导航可以包括：今日视点、直通政府、网上办事、参政议政、社会服务、政策法规、外事百科、专题、新闻中心、联系我们等，如图 3－2 是温州市政府外事办公首页。

一般来说，在策划网站结构时可以根据不同的网站进行不同的设计，总结起来，可以从以下几个方面考虑。

① 根据网站的目的及内容确定网站整合功能，设计出导航结构。对于不同的网站，其整合功能是不同的，如 Flash 引导页、会员系统、网上购物系统、在线支付、问卷调查系统、信息搜索查询系统、流量统计系统等，它们的设计各具特色。图 3－3 是搜狐网站的首页，网页的顶部是导航结构。

图 3－2　是温州市政府外事办公网首页

② 确定网站的结构导航中每个频道的子栏目。网站中某些导航可能需要设置子栏目，具体问题需要具体分析。如公司简介中可以包括：总裁致词、发展历程、企业文化、核心优势、生产基地、科技研发、合作伙伴、主要客户、客户评价等；客户服务可以包括：服务热线、服务宗旨、服务项目等。图 3－4 是中国移动通信网站的“服务与支持”子栏目。

当网站的内容结构一经确定后，需要确定网站内容的实现方式，如产品中心使用动态程序数据库还是静态页面(有关静态网页的设计将在以后的章节中逐步介绍，动态网页的基本知识将在第 14 章介绍)，营销网络是采用列表方式还是地图展示等等。

3. 网页设计

1) 内容的添加与页面布局

网站结构设计好后需要对网站的内容进行设计。按照网页设计的结构可以在网页中添加文本、图像、动画、声音和按钮等。声音和图像不是必须的，因此不需要非要用它们充斥网页，不要把文件做得太长以至于降低下载文件的速度，使用图像时也要谨慎，大的图像显然会降低页面建立的速度，但许多需要顺序装载的小图像也会如此。

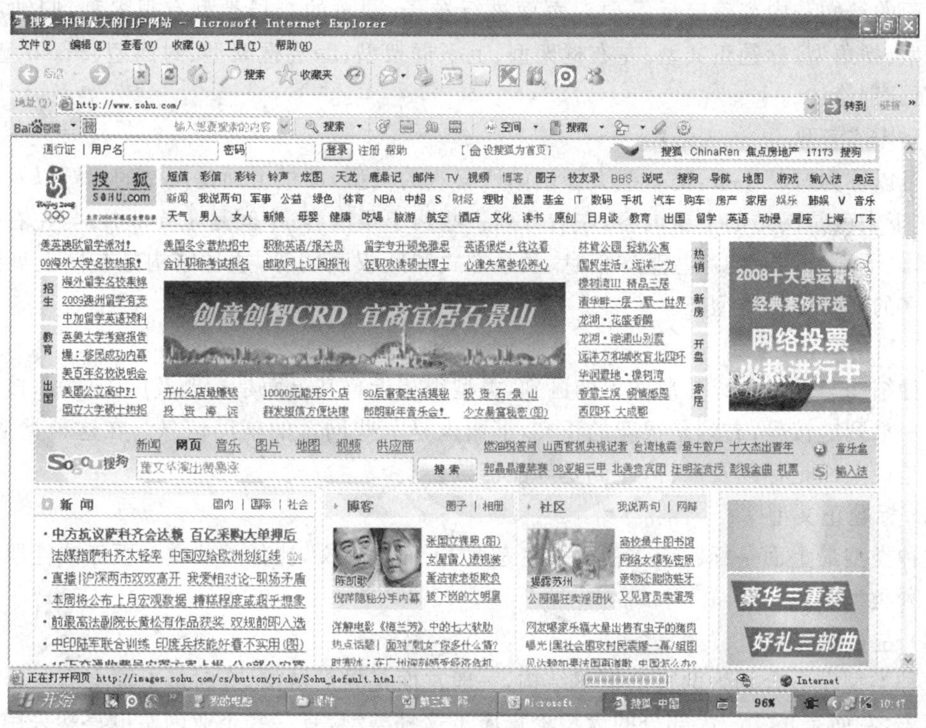

图 3－3　搜狐网站的首页

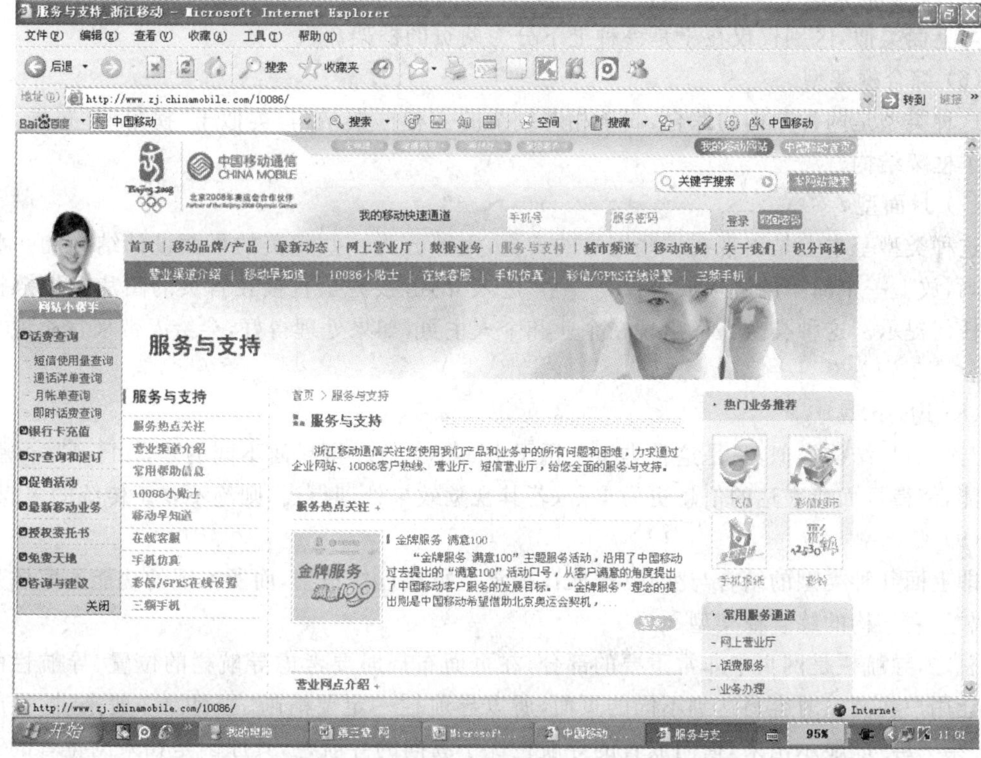

图 3－4　中国移动"服务与支持"的子栏目

页面的结构和内容确定后需要对页面进行布局，网页的布局类型有很多种，归纳起来有“国”字型、拐角型、标题正文型、左右框架型、上下框架型、综合框架型、封面型、Flash 型、变化型，下面分别论述。

(1)“国”字型

也可以称为“同”字型，是一些大型网站所喜欢的类型，即最上面是网站的标题以及横幅广告条，接下来就是网站的主要内容，左右分列一些两小条内容；中间是主要部分，与左右一起罗列到底；最下面是网站的一些基本信息、联系方式和版权声明等，这种结构是在网上见到的差不多最多的一种结构类型。

(2) 拐角型

这种结构与上一种只是形式上的区别，类型很相近。其上面是标题及广告横幅，接下来的左侧是一窄列链接等，右列是很宽的正文，下面也是一些网站的辅助信息。在这种类型中，很常见的是最上面是标题及广告，左侧是导航链接。

(3) 标题正文型

这种类型最上面是标题或类似的一些东西，下面是正文，比如一些文章页面或注册页面等就是这种类型。

(4) 左右框架型

这种类型左右分别为两页的框架结构，一般左面是导航链接，有时最上面会有一个小的标题或标志，右面是正文。大部分的大型论坛属于这种类型，有一些企业网站也喜欢采用。这种类型结构非常清晰，一目了然。

(5) 上下框架型

与上面类似，区别仅仅在于是一种上下分为两页的框架。

(6) 综合框架型

这种类型是两种结构的综合，属于相对复杂的一种框架结构，类似于“拐角型”布局，只是采用了框架结构。

(7) 封面型

这种类型基本上是出现在一些网站的首页，大部分为一些精美的平面设计结构和一些小的动画，放上一个简单的链接或者仅是一个“进入”的链接甚至直接在首页的图片上做链接而没有任何提示。这种类型大都出现在企业和个人主页，如果处理得好，会给人带来赏心悦目的感觉。

(8) Flash 型

与封面型结构类似，只是这种类型采用了 Flash 文件。与封面不同的是，由于 Flash 强大的功能，使得页面所表达的信息更为丰富，若其视觉效果处理得当，则绝不差于传统的多媒体。

(9) 变化型

即上面几种类型的结合与变化，比如在视觉上很接近拐角型，而所实现的功能的实质是那种上、左、右结构的综合框架型。

总之，导航栏是网页中非常重要的部分，在页面布局时要考虑导航栏的位置、导航栏的位置能让用户在浏览时容易达到不同的页面，所以导航栏一定要清晰、醒目。一般来讲，导航栏要在“第一屏”能显示出来，横向放置的导航栏优于纵向的导航栏，其原因是如果浏览者的第一屏很矮，横向的仍能全部看到，而纵向的就很难说了，因为窗口的宽度一般是不会受浏览器设

置影响，而纵向的则不确定性要大得多。

2）颜色搭配

网页中的色彩是树立网站形象的关键之一。色彩是人的视觉最敏感的东西，因此，人们在浏览网页时对色彩也是最敏感的，常常感受到色彩对自己心理的影响。这些影响总是在不知不觉中发挥作用，左右人们的情绪。色彩的心理效应发生在不同层次中，有些属于直接的刺激，有些要通过间接的联想，更高层次则涉及人的观念、信仰，对于艺术家和设计者来说，无论哪一层次的作用都不能忽视。

网页的背景、文字、图标、边框和超链接等，应该采用什么样的色彩，应该搭配什么色彩才能最好的表达出预想的内涵呢？首先来了解色彩和网页中色彩处理的基本知识。

（1）色彩的基本知识

① 颜色分非彩色和彩色两类。非彩色是指黑、白和灰系统色；彩色是指除了非彩色以外的所有色彩，彩色的记忆效果是黑白的3.5倍，也就是说，在一般情况下，彩色页面较完全黑白页面更加吸引人。

② 任何一种颜色都可以由红、黄、蓝三原色调和而成，而网页HTML语言中的色彩也是用这三种颜色的数值表示。例如：红色是color（255，0，0），十六进制的表示方法为(FF0000)，白色为(FFFFFF)，黑色为(000000)。

（2）色彩处理与搭配

在网页设计中色彩处理得好，可以使网页锦上添花，达到事半功倍的效果。色彩总的应用原则是“总体协调，局部对比”。也就是说，主页的整体色彩效果应该是和谐的，只有局部和小范围的地方可以有一些强烈色彩对比。在色彩运用上，可以根据主页内容需要，分别采用不同主色调。因为色彩具有象征性，例如，嫩绿色、翠绿色、金黄色、灰褐色就可以分别象征春、夏、秋、冬。其次还有职业的标志色，例如，军警的橄榄绿，医疗卫生的白色等。色彩还具有明显的心理感觉，例如，冷、暖的感觉，进、退的效果等。另外，色彩还有民族性，各个民族由于环境、文化、传统等因素的影响，对于色彩的喜好也存在着较大的差异。充分运用色彩的这些特性，可以使主页具有深刻的艺术内涵，从而提升网页的文化品位。

（3）色彩的配色方案

① 暖色调：即红色、橙色、黄色、赭色等色彩的搭配。这种色调的运用，可使主页呈现温馨、和煦、热情的氛围。

② 冷色调：即青色、绿色、紫色等色彩的搭配。这种色调的运用，可使主页呈现宁静、清凉、高雅的氛围。

③ 对比色调：即把色性完全相反的色彩搭配在同一个空间里。例如：红与绿、黄与紫、橙与蓝等。这种色彩的搭配，可以产生强烈的视觉效果，给人亮丽、鲜艳、喜庆的感觉。当然，对比色调如果用得不好，会适得其反，产生俗气、刺眼的不良效果。这就要把握“大调和，小对比”这一重要原则，即总体的色调应该是统一和谐的，局部的地方可以有一些小的强烈对比。

页面底色（背景色）的深、浅，借用摄影中的一个术语，就是“高调”和“低调”。底色浅的称为高调；底色深的称为低调。底色深，文字的颜色就要浅，以深色的背景衬托浅色的内容（文字或图片）；反之，底色淡的，文字的颜色就要深些，以浅色的背景衬托深色的内容（文字或图片）。这种深浅的变化在色彩学中称为“明度变化”。有些页面，底色是黑的，而文字也选用了较深的色彩，由于色彩的明度比较接近，读者在阅览时，眼睛就会感觉很吃力，影响了阅读效果。当然,色彩的明度也不能变化太大,否则屏幕上的亮度反差太强也不适合阅读。

3) 收集与整理材料

拥有大量预算作为后盾的 Web 设计人员可以获得任何所需的资源,可以聘请专业摄像师来制作引人注目的照片;可以请最好的 HTML 和 CSS 专家来创建适用于多种浏览器的复杂布局;可以指导图形艺术家根据企业服装来创作华丽的装饰物;可以聘请专业文案人员起草迷人的散文。最大的好处是,他们能雇佣大量测试用户和关注小组来确保网站吸引人、便于使用并能按照预期进行工作。

当设计人员必须用很少的钱来创建网站,就必须寻求一切可以获得的帮助。可以通过一切尽可能的办法收集资料,可以从网上、同事那里获得等,需要收集的一般是图片、文字内容和超链接等,另外,要注意网站的内容必须合法。

4. 网站测试

网站发布前要进行细致周密的测试,以保证正常浏览和使用。主要测试内容:

① 文字、图片是否有错误。

② 程序及数据库测试。

③ 链接是否有错误。

5. 网站发布

网站制作完成后就可以发布到 Internet 上供访问者访问。要发布网站首先要申请网站域名和空间服务,可以申请一些付费主页空间,服务质量将会得到保证。也可以申请免费的主页空间,但其服务质量将不能得到保证。

6. 网站维护

网站建好后在使用的过程中需要进行维护,一般是对以下的问题进行维护:

① 服务器及相关软硬件的维护,对可能出现的问题进行评估,制定响应时间。

② 数据库维护,有效地利用数据是网站维护的重要内容,因此数据库的维护要受到重视。

③ 内容的更新、调整等。

④ 制定相关网站维护的规定,将网站维护制度化、规范化。

⑤ 说明:动态信息的维护通常由企业安排相应人员进行在线的更新管理;静态信息(即没用动态程序数据库支持)可由专业公司进行维护。

3.2 站点的创建与管理

站点可以看成是一系列文档的组合,这些文档之间通过各种链接关联起来,可能拥有相似的属性。例如,有相关主题,相同的设计,或共同的用途。利用浏览器可以从一个页面跳转到另一个页面。

可以通过“文件”面板进行站点管理,一般是以树形目录的形式存在。为了便于维护和管理,在设计本地站点时应该与远程站点目录结构保持一致,这样当对本地站点进行操作后可以一一对应地传送到远程站点,即可以保证远程站点是本地站点的完整复制。

网站是多个网页的集合,其包括一个首页和若干个分页,这种集合不是简单的集合。为了达到最佳效果,在创建任何 Web 站点页面之前,要对站点的结构进行设计和规划。

在 Dreamweaver 8.0 中建立一个网站是非常方便的。要制作一个能够被大家浏览的网

站，首先需要在本地磁盘上制作这个网站，然后把这个网站传到互联网的 Web 服务器上。放置在本地磁盘上的网站被称为本地站点，位于互联网 Web 服务器里的网站被称为远程站点。Dreamweaver 8.0 提供了对本地站点和远程站点强大的管理功能。

1. 本地站点的建立

Dreamweaver 8.0 建立本地站点有两种方法：一种是把一个有内容的目录当作自己的网站，即把所有网站的元素都存放在这一个目录下。另一种方法是从无到有在一个新目录下建立一个网站。它们均可以通过“文件”面板来进行创建，操作方法如下所述。

① 单击“窗口”|“文件”菜单项或按键盘上的 F8 键，打开“文件”面板，如图 3－5 所示是本地站点 myweb 在“文件”面板下的目录结构。

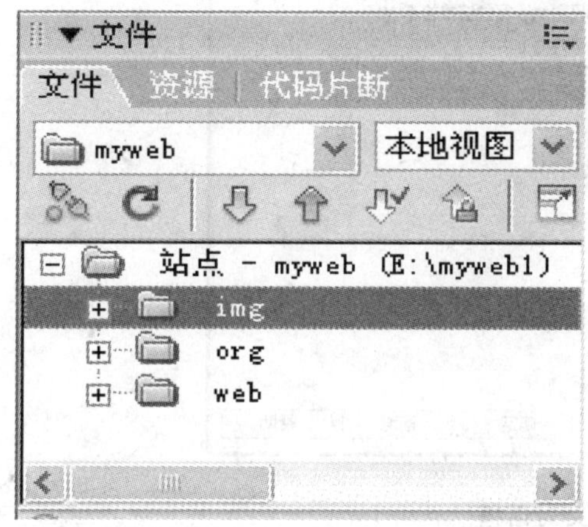

图 3－5 “文件”面板中的站点本地视图

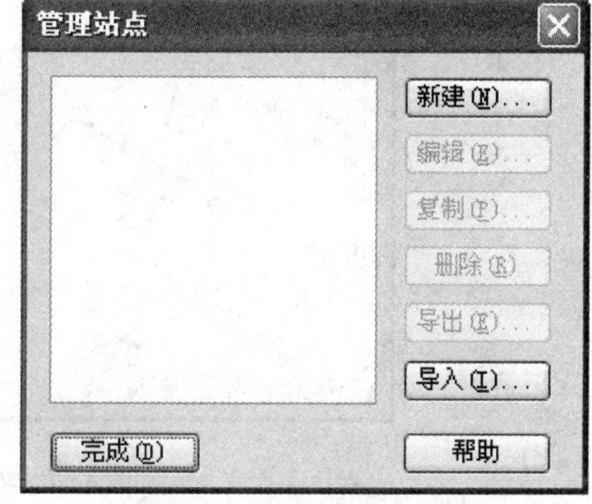

图 3－6 “管理站点”对话框

② 选择“站点”|“管理站点”菜单项，出现“管理站点”对话框，如图 3－6 所示，文本区域中没有任何站点名称，表示没有创建过站点。

③ 单击“新建”按钮，弹出如图 3－7 所示的“站点定义”对话框，可执行下列操作之一来建立本地站点。

■ 单击“基本”选项卡，根据“站点定义向导”逐步完成设置过程。

■ 单击“高级”选项卡，在“分类”列表中选择“本地信息”，然后填写右侧的本地信息参数选项，单击“确定”按钮即可。

“基本信息”类别选项的含义如下：

■ 站点名称：可输入 Dreamweaver 站点的名称，它将显示在“文件”面板和“管理站点”对话框中，但不出现在浏览器中。

■ 本地根文件夹：输入本地磁盘中存储站点文件、模板和库项目的文件夹的名称，或者单击文件夹图标浏览到该文件夹。

■ 自动刷新本地文件列表：用来指定每次将文件复制到本地站点时，Dreamweaver 是否自动刷新本地文件列表。取消选择此选项可在复制此类文件时提高 Dreamweaver 的速度，但也意味着“文件”面板的“本地”视图不会自动刷新。

■ 默认图像文件夹：输入此站点的默认图像文件夹的路径，或者单击文件夹图标浏览到该文件夹。

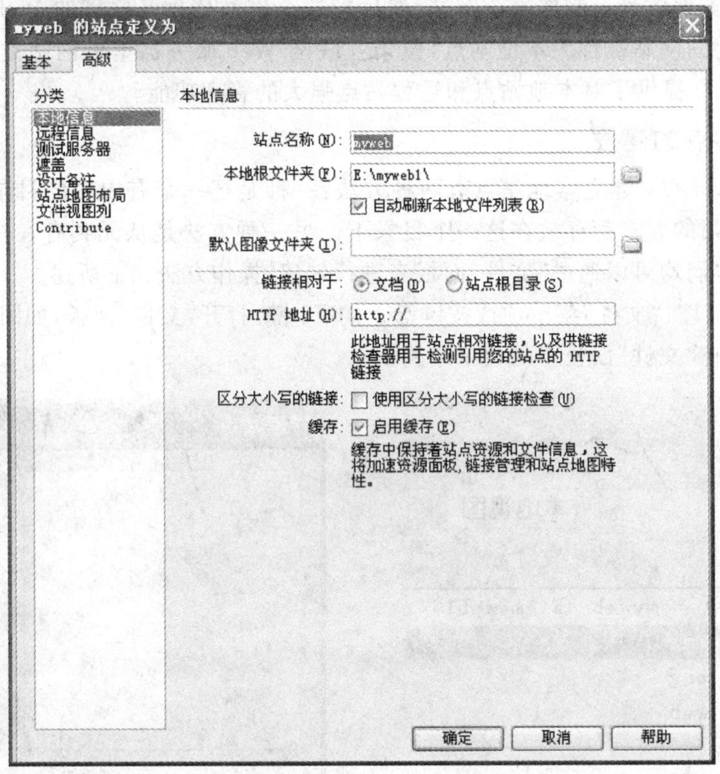

图 3-7　站点定义对话框

■ 启用缓存：指定是否创建本地缓存以提高链接和站点管理任务的速度。

新建的站点显示在"文件"面板中，如图 3-5 所示，通过站点面板，可以增加、复制、删除文件和文件夹。

在"文件"面板的站点面板中有许多工具按钮，如图 3-8 所示，它们的含义如下：

图 3-8　站点面板的工具按钮

■ 连接/断开：用于连接到远程站点或断开与远程站点的连接。

■ 刷新：用于刷新本地和远程目录列表。

■ 获取文件：从远程站点中下载文件。

■ 上传文件：将本地信息上传到远程站点。

■ 取出文件：将远程服务器中的信息下载到本地站点，此时在服务器上将该文件标记为取出。

■ 存回文件：将本地文件传输到远程服务器，并且使该文件可供他人编辑。本地文件变为只读。

■ 展开以显示本地和远端正站点：用于展开或折叠文件面板，显示一个或两个窗格。

站点创建注意事项：

1. 首页文件 index. html 或 index. htm 必须放在站点根目录下，但不要同时有这两个

文件。

2. 给文件夹和文件命名时不要使用中文,并且时常保存。

3. 最好使用专用文件夹存放素材文件。例如,使用 img 文件夹存放图像文件,使用 Web 文件存放除首页外的其他链接文件夹,Org 文件夹用为存放在 Photoshop 或 Firework 中设计的界面、按钮等原始文件。

2. 站点的管理

1) 编辑站点

选择“站点”|“管理站点”菜单项,在出现“管理站点”对话框(如图 3-9 所示)中单击“编辑”按钮,则弹出图 3-7“站点定义”对话框,可以重新更改站点信息的各项值,修改完成后按“确定”按钮。

2) 站点的复制与删除

站点的复制,选择“站点”|“管理站点”菜单项,在出现“管理站点”对话框中选择需要复制的站点,单击“复制”,这时在站点列表中将会出现一个新的站点,如“myweb”站点经过复制后为“myweb 复制”,图 3-10 所示。

站点的删除,选择“站点”|“管理站点”菜单项,在出现“管理站点”对话框中选择需要删除的站点,单击“删除”按钮,则刚选定删除的站点文件将消失。

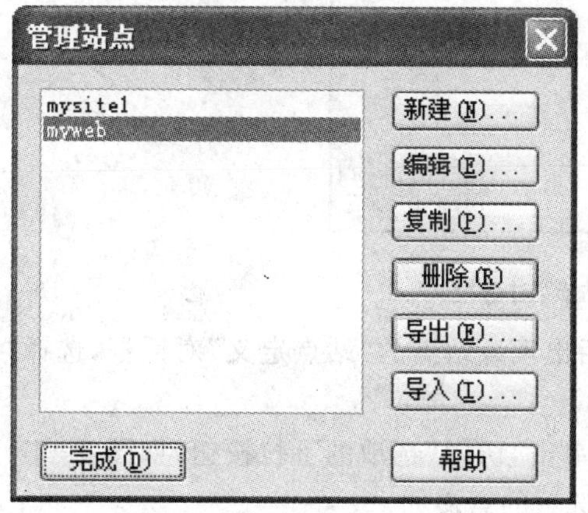

图 3-9 “管理站点”对话框

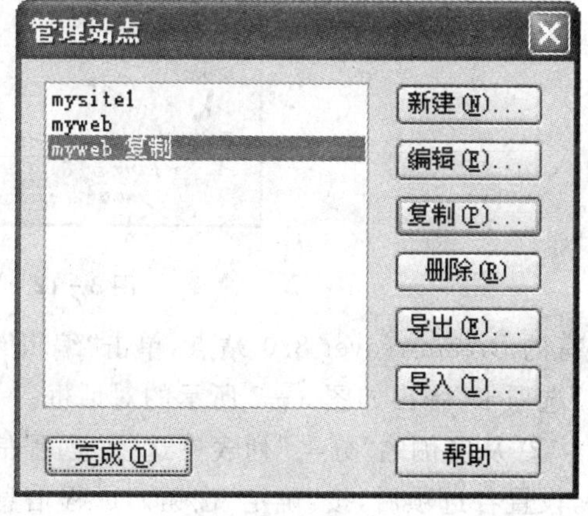

图 3-10 站点复制后的结果

3) 导入导出站点

站点导出,选择“站点”|“管理站点”菜单项,在出现“管理站点”对话框中选择需要导出的站点,单击“导出”,弹出如图 3-11“导出站点”对话框,单击“保存”按钮即可。

站点导入,选择“站点”| “管理站点”菜单项,在出现的“管理站点”对话框中,单击“导入”按钮,弹出如图 3-12 所示的“导入站点”对话框,选择将要导入的站点文件名,单击“打开”按钮,即可将选定的.ste 的站点文件导入。

3. 远程站点的建立

设置本地文件夹之后,还可以添加远端和测试文件夹。要设置远程文件夹,可执行以下操作:

① 选择“站点” | “管理站点”菜单项,在出现“管理站点”对话框(如图 3-9 所示)中选择

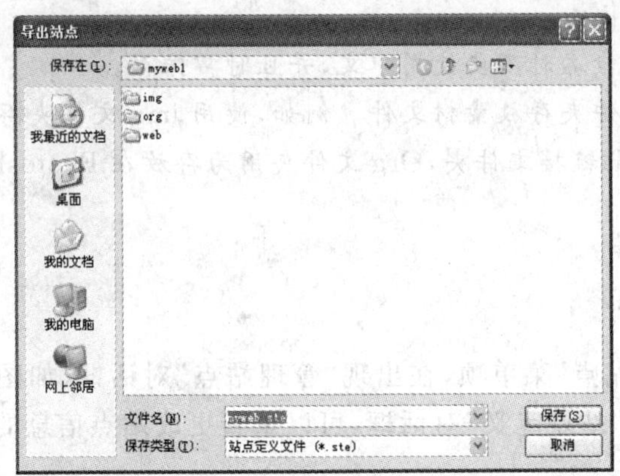

图 3-11 “导出站点”对话框

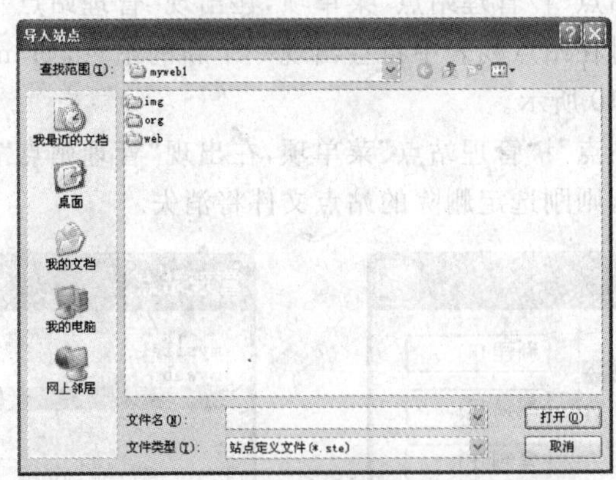

图 3-12 “导入站点”对话框

现有的 Dreamweaver 8.0 站点，单击“编辑”按钮后出现该站点的“站点定义”对话框，选择“高级”选项卡，弹出如图 3-7 所示的对话框。

② 从左侧的“分类”列表中选择“远程信息”，单击“访问”选项的下拉按钮，如图 3-13 所示，设置各选项后，按“确定”按钮。远程信息中各选项的意义如下。

- 登录名：输入用于连接到 FTP 服务器登录名。
- 密码：输入用于连接到 FTP 服务器密码。
- 测试：测试登录名和密码是否可以与服务器连接。
- 保存：默认情况下，Dreamweaver 8.0 保存密码。如果希望每次连接到远端服务器时 Dreamweaver 8.0 都提示输入密码，需取消选择“保存”复选框。
- 使用 Passive FTP：如果防火墙配置要求使用被动式 FTP，请选中“使用被动式 FTP”复选框。“被动式 FTP”使您的本地软件能够建立 FTP 连接，而不是请求远端服务器来设置它。
- 使用防火墙：如果从防火墙后面连接到远程服务器，请选中“使用防火墙”复选框。
- 维护同步信息：设置 Dreamweaver 8.0 自动同步本地和远端文件。保存时自动将文件上传到服务器，即保存文件时 Dreamweaver 8.0 将文件上传到远程站点。
- 启用存回和取出：如果希望激活“存回/取出”系统，请选择“启用存回和取出”。“访问”

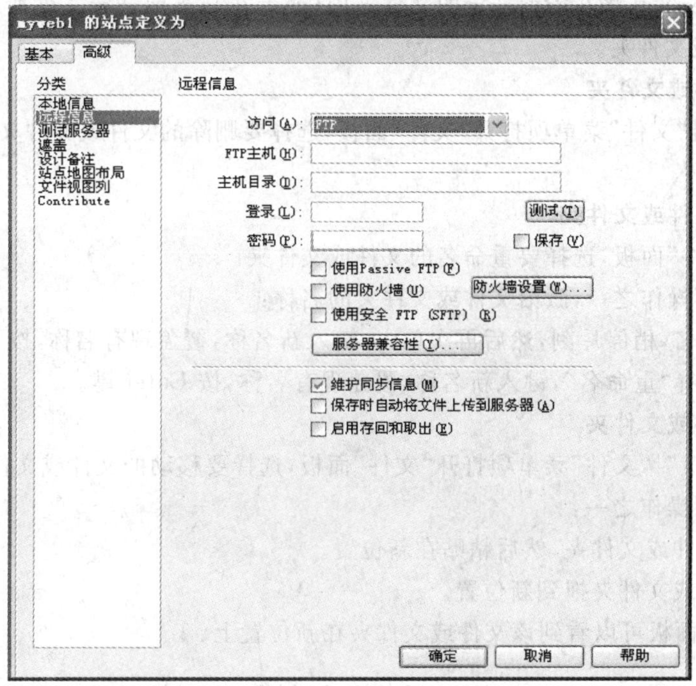

图 3-13　远程信息设置对话框

选项的其他访问方式的含义如下：

- 无：如果不打算将站点上传到服务器。
- 本地/网络：访问网络文件夹，或者在本地计算机上运行 Web 服务器。
- RDS(远端开发服务)：使用 RDS 连接到 Web 服务器。对于这种访问方法，远端文件夹必须位于运行 ColdFusion 的计算机上。
- Microsoft Visual SourceSafe：如果使用 Microsoft Visual SourceSafe 连接到 Web 服务器。只有 Windows 支持 Microsoft Visual SourceSafe。若要在 Windows 中使用 Microsoft Visual SourceSafe，必须安装 Microsoft Visual SourceSafe Client 第 6 版。
- WebDAV(基于 Web 的分布式创作和版本控制)：如果使用 WebDAV 协议连接到 Web 服务器。对于这种访问方法，必须有支持此协议的服务器，如 Microsoft Internet Information Server (IIS) 5.0 或经正确配置安装的 Apache Web 服务器。

4. 在文件面板中处理本地站点文件和文件夹

可以组织和管理站点文件和文件夹，无论它们是 Dreamweaver 8.0 站点的一部分(位于连接的服务器上)，还是本地驱动器或桌面上，都可以打开文件、更改文件名；添加、移动或删除文件；或者在进行更改后刷新“文件”面板。

1) 在本地站点中创建新的文件或文件夹

① 打开“文件”面板(“窗口”|“文件”)，选择一个文件或文件夹。

② 单击右键后选择“新建文件”或“新建文件夹”。输入新文件或新文件夹的名称，按 Enter 键 。

Dreamweaver 8.0 将在当前选定的文件夹中(或者在与当前选定文件所在的同一个文件夹中)新建文件或文件夹。

2) 删除文件或文件夹

通过“窗口”|“文件”菜单项打开“文件”面板,选择要删除的文件或文件夹,右击后选择“编辑”|“删除”。

3) 重命名文件或文件夹

① 打开“文件”面板,选择要重命名的文件或文件夹。

② 执行以下操作之一,激活文件或文件夹的名称:

■ 单击文件名,稍停片刻,然后再次单击,键入新名称,覆盖现有名称,按 Enter 键。

■ 右击后选择“重命名”,键入新名称,覆盖现有名称,按 Enter 键。

4) 移动文件或文件夹

① 通过“窗口”|“文件”菜单项打开“文件”面板,选择要移动的文件或文件夹。

② 执行下列操作之一:

■ 复制该文件或文件夹,然后粘贴在新位置。

■ 将该文件或文件夹拖到新位置。

刷新“文件”面板可以看到该文件或文件夹在新位置上。

本章小结

本章介绍了网站制作的基本流程,讨论了网站建设中需要考虑的一些问题,如网站结构的设计、内容的布局、色彩的搭配等。另外,本章还详细介绍了本地站点和远程站点的管理。通过本章的学习,读者可以掌握网站设计的基本过程以及站点的建立和管理的基本方法。

练习与思考

1. 在 Dreamweaver 8.0 中创建一个站点,并对该站点进行管理。
2. 制作一个网站主要有哪些步骤?

第 4 章　网页的整体效果制作

网页的整体效果制作有助于浏览者更方便地了解网站信息，也可以使站点很容易地被搜索引擎搜寻到。本章将介绍如何制作网页的头文件以及页面属性等知识。

【本章内容和重点】

■ 制作网页标题

■ 制作网页的关键字

■ 在网页中插入说明

■ 制作网页的外观

■ 使用标尺、网格和辅助线

4.1　网页的文件头设置

如果想对网站进行注释和说明，那就需要对文件头进行制作，文件头的大部分内容是不在网页上直接显示的。常用的网页文件头设置主要有标题、插入 META、插入关键字和说明以及刷新。

4.1.1　制作标题

网页标题主要是由中文、英文或符号组成的，它显示在浏览器的标题栏中。浏览者添加网页到收藏夹时，显示的就是网页的标题。

在 Dreamweaver 8.0 中制作标题，只需在“设计”视图中直接输入网页的标题，如图 4－1 所示。应当养成习惯为张网页设计标题，这样做易于区分网页，也更专业。

图 4－1　“标题”文本框

4.1.2　插入 META

META 标签 HTML 语言 HEAD 区的一个辅助性标签，它位于 HTML 文档头部的<HEAD>标记和<TITLE>标记之间，提供用户不可见的信息。meta 标签通常用来为搜索引擎 robots 定义页面主题，或者定义用户浏览器上的 cookie；可以用于鉴别作者，设定页面格式，标注内容提要和关键字；还可以设置页面使其根据用户自定义的时间间隔刷新自己，以及设置 RASC 内容等级，等等。

以下以插入版权信息为例，介绍一下插入 META 的具体操作步骤。

① 单击“插入”|“HTML”|“文件头标签”|“META”菜单项，打开“META”对话框，如图4－2 所示。

② 在“值”文本框中输入“copyright”,在“内容”文本框中输入版权信息,单击确定即可。

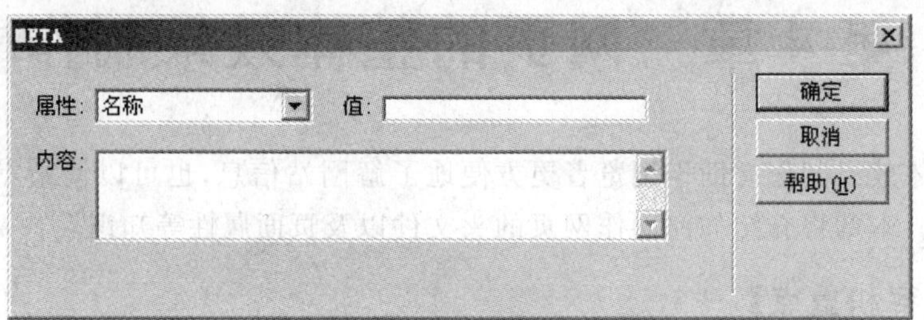

图 4-2 “META”对话框

4.1.3 插入关键字

搜索引擎一般是靠关键字来搜索网页的。关键字设置准确,搜索引擎就能很快地找到该网页,进而增大网页被浏览的机会。

插入关键字的步骤如下:

① 单击“插入”|“HTML”|“文件头标签”|“关键字”菜单项,打开“关键字”对话框,如图 4-3所示。

② 在“关键字”对话框中输入网页内容的关键字,多个关键字用标点符号分开,单击“确定”即可。

图 4-3 “关键字”对话框

4.1.4 插入说明

除了关键字可以帮助搜索寻找到网页外,说明也可以帮助搜索引擎搜索网页。说明存储在搜索引擎的服务器中,可以在用户搜索时随时被调用出来。由于搜索引擎会限制说明的字数,所以内容要简明扼要。

插入说明的步骤如下:

① 单击“插入”|“HTML”|“文件头标签”|“说明”菜单项,打开“说明”对话框,如图 4-4所示。

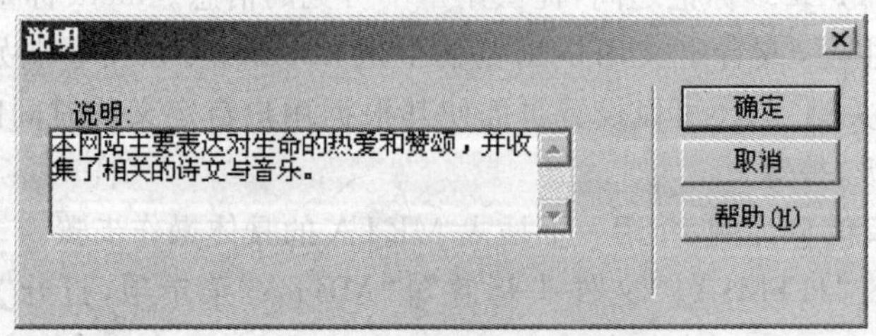

图 4-4 “说明”对话框

② 在“说明”对话框中输入关于网站的介绍性文字，单击“确定”即可。

4.1.5　插入刷新

插入刷新主要是用于下面两种情况：

① 网页地址发生变化时　通过刷新功能，当用户访问旧的网址时，在规定的时间后可以让浏览器自动跳转到新的网页。

② 网页需要经常更新时　通过刷新功能，规定浏览器在指定的时间后自动刷新网页。

插入刷新的操作步骤如下：

① 单击“插入”|“HTML”|“文件头标签”|“刷新”菜单项，打开“刷新”对话框，如图 4-5 所示。

② 在此对话框中的“延迟”文本框中设置延迟时间，选中“转到 URL”单选按钮，在文本框中输入跳转的网页地址，如图 4-5 所示，单击“确定”即可。

图 4-5　“刷新”对话框

4.2　设置页面属性

在 Dreamweaver 中，可以为每一个网页进页面布局和页面格式的设置。方法是通过“修改”|“页面属性”打开“页面属性”对话框，如图 4-6 所示。页面属性的内容包括外观、链接、标题、标题/编码和跟踪图像等。

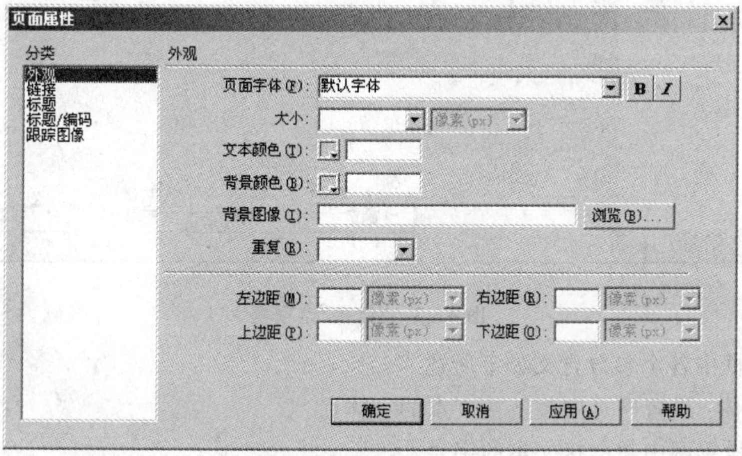

图 4-6　“页面属性”对话框

默认情况下，Dreamweaver 使用 CSS（层叠样式表）设置文本格式。通过“编辑”|“首选参数”也可更改为 HTML 格式设置的页面属性设置。使用 CSS 页面属性时，Dreamweaver 对在“页面属性”对话框的“外观”、“链接”和“标题”类别中定义的所有属性使用 CSS 标签。定义这些属性的 CSS 标签会嵌入到页面的 head 部分中。

4.2.1 制作外观

“页面属性”对话框中各个参数的含义如下所述。

- 页面字体：设置网页中默认的文本字体。
- 大小：设置网页中文本的字号。
- 文本颜色：设置网页中文本的颜色。
- 背景颜色：设置网页的背景颜色。若设置了网页的背景图片，则此处的设置不再起作用。
- 背景图像：单击“浏览”按钮或输入文件路径为网页设置背景图像。默认情况下图像会自动平铺整个网页。
- 左、右、上、下边距：设置网页内容距网页边界的距离，默认情况下有 2px 的间距。

4.2.2 创建链接

链接主要用来设置页面的超链接效果。在“页面属性”对话框中单击“分类”列表下面的“链接”菜单项，如图 4-7 所示。

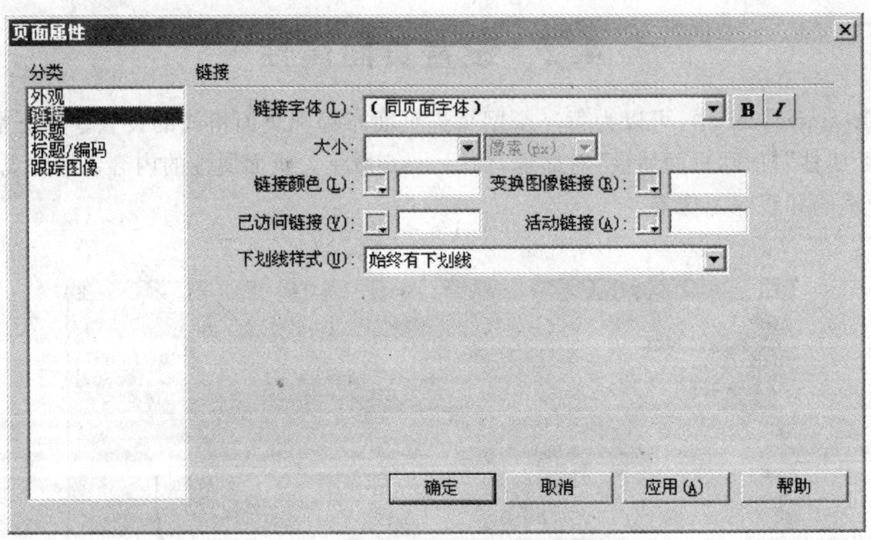

图 4-7 “链接”选项框

在此对话框中各个参数含义如下所述。

- 链接字体：设置网页中超链接文本的字体。
- 大小：设置网中超链接文本的字号。
- 链接颜色：设置网页中超链接文本的颜色。

■ 变换图像链接：设置鼠标移至超链接上的文本颜色。

■ 已访问链接：设置已访问过的超链接颜色。

■ 活动链接：设置鼠标按下链接时的文本颜色。

■ 下划线样式：设置超链接的文本是否有下划线。

4.2.3 制作标题

标题主要是用来设置网页中的标题字体，主要应用在文字较多并且级别分明的网页中。在“页面属性”对话框中单击“分类”列表下面的“标题”选项，如图 4-8 所示。

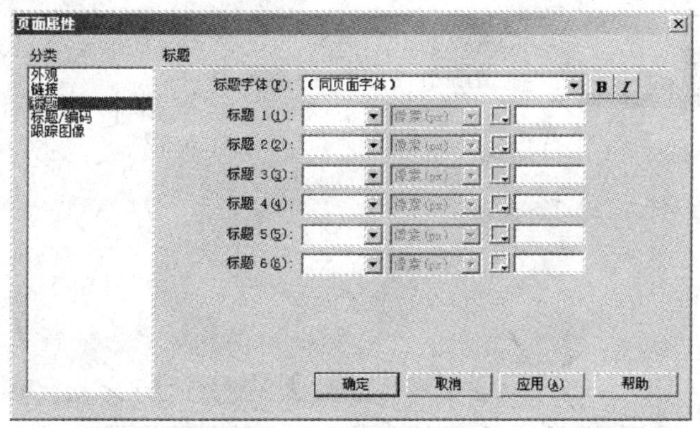

图 4-8 “标题”选项框

在“标题”属性栏中可以设置文档内容中各个标题的样式。文档内容的标题有 1～6 级，标题 1 最大，标题 6 最小。

4.2.4 制作标题/编码

在“标题/编码”属性栏中可以设置网页的标题和文字编码。在“页面属性”对话框中单击“分类”列表下面的“标题/编码”选项，如图 4-9 所示。

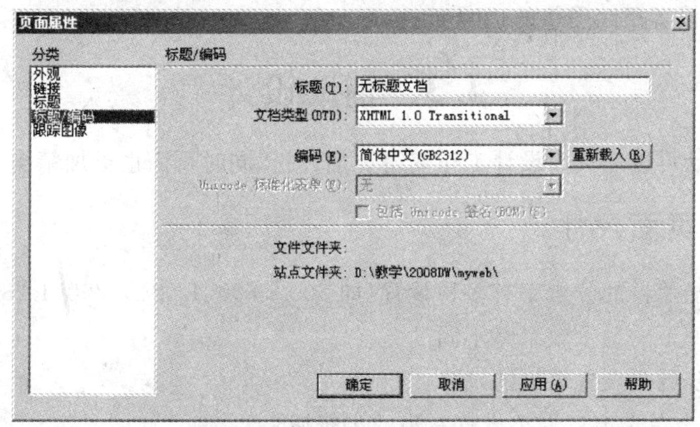

图 4-9 “标题/编码”选项框

在此对话框中各个参数含义如下所述。

■ 标题：在文本框中输入页面标题，其内容将出现在浏览器窗口的标题栏上。

■ 文档类型：设置页面使用哪一种文档类型定义。默认状态为 xhtml1.0 过渡型。

■ 编码：设置用于显示文档字符集字体的 HTML 编码方式。默认状态为"简体中文"。

4.2.5 制作跟踪图像

在"跟踪图像"属性栏中可以设置网页的跟踪图像和图像的透明度。在"页面属性"对话框中单击"分类"列表下面的"跟踪图像"选项，如图 4-10 所示。

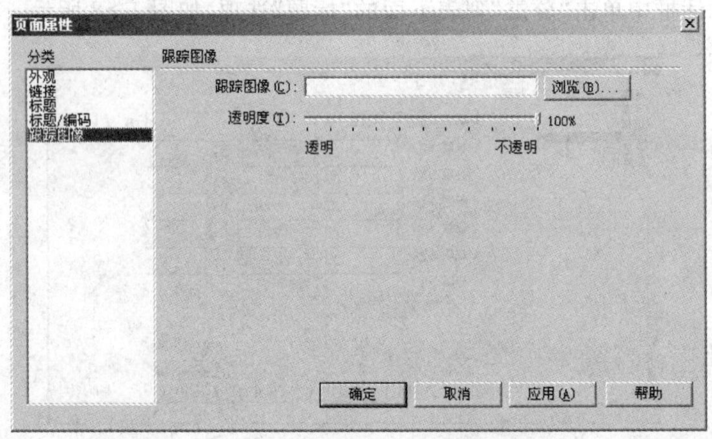

图 4-10 "跟踪图像"选项框

跟踪图像是 Dreamweaver 一个非常有效的功能，它允许用户在网页中将原来的平面设计稿作为网页辅助的背景。用户可以非常方便地定位文字、图像、表格、层等网页元素在该页面中的位置。跟踪图像在网页浏览的时候是不显示出来的。Dreamweaver 跟踪图像的格式可以是 GIF、JPEG 和 PNG。

在此对话框中各个参数的含义如下所述。

■ 跟踪图像：选择或输入跟踪图像的路径和文件名。

■ 透明度：设置跟踪图像的透明度。

4.3 辅助设计

使用辅助设计可以使页面设计工作变得更加轻松，同时页面也更加精美。

4.3.1 设置页面尺寸

电子计算机显示器的分辨率有多种设置，如 800×600、1 024×768、1 280×1 024 等。网页在不同的分辨率下的显示效果是不同的。

可通过如下步骤去设置页面的尺寸。

① 在状态栏上单击窗口大小设置右边的小按钮。

② 在弹出菜单中选择一种适合的大小，或选择编辑大小，如图 4-11 所示。

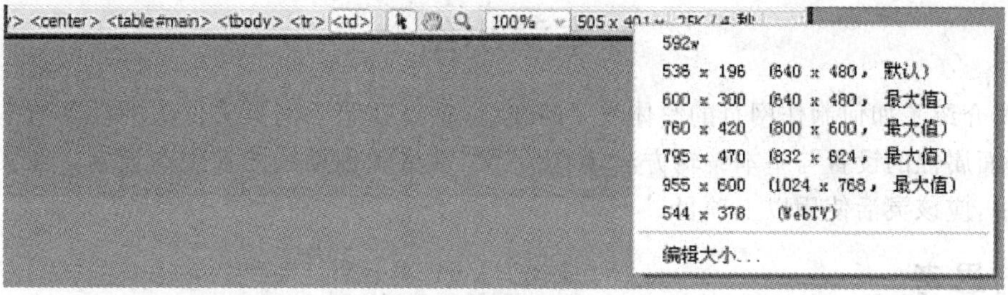

<center> <table#main> <tbody> <tr> <td> 100% 505 x 401

592w
536 x 196 (640 x 480， 默认)
600 x 300 (640 x 480， 最大值)
760 x 420 (800 x 600， 最大值)
795 x 470 (832 x 624， 最大值)
955 x 600 (1024 x 768， 最大值)
544 x 378 (WebTV)
编辑大小...

图 4－11 “窗口大小”弹出菜单

4.3.2 使用标尺、网格和辅助线

使用标尺可以更精确地估计所编辑页面的尺寸，以使页面的设计更加精细。

使用网格可以对层和自由表格进行精确绘制与定位，还可以使页面元素自动对齐到网络。

使用辅助线可以跟踪当前鼠标在文档窗口中的坐标位置。

显示标尺、网格和辅助线的步骤如下所述。

① 单击“文档”工具栏中的“视图选项”按钮。

② 在弹出菜单中单击标尺、网格和辅助线，如图 4－12 所示。

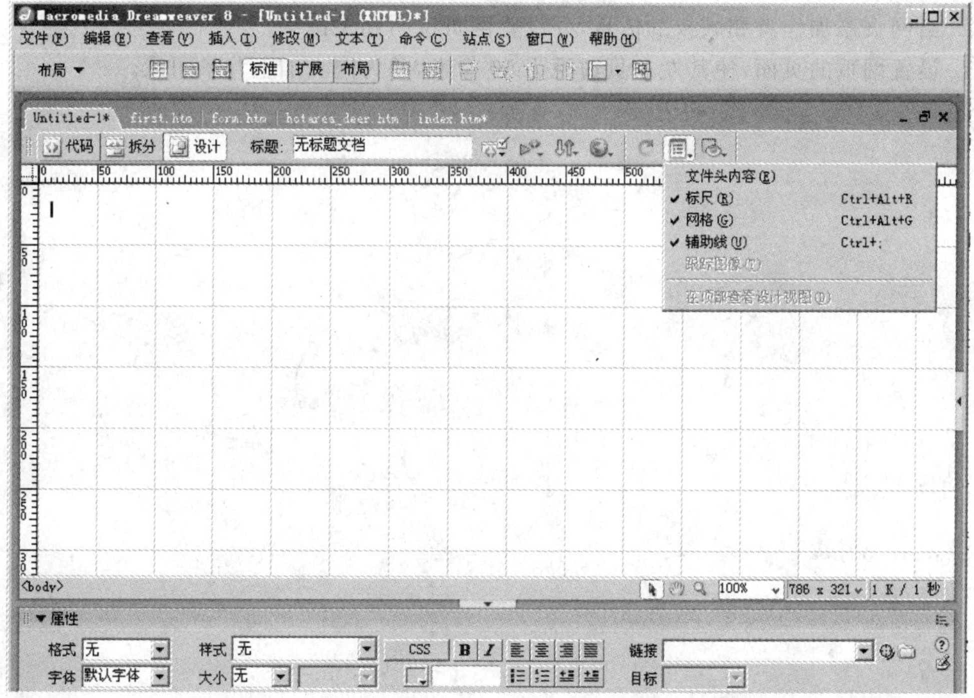

图 4－12 “视图选项”下拉菜单

另外，可以通过“查看”菜单下的“标尺”、“网格”、“辅助线”菜单项对标尺、网格和辅助线进行详细的参数设置。

本章小结

本章介绍了如何制作网页的整体效果的知识，重点介绍了网页文件头的设置与基本编辑方法、页面属性的设置与基本编辑方法，以及标尺、网格和辅助线的使用与设置。在实际的网页制作中，应该灵活使用以上项目。

练习与思考

一、选择题

1. 网页文件头的制作主要包括(　　)。

A. 制作标题　　B. 插入 META　　C. 插入关键字和说明　　D. 刷新

2. (　　)用来帮助搜索引擎寻找网页。

A. 网页标题　　B. 说明　　C. 关键字　　D. 刷新

3. 使用(　　)可以对层和自由表格进行精确的绘制与定位。

A. 标尺　　B. 网格　　C. 辅助线　　D. CSS

二、实践题

1. 制作一个网页，使其每 10 s 自刷新一次。
2. 给网页添加作者和版权的信息，并设置网页说明和关键字。
3. 设置网页的页面，使其左右页边距为 50 像素，并为网页加上背景图像。

第 5 章 网页中的文本、图像和超链接

文本、图像和超链接是网页的基本组成元素。一般来说,网页中显示最多的就是文字,可通过不同的版面形式、不同的设计风格排列在网页上,用以提供丰富的信息资源。图像也是网页中不可缺少的元素,灵活正确地使用图像能够向浏览者传递比文本更多的信息,并且使网页变得缤纷多彩,增加吸引力。而超级链接正是 Internet 的魅力所在。为了把 Internet 上众多的网站和网页联系起来,构成一个有机的整体,在网页中就少不了超级链接。只有通过网页上的超级链接,才能真正地实现网络无国界,做到真正的“互联”。

【本章内容和重点】

- 编辑文本
- 设置字符格式
- 设置段落格式
- 创建项目列表
- 图像的基本格式
- 插入图片
- 编辑图片
- 图像与文字的段落关系
- 超链接的分类
- 创建与各种对象的超链接

5.1 网页中的文本

Dreamweaver 是一种“所见即所得”的网页设计工具,使用者可直接输入中西文字符,然后利用 Dreamweaver 的格式化工具对文本进行格式设置。

5.1.1 网页中文本输入

在网页中插入文本可以有以下三种方法:

① 在 Dreamweaver 文档窗口中直接键入。

② 选择所需文本,复制和粘贴到 Dreamweaver 文档窗口。

③ 从外部导入文本。Dreamweaver 8.0 可以从外部导入 Word 文档、Excel 表格和表格式数据。

下面以外部导入 Word 文档为例,介绍其操作步骤。

① 单击“文件”|“导入”|“Word 文档”菜单项,如图 5-1 所示。

② 打开“导入 Word 文档”对话框,在“查找范围”中选择文件的位置,在对话框中选中要导入的 Word 文档,单击“打开”即可,如图 5-2 所示。

导入 Excel 文档和表格式数据方法相同。

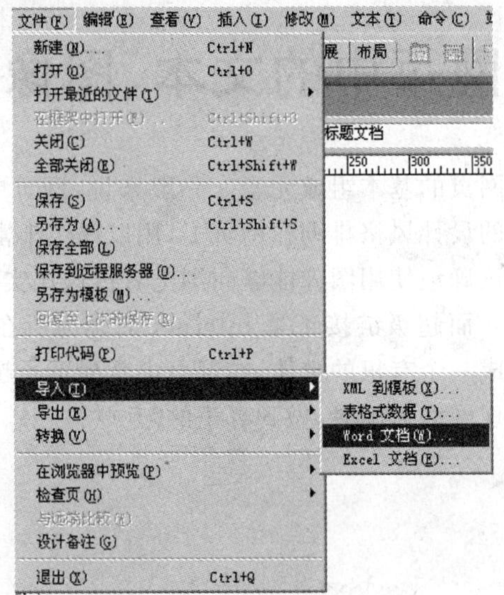

图 5-1 “导入”菜单项

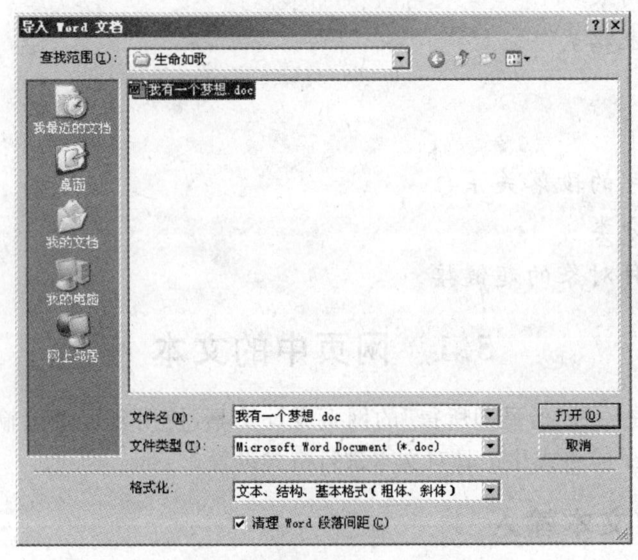

图 5-2 “导入 Word 文档”对话框

5.1.2 设置汉字的字体列表

要在网页中输入汉字，一般要先定义该汉字的字体列表。字体列表是设计者经常要用的多种字体的一个组合列表。Dreamweaver 预先定义了一个默认的字体列表，使用者可以根据自己的需要将经常要用的字体添加到字体列表中去。其操作方法如下。

① 单击“文本”|“字体”|“编辑字体列表”菜单项，弹出“编辑字体列表”对话框，如图 5-3 所示。

② 在“可用字体”列表中选择字体，并用按钮«将选择的字体移到“选择的字体”列表中。用按钮»删除“选择的字体”列表中的候选字体。

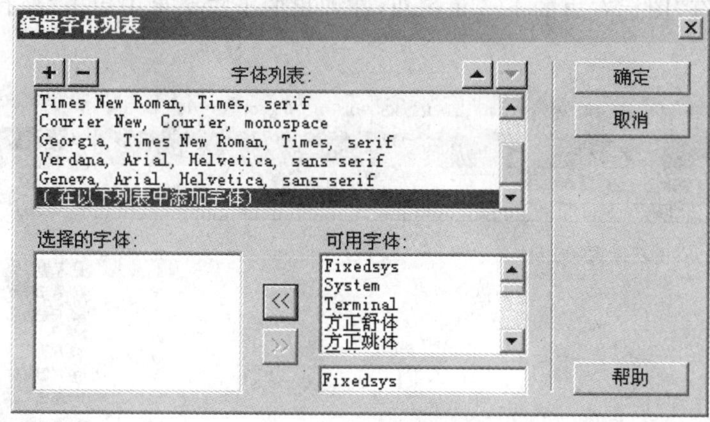

图 5-3 "编辑字体列表"对话框

③ 在"编辑字体列表"对话框中,用加号 + 增加或用减号 - 去除一种字体。

注意: 所选择的字体必须已经安装在计算机系统内才能使用,否则系统会使用默认字体(一般为宋体)。

5.1.3 输入空格

在编辑中文时,常常要在文档中插入多个空格。多个空格的输入有以下几种方法。

① 将输入法设置为全角方式,按空格键即可输入空格。

② 在"属性"面板中,选择"格式"下拉列表中的"预先格式化的"选项,然后可按空格键输入空格。

③ 单击"插入"栏选择"文本"下的"不换行空格"按钮输入空格,参见图 5-4 和图 5-5 所示。

④ 按 Shift+Ctrl+Space 键插入空格。每按一次快捷键可插入一个空格。

5.1.4 输入特殊字符

特殊字符主要包括版权符号、商标符号以及换行符号等。下面以插入换行符为例,介绍一下如何插入特殊字符。具体操作步骤如下。

① 单击"插入"栏左边的下三角按钮,在弹出的下拉菜单中单击"文本"菜单项,如图 5-4 所示。

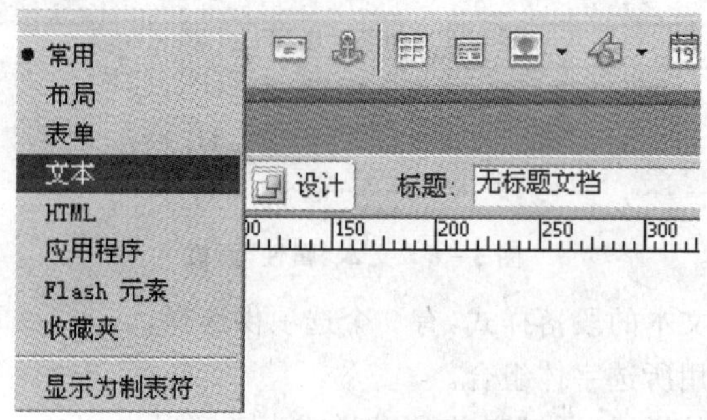

图 5-4 "文本"菜单项

② 单击“字符”图标右边的下三角按钮，在弹出的下拉菜单中单击“换行符”菜单项，如图5－5 所示。

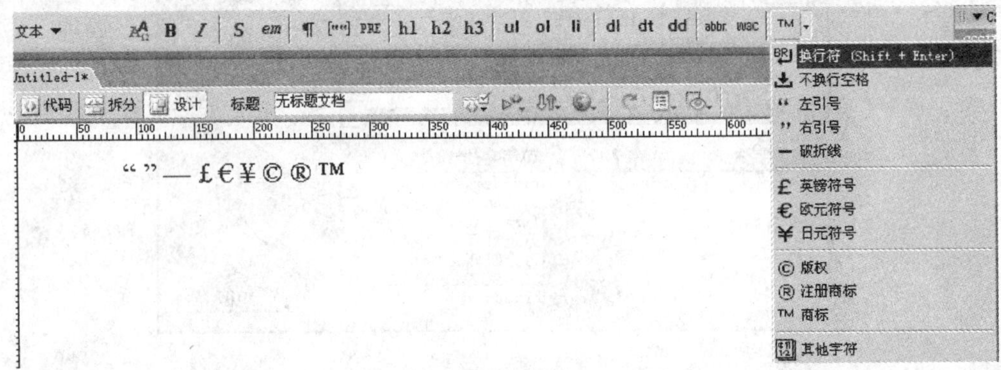

图 5－5 “字符”下拉菜单

④ 完成以上操作后，一个换行符号就被插入进去了。

5.1.5 文本换行

在网页文字编辑时，文本的换行有如下几种方法。

① 自动换行：在输入文字时，一旦长度超过了文档窗口的显示范围，则后面输入的文字将自动换行到下一行。自动换行的好处在于不管浏览器的窗口大小，网页文字都将按照窗口大小自动换行。

② Enter 键换行：输入文字后按 Enter 键换行，则文字成为一个段落，上一段之间空一行。

③ 按 Shift＋Enter 键换行：输入文字后按 Shift＋Enter 键换行，则文字分行不分段，上下行之间无空行。

④ 用特殊字符换行：方法同上述插入特殊字符之插入换行符，效果同 Shift＋Enter 键换行。

5.1.6 文本属性设置

网页中的文本有各种表现形式，文本的各种变化形式在 Dreamweaver 的文本“属性”面板中就可以很方便地完成其设置，如图 5－6 所示。文本“属性”面板是 Dreamweaver 默认的面板，其中各参数的含义如下。

图 5－6 文本“属性”面板

■ 格式：设置所选文本的段落样式，有 9 个选项供选择。

■ 字体：对文本应用所选字体组合。

■ 样式：设置文本的样式，通过定义 CSS 样式表来实现。

■ 大小：应用特定的字体大小(1 到 7)或相对于基准字体大小(默认值是 3)的字体大小(＋1 或－1 到 ＋7 或－7)。

■ CSS：单击此按钮显示文本是否应用了 CSS 样式表。

■ 文本颜色：以所选颜色显示文本。单击颜色框选择网页安全色，或在相邻的文本域中输入十六进制值(例如 ＃FF0000)。

■ 粗体：加粗显示文本，将 <b>或 <strong>应用于所选文本。

■ 斜体：倾斜显示文本，将 <i>或 <em>应用于所选文本。

■ 左对齐、居中对齐和右对齐：应用各自的对齐方式。

■ 链接，为选定文本输入的超链接地址，可以是图片、Html 文件等对象的 URL 地址。方法如下：

① 单击文件夹图标浏览到站点中的文件。

② 直接键入 URL。

③ 可将“指向文件”图标拖到“站点”面板中的文件。

④ 将文件从“站点”面板拖到框中。

■ 目标：用来指定链接对象打开的方式。

- _blank：表示链接对象在新的浏览器窗口中打开。
- _parent：表示在父框架集窗口中显示所链接的对象。
- _self：表示在当前窗口或当前框架中显示所链接的对象。这是系统默认的目标值。
- _top：表示在最顶端的浏览器窗口中显示链接的对象，并删除所有框架。

■ 项目列表：创建所选文本的项目列表。如果未选择文本，则启动一个新的项目列表。

■ 编号列表：创建所选文本的编号列表。如果未选择文本，则启动一个新的编号列表。

■ 列表项目：打开“列表属性”对话框。

■ 缩进和凸出：左缩进和右缩进文本。

■ ：快速标签编辑器。

■ ：展开或折叠“属性”面板切换按钮。

部分文本格式化的效果，请参见图 5－7。

标题一 标题二 标题三 标题四 标题五 标题六 (各标题格式)	• 离离原上草，一岁一枯荣。 • 野火烧不尽，春风吹又生。 • 远芳侵古道，晴翠接荒城。 • 又送王孙去，萋萋满别情。 (项目列表、宋体)	1. 离离原上草，一岁一枯荣。 2. 野火烧不尽，春风吹又生。 3. 远芳侵古道，晴翠接荒城。 4. 又送王孙去，萋萋满别情。 (编号列表、宋体)
	离离原上草，一岁一枯荣。 野火烧不尽，春风吹又生。 (方正姚体)	远芳侵古道，晴翠接荒城。 又送王孙去，萋萋满别情。 (隶书)
	离离原上草，一岁一枯荣。 野火烧不尽，春风吹又生。 远芳侵古道，晴翠接荒城。 又送王孙去，萋萋满别情。 (黑体)	• 离离原上草，一岁一枯荣。 • 野火烧不尽，春风吹又生。 • 远芳侵古道，晴翠接荒城。 • 又送王孙去，萋萋满别情。 (楷体)

图 5－7　文本格式化效果图

5.1.7 插入水平线

在页面上插入一条或多条水平线，以可视方式分隔文本和对象，对于组织信息是非常有用的。在 Dreamweaver 8.0 中插入水平线的方法有两种：

① 单击。

② 在“插入”栏的“HTML”类别中单击“水平线”按钮，如图 5－8 所示。

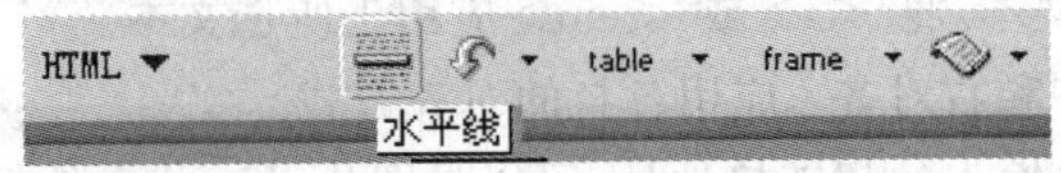

图 5－8 插入水平线

也可对插入的水平线进行设置。当选择水平线时，“属性”面板就变成了水平线的属性，如图 5－9 所示。其中各参数的含义如下。

图 5－9 水平线“属性”面板

■ 宽和高：以像素为单位或以页面尺寸百分比的形式指定水平线的宽度和高度。

■ 对齐：指定水平线的对齐方式（“默认”、“左对齐”、“居中对齐”或“右对齐”）。仅当水平线的宽度小于浏览器窗口的宽度时，该设置才适用。

■ 阴影：指定绘制水平线时是否带阴影。取消选择此选项将使用纯色绘制水平线。

5.2 网页中的图像

网页中除了文本之外，另一个主要元素就是图像。图像不但能美化页面，而且能更加直观地表达网页的主题和要传递的信息。

5.2.1 网页图像格式简介

虽然存在很多种图形文件格式，但 Web 页面中通常使用的只有三种，即 GIF、JPEG 和 PNG。下面简单介绍一下。

① GIF 是 Graphics Interchange Format（图形交换格式）的简称，它采用的压缩是无损的，不过最多支持 8 位 256 种颜色，最适合显示色调不连续或具有大面积单一颜色的图像，例如导航条、按钮、图标、徽标或其他具有统一色彩和色调的图像。另外，GIF 还支持动画格式，通过在一个 GIF 图像中包含多帧画面来实现动画的效果，加在网页文件中显得十分生动，而且不像 Flash 那样需要插件的支持。

② JPEG 是 Joint Photographic Group（联合图像专家组）的简称，主要用于摄影或连续色调图像的高级格式，JPEG 文件可提供上百万种颜色。而且由于采用了特殊的压缩算法，在图像失真很小的前提下，对图片进行了最大的压缩，从而在网络中减少了下载时间。

③ PNG 是 Portable Network Graphic（便携/可移植网络图形）的简称，是一种替代 GIF 格式的无专利权限制的格式，它包括对索引色、灰度、真彩色图像以及 alpha 通道透明的支持。

PNG 是 Macromedia Fireworks 固有的文件格式。PNG 文件可保留所有原始层、矢量、颜色和效果信息(例如阴影),并且在任何时候所有元素都是可以完全编辑的。文件必须具有 .png 文件扩展名才能被 Dreamweaver 识别为 PNG 文件。

5.2.2　插入图像

在网页中插入图像的操作方法如下。

① 将鼠标指针移到网页中图像的插入位置上。

② 选择"插入"|"图像"菜单项,或单击"插入"面板"常用"选项卡的按钮,在打开的"选择图像源文件"对话框中选择图像文件的路径和文件名,如图 5-10 所示。

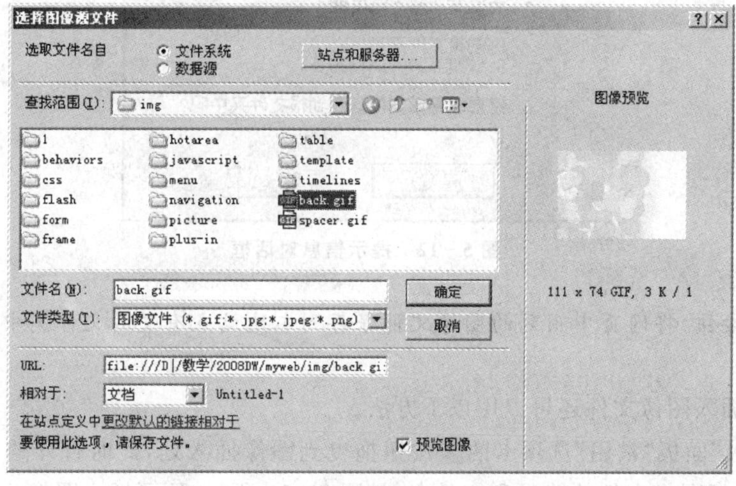

图 5-10　"选择图像源文件"对话框

③ 在对话框中,单击"文件系统"单选按钮,直接在本地硬盘上选择图像文件,或单击"数据源"单选按钮,从数据库中选取图像文件。选中图像文件后,在对话框右边可见其图像预览。

④ 在对话框下面的 URL 文本框中,会显示当前选中的图像文件的 URL 地址。

⑤ 在"相对于"下拉列表框中,如果选择"文档",则要插入图像的网页文档应该先保存在本地站点中,此时图像文件是以相对路径插入网页文档;如果选择"站点根目录"选项,则图像文件是以基于站点根目录的路径插入到网页文档中。

⑥ 单击"确定"按钮即可。

如果要插入图像的网页文件是新建的还未保存过,系统会提示设计者应先保存该文件,如图 5-11 所示。

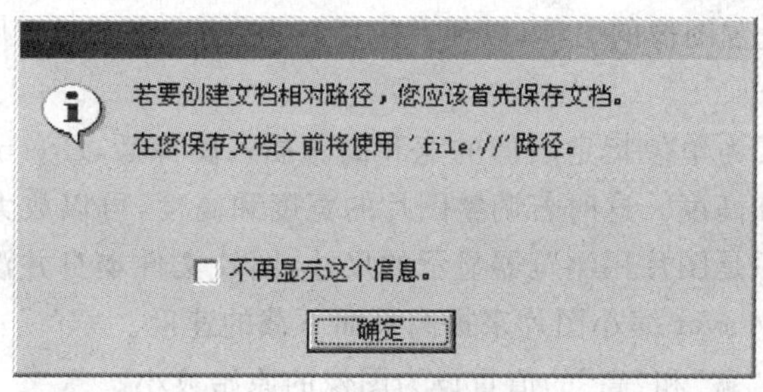

图 5-11　提示信息对话框

要点提示：

在设计有图像的 Web 页面时，应先将该网页文档保存在本地站点中，然后再将该网页文档打开后插入图像文件，此时图像文件以相对路径插入。一定要注意图像文件不要以 URL 的绝对路径插入，这样可能在浏览该网页文档时发生图像文件链接路径的错误，导致图像不能显示。

如果所选的图像文件不在本地站点中，Dreamweaver 会显示如图 5－12 所示的提示对话框。单击"是"按钮，则将选中的图像文件保存在本地站点的文件夹中；如果不想把选中的图像文件保存在本地站点的文件夹中，则单击"否"按钮。

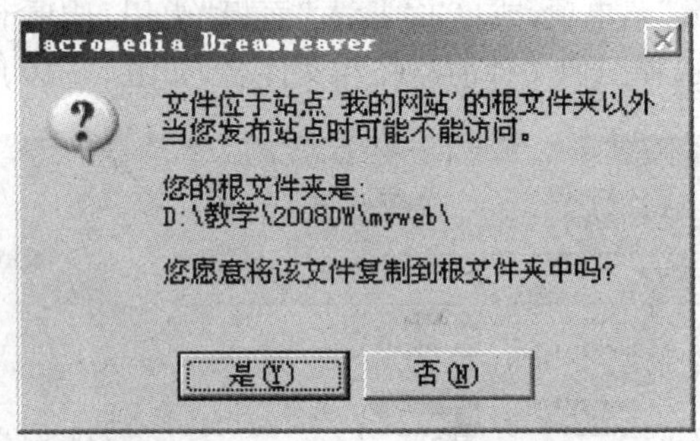

图 5－12　提示信息对话框

要点提示：

选择"是"按钮，将网页中用到的图像文件保存到本地站点有关的文件夹中，这样有利于站点的目录管理。

在网页中插入图像文件还可以用以下方法。

① 将"插入"面板"常用"选项卡的按钮拖曳到图像插入处，此时打开的单击"选择图像源"对话框中选择图像文件的路径和文件名，如图 5－10 所示，便可插入图像。

② 直接从 Windows 资源管理器或 Dreamweaver 的"站点文件"窗口中将图像文件拖入当前编辑的网页文档中。

要点提示：

如果插入的图像文件的路径是 file：//，则表示该图像文件还没有保存到本地站点相关的文件夹中。

5.2.3　图像的属性设置

在网页编辑窗口中选中插入的图像，在"属性"面板中便显示该图像的相关信息，如图 5－13 所示。

图像的"属性"面板中各项参数的意义如下所述。

■ 文本框：用于设置图像的名称，以便在应用行为、编写脚本时引用，例如制作交换图像、导航条时使用。

■ 宽和高：以像素为单位指定图像的宽和高。插入图像后，Dreamweaver 会自动给出图片原来的宽度和高度。这时若调整图片的宽度和高度，可以放大或缩小图片的显示尺寸。但改变的只是图片用浏览器显示的尺寸，图片文件本身并没有任何变化。不要指望通过 Dreamweaver 缩小图片来提高页面下载的速度。

■ 重设大小：将"宽"和"高"的值重设为图像的原始大小。

(a) 图　像

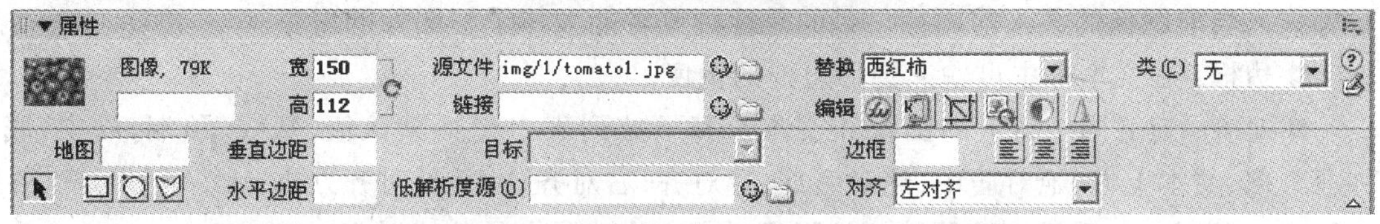

(b) 图像"属性"面板

图 5-13　在网页中插入的图像及图像"属性"面板

■ 源文件：指定图像的源文件。可输入图片文件的路径和文件名，也可浏览选择或指向图片文件。

■ 链接，指定图像的超级链接。将"指向文件"图标拖到"站点"面板中的某个文件，或单击文件夹图标浏览到站点上的某个文档，或手动键入 URL。

■ 替换：设置图像的说明文字，即设置当鼠标放在图像上时会出现的提示文字。

■ 类：在类右边的下拉列表中存放的是图像样式，可以选择需要的样式应用于当前图像。

■ 编辑：启动 Fireworks 程序，在 Fireworks 窗口中对当前选取的图像进行编辑。前提是本机电脑上已经安装了 Fireworks。

■ 使用 Fireworks 最优化：利用 Fireworks 对图像进行最优化处理。

■ 裁剪：用于裁剪当前的图像。单击"裁剪"图标后图像上出现裁剪选取框，如图 5-14 所示。中间亮的部分为需要保留的图片区域，四周较暗的为要裁掉的部分。用鼠标指针拖动四周的控制点调整裁剪范围，调整好后在图片上双击即完成裁剪。

图 5-14　裁剪选取框

■ 亮度与对比度：调整图像的明暗度与对比度，单击"亮度/对比度"图标后，打开"亮度/对比度"对话框。在亮度项中拖动滑块即可调整图像的明暗度，滑块越向右图片越亮；在对比度项中拖动滑块即可调整图像的对比度，滑块越向右对比度越强，如图 5-15 所示。

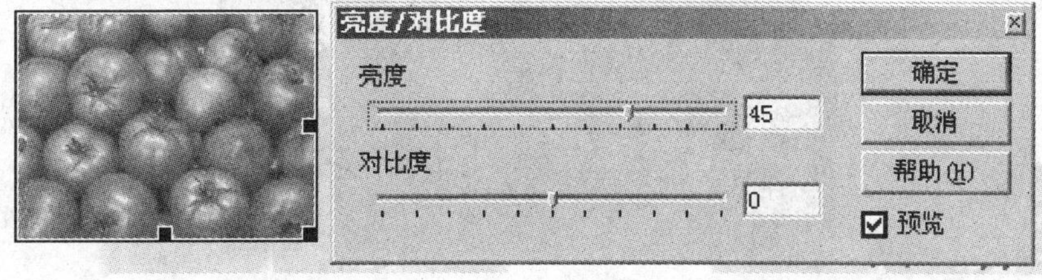

图 5-15　对图进行亮度/对比度处理

■ 重新取样：对已调整大小的图像进行重新取样，提高图片在新的大小和形状下的品质。只能重新取样一次。

■ 锐化：用于调整图像轮廓的清晰度。

■ 垂直边距：设置图像距上方和下方内容的间距。

■ 水平边距：设置图像距左侧和右侧内容的间距。

■ 地图名称和热点工具：允许标注和创建客户端图像地图。

■ 低解析度源：指定一个与当前图像画面内容一致，但图像质量低、文件小的图像作为载入当前图像的载入前图像。目的是让浏览者能大体了解图像的内容。

■ 边框：在文本框中可输入图形边框的宽度。

■ 对齐：对齐同一行上的图像和文本。其下拉列表中包括默认值、基线、顶端、居中、底部、文本上方、绝对居中、绝对底部、左对齐、右对齐这 10 种对齐方式。

- 默认值：采用浏览器默认的图像对齐方式。通常是基线对齐。
- 基线：将文本基准线与图像底部对齐。
- 顶端：将文本基准线各图像的顶部对齐。
- 居中：将文本基准线和图像中央对齐。
- 底部：将文本基准线和图像底端对齐。
- 文本上方：将文本最高字符的顶线和图形顶部对齐。
- 绝对中间：将图像中央和文本的正中间对齐。
- 绝对底部：将文本的绝对底端与图像底部完全对齐。
- 左对齐：将图像居左对齐，文本在图像右边对齐。
- 右对齐：将图像居右对齐，文本在图像左边对齐。

5.2.4 映射图像

映射图像(Image Map)就是在一个图像中划分出几个不的几何图形区域，然后分别为这个像的不同的几何图形区域建立超链接，图像中建立超链接的几何图形区域称为“热区”或“热点”(Hotspots)。浏览时，当单击设置好的“热点”时，会完成相应的超链接操作。

插入热点的具体操作步骤如下所述。

① 在文档窗口中选中要操作的图像，如图 5－16 所示。

图 5－16 热点操作的原始图像

② 单击“属性”面板中的“矩形热点工具”按钮，如图 5－17 所示。

③ 拖动鼠标，在图像上的猴子处绘制一个矩形热点区域。如果如图 5－18 所示。

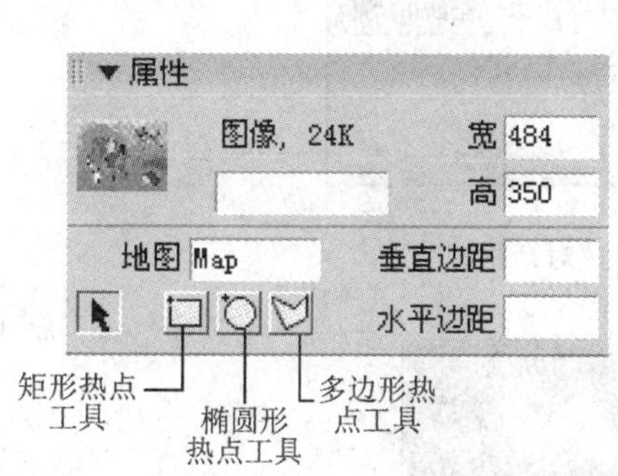

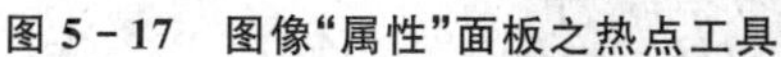

图 5－17　图像“属性”面板之热点工具

图 5－18　绘制热点区域

④ 在热点“属性”面板中设置链接地址、目标和替换。如图 5－19 所示。

图 5－19　热点“属性”面板

⑤ 设置完成后即为图像添加了热点，在浏览器中预览时，单击图片中的猴子打开链接的文档。

⑥ 同理，可以选择椭圆形热点工具在老虎的头部拖动鼠标绘制椭圆热点区域；选择多边形热点工具在沿梅花鹿的边缘连续单击鼠标绘制多边形热点区域。并在热点“属性”面板中做相应设置。

5.2.5　插入图像占位符

在制作网页的时候，经常会使用到图像占位符。通过插入一个图像占位符，将需要放置图像的位置和大小固定下来，排版完成后，再插入对应的图像。图像占位符不会在浏览器中显示出来，而是以最终插入的图像作为最终效果显示。

插入图像占位符的具体操作步骤如下所述。

① 在文档中用鼠标选择需要插入图像占位符的位置。

② 单击“插入”|“图像对象”|“图像占位符”菜单项。

③ 打开“图像占位符”对话框，输入占位符的名称，设置占位符的宽度和高度，并为其选择一种颜色加以区别，如图 5－20 所示。

④ 单击“确定”按钮，则在文档中插入了一个图像占位符，效果如图 5－21 所示。

⑤ 完成网页规划后，再用所设计的图像替换图像占位符即可。

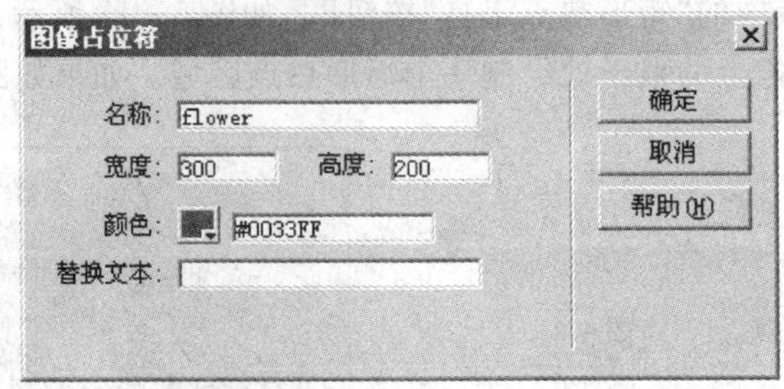

图 5-20 “图像占位符”对话框

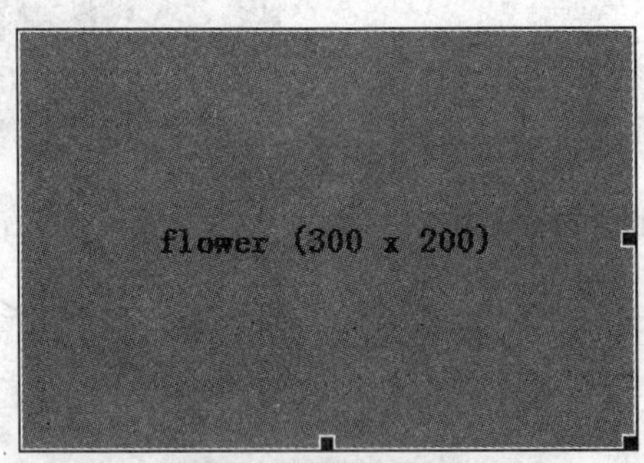

图 5-21 页面中的图像占位符

5.2.6 插入鼠标经过图像

在网页中，鼠标经过图像经常被用来制作动态效果。当鼠标移动到图像上时，该图像就变为另外一幅图像。这样的效果被广泛地应用到按钮、导航条的制作中。

下面制作一个鼠标经过图像，其具体操作如下所述。

① 准备好两张尺寸相同的图像。

② 将光标定位到要插入图像的位置上。

③ 单击“插入”|“图像对象”|“鼠标经过图像”菜单项，打开“插入鼠标经过图像”对话框。通过单击“浏览”分别设置原始图像和鼠标经过图像的路径，并在“替换文本”文本框中输入提示文字“我的收藏”，如图 5-22 所示。

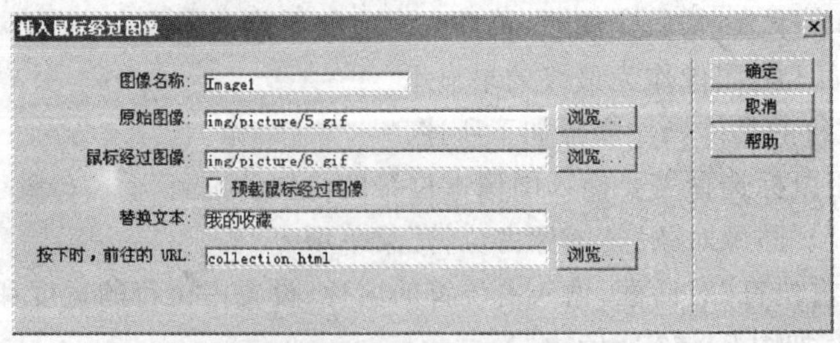

图 5-22 “插入鼠标经过图像”对话框

④ 单击“确定”就完成了鼠标经过图像的设置。

⑤ 保存文档后，按 F12 键浏览制作的交换图像效果，如图 5-23 和图 5-24 所示。

图 5-23　浏览器中的效果

图 5-24　鼠标经过图像的效果

5.2.7　建立网站相册

现在在很多网站的网页中都有网页图片库，又称为网站相册。这是一种在页面上排列显示很多小的缩略图片，如图 5-25 所示。单击小的缩略图片可以链接到该图片所对应的图片放大显示的页面。在 Dreamweaver 中我们可以很轻松地自动完成这些工作。

注意：用户必须先在电脑上安装好 Fireworks 4.0 以上的版本。

图 5-25　网站相册效果图

创建网站相册的操作步骤如下所述。

① 单击“命令”|“创建网站相册”命令，在打开的“创建网站相册”对话框中输入各类参数，如图 5-26 所示。

② 将需要制作成相册的图片放在一个单独的文件夹（即源图像文件夹）中。同时建立一个新的空文件夹（即目标文件夹），用来存放系统生成的图片和文件。

③ 在“相册标题”、“副标题”、“其他信息”文本框中输入相册的标题、副标题和其他补充信息。

④ 在“源图像文件夹”和“目标文件夹”文本框中指定图片的源文件夹和目标相册的位置。

⑤ 设置“缩略图大小”的参数，每张缩略图片可以选择 36×36、72×72、100×100、144×

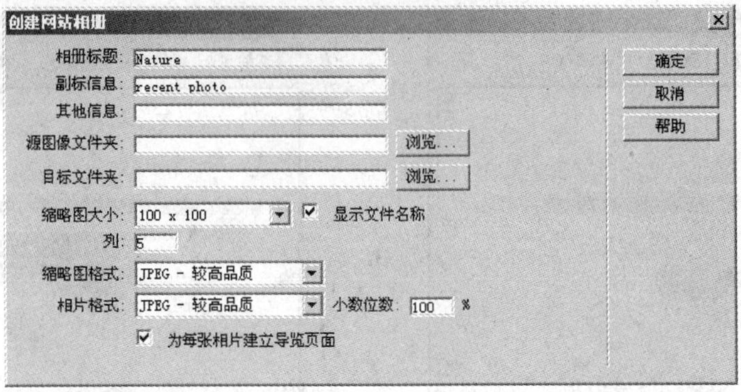

图 5-26 "创建网站相册"对话框

144、200×200 像素五种选项，在"列"文本框中设置每行放置几张图片，选中"显示文件名称"复选框，则在网站相册的缩略图下方显示文件名称。

⑥ 设置"缩略图格式"和"相片格式"为 JPG 品质高，并为每张图片创建导览页面。

⑦ 单击"确定"按钮后，Dreamweaver 8.0 自行启动 Fireworks 8.0 为网站相册完成批处理操作。Fireworks 8.0 自动将"源图像文件夹"中所有图片按指定的大小处理成缩略图，并在"目标文件夹"中存放制作完成的缩略图和相片。

⑧ 当 Fireworks 8.0 将网站相册制作完成后，在 Dreamweaver 8.0 的窗口中将弹出"相册已经建立"的对话框。

⑨ 单击"确定"按钮后，Dreamweaver 8.0 将自动创建并打开网站相册的页面，按 F12 功能键可浏览网站相册的页面。

实际上，Dreamweaver 在目标文件夹中创建了"缩略图"、"图像"、"页面"三个文件夹和名为 index.htm 网站相册的首页。

5.3 超链接

5.3.1 超链接概述

超链接为畅游网络提供了方便，是网页制作中使用得比较多的一种技术。通过网页上的超级链接能把 Internet 上众多的网站和网页联系起来，真正做到网络无国界。

超链接是用事先准备好的文本、按钮、图像等对象与其他对象建立一种链接，也就是在源端点和目标端点之间建立一种链接。源端点是超链接的起始端点，目标端点是链接的对象。

超链接按源端点的链接分，可分为超文本链接和非超文本链接两类。超文本链接的源端点文本下方有下划线。非超文本链接是用除文本之外的其他对象构建的链接，源端点可以是图像、表格、列表、表单和多媒体等对象。

超链接按目标端点的链接划分，可分为外部链接、内部链接、电子邮件链接、局部链接和脚本链接等。

在超链接中，链接路径是通过 URL 来确定的。路径分为绝对路径、相对路径和根路径 3 种。

① 绝对路径：是文件完整的路径，包括 http、ftp 和 file 等协议。要链接到其他网站中的文件时，必须使用绝对路径。例如 http://www.wzu.edu.cn/Educate/Specialties.html 就是

一个绝对路径。

② 相对路径：相对路径是用来制作网站的内部超链接，只要属于同一个网站，即使不在同一个目录下，相对路径也同样适用。如果链接到同一目录下，只要输入要链接的文件名即可。要链接下一级目录中的文件，只要先输入目录名，然后再输入“/”，最后再输入文件名即可。要链接上一级目录中的文件，只要先输入“../”，再输入目录名和文件名即可。

③ 根路径：根路径与相对路径同样适用于创建网站内部超链接。但更多应用在当站点放置于几个服务器上时或当一个服务器上同时放置几个站点时。根路径以“/”开始，然后是根目录下的目录名，例如“/web/mycollection.html”。

5.3.2 创建超链接的方法

在 Dreamweaver 8.0 中可以很方便地为文本、图像、多媒体等对象创建超链接，创建超链接常用的方法有以下几种。

① 在文档编辑窗口中选中源端点对象，然后选择“修改”|“创建链接”命令，打开“选择文件”对话框窗口，选中目标端点便可创建链接。

② 在文档编辑窗口中选中源端点后右击，在快捷菜单中选择“创建链接”命令，打开“选择文件”对话框窗口，选中目标端点便可创建链接。

③ 在文档编辑窗口中选中源端点对象，然后在“属性”面板的“链接”文件框中输入目标端点及路径便可创建超链接。或单击“链接”文本框右边的 按钮，打开“选择文件”对话框窗口，选择目标端点创建超链接，如图 5-27 所示。

图 5-27 “属性”面板之链接设置

④ 在文档编辑窗口中选中源端点对象，然后在“属性”面板的“链接”文件框右侧的“指向文件”按钮，在文件面板中选择目标端点，创建超链接，如图 5-28 所示。

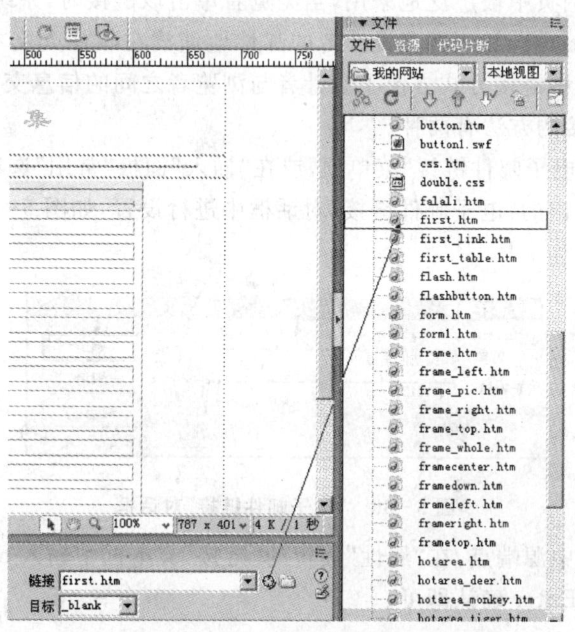

图 5-28 利用“指向文件”创建超链接

5.3.3 创建锚点链接

在网页设计中,要创建某个网页的某个指定位置的超链接,可以先通过在该点处插入命名锚记,再链接至这个锚点来实现。具体操作步骤如下所述。

① 在网页上选择要插入锚点的位置。

② 单击“插入”|“命名锚记”菜单项,或者单击“插入”栏“常用”选项中的“命名锚记”按钮,也可将该按钮拖到网页目标端点处。

③ 在弹出的“命名锚记”的对话框中,输入锚记的名称,如图 5-29 所示。单击“确定”按钮确认。

图 5-29 “命名锚记”对话框

④ 打开源端点所在的网页,选定图片或一段文本作为源端点。

⑤ 若源端点和目标端点在同一网页中,可在“属性”面板的“链接”文本框中输入“#锚点名字”,这样就建立了网页的内部链接;若源端点和目标端点不在同一网页中,则要在“属性”面板的“链接”文本框中输入“文件名.htm#锚点名字”,这样才能建立不同页面之间的锚点链接。

5.3.4 创建 E-mail 链接

电子邮件链接在网页中被广泛地采用,当浏览者单击该链接时,系统会启动电子邮件发送程序(如 Outlook Express),并将网页设计者的邮件地址放在收件人文本框中,为浏览者发送电子邮件做好准备,这种链接方式方便了设计者与浏览者之间的信息交流与反馈。

创建 E-mail 链接的方法有两种。

① 单击“插入”|“电子邮件链接”菜单项,或在“插入”面板“常用”选项卡中单击插入“电子邮件链接”按钮。在弹出的“电子邮件链接”对话框中进行设置,如图 5-30 所示。按“确定”按钮即可。

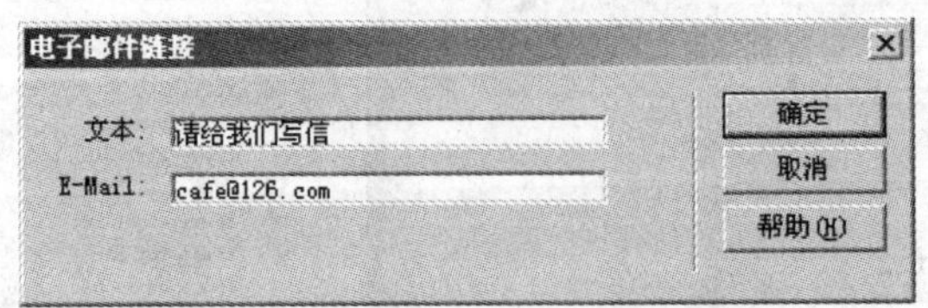

图 5-30 “电子邮件链接”对话框

② 在文档窗口选中源端点,在“属性”面板的“链接”文本框中输入 mailto:电子邮件地址,如图 5-31 所示。按 Enter 确认即可。

图 5－31　在“属性”面板中设置 E－mail 链接

5.3.5　创建导航条

通常在网页的首页上一般可设置一个导航条，这样既可以为浏览者浏览网站提供一个索引，又能引导浏览者浏览整个网站的不同页面。

要在网页上创建导航条，可以通过单击“插入”|“图像对象”|“导航条”菜单项，或单击“插入”面板“常规”选项卡中的“导航条”按钮后，弹出的“插入导航条”对话框来创建。如图 5－32 所示。

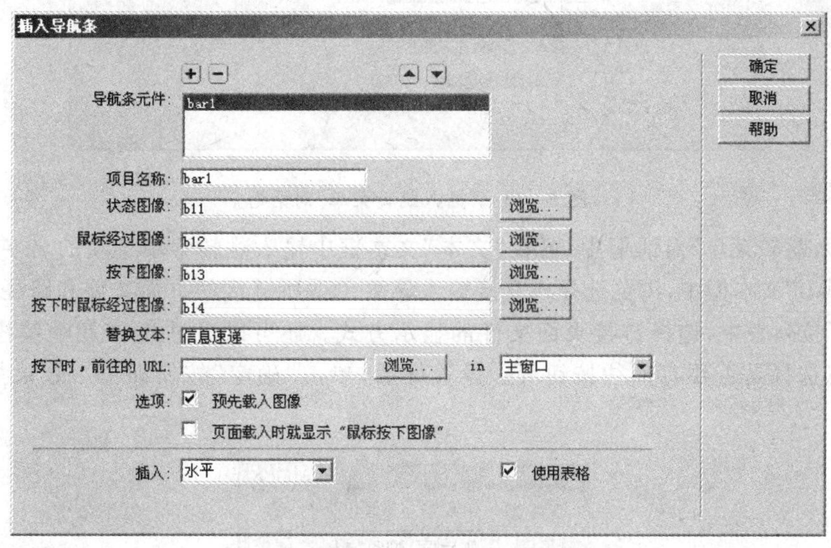

图 5－32　“插入导航条”对话框

图 5－32 各参数含义如下。

- ：添加/移除导航项。
- ：在列表中上移/下移。
- 项目名称：导航条元素的名称。
- 状态图像：页面载入时导航的初始图像。
- 鼠标经过图像：当鼠标移到导航按钮上时所显示的图像。
- 按下图像：当鼠标单击导航条按钮时所显示的图像。
- 按下时鼠标经过图像：单击导航条按钮后将光标移去时所显示的图像。
- 替换文本：导航条按钮的替换文字。
- 按下时，前往的 URL：单击导航按钮后链接的地址。
- 插入水平/垂直：水平或垂直放置导航条。

5.3.6 创建跳转菜单

跳转菜单是一个下拉式菜单,其中的每一个选项都是一个超链接。要在网页中添加一个跳转菜单,可以单击“插入”|“表单对象”|“跳转菜单”菜单项,或单击“插入”栏“表单”选项卡的“跳转菜单”按钮,打开“插入跳转菜单”对话框来创建。如图 5-33 所示。

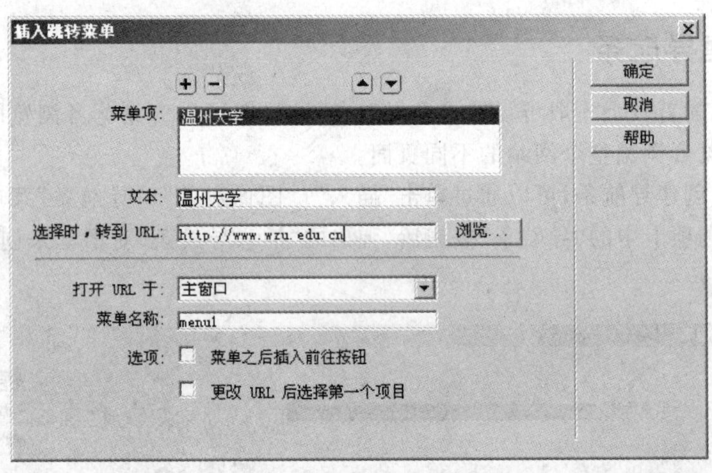

图 5-33 “插入跳转菜单”对话框

在“插入跳转菜单”对话框中,可在“文本”文本框中输入跳转菜单选项的名字。在“选择时,前往 URL”文本框中,浏览选择或直接输入该菜单项所链接的页面文件和路径。在“打开 URL 于”下拉列表中,选择链接页面文件的显示方式。还可以通过+按钮继续添加菜单选项。并可以选择是否要有前往按钮等。设置好后,单击“确定”按钮即可。效果如图 5-34 所示。

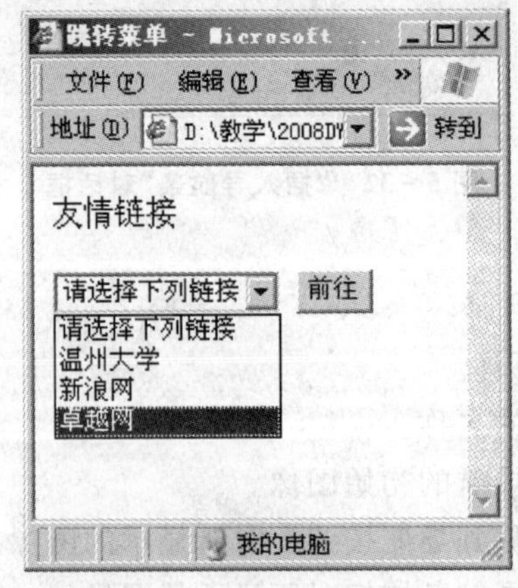

图 5-34 带跳转按钮的跳转菜单

本章小结

本章介绍了在网页中插入文本、图像的方法,介绍了文本、图像属性的设置以及超链接的

基础概念和各种超链接的创建。掌握好本章内容，即可以进行基本的网页编辑了。

练习与思考

一、选择题

1. 可以为文本设置(　　)属性。

   A. 字体　　B. 文本颜色　　C. 字号　　D. 对齐方式

2. 在制作网页的时候，经常会因为页面布局的需要，要在某个位置插入一幅图片，此时可以先插入(　　)。

   A. 图像　　B. 导航条　　C. 图像占位符　　D. 水平线

3. (　　)主要是用来为图像的不同部分设置链接的。

   A. 图像占位符　　B. 热点　　C. 超链接　　D. 路径

4. 每个文件都有自己存放的位置，称为路径。文件路径的表示分为(　　)。

   A. 绝对路径　　B. 相对路径　　C. 底层路径　　D. 根相对路径

5. 超链接是由(　　)两部分组成的。

   A. 源端点　　B. 目标端点　　C. 起始端点　　D. 目的端点

二、操作题

1. 在 Dreamweaver 中编辑字体列表。
2. 制作一个有鼠标经过图像的图文网页。
3. 制作一个网站相册。
4. 制作一个带有各种超级链接的网页。

第6章　网页的布局——表格、层和框架

在网页设计中，页面布局的设计是非常重要的，因为页面布局将确定页面内容在浏览器中显示的位置，而页面设计布局保持一致也同样非常重要。比如，如何为站点页面设计相似的外观、颜色方案、导航等。通常开始建立 Web 页面之前规划页面设计和布局，这样有助于设计者在开发过程中节省大量的时间。

在 Dreamweaver 8.0 中提供了网页布局的三个重要网页元素——表格、层和框架。通过这三个网页元素，设计者可以高效、快速地对网页进行合理的布局设计。

表格是用在 HTML 页上显示表格式数据以及对文本和图形进行布局的强有力的工具，通过使用表格来对页面中的元素进行精确定位，可以页面中各元素达到有序排列的目的，使页面保持一定的版式。

层是可以随意移动的网页定位元素，可以在层中插入文本、图片、表格和插件等，还可以实现一些画面的动态效果。因此，能够在页面设计中合理的应用层，会使得网页设计效果更加美观，布局设计更加简便和灵活。

框架是网页中经常使用的页面设计方式。框架的作用就是把网页在一个浏览器窗口下分割成几个不同的区域，实现在一个浏览器窗口中显示多个 HTML 页面。使用框架可以非常方便地完成导航工作，让网站的结构更加清晰，而且各个框架之间决不存在干扰问题。

【本章内容和重点】

- 表格基本操作和应用
- 层的基本操作和应用
- 框架的基本操作和应用

6.1　表　格

表格是网页制作中最为重要的一个对象，因为通常的网页设计都是依靠表格来进行版面布局和各元素组织的，它直接决定了网页是否美观，内容组织是否清楚。在 Dreamweaver 中可以很方便地设计精细的表格，从而使网页更加美观精细。下面就来学习表格的基本操作和如何在网页设计时使用表格来进行网页布局。

6.1.1　表格的插入

在页面中插入表格可以通过菜单命令，也可以通过“插入”栏|“布局”类别|“标准”模式|“表格”工具来插入。插入表格的步骤如下所述。

① 放置插入点在页面中需要插入表格的位置(一般单击该位置即可)。

② 在“插入”栏|“布局”类别|“标准”模式下单击“表格”工具图标，如图 6-1 所示，或者选择“插入”|“表格”菜单项(如图 6-2 所示)，可打开图 6-3 所示的“表格”对话框。

图 6-1 布局|标准模式下的插入表格工具

③ 设置“表格”对话框中各参数选项，单击“确定”按钮。

“表格”对话框中各参数选项含义如下所述。

■ 行数：可输入将要插入的表格的行数。

■ 列数：可输入将要插入的表格的列数。

■ 表格宽度：可输入将要插入的表格的宽度，单位有“百分比”和“像素”。

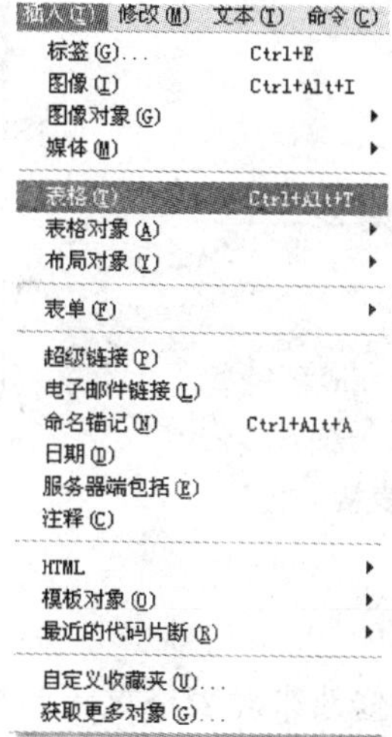

图 6-2 插入表格菜单工具

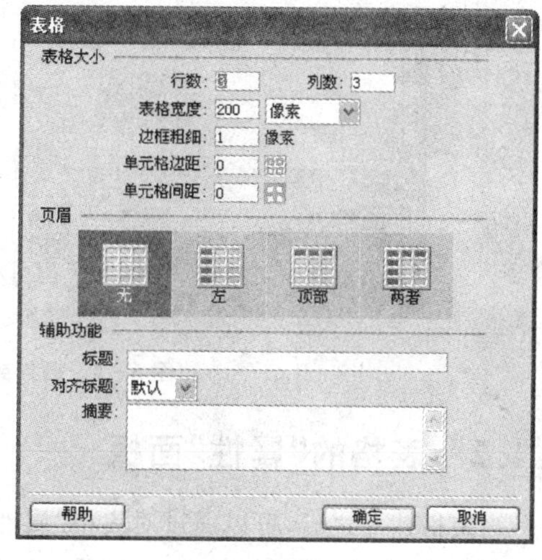

图 6-3 “表格”对话框

■ 边框粗细：可输入将要插入的表格的边框值，输入“0”则表格边框在浏览器中不可见；输入其他的正值时，值越大，边框越粗。

■ 单元格边距：可输入将要插入的表格的单元内容距单元格边界的距离。

■ 单元格间距：可输入将要插入的表格的两相邻单元格之间的距离。

■ 页眉：可以选择设置表格内标题的形式。

■ 标题：可输入将插入表格的标题。

■ 对齐标题：可以选择标题的对齐方式。

■ 摘要：可以输入所建表格的说明。

当插入点设置在页面的左上角，按图 6-3“表格”对话框中参数选项值设置后单击“确定”按钮，Dreamweaver 将建立如图 6-4 所示的表格。该表格默认为靠左对齐，可以在表格的“属性”面板中改变其对齐方式。

注意：建立的表格将左对齐，如果插入点在文本后面，建立的表格将自动换行到下一行。

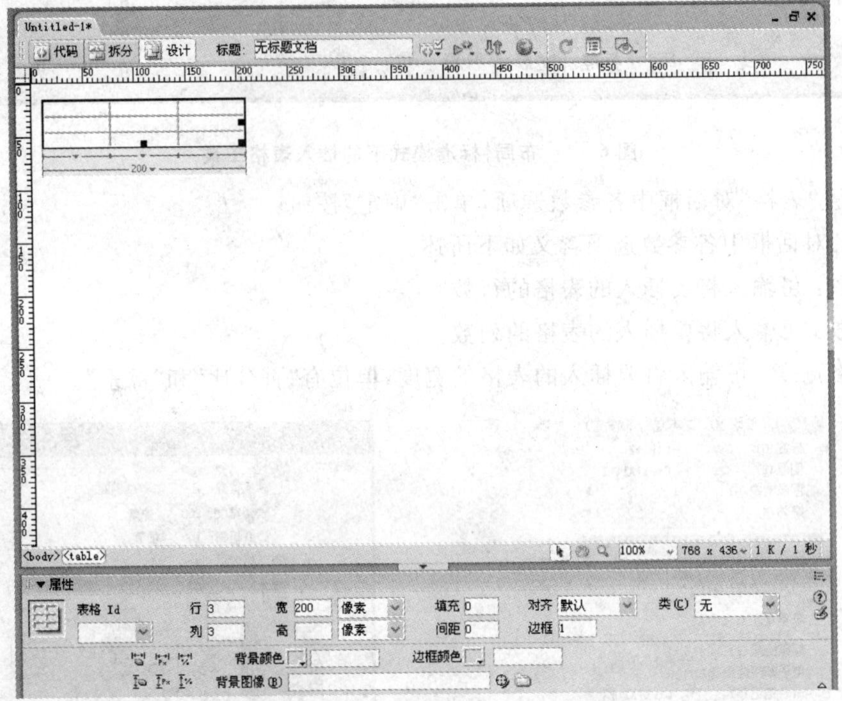

图 6-4　插入到“设计”视图中的表格

6.1.2　表格的“属性”面板

当表格建立之后，可以通过对表格“属性”面板中属性的修改来对表格重新调整。

表格的“属性”面板如图 6-5 所示。“属性”面板中各属性的含义如下所述。

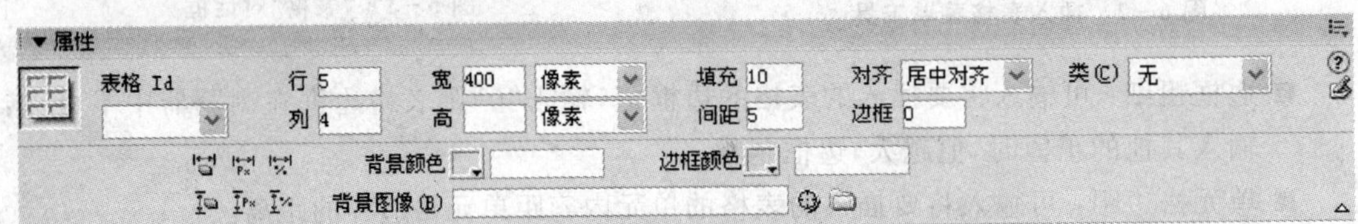

图 6-5　表格“属性”面板

- 表格 ID：指表格的 ID。
- 行和列：表格中行和列的数目。
- 宽和高：以像素为单位或按占浏览器窗口宽度的百分比计算的表格宽度和高度，通常不需要设置表格的高度。
- 单元格边距：单元格内容和单元格边框之间的像素数。
- 单元格间距：相邻的表格单元格之间的像素数。

说明：如果没有明确指定单元格间距和单元格边距的值，大多数浏览器都按单元格边距设置为 1，单元格间距设置为 2 来显示表格。若要确保浏览器不显示表格中的边距和间距，可将单元格边距和单元格间距设置为 0。

■ 对齐：确定表格相对于同一段落中其他元素(例如文本或图像)的显示位置。

- 左对齐：沿其他元素的左侧对齐表格,同一段落中的文本在表格的右侧换行。
- 右对齐：沿其他元素的右侧对齐表格,文本在表格的左侧换行。
- 居中对齐：将表格居中,文本显示在表格的上方和/或下方,“默认”指示浏览器应该使用其默认对齐方式。
- 默认：其他内容不显示在表格的旁边。

■ 边框：指定以像素为单位指定表格边框的宽度。若要在边框设置为 0 时查看单元格和表格边框,需要选择“查看”|“可视化助理”|“表格边框”菜单项。

■ 背景颜色：表格的背景颜色。

■ 边框颜色：表格边框颜色。

■ 背景图像：表格的背景图像。

【例 6-1】将图 6-4 的表格按照图 6-5 所示的值设置后,其效果如图 6-6 所示。

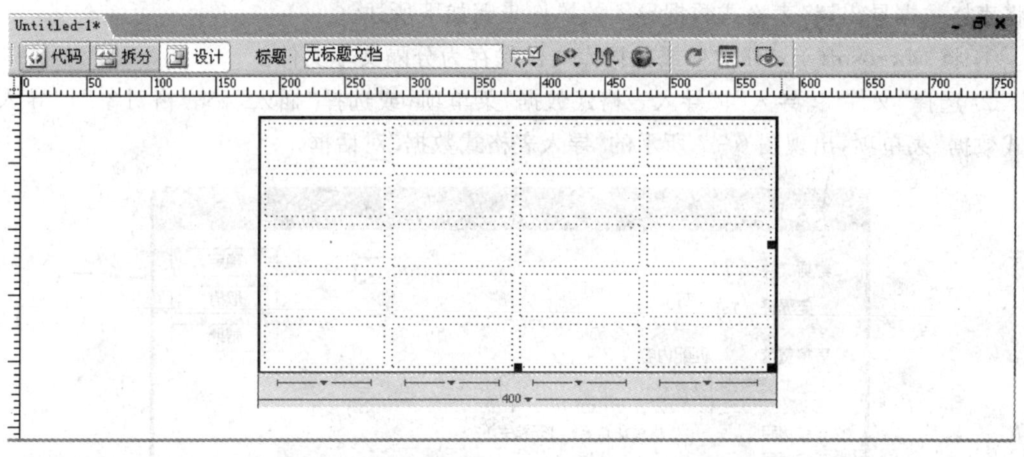

图 6-6　通过“属性”面板的参数设置调整了表格

6.1.3　表格的基本操作

当创建好表格后,可以对表格进行许多操作,如：插入行、删除行、插入列、删除列、表格的拆分与合并等。

1. 表格和单元格的选择

表格的选择可执行如下操作之一：

① 将鼠标放置在表格的边框上,当出现高亮红色边框后,单击选择表格。

② 将鼠标单击表格中任何一个地方后再单击标签栏上的<table>标签可以选择表格。

单元格的选择可执行如下操作之一：

① 双击某个单元格,可以选择该单元格。

② 单击标签栏上的<td>标签可以选择光标所在的单元格。

③ 单击标签栏上的<tr>标签可以选择光标所在的行。

④ 将光标移到表格的左边框处或顶边框处,当该行或列出现高亮显示时(如图 6-7 所

示)，单击可以选中该行或者该列。

2. 单元格的拆分与合并

选择需要进行拆分或合并的单元格并右击，在弹出的快捷菜单中选择“表格”|“拆分”或者“表格”|“合并”。

3. 行或列的插入和删除

表格的插入：将光标放置在表格单元格中并右击选择“表格”|“插入行”或者“表格”|“插入列”，则光标所在的单元格的上边或者左边将增加一行或者一列。

表格的删除：将光标放置在表格单元格中并右击选择“表格”|“删除行”或者“表格”|“删除列”，则光标所在的行或列将被删除。

4. 表格式数据的导入与导出

可以直接向表格中输入数据，也可以将数据库文件或 excel 表格导入到表格中；同样也可以将表格数据导出，将表格式数据导入的操作步骤如下所述。

① 将 Microsoft Excel 文件或数据库文件保存为分隔文本文件。

② 选择“文件”|“导入”|“导入表格式数据”菜单项，或选择“插入”|“表格对象”|“导入表格式数据”菜单项，出现图 6-7 所示的“导入表格式数据”对话框。

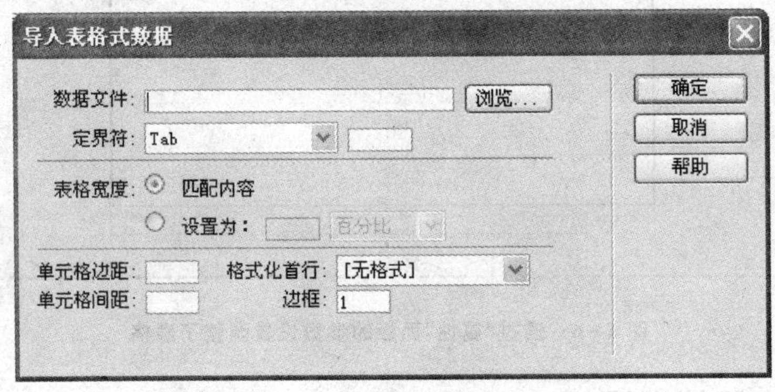

图 6-7 “导入表格式数据”对话框

③ 在“数据文件”参数选项文本框中输入所需文件的名称，或者通过浏览来选择所需的文件。

④ 在“定界符”参数选项文本框中选择将文件保存为分隔文本时使用的分隔符。选项包括“制表符”、“逗号”、“分号”、“冒号”和“其他”。

⑤ 如果选择“其他”，则该选项旁边将出现一个空白字段。输入用作分隔符的字符，单击“确定”按钮。

下面是将表格数据导出的操作步骤：

① 将插入点放置在表格中的任意单元格中。

② 选择“文件”|“导出”|“表格”菜单项，将出现“导出表格”对话框，如图 6-8 所示。

③ 在“导出表格”对话框中，设置导出表格选项，单击“导出”。

④ 在弹出的对话框中输入导出表格数据将保存的文件名称，单击“保存”按钮。

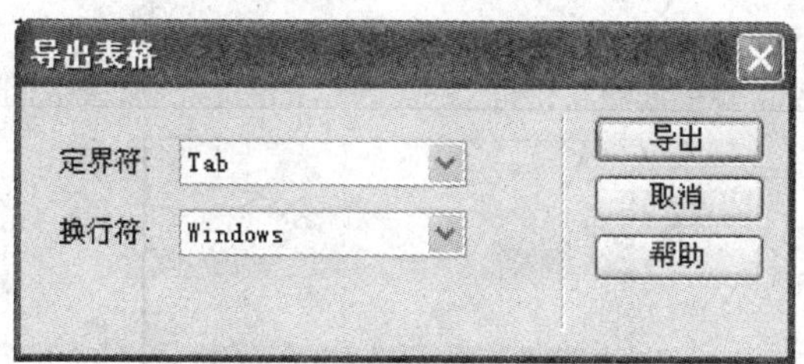

图 6-8　“导出表格”对话框

6.1.4　设置表格的格式

1. 使用“格式化表格”命令设置表格格式

使用“格式化表格”命令可将预先设置的格式快速应用到表格。同时，还可以通过选择选项进一步自定义该格式设计。这种格式的应用只适用于简单的表格，对于有标题的或者有行、列合并的表格均不能适用。操作方法如下所述。

① 单击“插入”栏|“布局”类别|“标准”模式|“表格”工具，插入一个 4 行 5 列的表格。

② 选择“命令”|“格式化表格”(如图 6-9 所示)，弹出图 6-10 所示的“格式化表格”对话框。

③ 在对话框中可选择一种格式对表格进行格式化，对话框中各参数选项的设置也可改变所选格式。

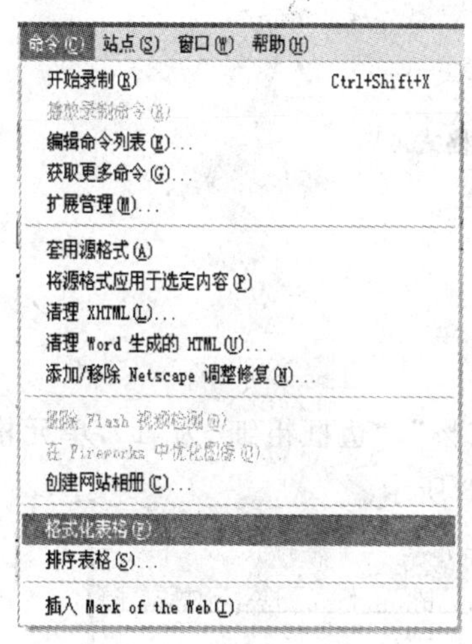

图 6-9　“格式化表格”菜单项

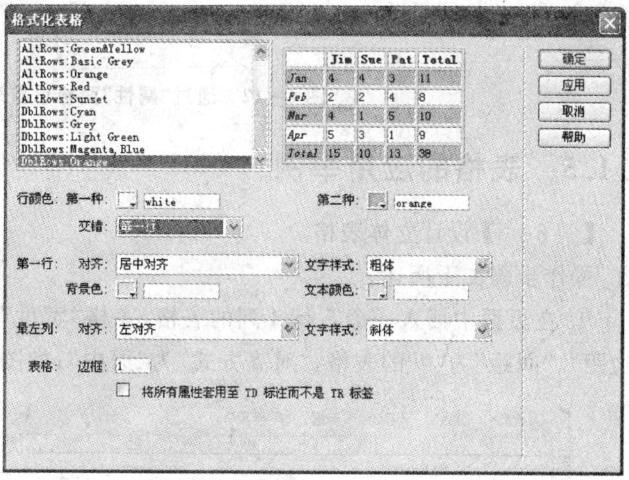

图 6-10　“格式化表格”对话框

【例 6-2】按图 6-10 的对话框中参数选项值进行设置后单击“确定”按钮，则选择的预定义样式“Dblrows：orange”也将被改变，这些改变将应用于所选定的表格，效果如图 6-11 所示。

2. 使用“属性”面板设置表格格式

通过设置表格的边框、背景色或者单元格的边框和背景颜色进行表格的格式设置。

例如，选中表格的第二行，在“属性”面板中设置单元格的“背景颜色”为“＃0033FF”，选中

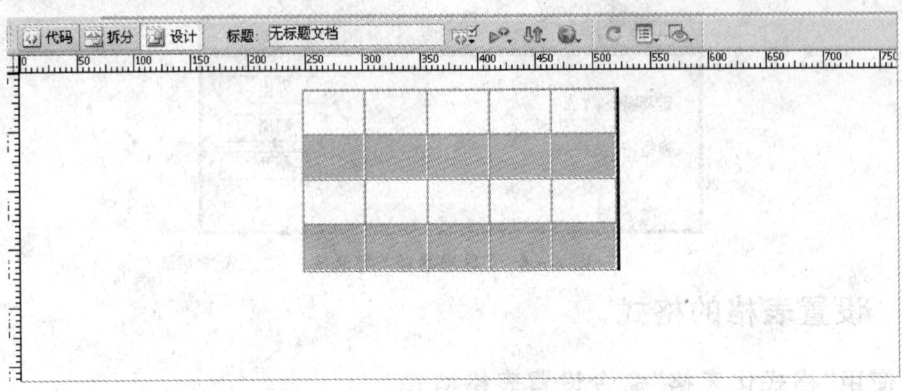

图 6-11　使用格式化表格对表格进行格式化的效果

表格的第四行设置"背景颜色"为"＃FFFF00","边框"为"0",效果如图 6-12 所示。

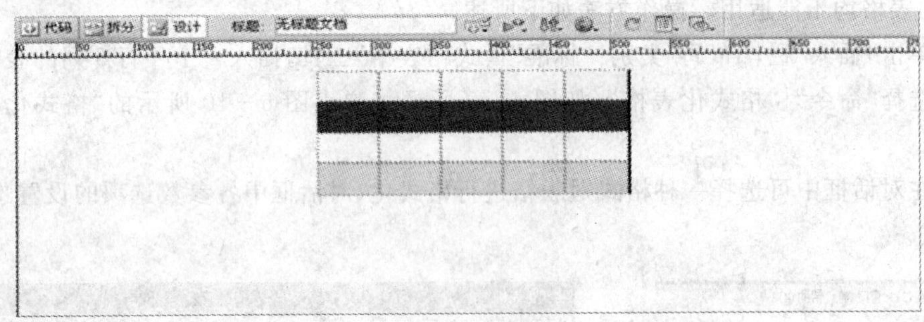

图 6-12　通过"属性"面板设置表格的格式

6.1.5　表格的应用举例

【例 6-3】设计立体表格。

操作步骤如下所述。

① 在页面中插入一个 5 行 4 列的表格,表格"宽度"为"50％","边框粗细"为"1",单元格"边距"、"间距"为"0"的表格,"对齐方式"为"居中",如图 6-13 所示。

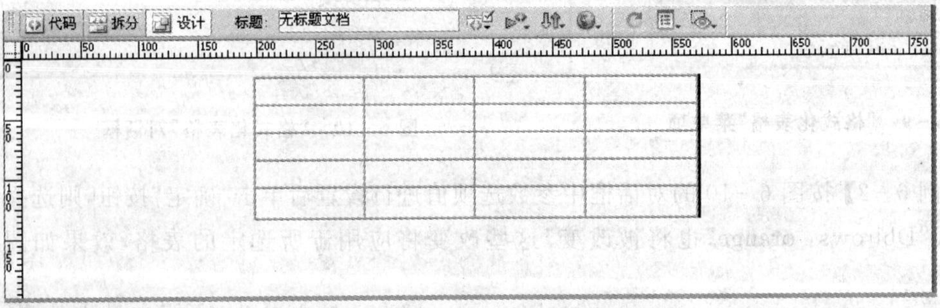

图 6-13　边框粗细为 1 的效果

② 单击表格右边框选中整个表格,在"属性"面板中设置背景颜色为蓝色(＃0000FF),边

框颜色为白色(＃FFFFFF)。

③ 右击后,从弹出的快捷菜单中单击“编辑标签”菜单项,弹出如图 6－14 所示的“标签编辑器”对话框,选择左边的“浏览器特定的”项,“边框颜色亮”为“＃000000”,单击“确定”按钮。或者在代码视图的<talble>　<table/>之间加上标签 bordercolorlight＝"＃000000"即可。如图 6－15 所示。

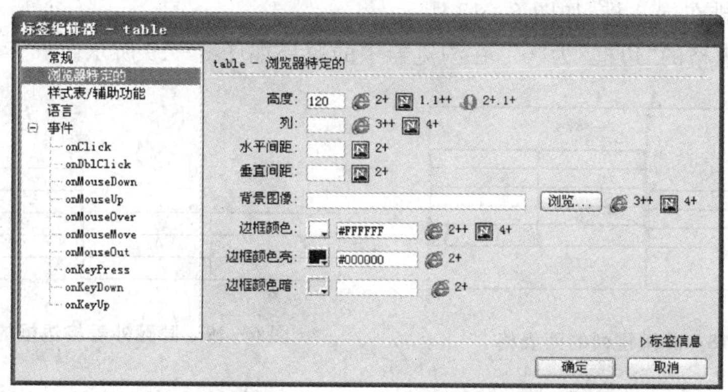

图 6－14　“标签编辑器”对话框中设置 table 标签

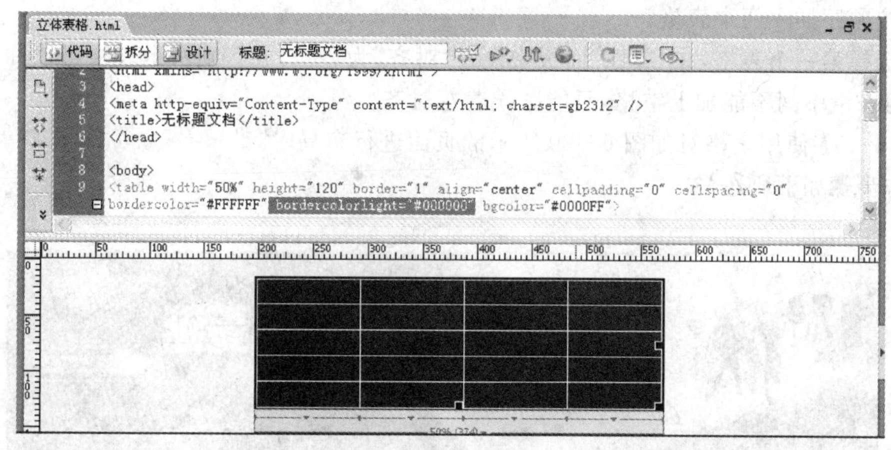

图 6－15　在代码视图中设置“边框颜色亮”为“＃000000”

④ 保存文件,在浏览器中预览效果如图 6－16 所示。

⑤ 在“属性”面板修改“间距”为“3”,立体效果如图 6－17 所示。

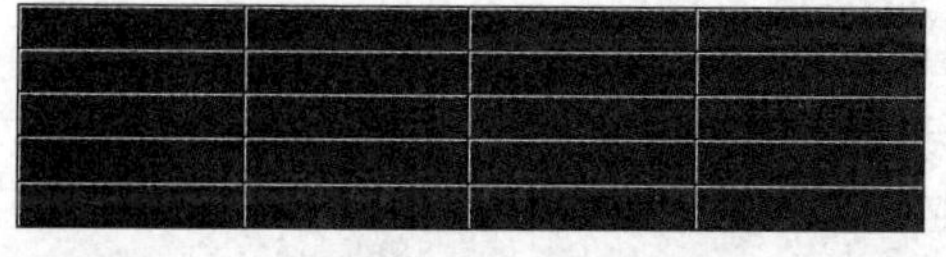

图 6－16　“单元格间距”为“1”的表格效果

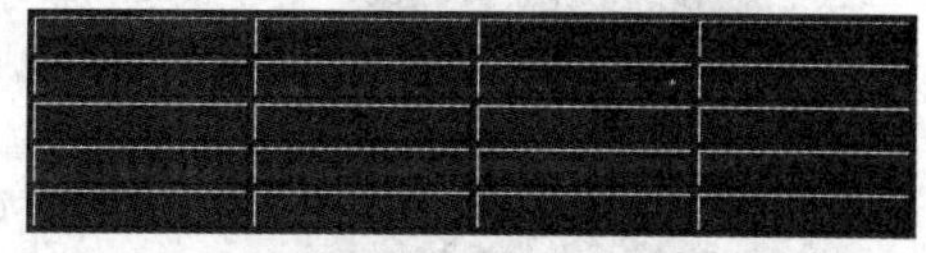

图 6－17　“单元格间距”为“3”的表格效果

【例 6－4】两个并排表格的制作。

如果在同一行中插入两个表格,它们是不能够排在同一排的。如果要将两个表格并排排列,可以使用下列两个方法。

方法一：

① 插入一个一行两列的表格，在“属性”面板中设置参数选项“填充”为“0”，表格的“宽度”和“高度”可以根据情况进行调整。

② 将光标分别置入第一、二单元格中，插入两个不同的表格。

③ 分别选中两表格，在“属性”面板中设置参数选项“宽度”为“100%”，两表可完全填充所在的单元格，即排在同一排，如图 6－18 所示。

④ 设置外表格的“边框”为“0”，在浏览器中的效果如图 6－19 所示。

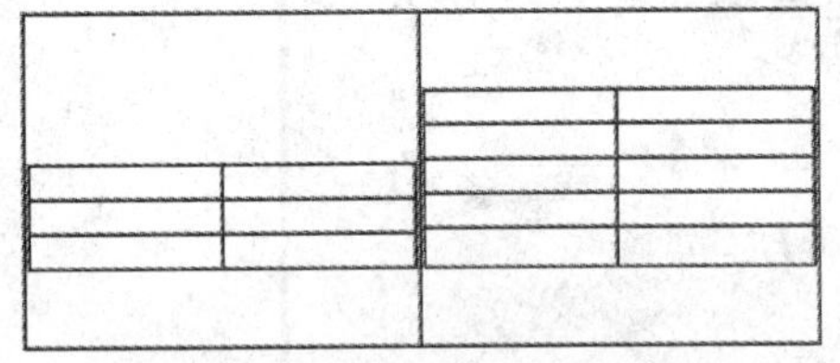

图 6－18　并排排列的两表格

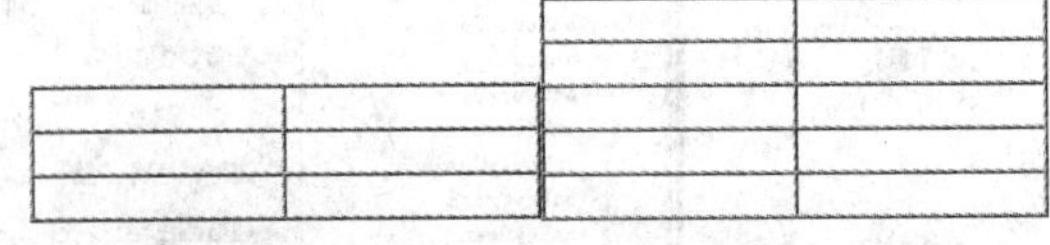

图 6－19　隐藏外表格边框的并排两表格

注意：如果需要两表格并排之间有距离可以设置外表格的单元格间距的值稍大即可。

方法二：

① 按顺序插入两个表格。

② 选择第一个表格，在“属性”面板中设置“对齐”为“左对齐”，则两个表格可以并列排列，但是在两表格中间不能加上空格，只能紧挨着左对齐。

【例 6－5】使用表格对如图 6－20 所示的页面进行布局。

操作步骤如下所述。

图 6－20　例 6－5 网页效果图

① 插入一个 6 行 2 列的表格，表格的“宽度”设为“100％”，“单元格间距”、“单元格边距”和“边框粗细”均设为“0”，如图 6－21 所示。

② 选中第一行并右击，在弹出的快捷菜单中选择“表格”|“合并单元格”命令。

③ 将光标置入第一行，选择“插入”|“图像”菜单项，在第一行插入图像文件“banner. jpg”。

④ 选中第二行右击，并选择“表格”|“合并单元格”命令，合并单元格。

⑤ 将光标置入第二行，输入文本“全球灾情报告|救市！全球都在动|被吞噬的金融机构|500 家 A 股生死劫|落马 CEO|门口野蛮人|华尔街小人物|华尔街巫师|图击百年危机|独家报道”。设置“文本颜色”为“＃333333”，设置“背景颜色”为“＃cccccc”。

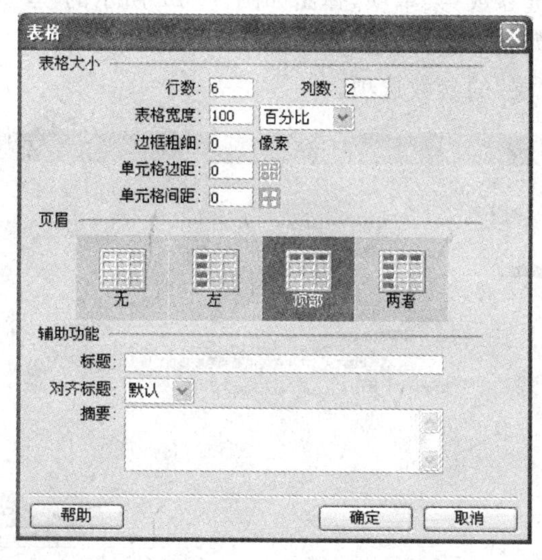

图 6－21　插入“表格”的设置

⑥ 单击第三行第一列，插入“4. jpg”图像，第四行第一列输入“吴晓求：此次风暴比 98 年大”，“字体”为“黑体”，“大小”为“14”号，“颜色”为“＃333333”，单元格的“背景颜色”为“＃cccccc”。

⑦ 第五行第一列插入图像“3. jpg”。第六行第一列插入文字“独家访谈”。

⑧ 选中第三行、第四行、第五行的第二列，将其合并为一个单元格，在该单元格中插入一个六行一列的表格，表格的“宽度”设为“100％”，“单元格间距”、“单元格边距”和“边框粗细”均设为“0”。按照顺序将文本输入到刚插入的表格各行中，标题为“黑体、加粗、20 号字”，“颜色”为“＃333333”，“居中对齐”；正文为“12 号”，默认字体，“颜色”为“＃333333”，“靠左对齐”。

⑨ 保存文件，在浏览器中浏览效果如图 6－20 所示。

6.2　层

层是网页设计中的一个重要元素，是极有使用价值的工具，与表格一样它主要用于网页布局。在其中可以放置表格、图像、文本和插件等；还可以进行层的嵌套，可以将它移动到网页中的任意位置。或者说，可以用层来确定元素在页面中的准确位置。层还可以在页面上浮动，通过层可以制作一些在页面上飘来飘去的小广告。

通俗地说，层就像含有元素的胶片，一张张按顺序叠放在一起，组合起来形成页面的最终效果。由于它的方便移动，因此，在页面中应用层可以使得页面的设计更简单、更方便，页面也会变得更加丰富多彩。下面将学习层的基本操作。

6.2.1 层的创建

1. 层的首选参数的设置

在创建层之前，可以通过设置"首选参数"对话框中的"层"类别的参数值来指定新建层的默认设置。要查看或设置层首选参数的操作步骤如下所述。

① 选择"编辑"|"首选参数"菜单项，弹出如图 6－22 所示的"首选参数"对话框。

② 从左侧的"分类"列表中选择"层"。

③ 按需要设置右侧"层"的参数选项。

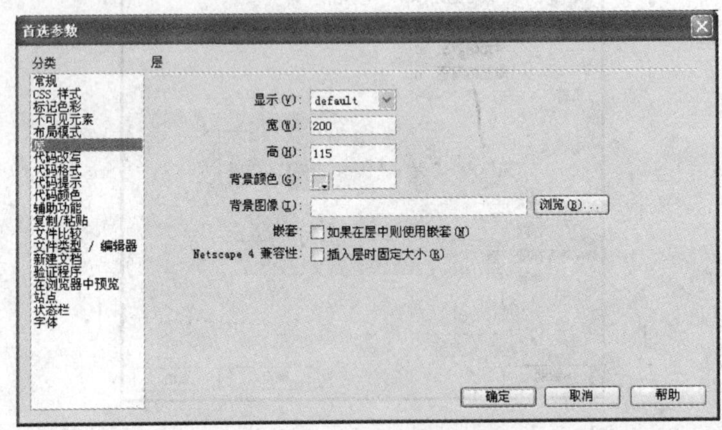

图 6－22 层的首选参数设置

右侧"层"中各参数选项的含义如下所述。

■ 显示：确定层在默认情况下是否可见，其选项为"默认"、"继承"、"可见"和"隐藏"。

■ 宽和高：指定使用"插入"|"层"菜单项创建的层的默认宽度和高度，以像素为单位。

■ 背景颜色：指定默认的背景颜色。

■ 背景图像：指定默认的背景图像。

■ 嵌套：在层中创建时嵌套指定从现有层边界内的某点开始绘制的层是否应该是嵌套层。

2. 层的创建

要创建层可以按如下的操作步骤进行。

① 在"插入栏"的"布局"类别中单击"绘制层"图标按钮。

② 在"文档"窗口的"设计"视图中，执行下列操作之一：

■ 拖动绘制层到"文档"窗口可以绘制固定大小的层，单击"绘制层"在"文档"窗口中可以绘制一个任意大小的层。

■ 单击"绘制层"图标后，按住 Ctrl 键绘制层，只要不松开 Ctrl 键，就可以继续绘制新的层。

■ 若要在文档中特定位置插入层，可将插入点放置在"文档"窗口中特定位置，然后选择

"插入"|"布局对象"菜单项。

3. 层的属性设置

当选中层之后，将会弹出如图 6－23 所示的"属性"面板。"属性"面板的各参数选项的含义如下所述。

■ 层编号：输入一个名称。允许使用标准的字母数字字符，不要使用空格、连字符、斜杠或句号等特殊字符。

■ 左和上：指定层的左上角相对于页面（如果嵌套，则为父层）左上角的位置。

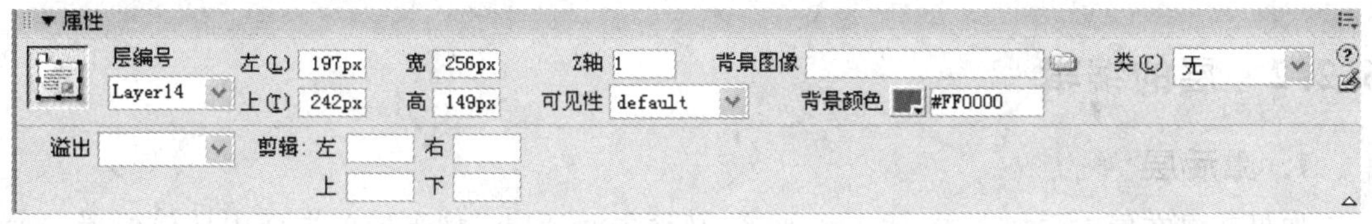

图 6－23　层的"属性"面板

■ 宽和高：指定层的宽度和高度。如果层的内容超过指定大小，层的底边缘会延伸以容纳这些内容，如果"溢出"属性没有设置为"可见"，那么当层在浏览器中出现时，底边缘将不会延伸。

■ Z 轴：确定层的 Z 轴（即堆叠顺序）。在浏览器中，编号较大的层出现在编号较小的层的前面。值可以为正，也可以为负。当更改层的堆叠顺序时，使用"层"面板要比输入特定的 Z 轴值更为简便。

■ 可见性。指定该层最初是否是可见的，从以下选项中选择。

● 默认：不指定可见性属性。当未指定可见性时，大多数浏览器都会默认为"继承"。

● 继承：使用该层父级的可见性属性。

● 可见：显示这些层的内容，而不管父级的值是什么。

● 隐藏：隐藏这些层的内容，而不管父级的值是什么。

■ 背景图像：指定层的背景图像。

■ 背景颜色：指定层的背景颜色。如果将此选项留为空白，则可以指定透明的背景。

■ 标签：指定用来定义该层的 HTML 标签。

■ 溢出：控制当层的内容超过层的指定大小时如何在浏览器中显示层。

● 可见：指示在层中显示额外的内容；实际上，该层会通过延伸来容纳额外的内容。

● 隐藏：指定不在浏览器中显示超过层大小的内容。

● 滚动：指定浏览器应在层上添加滚动条，而不管是否需要滚动条。

● 自动：使浏览器仅在需要时（即，当层的内容超过其边界时）才显示层的滚动条。

■ 左、上：指定是相对于层的父级还是相对于页来定位层。

■ 剪辑：定义层的可见区域。指定左侧、顶部、右侧和底边坐标可在层的坐标空间中定义一个矩形（从层的左上角开始计算）。

层经过"剪辑"后，只有在指定的矩形区域才是可见的。例如，若要使一个层中左上角宽 50 像素高 75 像素的矩形区域可见而其他区域均不可见，可将"左"设置为"0"，"上"设置为"0"，"右"设置为" 50"，"下"设置为"75"，图 6－25 是将图 6－24 剪辑的效果。

图 6-24　原始层全部显示

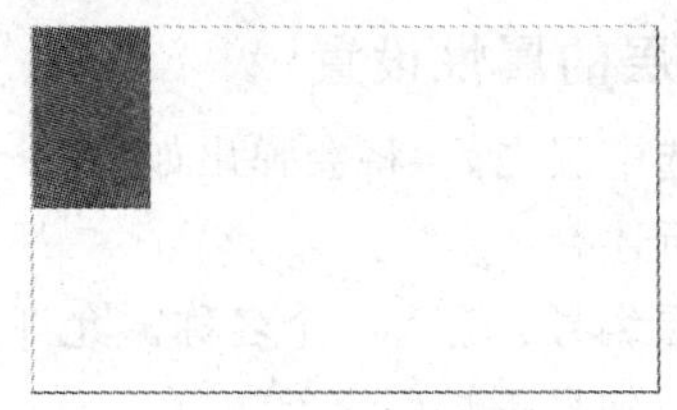

图 6-25　经过剪辑后的显示层的一部分

6.2.2　层的编辑

1. 激活层

如果需要在层中添加文本、插入图像等，必须先激活层，将光标单击层内任何位置，层将被激活。

2. 选择层

如果要对层进行调整或移动，必须先选择层，要选择层可以按如下方法之一进行操作。

① 通过单击层内部激活层后，单击层左上角旁边的选择手柄▢，如图 6-26 所示。

② 单击层边界：将鼠标移到层的边界出现如图 6-27 所示的箭头时，单击鼠标。

图 6-26　左上角的选择手柄

图 6-27　鼠标指针移至层的边界显示为十字箭

③ 选择“窗口”|“层”菜单项，打开“层”面板，在文档窗口中所画的层的名称均在层中显示，在“层”面板中单击该层对应的名称可以选择该层，如图 6-28 所示。

④ 如没有活动层、也没有层被选择，按下 Shift 键不松开并单击该层。

⑤ 按下 Shift 键不松开，单击多个层，可以选择多个层。

3. 调整层的大小

要调整层的大小，必须先选择层，当选择层后执行以下操作之一可以调整层的大小。

① 拖动该层的调整柄以调整到任意大小。

② 按 Ctrl+方向键，可调整 1 个像素。

③ 按 Shift +Ctrl+方向键，可调整 10 个像素。

④ 在“属性”面板中输入新的高度和宽度值。

若要同时调整多个层的大小，可执行以下操作：

① 在“设计”视图中，选择多个层。

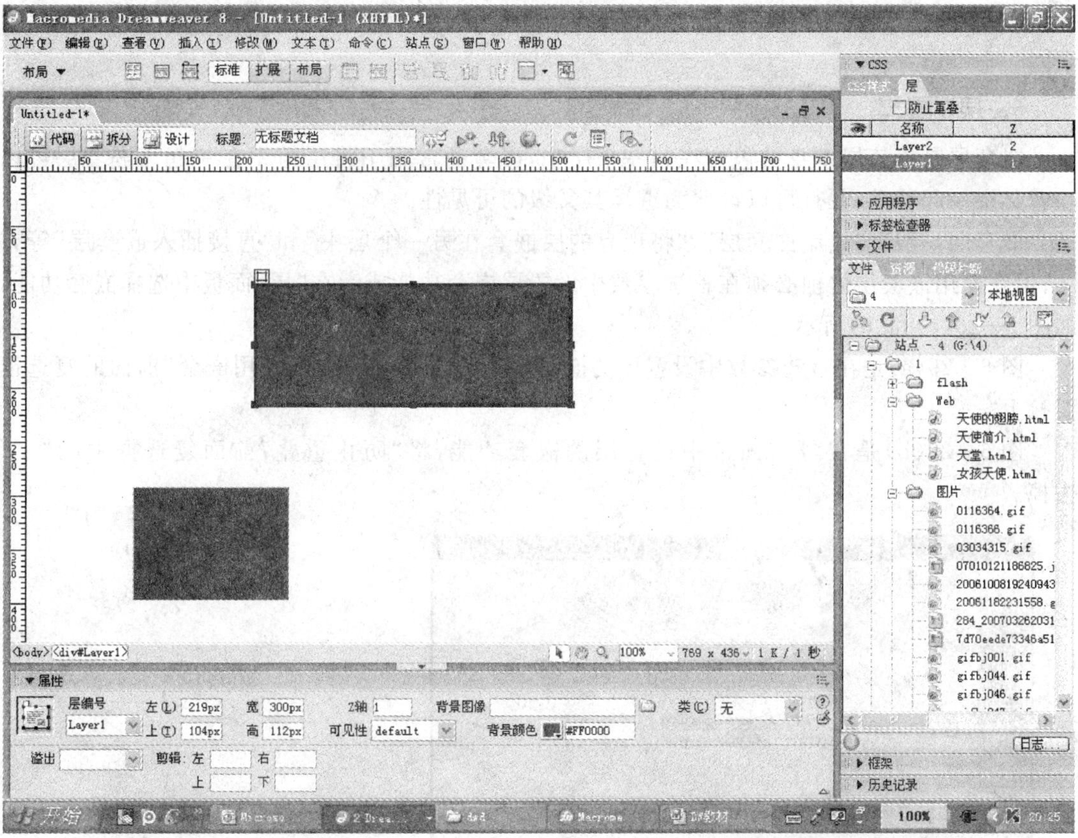

图 6-28　右上角的"层"面板中的 layer1 被单击，"文档"窗口中所对应的层被选择

② 执行下列操作之一，选择"修改"|"对齐"|"设成宽度相同"菜单项或选择"修改"|"对齐"|"设成高度相同"菜单项，先选定的层将与最后选定的一个层的宽度或高度一致。

在"属性"面板中的"多个层"下输入宽度和高度值，这些值将应用于所有选定层。

4. 层的移动

可以按照在基本的图形应用程序中移动对象的相同方法在"设计"视图中移动层。如果已启用"防止重叠"选项，那么在移动层时将无法使层相互重叠。

若要移动一个或多个选定的层，可执行以下操作。

① 在"设计"视图中，选择一个或多个层。

② 执行下列操作之一：

- 若要通过拖动来移动，可拖动最后一个选定层的选择柄。
- 若要一次移动一个像素，可按 Shift 键＋方向键，系统将按当前网格靠齐增量来移动层。

5. 对齐层

要将层对齐，可以按如下的操作方法进行：

① 在"设计"视图中，选择多层。

② 选择“修改”|“排列顺序”菜单项，然后选择一个对齐选项。

例如，如果选择“左对齐”，所有层的左边框与最后一个选定层(黑色突出显示)的左边框处于同一垂直位置。

6. 层的嵌套

嵌套层是指该层本身被包含在另一个层中，嵌套通常用于将层组织在一起。嵌套层可以随着父层一起移动，并且可以设置为继承其父级的可见性。

嵌套层一般有“绘制嵌套层”、“将现有的层嵌套在另一个层中”和“直接插入嵌套层”等方法；但在使用嵌套层之前必须在首选参数中设置层嵌套功能或者在“层”面板中选择嵌套功能，如图 6－29(a)和(b)所示。

图 6－29(a)是在首选参数中设置层的嵌套功能，“如果在层中则使用嵌套”前面的复选框要打上“√”。

图 6－29(b)是在“层”面板中设置层的嵌套功能，将“防止重叠”前面复选框中的“√”去掉。

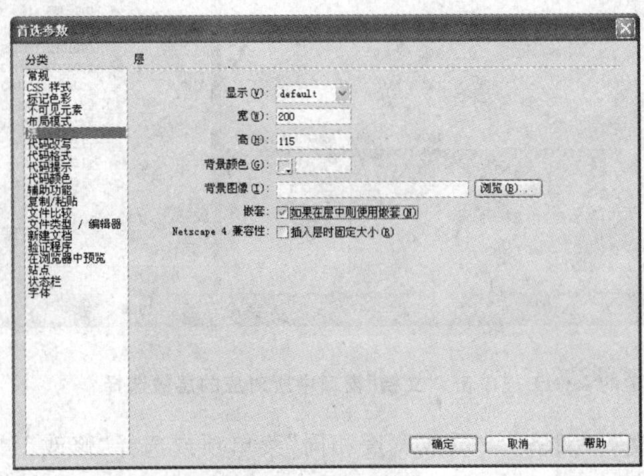

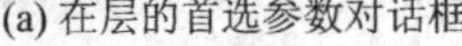
(a) 在层的首选参数对话框

(b) “层”面板

图 6－29 设置层嵌套功能

下面介绍三种嵌套层具体操作方法。

① 绘制嵌套层，可执行以下操作。

■ 在“插入”栏|“布局”类别中单击“绘制层”图标。

■ 在“文档”窗口的“设计”视图中，在现有层中绘制层，如图 6－30 所示。

② 用“层”面板将现有层嵌套在另一个层中，可按如下方法操作。

■ 选择“窗口”|“层”菜单项，打开“层”面板。

■ 在层面板中选择一个层，然后按住 Ctrl 键并拖动，将层移动到“层”面板上的目标层。

■ 当目标层的名称突出显示时，松开鼠标。如图 6－31 所示。

③ 插入嵌套层，可执行以下操作。

在“文档”窗口的“设计”视图中将插入点放置在一个现有层中，然后选择菜单“插入”|“层”，与①类似。

注意：在不同的浏览器中层的外观有所不同。

图 6-30 在层中绘制嵌套层

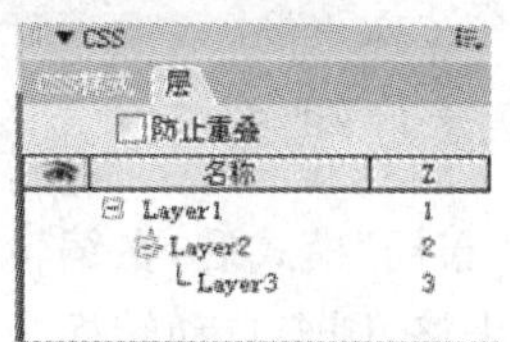

图 6-31 在层面板中实现层嵌套

6.2.3 "插入"栏下的"布局"类别

在"插入"栏的"布局"类别中可以插入表格、div 标签、层和框架，还可以从三个表格视图中选择"标准"(默认)、"扩展表格"和"布局"三种模式。选择"标准"模式后可以使用表格和层对网页进行排版，当选择"布局"模式后，可以使用"绘制布局单元格"和"绘制布局表格"工具对网页进行布局。

1. "标准"模式

"插入"栏的"布局"类别默认为"标准"模式，如图 6-32 所示。此时，可以插入表格、div 标签、层和框架。而"布局"模式下的工具图标却处于不可用状态。

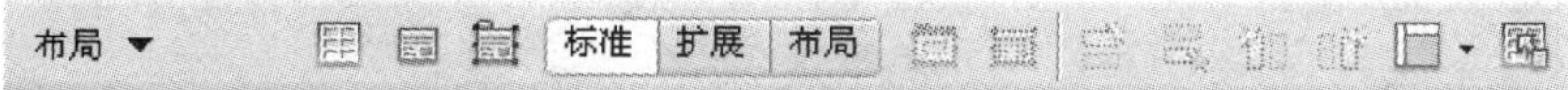

图 6-32 "标准"模式下的工具

2. "布局"模式

单击图 6-32 中的"布局"工具可以从"标准"模式切换到"布局"模式，在该模式下可以使用布局表格和布局单元格来对页面进行布局。

单击"布局"模式后将出现如图 6-33"从布局模式开始"对话框，单击"确定"按钮则由"标准"模式切换到"布局模式"，布局工具也发生了变化，如图 6-34 所示。

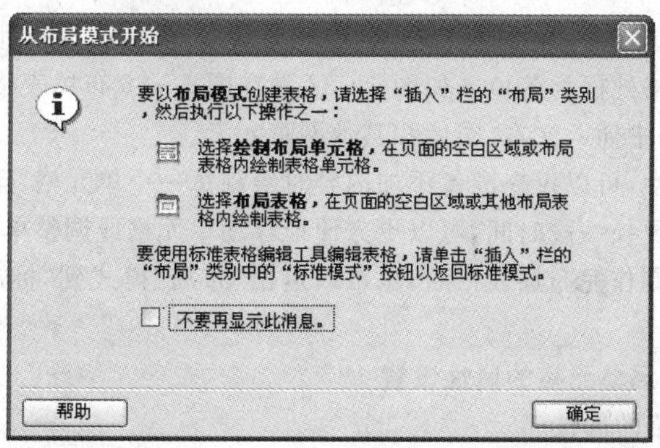

图 6-33 "从布局模式开始"对话框

图 6-34 “布局”模式下的工具

切换到“布局”模式后，在编辑窗口的顶部会出现标有“布局模式”的蓝色长条。如果当前网页上存在表格，则会自动转换为布局表格，而表格中的单元格则不会转换为布局单元格。

1) 绘制布局表格与布局单元格

绘制布局表格，单击“绘制布局表格”按钮。鼠标指针变为加号“+”。将鼠标指针放置在页面上，然后拖动指针可以创建布局表格。如果网页上没有其他内容，则新表格自动定位在该页的左上角，效果如图 6-35 所示。可以在一个表格中包含另一个表格，但表格不能重叠。

绘制布局单元格，布局单元格是在布局表格内使用，只有在布局单元格中才可以插入网页元素。若要绘制布局单元格，可按顺序执行以下操作：

① 在布局视图中，单击“绘制布局单元格”按钮。使鼠标指针在布局视图中变为加号“+”。

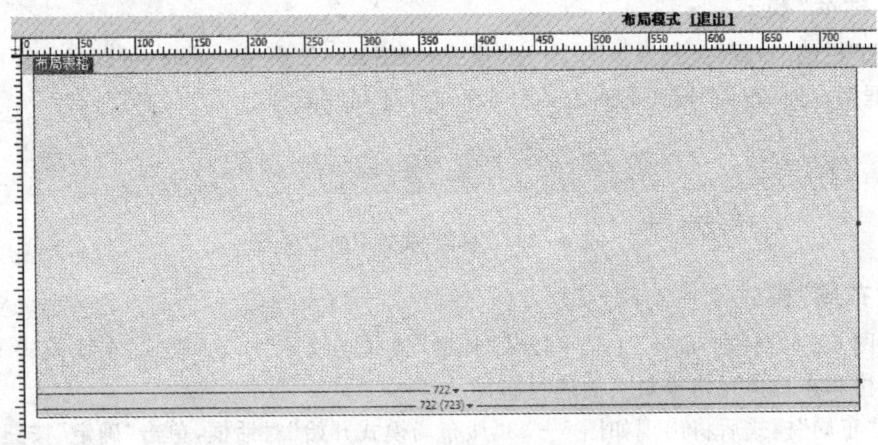

图 6-35 在布局模式下使用布局表格

② 将鼠标指针放置在页面上要绘制单元格的位置上，然后拖动指针以创建布局单元格。

页面上显示单元格外框为蓝色。如图 6-36 是在图 6-35 布局表格下绘制布局单元格后的效果，可以在单元格中插入文本、图像和其他网页元素。

为实现最大灵活性，可以仅在准备添加内容时绘制每一个单元格，这样能够将布局表格中的更多空白空间保留更长一段时间，可以更方便地移动单元格或调整单元格的大小。

在“布局”模式中制作完布局表格后，也可以退出“布局”模式到“标准”模式下进行内容的添加和编辑。

2) 布局表格与布局单元格的属性设置

(1) 设置布局表格的属性

选中布局表格后，在页面的下方出现布局表格的“属性”面板（如图 6-37 所示），可以在“属性”面板中设置布局表格的多种属性，包括宽度、高度、边距和间距等。“属性”面板中各参数选项的含义如下所述。

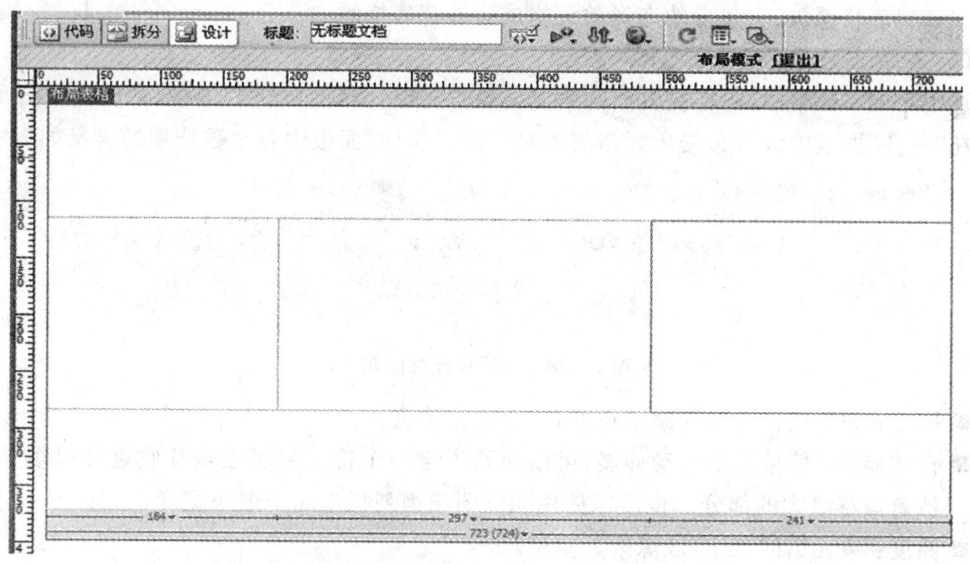

图 6－36　使用布局单元格在进行了布局的效果

■ 固定：将表格设置为固定宽度。

■ 自动伸展：使表格最右边的列自动伸展，可以为列指定一个特定的宽度或让它延伸以填充浏览器窗口尽量大的部分。也可以使用间隔图像为列指定一个最小宽度。

图 6－37　布局表格的属性

■ 高度：是表格的高度，以像素为单位。

■ 单元格边距：设置布局单元格内容和单元格边框之间的间隔，以像素为单位。如果更改单元格边距时出现一个带有括号的布局表格列宽，请使用"使单元格宽度一致"选项。

■ 单元格间距：设置相邻布局单元格之间的间隔，以像素为单位。如果更改单元格间距时出现一个带有括号的布局表格列宽，请使用"使单元格宽度一致"选项。

■ 清除行高：删除布局表格中所有单元格的显式高度设置。即使某些单元格是空的，Dreamweaver 8.0 也会在绘制单元格时指定显式单元格高度以显示布局。因此，应该先将内容放置到布局单元格后再单击该按钮；否则，空单元格将在垂直方向收缩。

■ 使单元格宽度一致：如果布局中有固定宽度的单元格，则该选项使 HTML 代码中的单元格宽度与它们在屏幕上的外观宽度匹配。当单击"使单元格宽度一致"时，Dreamweaver 8.0 将重置表格中每个单元格在 HTML 中指定的宽度以匹配该单元格中内容的宽度。

■ 删除所有间隔图像：从布局表格中删除间隔图像（用来在布局中控制间距的透明图像）。

■ 删除嵌套：删除嵌套在另一个布局表格中的布局表格而不丢失它的任何内容。内部的

布局表格消失;它包含的布局单元格成为外部表格的一部分。

(2) 设置布局单元格的属性

选中布局单元格后,同样在页面的下方出现布局单元格的"属性"面板,如图 6-38 所示,可以在"属性"面板中设置布局单元格的各种属性,"属性"面板中各参数选项的含义如下所述。

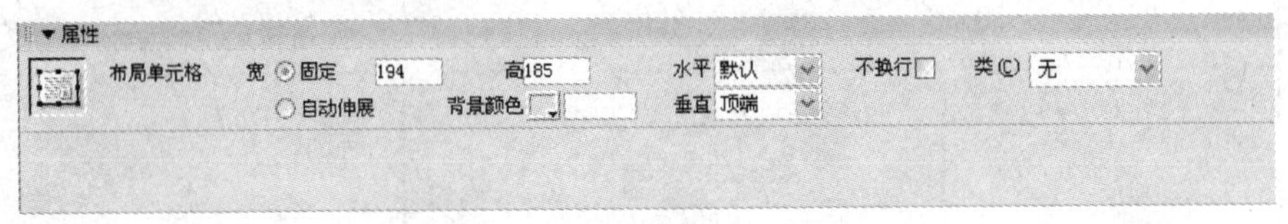

图 6-38　布局单元格的属性

■ 固定:为单元格设置为固定宽度,以像素为单位。

■ 自动伸展:使单元格自动伸展,可以为列指定一个特定的宽度或让它延伸以填充浏览器窗口尽量大的部分。也可以使用间隔图像为列指定一个最小宽度。

■ 高度:单元格的高度,以像素为单位。

■ 背景颜色:设置布局单元格的背景颜色。

■ 水平:设置单元格内容的水平对齐方式。可以选择"左对齐"、"居中对齐"、"右对齐"或"默认"。

■ 垂直:设置单元格内容的垂直对齐方式。可以设置为"顶对齐"、"居中"、"底部"、"基线"或"默认"。

■ 不换行:禁止文字换行。当选择了此选项后,布局单元格按需要加宽以适应文本,而不是在新的一行上继续该文本。

3) 布局单元格大小的调整及移动

在 Dreamweaver 8.0 中可以移动或调整布局单元格的大小,但不能重叠布局单元格。对布局单元格进行移动或调整大小时,只能在布局表格的边框与内容的边线之间,只有嵌套在布局表格内部的才能被移动。

(1) 调整布局单元格的大小

要调整布局单元格的大小可按顺序执行下列操作:

① 单击该单元格的边缘选择一个单元格,或者按住 Ctrl 键的同时单击该单元格中的任何位置。该单元格周围出现 8 个蓝色选择控制点。

② 拖动选择控制点来调整单元格的大小,如图 6-39 所示。

调整后单元格边缘会自动与其他单元格的边缘靠齐。

(2) 移动布局单元格

要移动布局单元格,可按顺序执行下列操作:

① 单击该单元格的边缘选择一个单元格,或者按住 Ctrl 键的同时单击该单元格中的任何位置。将在该单元格周围出现选择控制点。

② 执行下列操作之一:

■ 将该单元格拖到其布局表格中的另一个位置。

■ 按箭头键移动该单元格,每次移动 1 个像素。

■ 按住 Shift 键的同时按箭头键移动该单元格,每次 10 个像素。

4）布局表格大小的调整及移动

（1）调整布局表格

调整布局表格的大小后，该布局表格不能小于包含所有其单元格的最小矩形的大小。调整布局表格的大小后还不能使其与其他表格或单元格重叠。调整布局表格的大小可执行下列操作步骤：

① 单击表格内部选择一个表格，在表格周围出现选择控制点。

② 拖动选择控制点来调整布局表格的大小。

表格边缘与其他单元格和表格的边缘自动靠齐。

（2）移动布局表格

只有当布局表格嵌套在另一个布局表格中时，才可以移动该布局表格，如图 6－40 所示。移动布局表格，可按顺序执行下列操作步骤：

① 单击表格内部选择一个表格。该表格周围出现选择控制点。

② 执行下列操作之一：

■ 将表格拖到页面上的另一个位置。

■ 按箭头键移动该表格，每次移动 1 个像素。

■ 按 Shift＋方向键移动该表格，每次 10 个像素。

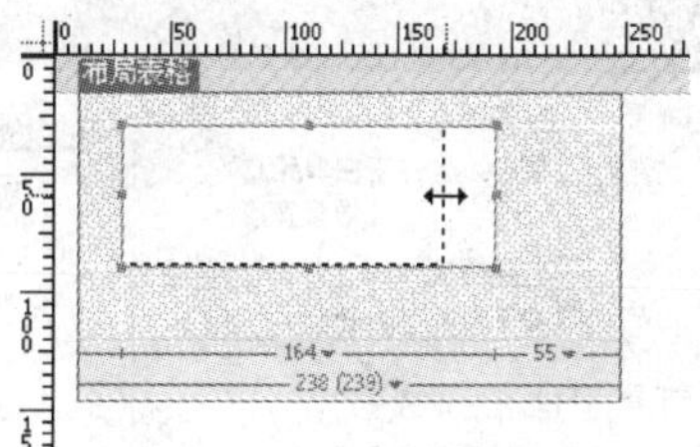

图 6－39　布局单元格大小的调整

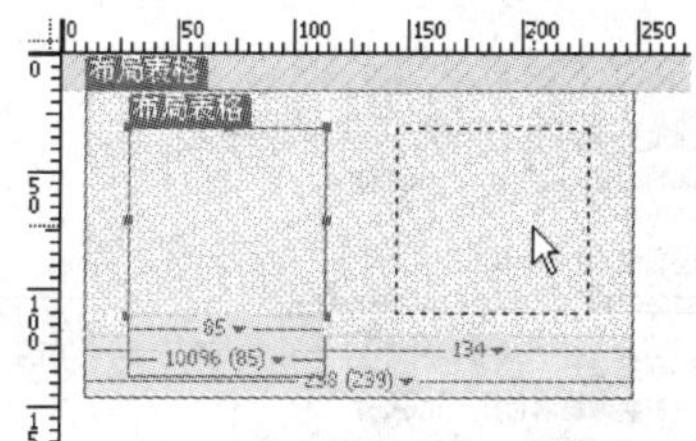

图 6－40　布局表格大小的调整

5）退出“布局”模式

在“布局”模式中制作完布局表格后，可以退出“布局”模式到“标准”模式下进行内容的添加和编辑，在此模式下，布局单元格将转换为表格。可按如下操作方法之一退出布局模式。

■ 在文档编辑区的顶部，单击“退出”按钮，如图 6－41 所示右侧椭圆框中。

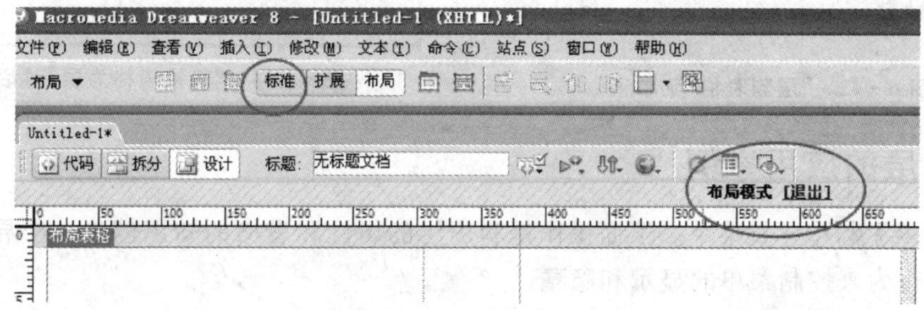

图 6－41　“退出”布局模式按钮

■ 在“插入”栏|“布局”类别中单击“标准”模式按钮，如图 6－41 所示顶部的圆框中。

■ 选择“查看”|“表格模式”|“标准模式”菜单命令。

6.2.4 层与表格的转换

1. 层转换为表格

层与表格可以相互转换，层在转换为表格之前，必须确保层没有重叠。要将层转换为表格可以执行以下操作：

① 选择“修改”|“转换”|“层到表格”菜单项（如图 6－42 所示）后，显示如图 6－43 所示的“转换层为表格”对话框。

② 选择所需的选项，单击“确定”按钮，层即转换为一个表格。

2. 表格转换为层

要将表格转换为层，可以执行以下操作：

① 选择“修改”|“转换”|“表格到层”菜单项（如图 6－42 所示）后，显示如图 6－44 所示“转换表格为层”对话框。

② 选择所需的选项，单击“确定”按钮，表格即转换为层。

注意：空单元格不会转换为层（除非它们具有背景颜色）。位于表格外的页面元素也会放入层中。

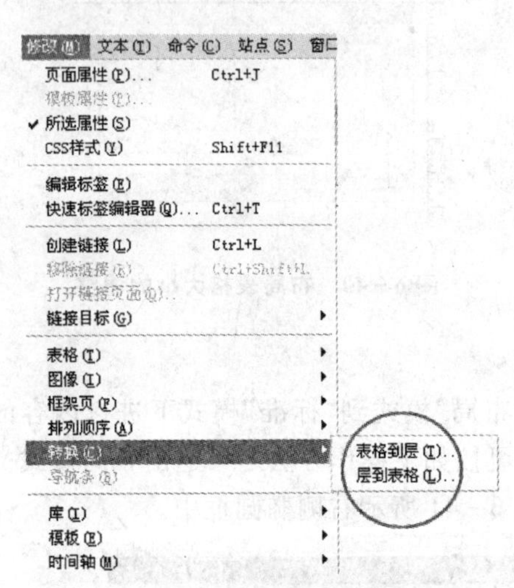

图 6－42 “层到表格”菜单项

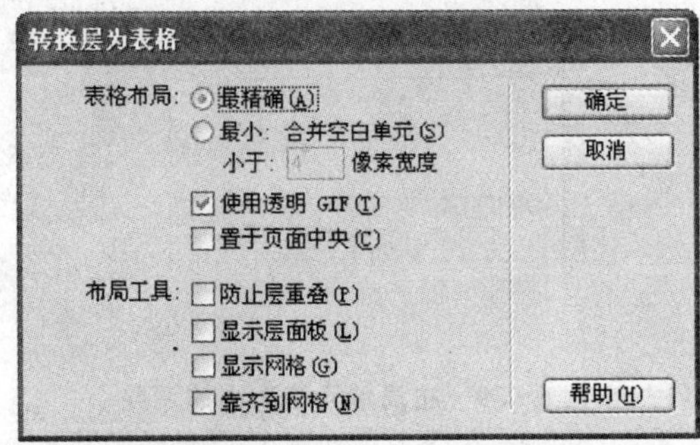

图 6－43 “转换层为表格”对话框

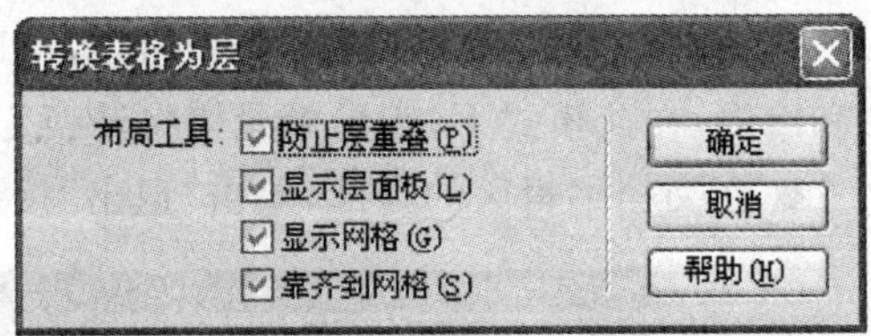

图 6－44 “转换表格为层”对话框

6.2.5 层的应用举例

【例 6－6】制作导航菜单。下面操作是利用层的属性和表格的知识创建一个导航菜单框架，并通过行为来控制菜单的显示和隐藏。

操作步骤如下所述。

1. 输入导航菜单

① 新建一个文档，存盘为“层导航菜单.html”，选择“插入”|“布局对象”|“层”菜单项，在页面中插入层。

② 单击层的边界选择层，在“属性”面板中设置参数选项，“左”为“400px”，“上”为“20px”，“宽”为“400px”，“高”为“20px”，“背景颜色”为“＃00cc99”，效果如图 6－45 所示。

图 6－45　完成层设置后的效果

③ 单击层内任何点将插入点置入层内，选择“插入”|“表格”菜单项，插入一个表格，表格参数设置如图 6－46 所示，按“确定”按钮，在层中插入一个表格如图 6－47 所示。

④ 使表格和层的高度相同，使单元格的宽度都相同：按下 Ctrl 键，分别单击四个单元格选择表格四个单元格，并在“属性”面板中设置“宽度”为“100px”，“高度”为“20px”，如图 6－48 所示。在每个单元格中输入菜单名，效果如图 6－49 所示。

⑤ 在图 6－49 的“江北茶区”下面插入一个层，“左”为“400px”，“上”为“50px”，“宽”为“100px”，“高”为“80px”，“背景颜色”为“＃99cc00”，效果如图 6－50 所示。

表格
表格大小
行数:
列数: 4
表格宽度: 100 百分比
边框粗细: 0 像素
单元格边距: 0
单元格间距: 0
页眉
无
左
顶部
两者
辅助功能
标题:
对齐标题: 默认
摘要:
帮助
确定
取消

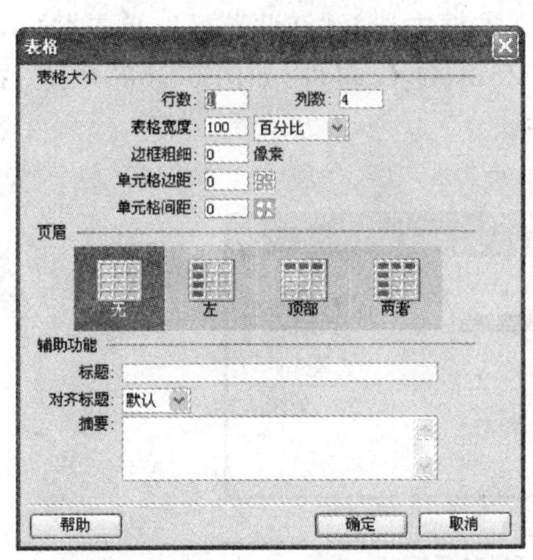

图 6－46　“表格”对话框参数设置

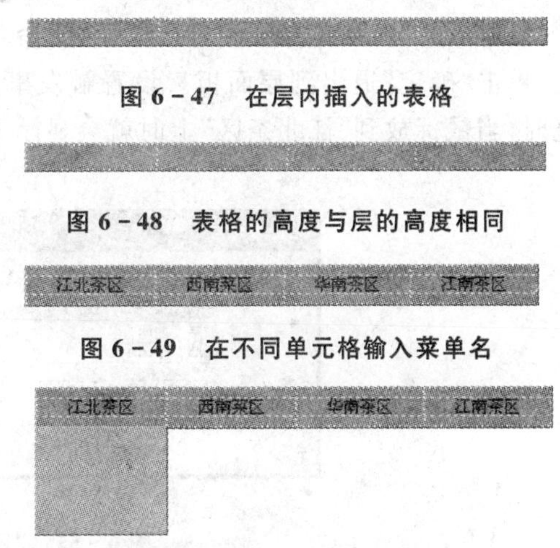

图 6－47　在层内插入的表格

图 6－48　表格的高度与层的高度相同

江北茶区
西南茶区
华南茶区
江南茶区

图 6－49　在不同单元格输入菜单名

江北茶区
西南茶区
华南茶区
江南茶区

图 6－50　首页的下拉菜单的设置

⑥ 将光标放置于层内，插入一个 4 行 1 列的表格，“宽度”为“100％”，“边框粗细”、“单元格边距”、“单元格间距”均为“0”。

⑦ 选择刚插入的表格，设置表格“高”为“80px”。并在表格中输入四个下拉菜单，每个菜单可以建立超级链接，如图 6－51 和图 6－52 所示。

江北茶区
西南茶区
华南茶区
江南茶区
河南产区
陕西产区
甘肃产区
山东产区

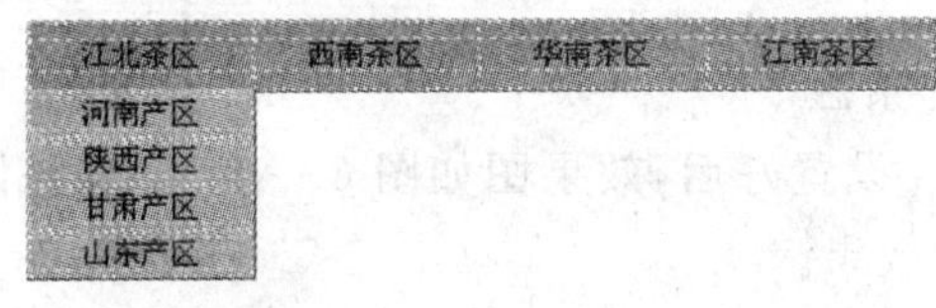

图 6－51　输入具体菜单

江北茶区
西南茶区
华南茶区
江南茶区
河南产区
云南产区
广东产区
浙江产区
陕西产区
贵州产区
广西产区
湖南产区
甘肃产区
四川产区
福建产区
江西产区
山东产区
西藏东南产区
台湾产区
皖南产区

图 6－52　全部导航菜单

2. 设置导航菜单的动态效果

① 选择“窗口”|“层”(或按下 F2 键)菜单项，打开“层”面板。单击“层”面板中的“江北茶

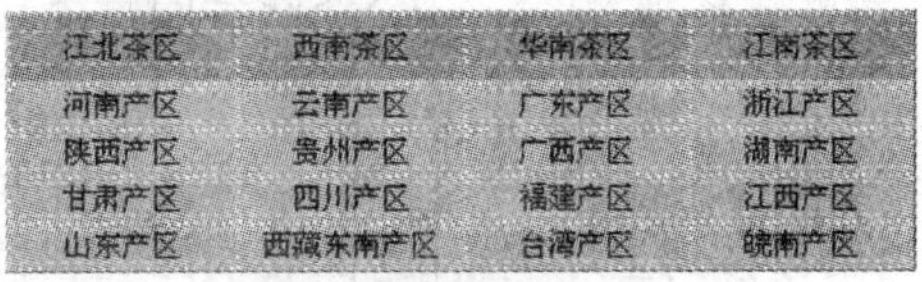

区”、“西南茶区”、“华南茶区”和“江南茶区”四个层名称，当前面眼睛图标出现闭眼睛时，四个层被隐藏，如图 6－53 所示。

② 按住 Ctrl 键不放，选择“江北茶区”所在的单元格，单击“窗口”|“行为”菜单项，打开“行为”面板，如图 6－54 所示。

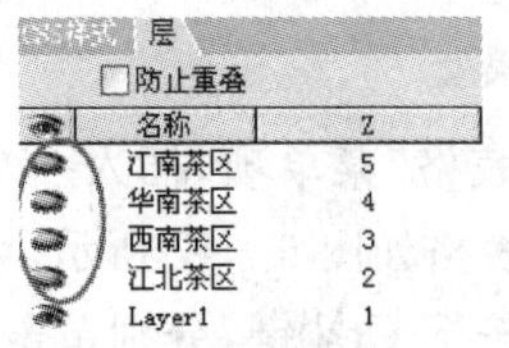

图 6－53　眼睛闭的层将隐藏

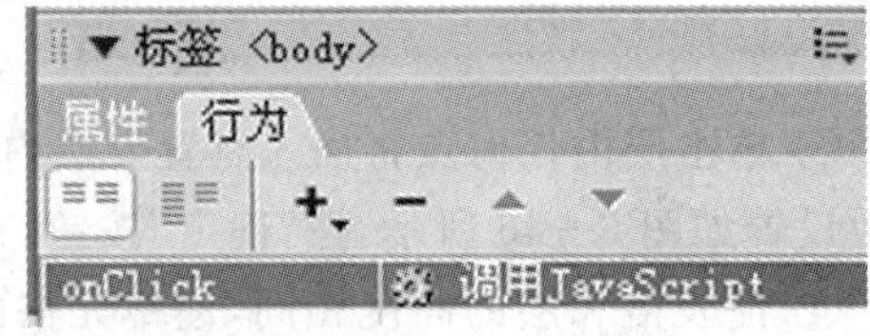

图 6－54　“行为”面板

③ 单击“添加行为”图标(＋)，从弹出的菜单中选择“显示事件”|“IE5.0”，如果 IE 的版本太低可能不支持显示事件。

④ 继续单击“添加行为”图标(＋)，从弹出的菜单中选择“显示-隐藏层”菜单项，打开图 6－55所示的“显示-隐藏层”对话框。在“命名的层”文本框中选择“江北茶区”，单击“显示”按钮，单击“确定”退出到层面板。设置触发事件为 onMouseOver 事件，如图 6－56 所示。在浏览时，当鼠标放到“江北茶区”上时就会显示下拉菜单。

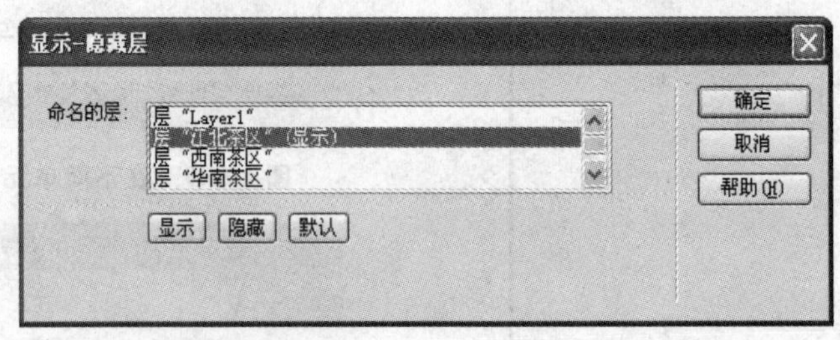

图 6－55　“显示-隐藏层”对话框

⑤ 重新选择“江北茶区”所在的单元格，单击“添加行为”图标(＋)，从弹出的动作菜单中选择“显示-隐藏层”，在“显示-隐藏层”对话框的“命名的层”中选择“江北茶区”，单击“隐藏”按钮，如图 6－57 所示，单击“确定”退出到层面板。设置触发事件为 onMouseOut 事件，如图 6－56 所示。在浏览时，当鼠标移到“江北茶区”外就会隐藏下拉菜单。

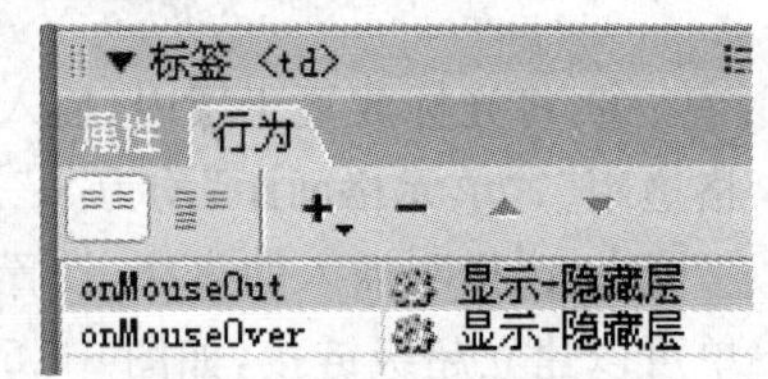

图 6－56　选择的触发事件

⑥ “江北茶区”的下拉菜单的设置：单击“江北茶区”下拉菜单的层后，其余的设置与步骤③～⑤完全相同。设置好后，效果图如图 6－58 所示，该图是当鼠标移到主导航条的“江北茶区”上时所显示的效果。

⑦ 其余三个导航菜单的设置重复步骤②～⑥。

【例 6－7】利用层对图 6－59 网页布局。

操作步骤如下所述。

① 新建一个文档，保存为“北京奥运. html”，选择“修改”|“页面属性”菜单项，设置背景图

图 6－57 “显示-隐藏层”对话框

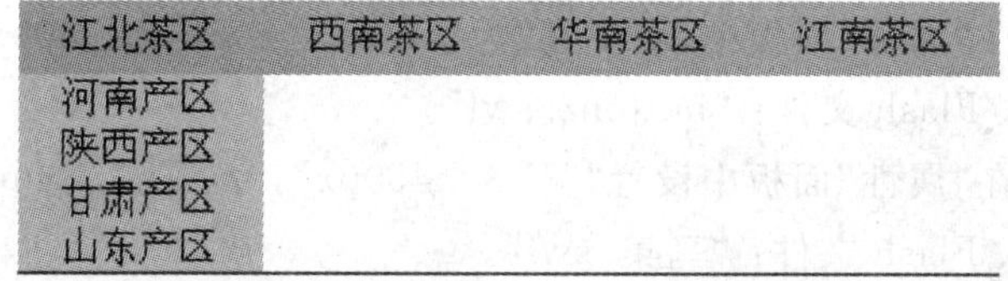

图 6－58 “江北茶区”的“下拉菜单”效果

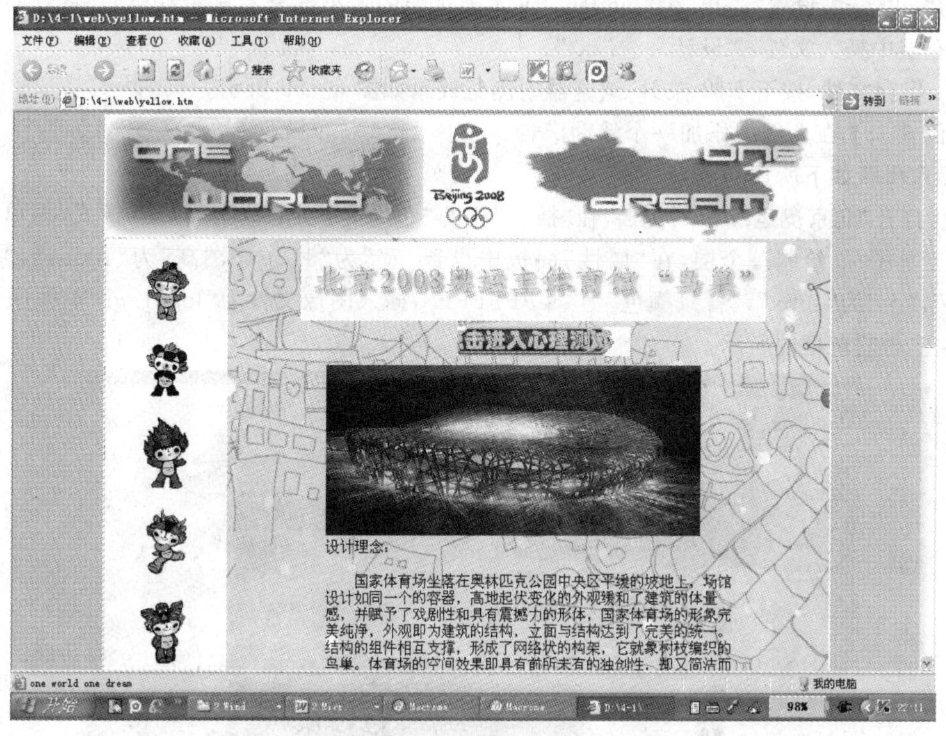

图 6－59 需要布局的页面

像为“bj_yello.jpg”。

② 在“插入”栏的“布局”类别的“标准”模式下，单击“绘制层”工具图标，绘制一个层，在层的“属性”面板中设置“宽”为“350px”，“高”为“130px”，“左”为“10px”，“上”为“10px”，单击层内任何一个位置，插入图像文件：“one_world.jpg”。

③ 与步骤②相同，绘制一个层，在层的“属性”面板中设置“宽”为“85px”，“高”为“130px”，“左”为“360px”，“上”为“10px”，“背景颜色”为“＃FFFFFF”，插入图像文件为“logo.gif”。

④ 绘制一个层，在"属性"面板中设置"宽"为"350px"，"高"为"130px"，"左"为"445px"，"上"为"10px"，插入图片文件为"one_dream. jpg"。

⑤ 绘制一个层，在"属性"面板中设置"宽"为"150px"，"高"为"600px"，"左"为"10px"，"上"为"140px"，插入 Flash 文件："按钮. swf"。

⑥ 绘制一个层，在"属性"面板中设置"宽"为"645px"，"高"为" 600px"，"左"为" 160px"，"上"为" 140px"，将光标单击层内任何一个位置，背景图像文件：background. jpg。

⑦ 绘制一个层，在"属性"面板中设置"宽"为" 510px"，"高"为" 85px"，"左"为" 310px"，"上"为" 150px"，插入图像文件："yellowwenzi. jpg"。

⑧ 绘制一个层，在"属性"面板中设置"宽"为" 120px"，"高"为" 30px"，"左"为" 500px"，"上"为" 250px"，插入 Flash 文件："button2. swf"。

⑨ 绘制一个层，在"属性"面板中设置"宽"为" 450px"，"高"为" 400px"，"左"为" 345px"，"上"为" 280px"，插入 Flash 文件："鸟巢. swf"。

⑩ 绘制一个层，在"属性"面板中设置"宽"为" 450px"，"高"为" 145px"，"左"为" 345px"，"上"为" 595px"，设置"溢出"为"hidden"(文本超过层的大小部分不显示)，层的"背景颜色"为"无"，在层中插入文件："设计理念. txt"。

⑪ 保存文件，按下 F12 在 IE 浏览器中浏览效果如图 6－59 所示。

【例 6－8】在上例中添加一个浮动广告。

操作步骤如下所述。

① 打开"北京奥运. html"文档，在"插入"栏的"布局"类别下单击"标准"模式，再单击"绘制层"工具图标，绘制一个层，在"属性"面板中设置"宽"为"115px"，"高"为"100px"，"左"为"30px"，"上"为"40px"，"背景颜色"为"＃FFFFFF"，插入图像文件为"logo1. gif"，如图 6－60 所示左上角蓝色框内所示。

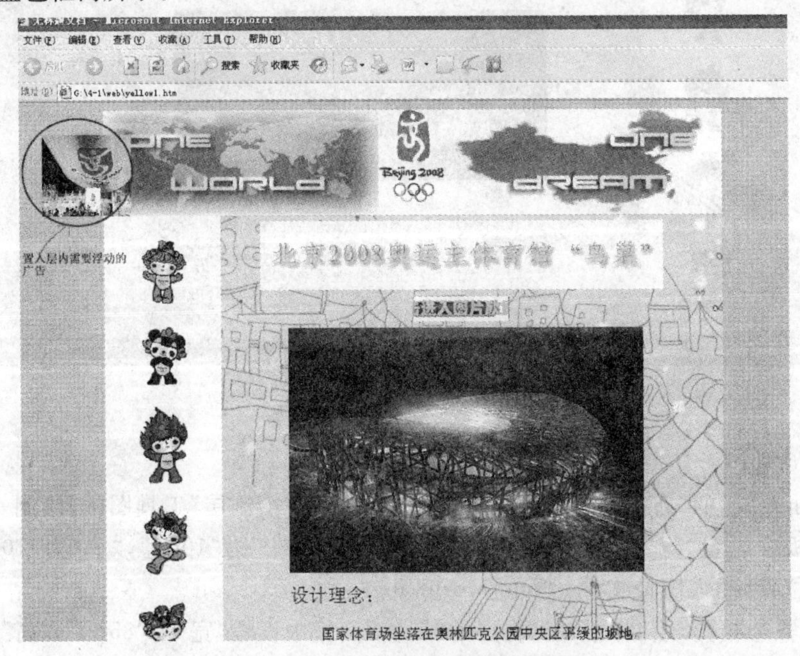

图 6－60　左上角蓝色框内为浮动广告

② 单击该层的边界选择该层，选择“修改”|“时间轴”|“增加对象到时间轴”菜单项，如图6-61所示，此时将会把浮动广告层加到时间轴上，并在页面的下方显示时间轴，如图6-62所示。

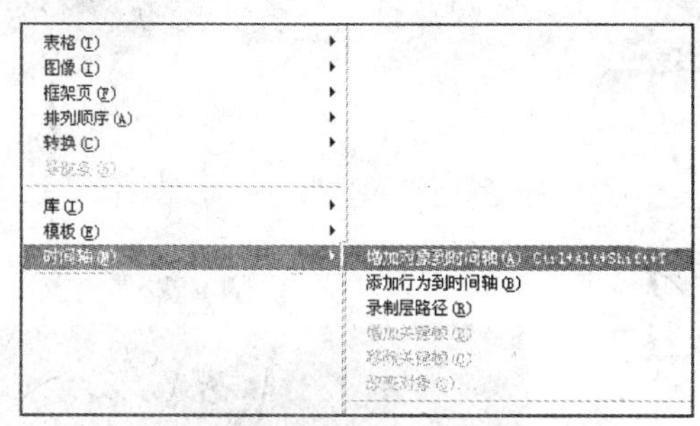

图6-61　将层对象填加到时间轴菜单

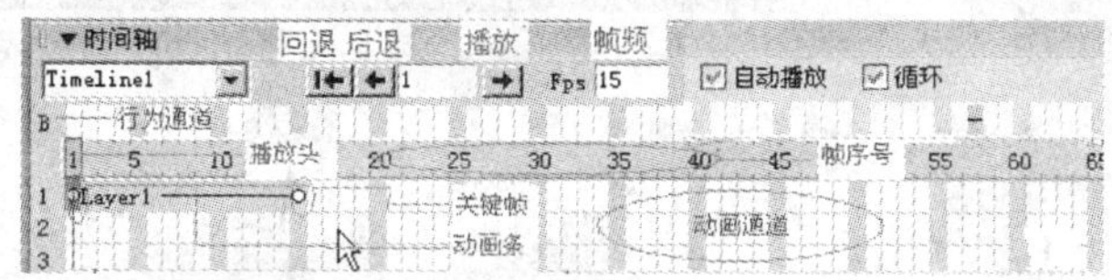

图6-62　层对象填加到时间轴

③ 右击起始帧之间的动画条(一般有一定的帧间隔)，选择“增加关键帧”，如图6-63所示，此时，在时间轴的动画条上多了一个关键帧。然后将浮动广告层从上一位置移动到另一新位置(即添加动画路径)如图6-64所示，比图6-60多了一条动画路径。

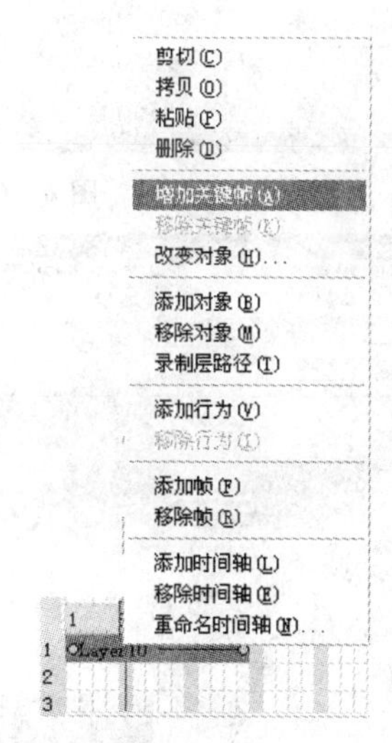

图6-63　在动画条上右击增加关键帧

④ 在刚才增加关键帧的后面(间隔5帧或者间隔多些)再增加关键帧，又从刚才的新位置移动浮动广告层到另一新位置，不断重复此操作，直到觉得路径比较满意为止。

注意：

(1) 只有关键帧上才有浮动层对象，因此，调整播放头在关键帧上(直接单击关键帧即可实现)，浮动对象才可以移动。

(2) 可以通过拖动关键帧上拖动浮动对象层来调整浮动对象的路径。

(3) 动画播放的时间可以通过将结束帧向时间轴的右方拖动来加长。

⑤ 图6-65是将动画播放帧增加到70，并且在第三个关键帧处显示了浮动层在页面中的位置。拖动浮动层可使动画路径发生变化。

⑥ 保存文件，单击时间轴上“自动循环”和“循环”前面的复选框，使两项均被选中，按F12键可以在浏览器中反复浏览动画的效果。

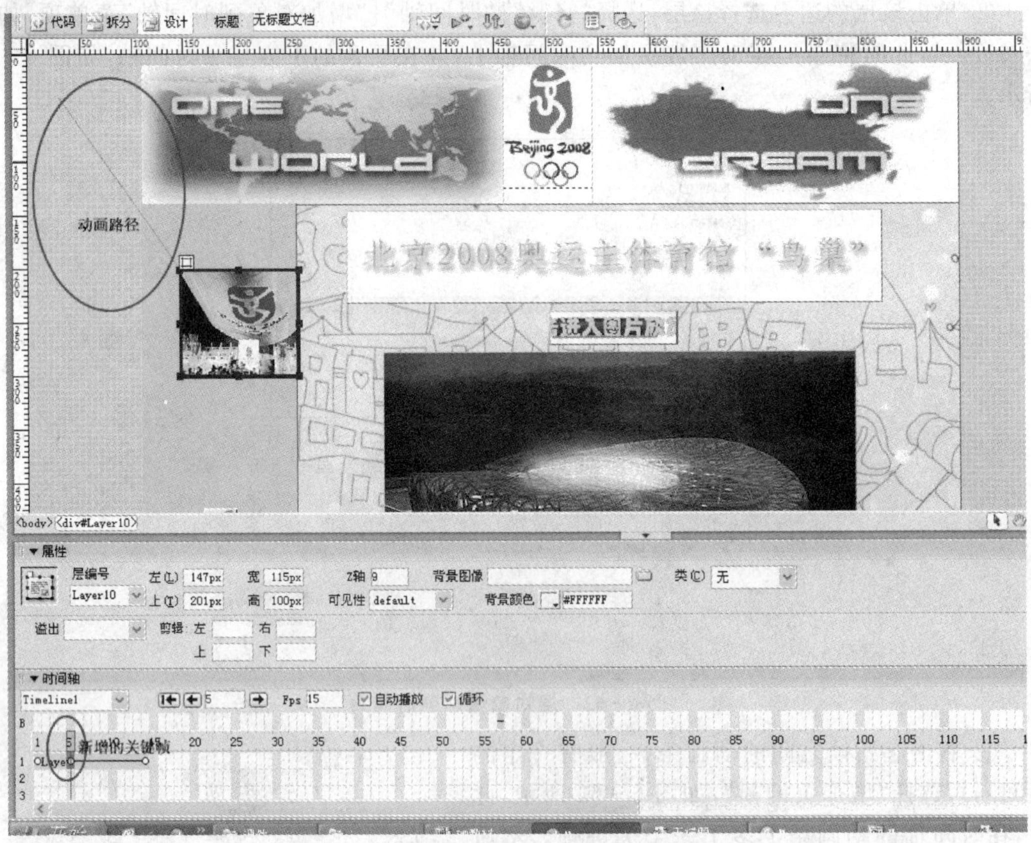

图 6－64　增加浮动层的动画路径后的效果

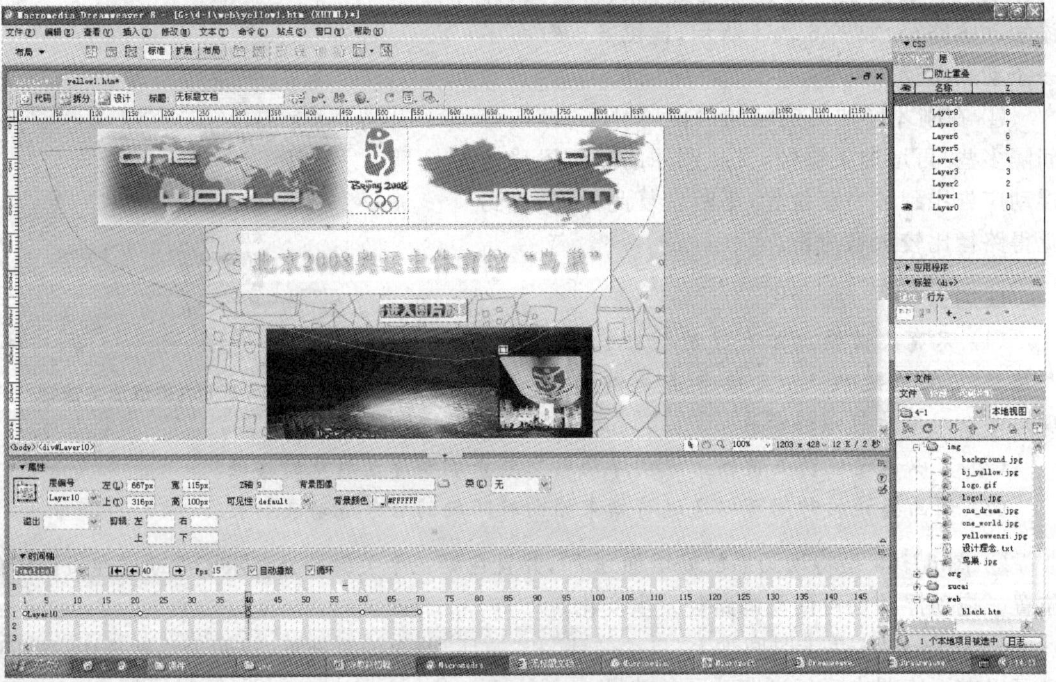

图 6－65　动画路径与关键帧

6.3 框架的基本操作

前面两节介绍了网页中布局的两个基本元素："表格"和"层"。表格可以进行精确的定位，应用表格对网页进行布局起到事半功倍的效果。而布局表格与布局单元的使用使排版更加方便，层在布局上最大的优点就是可以任意地移动，而且可以制作浮动广告。而本节要介绍的框架则可以使页面的布局更加简化。

6.3.1 框架和框架集的概念

框架是网页设计中常用的技术，由框架集(Frameset)和框架(Frame)两种元素来实现。使用框架可以将不同内容的网页显示在同一个浏览器窗口中，即框架可以把浏览器窗口分成几个独立的部分，每部分显示单独的页面，页面的内容是互相联系的。

框架集是框架的集合，是一个专门负责框架的设置的页面文件，是普通的 HTML 文档。它定义一组框架的布局和属性，包括框架的数目、大小和位置以及在每个框架中初始显示的页面的 URL。并向浏览器提供应如何显示一组框架以及在这些框架中应显示哪些文档的有关信息。一般主框架用来放置网页内容，而其他小框架用来进行导航。

例如，如图 6-66 所示的 T 字型结构，框架将页面分成上、下左、下右三个部分，用于定位和划分网页的标题区域、导航区域和内容区域三大部分，图 6-67 是应用该结构类型框架设置的页面。

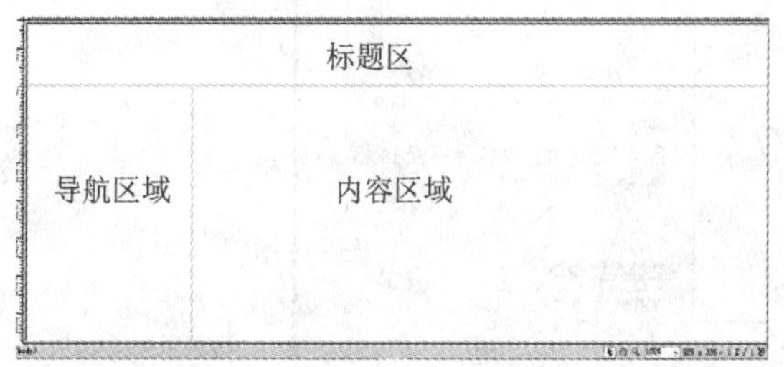

图 6-66　T 字型结构框架

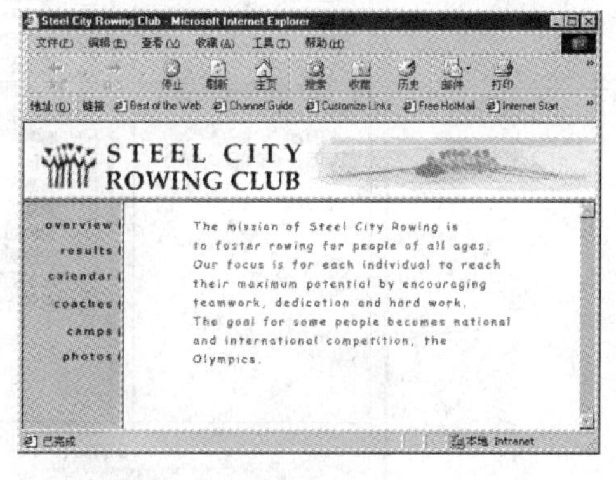

图 6-67　T 字型结构框架在网页中的应用

6.3.2 框架与框架集创建

1. 框架集创建

在 Dreamweaver 8.0 中可以从预定义的框架集中创建框架集，它将自动设置创建布局所需的所有框架集和框架，是迅速创建基于框架的布局最简单方法。

在创建框架集或使用框架前，通过选择"查看"|"可视化助理"|"框架边框"菜单项，使框架边框在"文档"窗口的"设计"视图中可见，然后按如下方法之一来创建。

① 新建一个.html 文档，将插入点放置在文档中，选择下列方法之一：

■ 选择"插入"栏中的"布局"类别选项下的预定义框架集，如图 6-68 所示。

■ 选择“插入”|“HTML”|“框架”子菜单下的预定义框架集。

图 6-68 布局模式下的框架类型

② 选择“文件”|“新建”|“框架集”菜单项，在弹出的图 6-69“新建文档”对话框中选择需要的框架集。

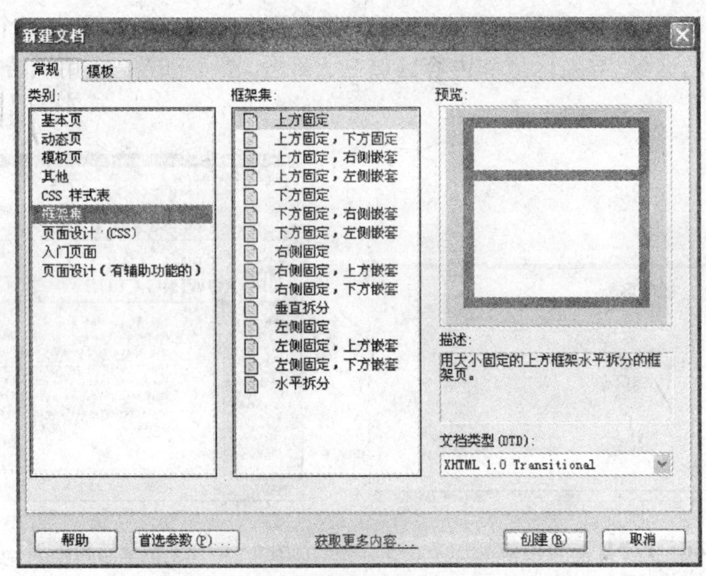

图 6-69 新建框架集文档中框架类型

2. 保存框架集

要保存框架集可以使用下列方法之一：

① 选择“文件”|“保存所有框架”菜单项可保存在框架集中打开的所有文档，包括框架集文件和所有带框架的文档。如果该框架集文件未保存过，将出现“另存为”对话框，同时在“设计”视图中对应的框架集或框架的周围将出现粗虚线边框，表示它是目前正要保存的框架集或框架，这时在“另存为”对话框文件栏输入文件名，按“保存”按钮可保存该框架集或框架，依次保存框架集和各个框架直到全部保存完毕。

② 单击框架集的边框，使鼠标指针指向文档顶部对应的文件名，右击选择保存框架集则

可保存框架集，然后分别单击文档中的每一个框架，同样使鼠标指针指向文档顶部对应的文件名，右击选择保存框架。

注意： 如果有两个框架页面的框架集则要保存三次，有三个框架页面的框架集则要保存四次，依次类推。原因是除了保存框架页面以外，还需要保存框架集文件。

6.3.3 设置框架和框架集属性

框架和框架集各有自己的“属性”面板，使用“属性”面板可以查看框架和框架集属性，并可以对其进行设置。

1. 设置框架集属性

要设置框架集的属性，必须先选择框架集，然后在“属性”面板（如图 6－70 所示）中对其属性进行修改，可以执行以下操作之一选择框架集。

① 在“文档”窗口的“设计”视图中单击框架集中两个框架之间的边框。

② 在“框架”面板中单击围绕框架集的边框。

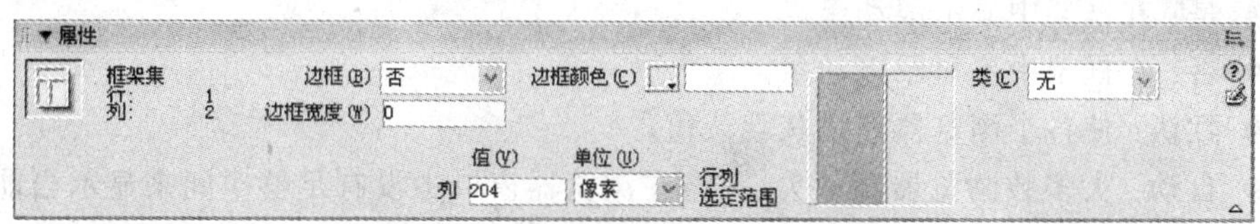

图 6－70 框架集“属性”面板

图 6－70 的框架集“属性”面板中各属性参数的含义如下：

■ 框架集：显示框架的结构，由几行几列构成，图 6－70 中的框架集是一行两列。

■ 边框：在下拉菜单中可以设置是否显示边框，如果由浏览器来决定的话，选择 default。

■ 边框宽度：表示框架集的边框的宽度，可以输入一个值来表示，单位是像素。

■ 边框颜色：为所有框架的边框设置颜色。

■ 行、列：显示范围设置框架的大小，单击框内的标签，选取行或列，然后在“值”的文本框内，输入一个数字来设置所选行或列的尺寸，在单位文本框内输入尺寸的单位，单位可以是像素、百分比和相对。

- 像素：为指定的列或行设置一个确定的值。
- 百分比：指定选定的列或行应相当于其框架集的总宽度或总高度的百分比，以百分比为单位的框架分配空间是在以“像素”为单位的框架之后，但在将单位设置为[相对]的框架之前。
- 相对：指定在为“像素”和“百分比”框架分配空间后，为选定的列或行分配其余可用空间，剩余空间在大小设置为[相对]的框架中按比例划分。

注意：

(1) 三个框架页面以上的框架集中的框架是不能一次全部选中，若选择的框架集为左右划分的，则显示为“列”，如果是上下划分的则显示为“行”。

(2) 设置框架最常用的方法是将左边框架设定固定像素宽度，将右边框架大小设置为相对大小，这样在分配像素宽度后，右边的框架能够伸展以占据所有剩余空间。

2. 设置框架属性

按下 Alt 键不放手,然后单击框架内部,则可选中该框架。当框架被选中后,会出现如图 6-71 所示的框架“属性”面板,框架“属性”面板中的各属性参数的含义如下。

图 6-71 框架“属性”面板

- 框架名称:是链接 target 属性或脚本在引用该框架时所用的名称。
- 源文件:指定在框架中显示的源文档,是.html 或.htm 文档。单击右侧的文件夹图标可以浏览到文件并选择一个文件。
- 滚动:指定在框架中是否显示滚动条。
  - 是:在框架中显示滚动条。
  - 否:在框架中不显示滚动条。
  - 默认:使各个浏览器使用其默认值。
  - 自动:大多数浏览器默认为,只有在浏览器窗口中没有足够空间来显示当前框架的完整内容时才显示滚动条。
  - 不能调整大小:访问者无法通过拖动框架边框在浏览器中调整框架大小。
- 边框,在浏览器中查看框架时显示或隐藏当前框架的边框。为框架选择“边框”选项将重写框架集的边框设置,即优先级高于框架集的颜色。有三个选项:
  - 是:显示边框。
  - 否:隐藏边框。
  - 默认值:大多数浏览器默认为显示边框,除非父框架集已将“边框”设置为“否”。

注意:只有当共享该边框的所有框架都将“边框”设置为“否”时,或者当父框架集的“边框”属性设置为“否”并且共享该边框的框架都将“边框”设置为“默认值”时,边框才是隐藏的。

- 边距宽度:以像素为单位设置框架左、右边框与内容之间的距离。
- 边距高度:以像素为单位设置上、下边框架边框与内容之间的距离。
- 边框颜色:为所有与框架接触的所有边框设置边框颜色。重写框架集的指定边框颜色。

注意:要更改框架的背景颜色,可在页面属性中设置该框架中文档的背景颜色。

6.3.4 框架的拆分与删除

1. 框架的拆分

在用框架技术设计网页时,经常会根据需要调整框架的结构和大小尺寸,使用拆分框架的方法或直接用鼠标拖曳框架的边框线就能完成框架的调整。可以使用如下方法拆分框架。

① 选择“修改”|“框架页”菜单项,然后从子菜单选择拆分项,例如“拆分左框架”或“拆分

右框架”。

② 要将一个框架拆分成几个更小的框架,可以执行下列操作之一:

■ 即要拆分插入点所在的框架,从“修改”|“框架页”子菜单选择拆分项。

■ 要以垂直或水平方式拆分一个框架或一组框架,可将框架边框从“设计”视图的边缘拖入“设计”视图的中间,具体方法是:ALT+拖边框。

2. 删除框架

拖框架边框到父框架的边框上可删除框架。

6.3.5 框架大小的调整

在使用框架设计网页时框架的大小常常需要调整,可以使用以下方法来进行调整。

① 更改“属性”面板中框架的行值和列值来调整。

② 在“设计”视图中直接拖动框架的边框来调整。

③ 可以在框架(图 6-72 所示)的“属性”面板中取消“不能调整大小”复选框,可以使浏览者直接调整。

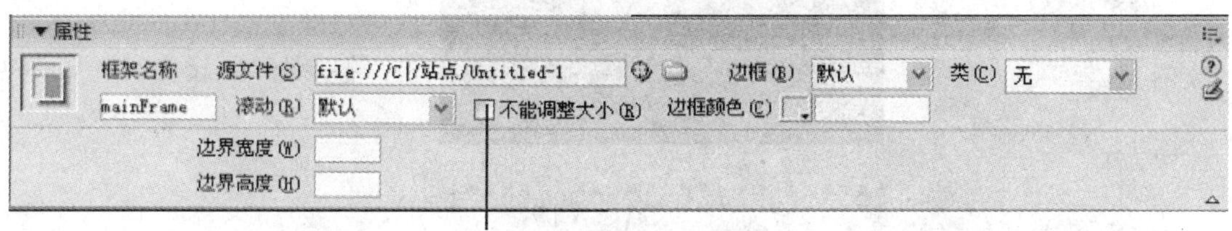

图 6-72 取消“不能调整大小”复选框

6.3.6 控制具有链接的框架内容

要在一个框架中使用链接并在另一个框架中打开链接的文档,必须设置链接目标。链接的 target 属性指定在其中打开链接的内容的框架或窗口。

例如,如果导航条位于左框架,而希望链接的材料显示在右侧的主要内容框架中,则必须将主要内容框架的名称指定为每个导航条链接的目标。当访问者单击导航链接时,将在主框架中打开指定的内容。

若要设置目标框架,可执行以下操作。

① 在“设计”视图中,选择文本或对象。

② 在“属性”面板的“链接”参数选项中,执行以下操作之一:

■ 单击文件夹图标并选择要链接的文件。

■ 将“指向文件”图标拖到“文件”面板中要链接的文件上。

③ 在“属性”面板的“目标”弹出式菜单中,选择链接的文档应在其中显示的框架或窗口:

■ _blank:在新的浏览器窗口中打开链接的文档,同时保持当前窗口不变。

■ _parent:在显示链接的框架的父框架集中打开链接的文档,同时替换整个框架集。

■ _self:在当前框架中打开链接,同时替换该框架中的内容。

■ _top:在当前浏览器窗口中打开链接的文档,同时替换所有框架。

6.3.7 框架的应用举例

【例 6-9】制作链接框架网页的例子,效果如图 6-73 所示。

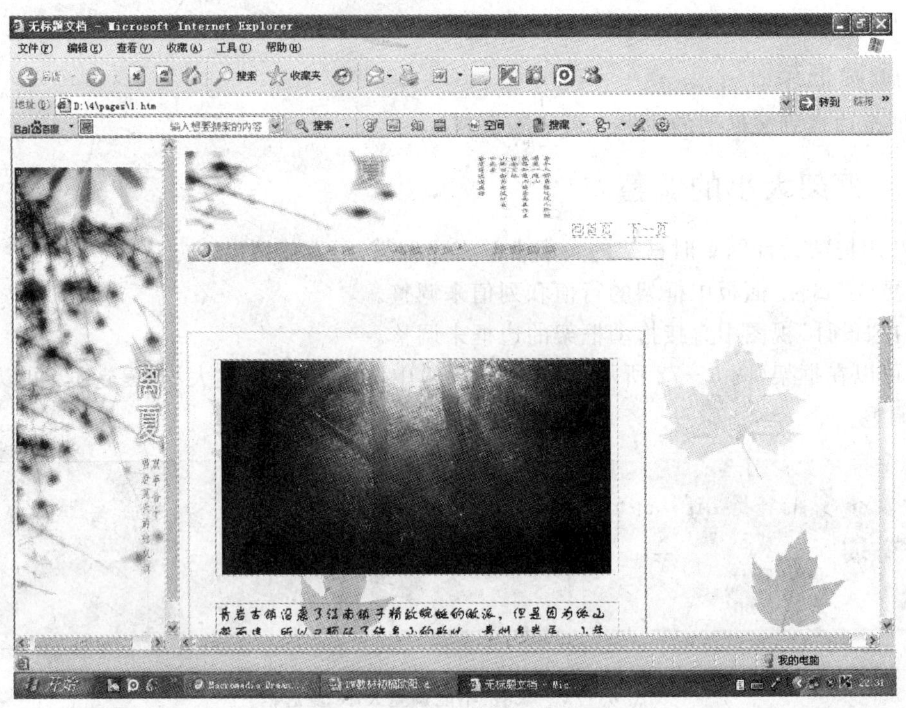

图 6-73 例 6-7 的效果图

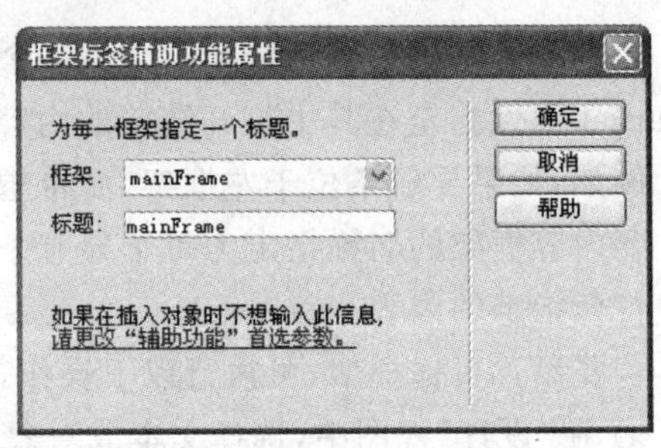

图 6-74 "框架标签辅助功能属性"对话框

操作步骤如下所述。

① 选取"插入"栏中的"布局"类别选项下的预定义框架集,插入"左侧和嵌套的顶部框架",弹出"框架标签辅助功能属性"对话框,保持默认设置,框架与标题都默认为 mainFrame,如图 6-74 所示。

② 单击"确定"按钮,创建一个框架网页,如图 6-75 所示。

③ 准备好在框架中显示的框架文件,分别为 left. html,top. html,main. html。

④ 按住 Alt 键的同时单击左边的框架,则弹出左边框架的"属性"面板,在"源文件"选项的文本框中输入文件为 left. html 文件,其余设置如图 6-76 所示。

⑤ 同样的方法,设置顶部和右边的框架的源文件分别为 top. html 和 main. html。

⑥ 在导航栏选择一个导航设置链接,当单击该导航时,将内容显示在右边的内容框架中。可按如图 6-77 所示的进行设置,图中设置链接文件为 1. html。

⑦ 保存文件,按 F12 浏览网页,单击网页顶部的导航条,则会在右边的内容框架中显示链接的内容。

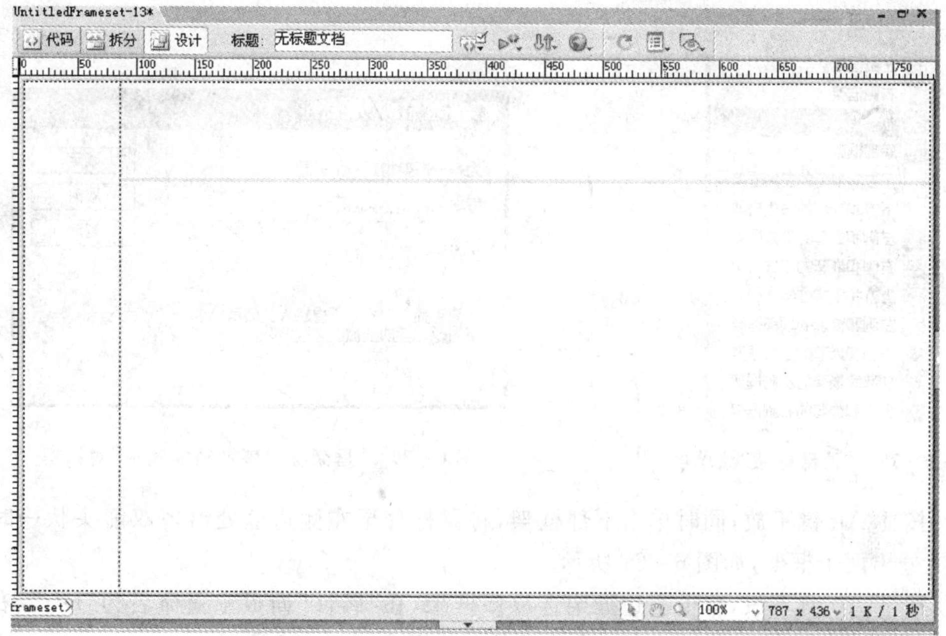

图 6-75　插入“左侧和嵌套的顶部框架”后的效果

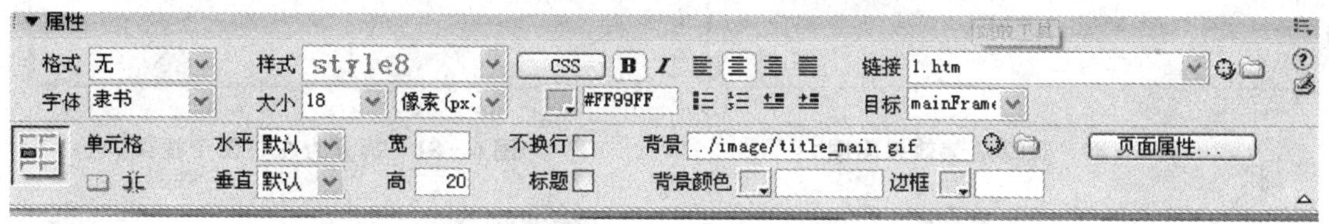

图 6-76　设置左边框架显示的文件

图 6-77　设置目标选项为右边框架的名称“mainframe”

注意：在为导航链接指定目标文件后，一定要在“属性”面板的“目标”下拉列表中选择“mainframe”。

【例 6-10】拆分框架构建页面

操作步骤如下所述。

① 新建一个文档，单击选择“插入”栏中的“布局”类别下的“预定义框架集”按钮，选择“顶部框架”菜单项（如图 6-78 所示），出现图 6-79 所示的对话框，单击“确定”按钮，在网页中添加了一个框架，如图 6-80 所示。

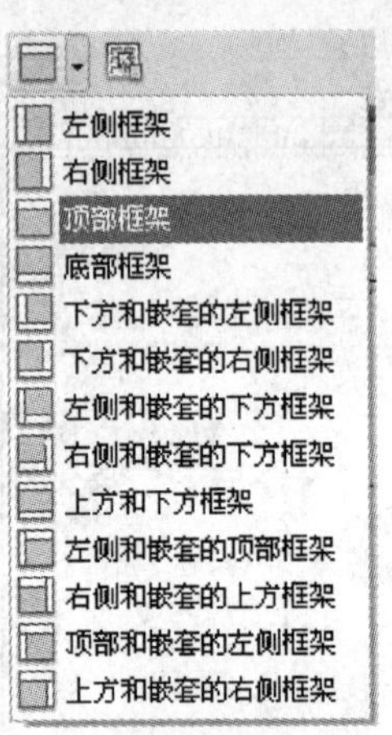

图 6-78 "顶部框架"菜单项

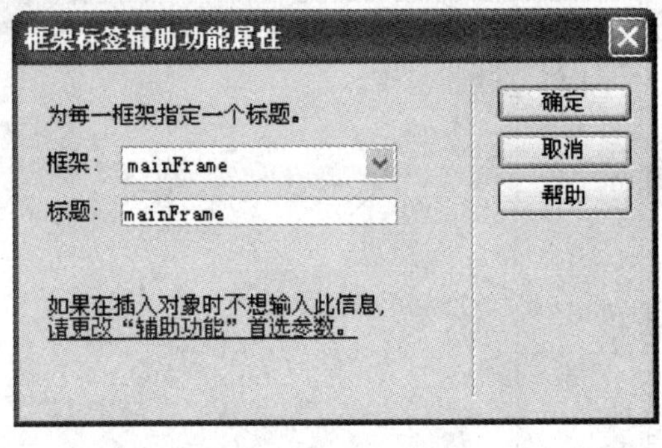

图 6-79 "框架标签辅助功能属性"对话框

② 按住 Alt 键不放,同时单击下部框架,将鼠标移至左侧边框处出现双箭头状↔时往右边拖,拆分出两个框架,如图 6-81 所示。

③ 按下 Alt 键不放,单击右边框架选取该框架,在"属性"面板中重命名为"left",右框架重命名为"right",在框架"属性"面板中显示的效果图为图 6-82 所示。

图 6-80 顶部框架效果图图

图 6-81 拆分为左右两个框架

④ 选取左框架,在"属性"面板中拖动"源文件"参数选项后的指针图标到"文件"面板中的"frame1/left. html"上,效果如图 6-83 所示。选取右框架,在"属性"面板中拖动源文件后的指针图标到"文件"面板中的"frame1/right. html"上,效果如图 6-84 所示。选取顶部框架,在"属性"面板中拖动源文件后的效果如图标到"文件"面板中的"frame1/top. html"上。

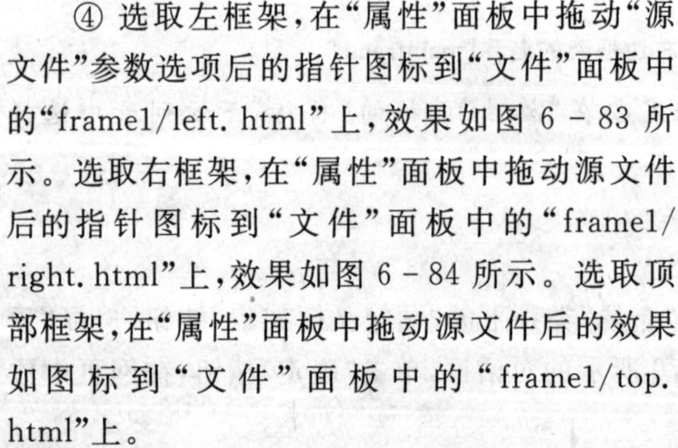

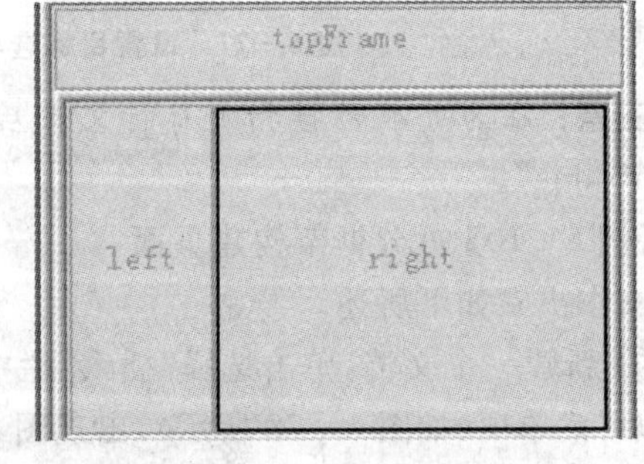

图 6-82 框架面板效果图

⑤ 保存网页,浏览效果如图 6-85 所示。

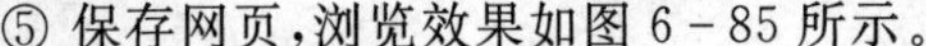

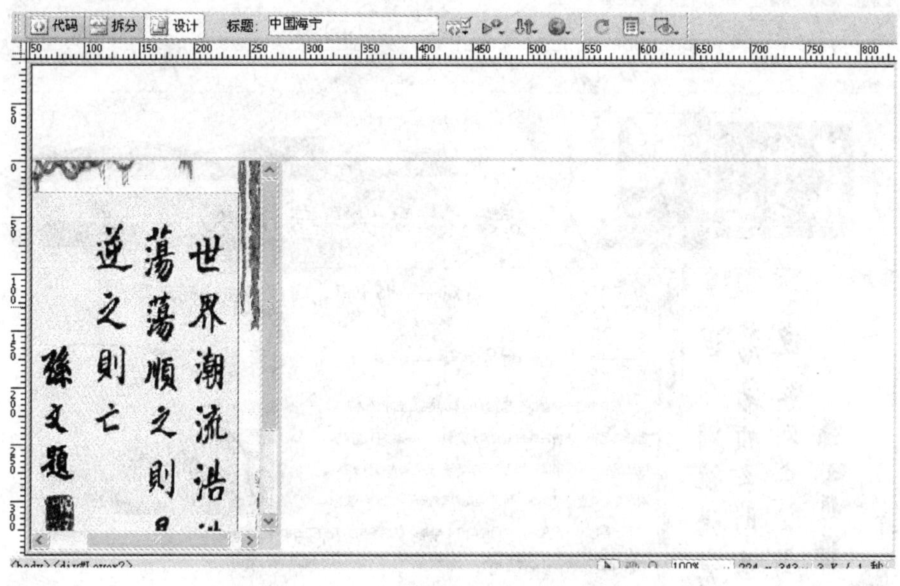

图 6－83　添加 left. html 到左部框架

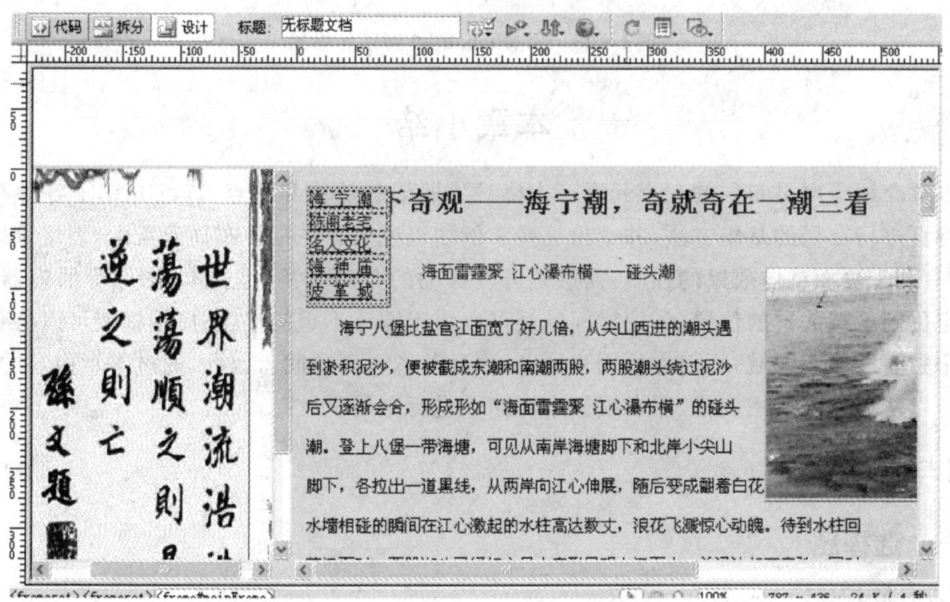

图 6－84　添加 right. html 到右部框架

图 6-85　添加 top.html 到顶部框架

本章小结

本章介绍了网页布局的三个元素—表格、层、框架的功能和特点，详细介绍了各种布局元素对网页进行布局的基本方法，并给出一些实例加以说明。在三种布局元素中，表格可以精确定位，有利于页面整体效果的控制；而层是可以移动的布局元素，是文本、图像等的容器，可以随意定位到希望放置的位置，利用时间轴还可以实现漂浮不定的广告；应用框架可以将页面分成几个独立的显示区域，不仅方便用户浏览，而且节省页面空间。因此，通过本章内容的学习，读者可以掌握如何利用表格、层和框架来对网页进行布局。

练习与思考

一、选择题

1. 表格具有(　　)特点。

　A. 精确控制　　B. 规范　　C. 灵活　　D. 粗略控制

2. (　　)是表格的基本组成部分。

　A. 行　　B. 列　　C. 单元格　　D. 文本

3. 可以对层进行的操作有(　　)。

　A. 更改名字　　B. 隐藏层　　C. 移动层　　D. 对齐层

4. 一个有 3 个框架的 Web 页实际上有几个独立的 HTML 文件(　　)?

　A. 2　　B. 3　　C. 4　　D. 5

5. 框架集是由多个框架和框架嵌套组合而成，它是(　　)文件。

A. html　　B. midi　　C. gif　　D. swf

二、简答题

1. 表格、层和框架在网页布局上各有什么优缺点？
2. 如何在层中插入文本？
3. 如何链接框架页面？

第 7 章　制作网页表单

随着网络的飞速发展,网页的动态功能也不断增强。网页不但要向访问者提供信息,而且要与之进行交流。在 Dreamweaver 8.0 中通过表单与访问者进行交流,例如,可以通过表单了解访问者的姓名,让客户留言等,表单真正增加了网页的交互性。要处理表单,必须有表单标签和处理表单的程序两个部分。

【本章内容和重点】

- ■ 表单的概念
- ■ 表单对象的基本功能
- ■ 创建表单和表单对象
- ■ 简单的表单处理脚本程序

7.1　表单的概述

在 Dreamweaver 8.0 中,表单输入类型称为表单对象。表单对象是允许用户输入数据的机制,是实现浏览者与服务器之间传递信息的手段和工具。例如,网站中用户填写注册资料或提供信息等,是由 HTML 代码(描述表单的样子,例如,标签、框、按钮等)和脚本或程序(处理提交的信息,例如 ASP 脚本、JSP 脚本、CGI 脚本、CF 脚本等)组成。

表单填写好后,单击"提交"按钮,则填写信息将被发送到服务器端。如图 7-1 所示的是一个客户填写的信息表,由一些表单对象组成。

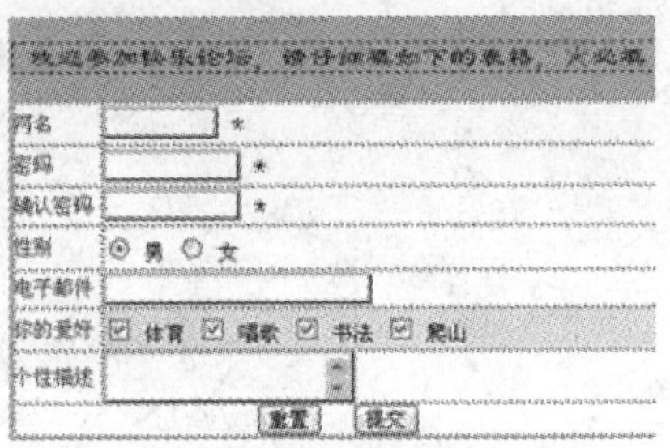

图 7-1　客户信息表

7.2　表单的创建

文档中的表单基本上由三部分组成。

① Form 标签：包括要处理该表单的程序脚本的 URL,以及数据传送到服务器的方式。

② 表单域(也称表单对象)：包括文本域,菜单,复选框或单选按钮等。

③ 提交按钮：该按钮将数据传送给服务器的程序脚本。

如果在文档中直接插入一个表单对象而不创建表单,Dreamweaver 8.0 将显示"是否添加表单标签?",如图 7-2 所示。选择"是"则系统在创建表单对象时会创建表单标签。

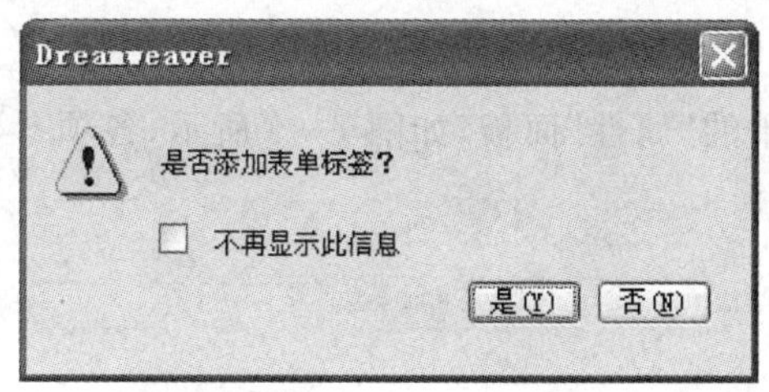

图 7-2 提示是否为表单创建对象创建表单标签

7.2.1 在文档中插入表单

1. 表单对象的插入

前面提到文档中的表单是由表单标签(<form> </form>)和多个表单对象组成,例如由文本域、单选按钮、复选框等组成。可以使用"插入"栏的"表单"类别来插入表单对象,也可选择"插入"|"表单"菜单项来插入表单对象。如图 7-3 是"插入"栏的表单类别,当把鼠标放到表单对象上 1 秒后可弹出该表单对象的名称,具体插入表单对象的方法如下所述。

图 7-3 "插入"栏的表单分类图标

① 打开一个页面,将插入点放在希望表单出现的位置。

② 选择"插入"|"表单"菜单项,或选择"插入"栏上的"表单"类别,然后单击"表单"图标。这时 Dreamweaver 8.0 将插入一个空的表单。当页面处于"设计"视图中时,显示红色的虚轮廓线,如图 7-4所示。如果没有看到此轮廓线,请检查是否选中了"查看"|"可视化助理"|"不可见元素"菜单项。

③ 在红色的表单虚轮廓线内单击表单类别图标,可将表单对象插入。

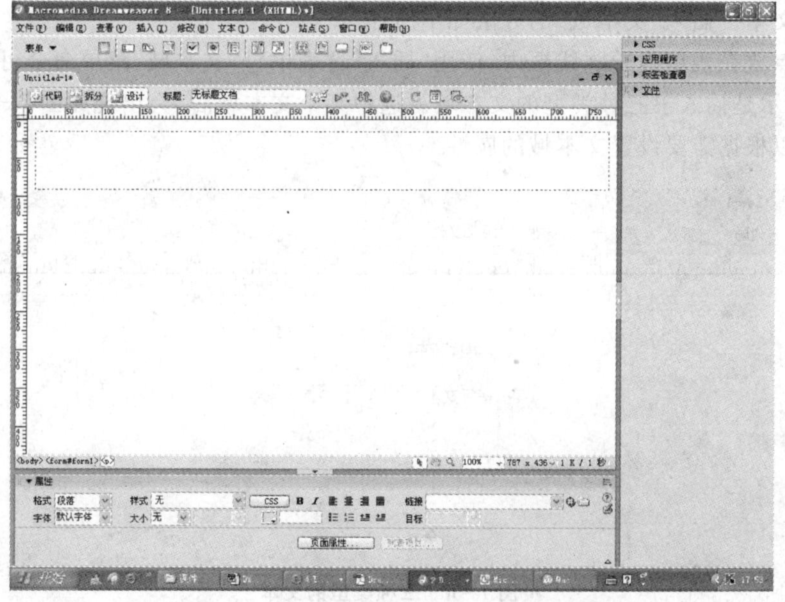

图 7-4 插入表单标签后出现虚线轮廓框

2. 表单属性设置

选中表单后将出现表单的"属性"面板，如图 7-5 所示，各项参数的含义如下所述。

图 7-5 表单"属性"面板

- 表单名称：设置表单名称，可用于处理程序时调用。
- 动作：告诉表单将收集到的数据送到什么地方，一般这里是指向处理表单数据的服务端程序或者是 mailto 标签，即处理表单的程序。
- 目标：与超链接的中目标一样。
- 方法：表示表单提交的方式是 POST 还是 GET。
  - POST：将表单值封装在消息主体中发送。不存在字符长度的限制，并且不会把内容附到 URL 后，比较适合内容较多的表单。
  - GET：将提交的表单值追加在 URL 后面发送给服务器。数据长度不能超过 8 192 个字符，一般搜索引擎中查找关键词等简单操作通过 GET 方式进行。

7.2.2 在文档中添加表单对象

在网页文档中添加 form 标签后，就可以添加表单对象了。在 Dreamweaver 8.0 中可以插入的表单对象有文本字段、文本区域、按钮、复选框、单选框、列表/菜单、文件域、隐藏域、单选按钮组、跳转菜单、字段集和标签。

1. 插入 HTML 文本域

文本域接受任何类型的字母数字文本输入内容。文本可以以单行或多行显示，也可以以密码域的方式显示。在密码域这种情况下，输入文本将被替换为星号或项目符号，以避免旁观者看到这些文本。插入"文本域"的方法如下所述。

将插入点放在表单虚轮廓线框内，使用"插入"|"表单"|"文本域"菜单命令可插入文本域。如图 7-6 所示是插入了三种类型的文本域。选中某个文本域后，会出现如图 7-7 所示的"属性"面板，可以根据需要设置文本域的属性。

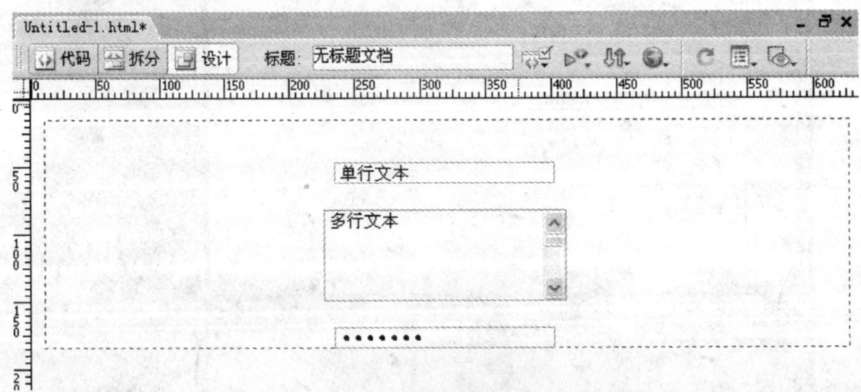

图 7-6 三种类型的文本

图 7-7 文本域的"属性"面板

文本域"属性"面板各项参数的含义如下所述。

■ 文本域：为该文本域指定一个唯一名称，是发送给服务器进行处理的值。

■ 字符宽度：设置域中最多可显示的字符数。

■ 最多字符数：设置单行文本域中最多可输入的字符数。

■ 行数：在选中了"多行"选项时可用，设置多行文本域的域高度。

■ 换行：在选中了"多行"选项时可用，指定当用户输入的信息较多，无法在定义的文本区域内显示时如何显示用户输入的内容。换行选项中包含如下选项。

● 关闭或默认：防止文本换行到下一行。必须按 Enter 键才能将插入点移动到文本区域的下一行。

● 虚拟：当提交数据进行处理时，数据作为一个数据字符串进行提交，自动换行并不应用于数据。

● 物理：在文本区域设置自动换行，当提交数据进行处理时，对这些数据设置自动换行。

■ 类型：指定域为单行、多行还是密码域。

■ 初始值：指定在首次载入表单时域中显示的值。

■ 类：可以将 CSS 规则应用于对象。

2. 插入 HTML 复选框

从一组选项中选择多个选项，可以使用 HTML 复选框。插入 HTML 复选框方法如下所述。

将插入点放在表单轮廓线内，选择"插入"|"表单"|"复选框"可插入复选框。图 7-8 是插入了复选框的页面。选中某一个复选框后可在"属性"面板中根据需要设置复选框的属性，如图 7-9 所示是选中了 checkbox4 复选框后的"属性"面板，其中各参数选项的含义如下所述。

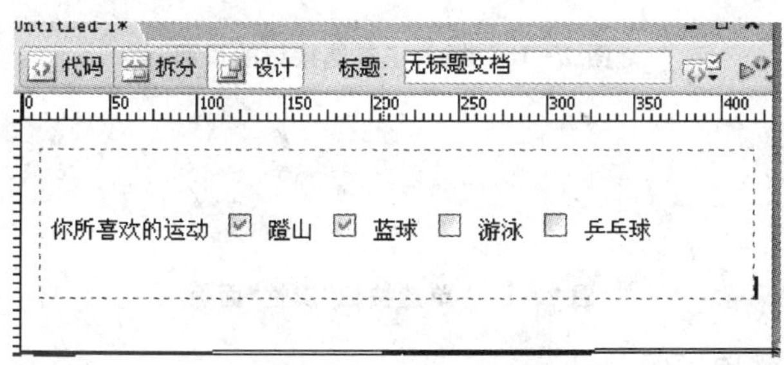

图 7-8 插入了四个复选框

■ 选定值：设置当该复选框被选中时发送给服务器的值。例如，在一项调查中，可以将值 4 设置为表示非常同意，值 1 设置为表示强烈反对。

图 7-9 复选框"属性"面板

■ 初始状态：确定在浏览器中载入表单时，该复选框是否被选中。

■ 动态：使服务器可以动态确定复选框的初始状态。

■ 类：可以将 CSS 规则应用于对象。

3. 插入 HTML 单选按钮

要求用户只能从一组选项中选择一个选项时可使用 HTML 单选按钮。单选按钮通常成组地使用，在同一个组中的所有单选按钮必须具有相同的名称，逐个插入单选按钮的方法如下所述。

将插入点放在表单轮廓线内，选择"插入"|"表单"|"单选按钮"菜单项来插入单选按钮，如图 7-10 所示是插入了一组单选按钮的页面。选中某个单选按钮后将出现如图 7-11 所示的"属性"面板，其中各项参数的含义如下所述。

■"单选按钮"文本框：可为该对象指定一个名称。对于单选按钮组，如果希望这些选项为互斥选项，必须共用同一名称。此名称不能包含空格或特殊字符。

■ 选定值：设置在该单选按钮被选中时发送给服务器的值。例如，可以在"选定值"文本框中键入"唱歌"，指示用户选择"唱歌"。

■ 初始状态：确定在浏览器中载入表单时，该单选按钮是否被选中。

■ 动态：使服务器可以动态确定单选按钮的初始状态。

■ 类：可以将 CSS 规则应用于对象。

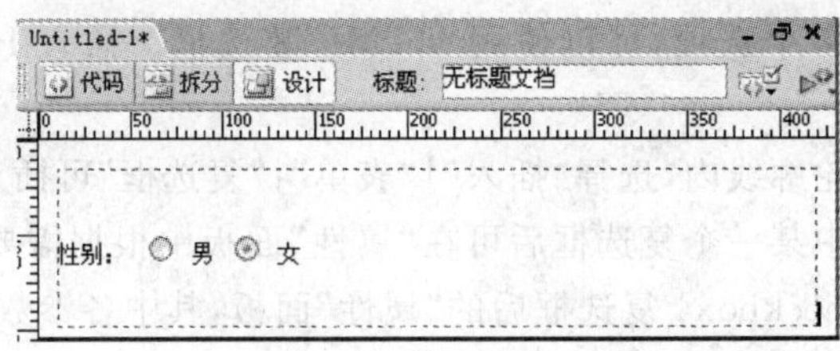

图 7-10 插入了单选按钮的页面

图 7-11 单选按钮"属性"面板

4. 插入列表/菜单

列表/菜单是表单中两种类型的菜单，一种是用户单击时下拉的菜单；另一种是列表菜单，显示一个所有项目的可滚动列表，用户可从该列表中选择项目。

1）插入列表/菜单

将插入点放在表单轮廓线内，选择“插入”|“表单”|“列表/菜单”菜单命令插入列表/菜单，如图 7－12 所示，选中列表/菜单后将会出现图 7－13 的“属性”面板，其中各参数选项的含义如下所述。

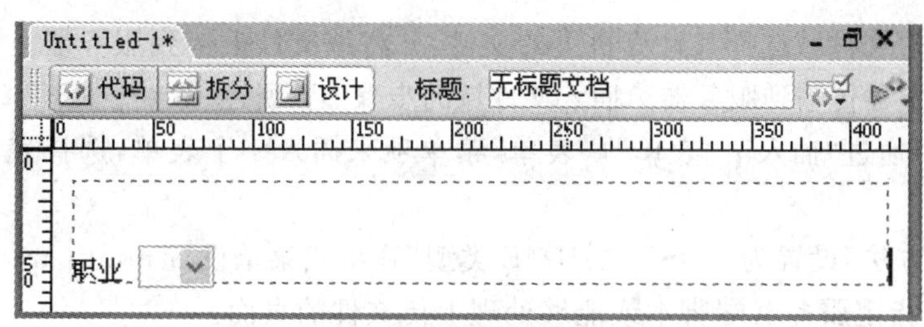

图 7－12　插入列表/菜单

■ 列表/菜单：为该菜单指定一个名称，该名称必须是唯一的。
■ 类型：指定该菜单是下拉的菜单，还是列表菜单。
■ 高度：仅在“列表”类型中设置菜单中显示的项数。
■ 选定范围：仅在“列表”类型中指定用户是否可以从列表中选择多个项。
■ 列表值：单击打开一个对话框，可以在该对话框中向菜单中添加菜单项。
■ 类，将 CSS 规则应用于对象。
■ 初始选定：默认选择的菜单项。

2）设置列表菜单

将图 7－13 所示的“属性”面板的“类型”参数选项设置为“列表”后，可设置“高度”参数选项，单击“列表值”参数选项弹出图 7－14“列表值”对话框，通过“列表值”对话框可以添加或删除列表项。

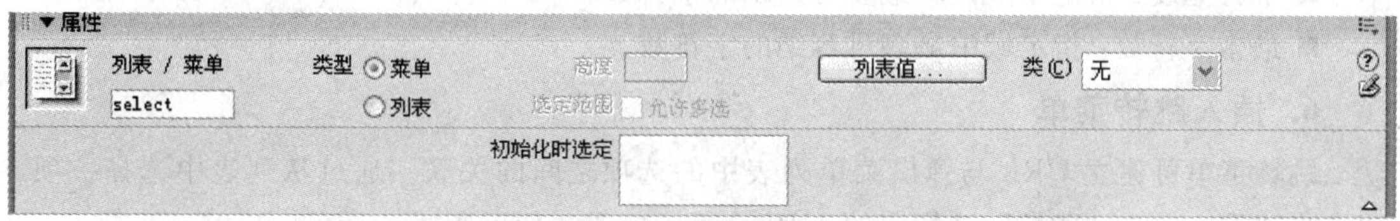

图 7－13　列表/菜单“属性”面板

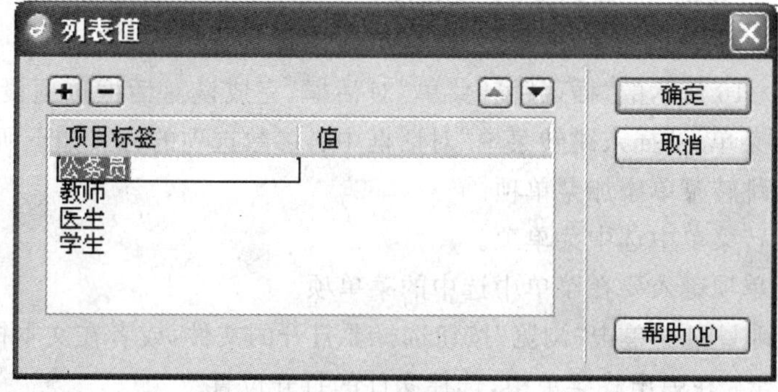

图 7－14　“列表值”对话框

3）设置下拉菜单

除了将“属性”面板中的“类型”参数选项设置为“菜单”（“高度”参数将不可选）外，其余设置与列表设置相同。

5. 插入文件域

用户可以通过文件域选择其计算机上的文件，并将该文件上传到服务器。要求使用 POST 方法将文件从浏览器传输到服务器。插入文件域的步骤如下所述。

① 在页面中通过“插入”|“表单”|“表单”菜单项来插入一个表单，选择表单以显示其“属性”面板。

② 将表单“方法”设置为 POST，“MIME 类型”弹出式菜单设置 multipart/form－data。在“动作”文本框中指定服务器端脚本或能够处理上传文件的页面。

③ 将插入点放置在表单轮廓线内，然后选择“插入”|“表单”|“文件域”菜单命令将在插入点插入文件域，如图 7－15 所示。

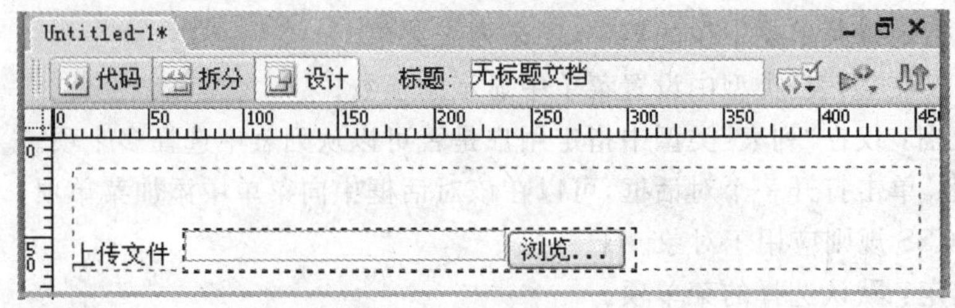

图 7－15　插入文件域

选中“文件域”后可设置“属性”面板各参数选项，其中各参数选项的含义如下所述。

■ 文件域名称：指定该文件域对象的名称。

■ 字符宽度：指定希望该域最多可显示的字符数。

■ 最多字符数：指定域中最多可容纳的字符数。

6. 插入跳转菜单

跳转菜单可建立 URL 与弹出菜单列表中的选项之间的关联。通过从列表中选择一项，用户将被重定向（或“跳转”）到指定的 URL。插入的方法如下所述。

打开一个文档，然后将插入点放在文档中希望插入跳转菜单的位置，执行下列操作之一：

■ 选取“插入”|“表单”|“跳转菜单”菜单项。

■ 在“插入”栏的“表单”类别中单击“跳转菜单”图标。

出现了如图 7－16 所示的“插入跳转菜单”对话框，完成该对话框选项设置后按“确定”按钮将插入一个跳转菜单。“插入跳转菜单”对话框中各参数选项的含义如下所述。

■ ＋：可以为跳转菜单添加菜单项。

■ －：删除跳转菜单中选中菜单项。

■ 文本：为菜单项键入要在菜单中选中的菜单项。

■ 选择时，转到 URL：单击“浏览”按钮选择要打开的文件，或者在文本框中输入路径。

■ 打开 URL 于：在弹出式菜单中，选择文件的打开位置。

■ 菜单名称：键入菜单项的名称。

图 7－16　“插入跳转菜单”对话框

选中跳转菜单后出现如图 7－17 所示的“属性”面板，各参数选项含义与列表/菜单的值相同。

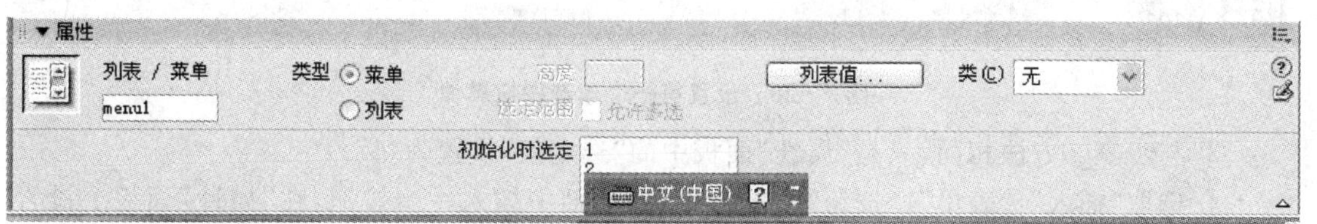

图 7－17　跳转菜单的“属性”面板

7.3　表单处理

在页面中创建表单的目的就是实现和来访者交互，而在前面所创建的表单是不能进行交互的，要实现交互必须需要脚本或应用程序的支持。在页面中，通过在指定表单的 action(动作)属性中指定脚本或应用程序来处理表单。对于简单的表单可以使用 JavaScript 或 VBScript 脚本实现交互，使用这种方法在客户端完成处理过程，而不需要给服务器传送任何数据。下面介绍使用 JavaScript 或 VBScript 脚本实现交互的实例。

【例 7－1】在页面中插入一个表单，表单中包含两个单选按钮和一个提交按钮，如图 7－18 所示。如果选择了“周杰伦”，则在单击“提交”按钮后显示“感谢您为周杰伦投了珍贵的一票”，如果选择了“王菲”，则在单击“提交”按钮后显示“感谢您为王菲投了珍贵的一票”。

操作步骤如下所述。

① 选取“插入”|“表单”|“表单”菜单命令或者单击“插入”栏下的“表单”类别下的“表单”图标插入一个表单，选中该表单并按图 7－19 所示的“属性”面板的参数值填写。

② 选取“插入”|“表单”|“单选按钮”菜单命令或者单击“插入”栏下的“表单”类别下的“单选按钮”图标插入一个“单选按钮”，“属性”面板中的选定值设置为“0”，如图 7－20 所示。

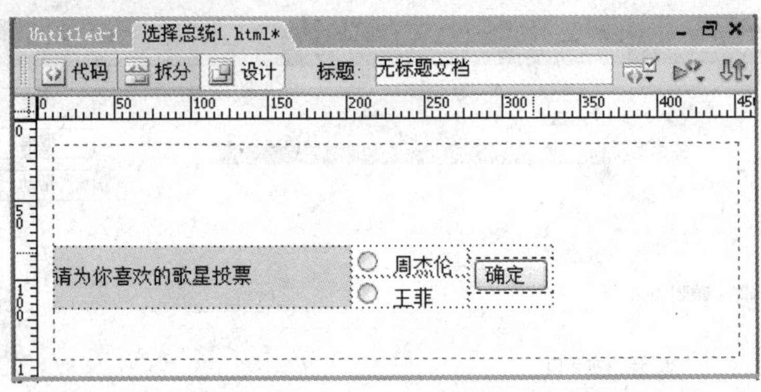

图 7-18　待处理的表单

图 7-19　设置表单参数

图 7-20　设置第一个单选按钮属性

③ 与步骤②方法相同，只是“属性”面板中的“选定值”设置为“1”。

④ 选取“插入”|“表单”|“按钮”菜单命令，在页面中插入一个按钮，在“属性”面板上设置值为“确定”，“动作”为“提交表单”。如图 7-21 所示。

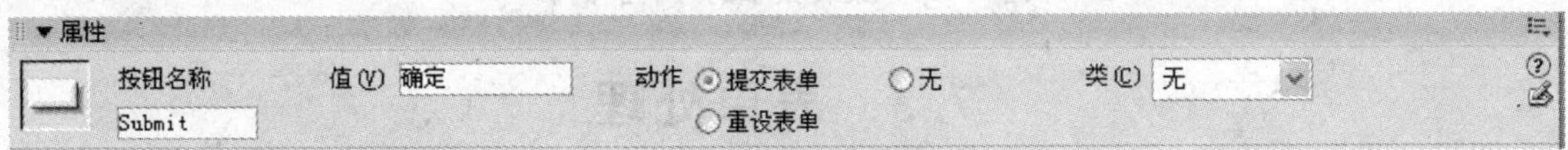

图 7-21　设置第一个按钮属

⑤ 选取“查看”|“文件头内容”菜单项，在“文档”窗口上面出现文档头部信息面板（如图 7-22所示），单击“脚本编辑图标”。

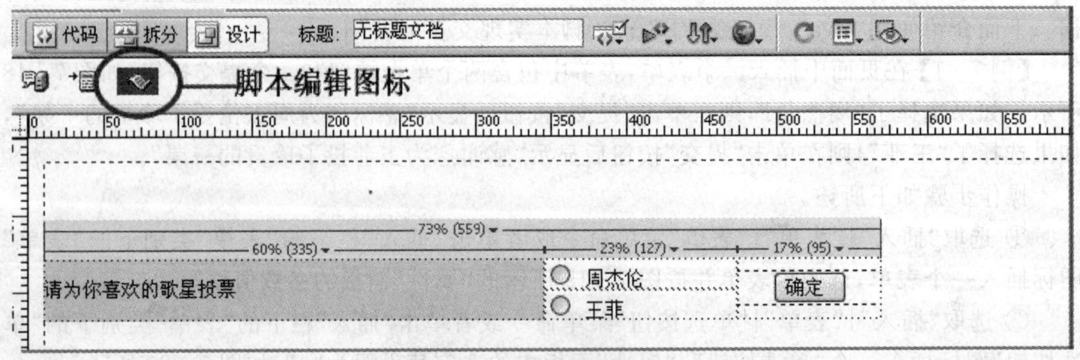

图 7-22　蓝色图标是 Script 按钮

⑥ 在出现的脚本“属性”面板中，按图 7 - 23 所示参数值进行设置，然后单击“编辑”按钮，在弹出的“脚本属性”对话框中编辑代码，在“脚本”文本框内输入下面的代码，结果如图 7 - 24 所示。

图 7 - 23　设置 Script“属性”面板

```
Function processform(){
   If(document.vote.radio[0].checked){
     Altert('感谢您投了周杰伦珍贵的一票')
   }else {
     Altert('感谢您投了王菲珍贵的一票')
   }
}
```

⑦ 编辑代码后，单击“确定”按钮，回到文档编辑视窗。

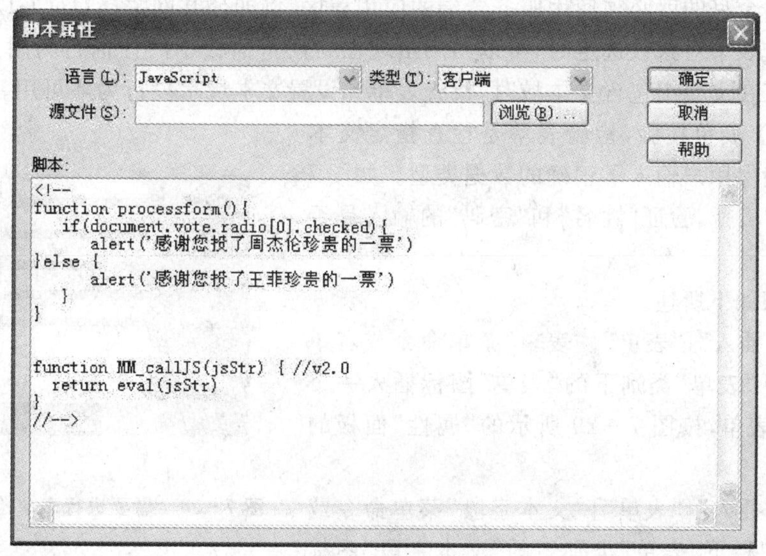

图 7 - 24　“脚本属性”对话框

⑧ 选择“窗口”|“行为”菜单项打开“行为”面板，单击“行为”面板上的添加行为按钮(+)，在打开的菜单中选择“调用 JavaScript”选项，打开“调用 JavaScript”对话框，如图 7 - 25 所示。

⑨ 在“JavaScrip”参数文本框中输入要调用的 JavaScrip 函数，这里输入前面已经编辑好的函数 processform()，单击“确定”按钮，回到编辑视窗，则对按钮定义了行为，如图 7 - 26 所示。

图 7 - 25　“调用 JavaScript”对话框

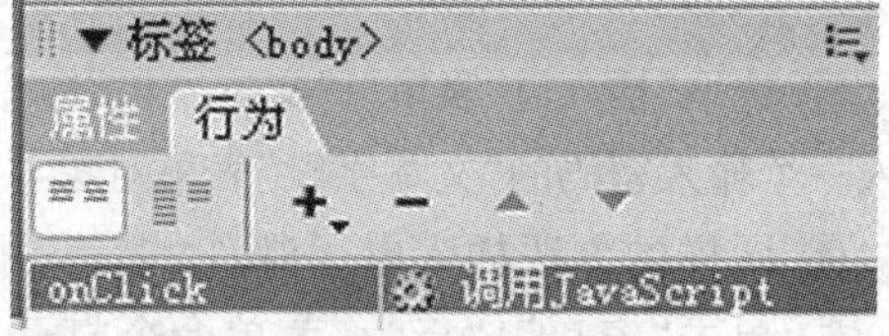

图 7 - 26　在“行为”面板中为按钮定义行为

⑩ 在浏览器中浏览的效果如图 7 - 27 所示。

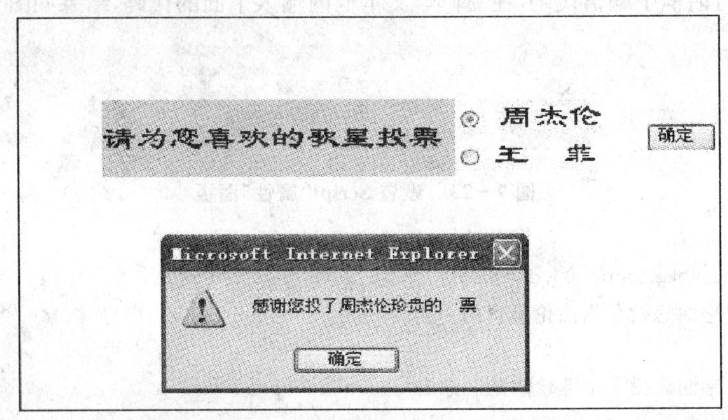

图 7 - 27　处理表单的效果

可以使用客户端脚本处理很多表单任务，但不能储存用户输入的数据或传送其他的数据。如果要达到这个目的就必须使用服务器端的应用程序，例如公共网关接口（CGI）。

当表单或表单对象被选定时，可以使用出现在“行为”面板中的任何行为附加给表单和表单对象。只有在文档中包含文本域时，检查表单和设置文本域字段行为才可用。

【例 7 - 2】表单检验，检验表单是检查指定文本域的内容以确保用户输入了正确的数据类型。如图 7 - 28 所示的留言簿，验证“姓名”和“密码”的输入是否符合要求。

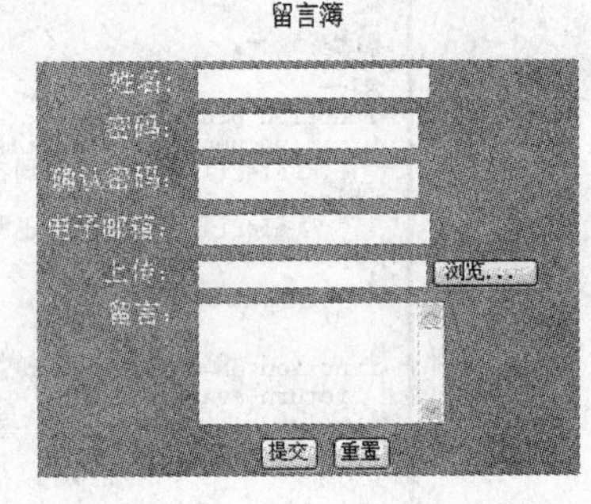

图 7 - 28　需要进行表单检验的留言簿

操作步骤如下所述。

① 选取“插入”|“表单”|“表单”菜单命令或者单击“插入”栏下“表单”类别下的“表单”图标插入一个表单，选中该表单，按图 7 - 29 所示的“属性”面板的参数值填写。

② 选取“插入”|“表单”|“文本字段”菜单命令或者单击“插入”栏下“表单”类别下的“文本字段”图标插入一个输入姓名的“文本字段”表单对象，“属性”面板中的参数值设置如图 7 - 30 所示。

▼属性

表单名称　form　动作　方法 POST　目标　MIME 类型 application/x-www-form-urle

图 7 - 29　设置表单参数

③ 选取“插入”|“表单”|“文本字段”命令或者单击“插入”栏下“表单”类别下的“文本字段”图标插入一个输入密码的“文本字段”表单对象，“属性”面板中的参数值设置如图 7 - 31 所示。

④ 同样的方法插入电子邮件、上传、留言等表单域。

⑤ 单击“窗口”|“行为”菜单命令打开“行为”面板，选择“提交”按钮，单击“行为”面板上的

“添加行为”按钮（＋），在弹出的动作菜单中选择“检查表单”后打开“检查表单”对话框。如图7－32所示。

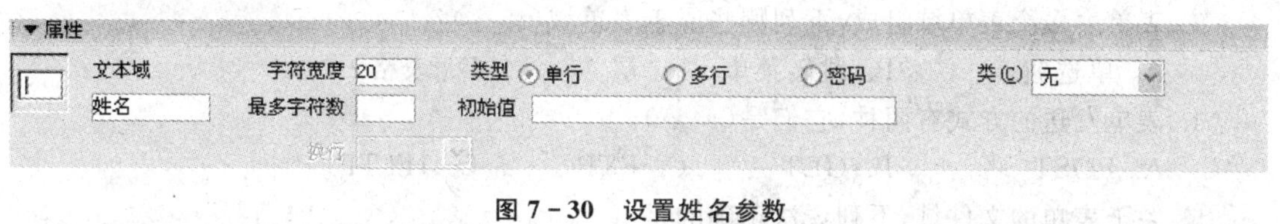

图7－30　设置姓名参数

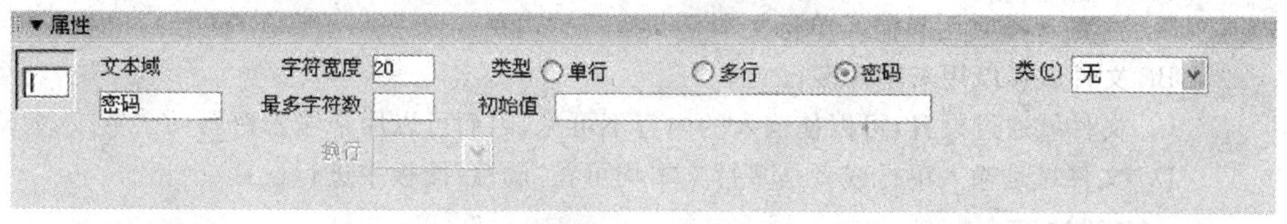

图7－31　设置密码参数

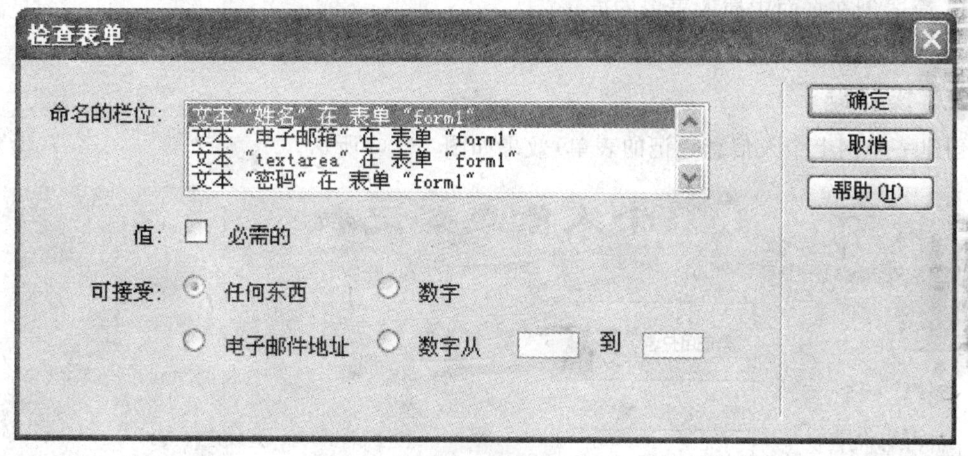

图7－32　“检查表单”对话框

⑥ 从“命令名的栏”参数选项中分别选择“姓名”和“密码”所对应的文本域，填写“值”和“可接受”参数选项后按“确定”按钮即可。

用户提交表单后，系统会检查用户是否按照设置的要求去输入“姓名”和“密码”。例如：该项是否是必需填写的，如果是必须填写的，则该项的值是不能为空。

本章小结

本章介绍了使用Dreamweaver 8.0创建表单的方法，并且给出了处理表单的实例，通过这些内容学习并加以实践，能够轻松地创建和处理复杂的表单。

练习与思考

一、选择题

1. 表单可以和（　　）放在一行。

A. 文本　　B. 图像　　C. 表单　　D. ABC都不能

2. 在插入表单域之前，一般要先插入下列哪个元素(　　)?

A. 表单文本字段　B. 表格　C. form 标签　D. 表单名称

3. 表单由多个表单域组成，下列哪些属于表单域(　　)?

A. 单选钮　B. 跳转菜单　C. 层　D. 表格

4. 表单发送的方式有两种，它们是(　　)。

A. POST　B. GET　C. FTP　D. HTTP

5. 关于表单的文件域，下列说法正确的是(　　)?

A. 文件域可以用来输入单行文本

B. 文件域可以用来输入多行文本

C. 文件域通过设置，可以使输入的内容不可见，因而可以用来输入密码

D. 文件域是输入单行或者是多行文本均可在“属性”面板中进行设置

二、简单答题

1. 简述创在页面中插入表单的方法。

2. 表单处理的方式有哪些?

三、操作题

创建一个网上个人信息登记的表单，效果如图 7－33 所示。

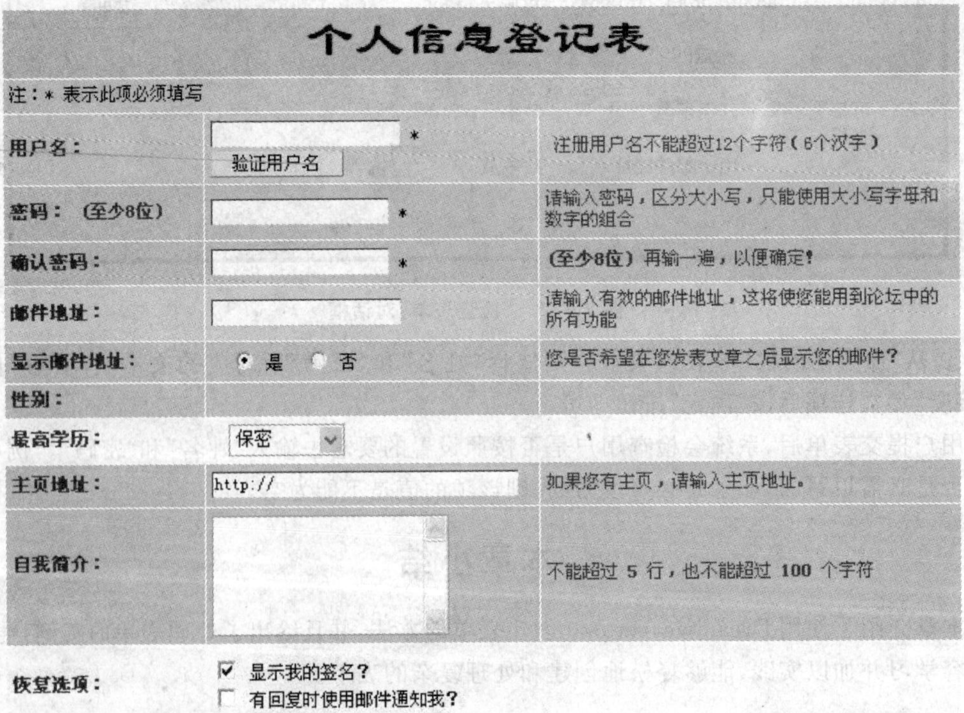

个人信息登记表		
注：* 表示此项必须填写		
用户名：	* 验证用户名	注册用户名不能超过12个字符（6个汉字）
密码：（至少8位）	*	请输入密码，区分大小写，只能使用大小写字母和数字的组合
确认密码：	*	（至少8位）再输一遍，以便确定!
邮件地址：		请输入有效的邮件地址，这将使您能用到论坛中的所有功能
显示邮件地址：	⦿ 是　○ 否	您是否希望在您发表文章之后显示您的邮件?
性别：		
最高学历：	保密	
主页地址：	http://	如果您有主页，请输入主页地址。
自我简介：		不能超过 5 行，也不能超过 100 个字符
恢复选项：	☑ 显示我的签名? ☐ 有回复时使用邮件通知我?	
	提交　全部重写	

图 7－33　个人信息登记表

第 8 章　网页中的多媒体

随着网络技术的发展以及宽带上网的普及，多媒体技术在网络中占据了很大的比例，有它不可替代的一席之地。在网页中插入多媒体，可以使用网站更具魅力，可以将网站内容更加生动地展现在访问者的面前。本章将介绍在网页中使用多媒体的方法。

【本章内容和重点】

- 媒体对象概述
- 插入媒体对象
- 设置媒体对象的属性
- 实例

8.1　媒体文件概述

由于各种媒体在网页上的充分应用，使得现在的网站越做越漂亮，也越来越实用。在 Macromedia Dreamweaver 8.0 中可以插入各式各样的媒体，例如，可以插入 Flash 和 Shockwave 影片、QuickTime、AVI、Java Applet、Active X 控件以及各种格式的音频文件，还可以在 Dreamweaver 8.0 自身内插入 Macromedia Flash 按钮和文本对象。

8.1.1　关于 Flash 文件类型

Flash 文件(.fla) 是在 Flash 程序中创建的所有项目的源文件。此类型的文件只能在 Flash 中打开。可以在 Flash 中将其导出为 SWF 或 SWT 文件以在浏览器中使用。

Flash SWF 文件(.swf) 是 Flash (.fla) 文件的压缩版本，是便于在 Web 上查看而进行过优化。此文件可以在浏览器中播放并且可以在 Dreamweaver 8.0 中进行预览，但不能在 Flash 中编辑此类文件。系统在使用 Flash 按钮和 Flash 文本对象时创建的该文件类型。

Flash 元素文件(.swc) 是一个 Flash SWF 文件，通过将此类文件合并到 Web 页，可以创建丰富的 Internet 应用程序。

Flash 视频文件格式(.flv) 是一种视频文件，它包含经过编码的音频和视频数据。例如，如果有 QuickTime 或 Windows Media 视频文件，可以使用编码器(如 Flash 8 Video Encoder 或 Sorensen Squeeze)将视频文件转换为 FLV 文件。

8.1.2　关于音频文件格式

MIDI 或 MID (乐器数字接口)格式。该格式文件用于乐器，许多浏览器都支持 MIDI 文件，并且不需要插件。尽管 MIDI 文件的声音品质非常好，但也可能因声卡而异。很小的 MIDI 文件就可以提供较长时间的声音剪辑。MIDI 文件不能被录制并且必须使用特殊的硬件和软件在计算机上合成。

WAV(Waveform 扩展名)格式。具有较好的声音品质，许多浏览器都支持此类格式文件并且不要求插件。但是，文件较大地限制了在页面上使用的声音剪辑的长度。

AIF(音频交换文件格式,或 AIFF)格式。与 WAV 格式类似,AIF 也具有较好的声音品质,大多数浏览器都可以播放它并且不要求插件;文件大小严格限制了它在页面上使用的声音剪辑的长度。

MP3 (运动图像专家组音频,即 MPEG -音频层- 3)格式。MP3 是一种压缩格式,它可令声音文件明显缩小。其声音品质非常好,质量甚至可以和 CD 质量相媲美。MP3 技术可以对文件进行"流式处理",以便访问者不必等待整个文件下载完成即可收听该文件,访问者必须下载并安装辅助应用程序或插件,例如 QuickTime、Windows Media Player 或 RealPlayer。

RA、RAM、RPM 或 Real Audio 格式具有非常高的压缩程度,文件大小要小于 MP3。全部歌曲文件可以在合理的时间范围内下载。可以在普通的 Web 服务器上对这些文件进行"流式处理",使访问者在文件完全下载完之前就可听到声音。但必须下载并安装 RealPlayer 辅助应用程序或插件才可以播放这些文件。

8.1.3 关于视频文件格式

数字视频文件可以分为两类:一类是如 VCD 等的影像文件;另一类是建立在流式视频技术之上的视频文件,这是随着 Internet 的发展而诞生的,例如在线实况转播、视频点播等。

1. 影像视频文件的格式

(1) AVI 格式。它的英文全称为 Audio Video Interleaved,即音频视频交错格式。这种视频格式的优点是图像质量好,可以跨多个平台使用;其缺点是体积过于庞大,压缩标准不统一。

(2) MOV 格式。是美国 Apple 公司开发的一种视频格式,默认的播放器是苹果公司的 Quick - TimePlayer。具有较高的压缩比率和较完美的视频清晰度等特点,但是其最大的特点还是跨平台性,即不仅能支持 MacOS,同样也能支持 Windows 系列。但文件的数据量大,需要进行压缩。

(3) MPEG 格式。它的英文全称为 Moving Picture Expert Group,即运动图像专家组格式,家里常看的 VCD、SVCD、DVD 就是这种格式。MPEG 文件格式是运动图像压缩算法的国际标准,它采用了有损压缩方法减少运动图像中的冗余信息,最大压缩比可达到 200:1。目前,MPEG 格式有三个压缩标准,分别是 MPEG - 1、MPEG - 2 和 MPEG - 4。

2. 流媒体文件

流媒体文件是一种可以使音频、视频等多种媒体文件在 Internet 上以实时的、无须下载等待的流式传输方式进行播放的技术。

(1) RM 格式。是 Real Networks 公司所制定的音频视频压缩规范,也称为 Real Media,用户可以使用 RealPlayer 或 RealOne Player 对符合 RealMedia 技术规范的网络音频/视频资源进行实况转播。它可以根据不同的网络传输速率制定出不同的压缩比率,从而实现在低速率的网络上进行影像数据实时传送和播放。而且在不下载音频/视频内容的条件下就可以在线播放。

(2) ASF 及 WMA 格式。ASF(Advanced Streaming Format,高级流格式)是 Microsoft 为了与 Realplayer 竞争而发展出来的一种在 Internet 上实时传播多媒体的技术标准。它采用了 MPEG - 4 的压缩算法,其压缩率高,图像质量很好。主要优点包括:本地或网络回放、可扩充的媒体类型、部件下载、扩展性等。它的图像品质比 RM 格式要好。由于微软的 Windows Media Player 对它有强有力的支持,因此 ASF 的影响力很大。

(3) WMV(Windows Media Video)格式。是一种独立于编码方式并在 Internet 上实时传播多媒体的技术标准,是一种动态图像压缩技术。主要特点包括:本地或网络回放、可扩充的媒体类型、部件下载、可伸缩的类型、流的优先级化、多语言支持、环境独立性、丰富的流间关系以及扩展性等。

(4) QuickTime。QuickTime 是 Apple 计算机公司开发的一种音频、视频文件格式,用于保存音频和视频信息,具有先进的视频和音频功能,被几乎所有主流的个人计算机平台支持。QuickTime 以其领先的多媒体技术和跨平台特性、较小的存储空间要求、技术细节的独立性以及系统的高度开放性,得到业界的广泛认可,目前已经成为数字媒体软件技术领域的事实上的工业标准。QuickTime 是创建 3D 动画、实时效果、虚拟现实、A/V 和其他数字流媒体的重要基础。

8.2　插入 Flash 媒体对象

8.2.1　插入 Flash 内容

在 Dreamweaver 8.0 中将 Flash 内容(SWF 文件)插入到页面中,可执行以下操作步骤来实现。

在文档窗口的“设计”视图中,将插入点放置在要插入内容的地方,然后执行以下操作之一:

① 在“插入”栏的“常用”类别中单击“媒体”图标,然后选择“Flash”选项。

② 选择“插入”|“媒体”|“Flash”菜单项。

在显示的对话框中,选择一个 Flash 文件(.swf)。Flash 占位符随即出现在“文档”窗口中,如图 8-1 所示。

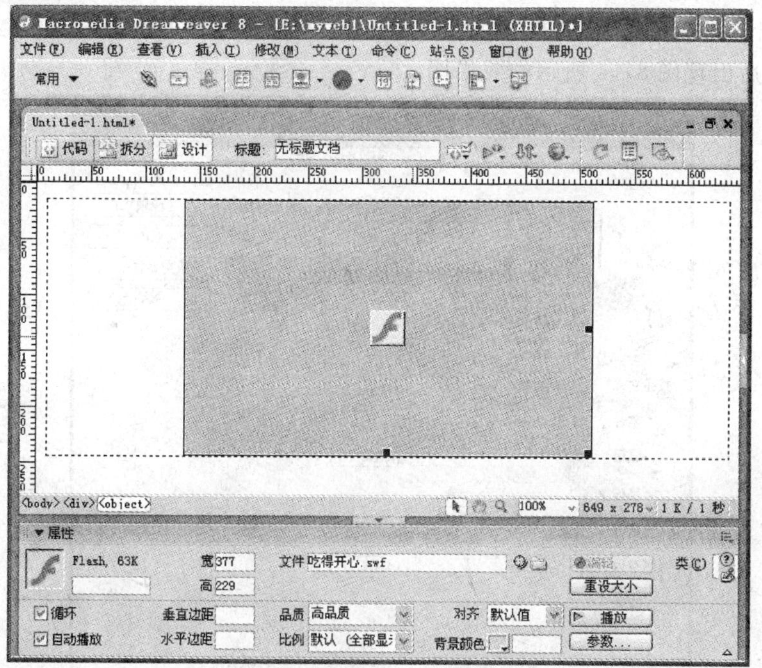

图 8-1　插入 Flash 占位符

在“文档”窗口中单击 Flash 占位符，再单击“属性”面板中的“播放”按钮可以预览，单击“停止”可以结束预览插入的 Flash 内容。也可以按 F12 键在浏览器中预览 Flash 内容。

8.2.2 插入、播放和修改 Flash 按钮

1. 插入 Flash 按钮

在 Dreamweaver 8.0 页面中插入媒体对象的操作方法如下所述。

① 将插入点放在“文档”窗口中希望插入该对象的位置。

② 执行下列操作之一插入对象：

■ 在“插入”栏的“常用”类别中单击“媒体”图标，选择 Flash 按钮选项。

■ 选择“插入”|“媒体”|“Flash 按钮”菜单项，选择要“Flash 按钮”选项，如图 8-2 所示。

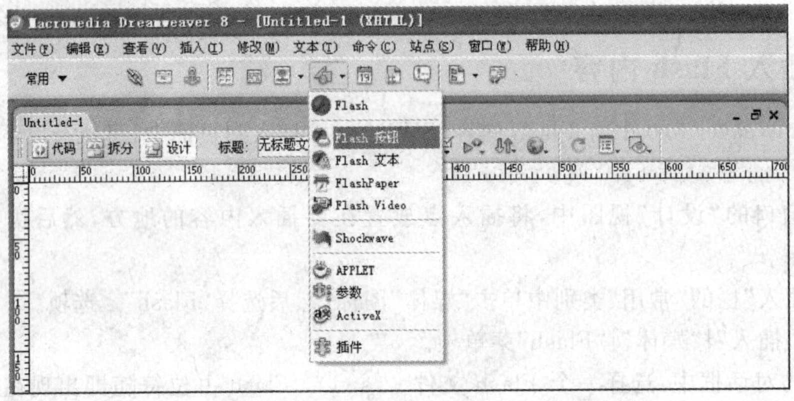

图 8-2 通过“插入栏”插入 Flash 按钮

③ 在弹出的如图 8-3 所示的“插入 Flash 按钮”对话框中填写完成相应的参数选项的值，按“确定”按钮后出现图 8-4 所示的效果图。

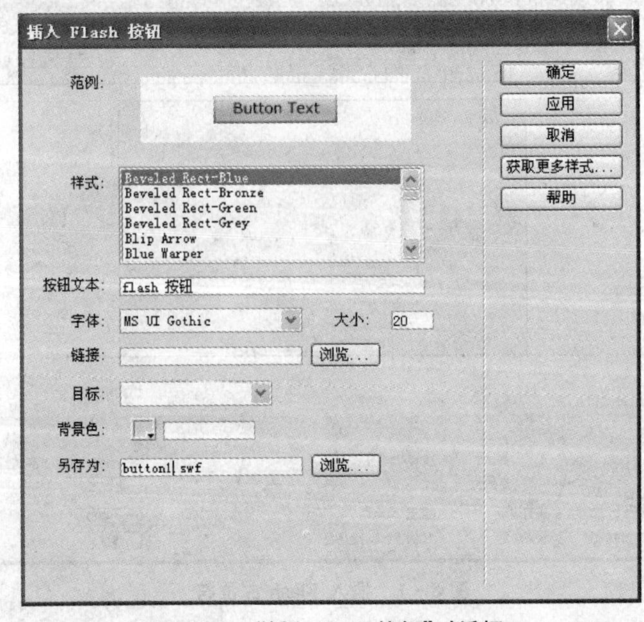

图 8-3 “插入 Flash 按钮”对话框

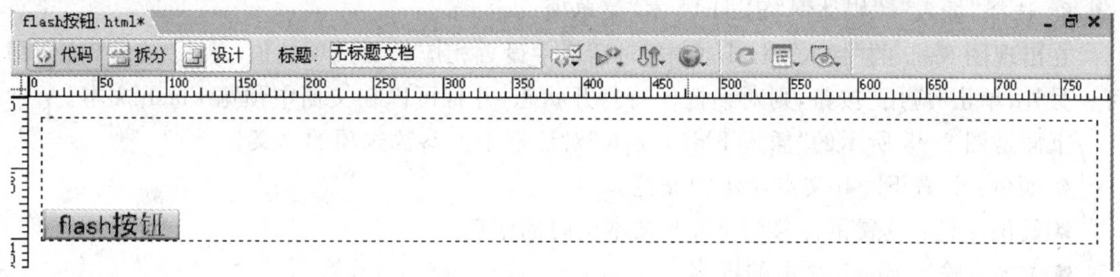

图 8－4　插入 Flash 按钮后的效果图

图 8－3"插入 Flash 按钮"对话框中各参数选项的含义如下所述。

■ 范例：显示了"样式"列表中选择的 Flash 按钮的效果图。

■ 样式：Dreamweaver 8.0 中提供的 Flash 按钮。

■ 按钮文本：输入在按钮上显示的文本内容。

■ 字体、大小：分别设置按钮文本字体的大小。

■ 链接：指定该 Flash 按钮要链接到的目标文档路径。

■ 目标：设置链接目标打开方式，有_blank、_self 和_top 等。

■ 背景色：设置 Flash 按钮的背景色。

■ 另存为：将设置的 Flash 按钮保存在与当前文档同一个文件夹中，这样才能保证链接的有效性。

注意：插入 Flash 按钮对象前必须保存文件，并且站点中没有中文文件夹。

2. 修改 Flash 按钮

在 Dreamweaver 8.0 中执行以下操作可以修改 Flash 按钮对象：

① 在"文档"窗口中单击 Flash 按钮对象选择它。

② 选中 Flash 按钮后，使用"属性"面板修改 Flash 按钮的 HTML 属性，例如宽度、高度和背景颜色。

③ 若要对内容进行更改，可使用以下方法之一显示"插入 Flash 按钮"对话框。

■ 双击 Flash 按钮对象。

■ 在"属性"面板中单击"编辑"。

■ 右击，然后从上下文菜单中选择"编辑"。

④ 在"设计"视图中，通过使用调整大小手柄来调整 Flash 按钮对象的大小。

3. 在文档中播放 Flash 按钮对象

在"文档"窗口中查看 Flash 按钮对象，可执行以下操作：

① 在"设计"视图选择 Flash 按钮对象。

② 在"属性"面板中单击"播放"可以预览 Flash 按钮对象，单击"停止"可以结束预览。

8.2.3　插入和修改 Flash 文本

Flash 文本对象允许创建和插入只包含文本的 Flash SWF 文件。操作方法是在文档窗口中，将插入点放置在要插入 Flash 文本的位置，执行以下操作之一：

① 在"插入"栏的"常用"类别中，选择"媒体"图标，然后单击 Flash 文本选项。

② 选择“插入”|“媒体”|“Flash 文本”菜单项。

在出现图 8-5 的“插入 Flash 文本”对话框中设置相应参数选项的值，单击“确定”按钮即可。另外，单击“应用”按钮，则对话框保持打开状态，并且可以在文档中预览 Flash 文本。

下面是图 8-5 所示的“插入 Flash 文本”对话框中各参数选项的含义。

■ 颜色：设置 Flash 文本显示的颜色。

■ 转滚颜色：设置鼠标移到 Flash 文本上时的颜色。

■ 文本：输入 Flash 文本的内容。

■ 背景色：设置 Flash 文本的背景色。

■ 链接、目标：与 Flash 按钮的参数相同。

若要修改或播放 Flash 文本对象，所采用的步骤与 8.2.2 小节中对 Flash 按钮进行修改或播放所采用的步骤相同。

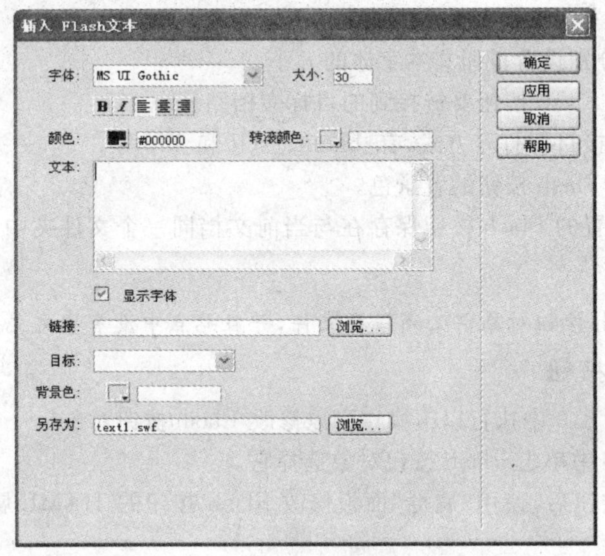

图 8-5 “插入 Flash 文本”对话框

8.3 插入声音文件

有多种不同类型的声音文件和格式，例如.wav、.midi 和.mp3(参见 8.1.2“关于音频文件格式”)。确定在网页中采用哪一种格式和方法添加声音前，应该考虑添加声音的目的、访问者、文件大小、声音品质和不同浏览器中的差异等。在 Dreamweaver 8.0 中向网页中添加声音可使用链接到音频文件和嵌入声音文件两种方法。但是，一些浏览器可能不支持嵌入的声音文件。

8.3.1 链接到音频文件

链接到音频文件是将声音添加到网页的一种简单而有效的方法。这种集成声音文件的方法可以使访问者能够选择他们是否要收听该文件，并且使文件可用于最广范围的观众，操作方法如下：

① 选择要用作指向音频文件的链接的文本或图像。

② 在“属性”面板中单击“链接”选项文本框右侧的文件夹图标以浏览音频文件，或者在“链接”选项文本框中键入音频文件的路径和名称。

8.3.2　嵌入声音文件

嵌入音频是将声音直接并入页面中，但只有站点的访问者装有可以播放所选声音文件的插件时声音才可以播放。如果希望将声音用作背景音乐，或希望控制音量、播放器在页面上的外观或者声音文件的开始点和结束点时，可以嵌入声音文件。操作步骤如下所述。

① 在“设计”视图中，将插入点放置在要嵌入文件的地方，然后执行以下操作之一将出现如图 8－6 的“选择文件”对话框。

■ 在“插入”栏的“常用”类别中，单击“媒体”图标，然后选择“插件”选项。

■ 选择“插入”|“媒体”|“插件”菜单项。

② 在弹出的“选择文件”对话框(如图 8－6 所示)的“文件名”参数选项中输入将要嵌入的声音文件的文件名和路径后按“确定”按钮，出现如图 8－7 所示的页面。在图 8－7 页面的“属性”面板中，单击“源文件”参数选项文本框右侧的文件夹图标可以更改嵌入的声音文件。

图 8－6　选择声音文件对话框

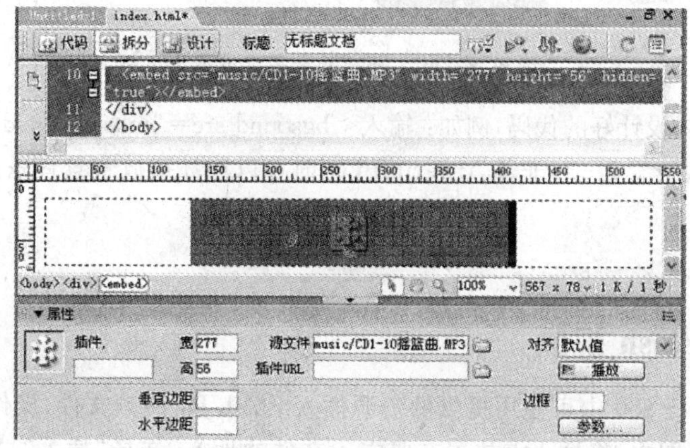

图 8－7　嵌入声音文件“属性”面板

③ 可以在“属性”面板中输入宽度和高度值,或者在“文档”窗口中直接通过调整柄来调整插件占位符的大小,来确定音频控件在浏览器中显示的大小。如果需要在浏览器隐藏音频控件,则可以在代码视图中将参数 hidden 设置为"true"值。嵌入声音文件的标签为:

<embed src = "music/CD1 - 10 摇篮曲. MP3" width = "277" height = "56" hidden = "true"></embed>。

8.3.3 使用<bgsound/>标签插入背景音乐

网页的背景音乐是以 MIDI 和 MP3 这两种格式为主,在页面中插入背景音乐,可以使用<bgsound/>标签,以在 index. html 中插入背景音乐为例,具体操作方法如下所述。

① 打开要插入背景音乐的网页文件 index. html,切换到代码视图,将光标定位到标题标签<title>…</title>之后,如图 8-8 所示。

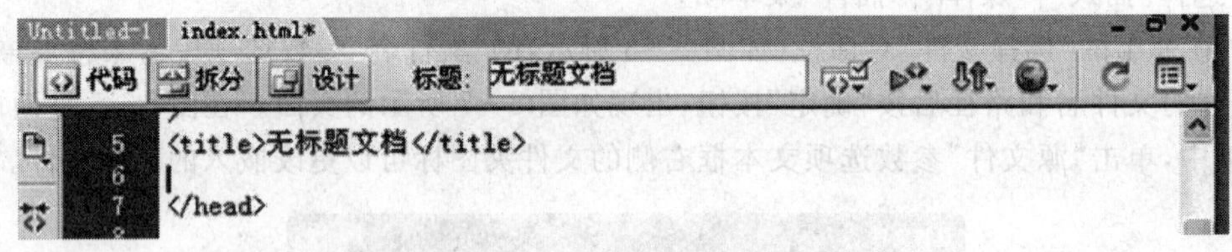

图 8-8 代码视图的标题标签

② 输入标签开始符号“<”,然后从弹出的代码提示列表中选择“bgsound”选项并按回车键。

③ 单击键盘上空格键,在弹出的参数列表中选择文件名路径的参数“src”后按回车键,出现图 8-9 的浏览提示。

④ 单击“浏览”,在弹出的对话框中选择作为背景音乐的声音文件,最后输入标签的结束符“/>”。

图 8-9 插入背景音乐文件名提示

也可以直接输入设计好的代码,例如:输入<bgsound src="music/1. mid" loop="-1"/>,其中,loop 参数的值设置为-1,非零,true,infinite 时可以循环播放背景音乐。

8.4 插入视频

8.4.1 插入 Flash 视频

在 Dreamweaver 8.0 中可使用提供的资源插入 Flash flv 视频文件,操作方法如下所述。

① 在“设计”视图中,将插入点放置在要嵌入文件的地方,选择“插入”|“媒体”|“Flash 视

频”菜单项，出现图 8－10 的“插入 Flash 视频”对话框。

② 在“插入 Flash 视频”对话框中“视频类型”参数选项的下拉列表框中选择“累进式下载视频”。

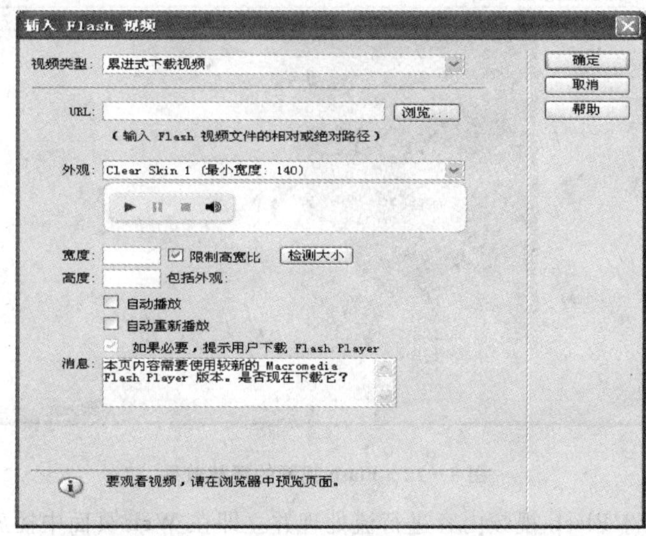

图 8－10　“插入 Flash 视频”对话框

③ 单击“确定”按钮则可将 Flash 视频内容插入 Web 页面，效果如图 8－11 所示。

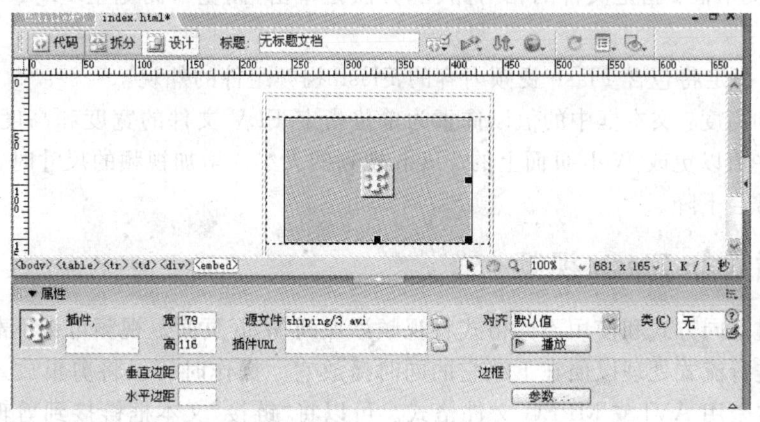

图 8－11　在 Web 页面中插入了 Flash 视频

④ 保存文件，按 F12 在浏览器中查看，它将显示选择的 Flash 视频内容以及一组播放控件，如图 8－12 所示。

图 8－11 的“插入 Flash 视频”对话框提供以下参数选项，用于将视频内容发送给站点访问者。

■ 视频类型：

- 累进式下载视频：将 Flash 视频（FLV）文件下载到站点访问者的硬盘上，然后播放。但是，与传统的“下载并播放”视频传送方法不同，累进式下载允许在下载完成之前就开始播放视频文件。

图 8 - 12 Flash 视频的播放效果

- 流视频：将 Flash 视频内容进行流处理并立即在 Web 页面中播放。若要在 Web 页面中启用流视频，必须具有对 Macromedia Flash Communication Server 的访问权限，这是唯一可对 Flash 视频内容进行流处理的服务器。

■ URL 文本框：指定文件的相对路径，方法是单击“浏览”，浏览至 FLV 文件，并选择该文件。

■ 外观：指定将包含 Flash 视频内容的 Flash 视频组件的外观。

■ 宽度和高度：文本框中的值以像素为单位指定 FLV 文件的宽度和高度。可以任意调整这些值以更改 Web 页面上的 Flash 视频的大小。增加视频的尺寸时，视频的图片品质通常会下降。

8.4.2 插入非 Flash 视频

可以通过不同方式和使用不同格式将视频添加到 Web 页面。视频可被下载给用户，或者可以对视频进行流式处理以便在下载它的同时播放它。操作时可以将剪辑放入站点文件夹。这些剪辑通常采用 AVI 或 MPEG 文件格式。可以将“链接”文本框链接到剪辑，或将剪辑嵌入到页面中。操作步骤如下所述。

① 在“设计”视图中，将插入点放置在要嵌入文件的地方，然后执行以下操作之一：

■ 在“插入”栏的“常用”类别中，单击“媒体”图标，然后选择“插件”选项。

■ 选择菜单“插入”|“媒体”|“插件”选项，将出现图 8 - 13 所示的对话框。

② 在对话框的“文件名”参数选项中输入将要嵌入的剪辑文件的文件名和路径，或者在如图 8 - 14 的“属性”面板中，单击“源文件”参数选项右侧文本框的文件夹图标以浏览剪辑文件，按“确定”按钮。

③ 可以在“属性”面板中输入宽度和高度值，或者在“文档”窗口中直接通过调整柄调整插件占位符的大小来确定剪辑控件在浏览器中以多大的大小显示。

图 8-13 “插入媒体”中选择媒体对话框

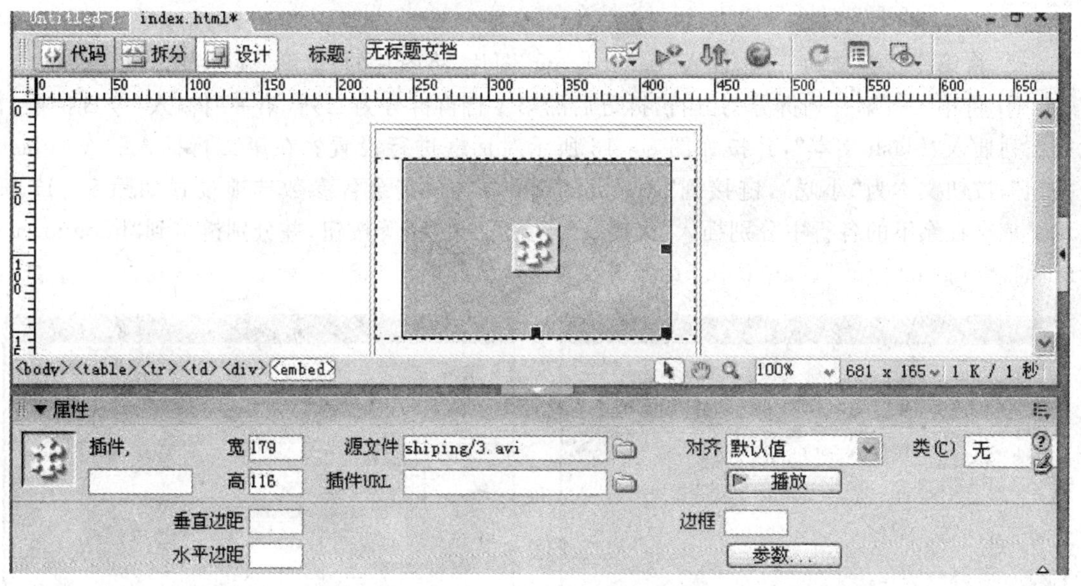

图 8-14 插入非 Flash 视频的“属性”面板

注意：视频文件必须放在与页面相同的文件夹中。

8.5 综合实例

设计如图 8-15 所示的网页。操作步骤如下所述。

① 以 8-1 文件夹为站点文件夹新建一个站点，站点名为 myweb8-1，打开该站点下的 1 文件夹，在该文件夹内建立一个新文件为 index1.html。

② 打开 index1.html 文件，单击“菜单”|“页面设置”|“背景颜色”菜单项设置页面“背景

图 8-15　综合实例效果图

颜色"为"＃9999CC"，并建立一个四行三列的表格，表格的"宽度"设置为"100%"。下面依次对表格的四行进行处理。

③ 将第一行合并为一列，插入"banan1. jpg"图片，将图片的"宽度"调整为"980"像素。

④ 将第二行第一列拆分为五行，拆分后的第一行再拆分为二列，第一列输入"今日特推"，第二列插入"Flash 文本"，并按如图 8-16 所示对话框进行设置。在第二行插入一个"Flash 按钮"，按钮文本为"小吃"，链接到"Xiaochi. html"页面，其余各参数选项设置如图 8-17 所示。依次在余下的各行中分别插入"火锅"、"中餐"、"果盘"等按钮，并分别链接到"huoguo. html"、"zhongcan. html"、"guopan. html"等文件。

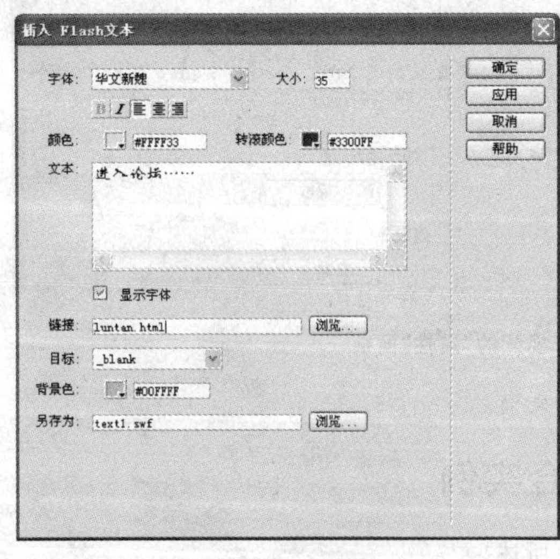

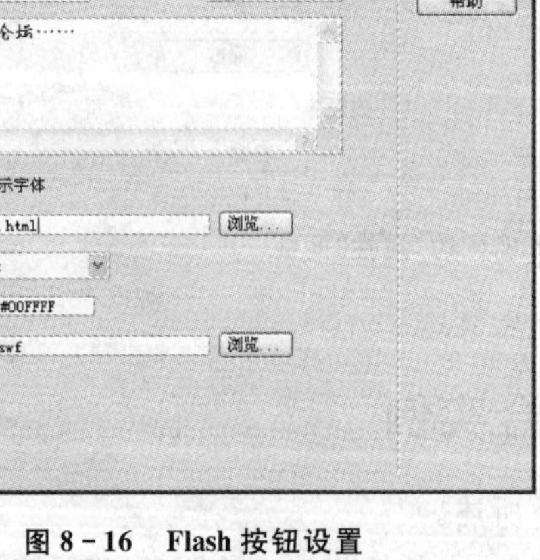

图 8-16　Flash 按钮设置

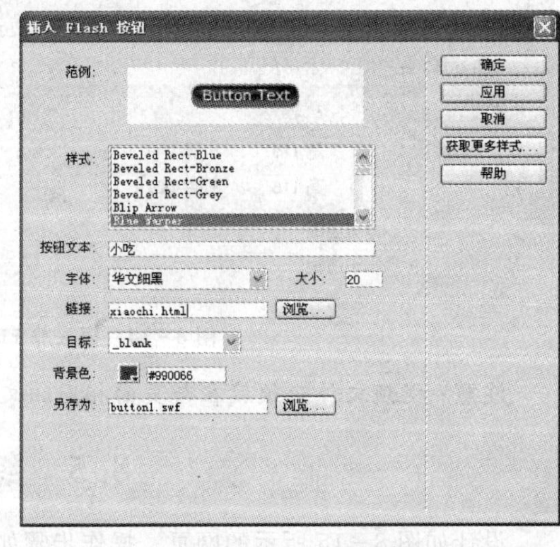

图 8-17　Flash 视频设置

⑤ 在第二行第二列中插入"吃得开心. swf"Flash 文件，并设置 Flash 文件占位符的高和宽为"200×130"。

⑦ 第三行第二列插入文本(t. text),并设置文本的"字体"为"宋体"、"颜色"为"#FFFF00"、"大小"为"20"个像素,并调整居中。

⑦ 将第二行、第三行最右边的两列合并为一列,在该列中插入一个五行一列的表格,"宽度"设置为"100%",在前面四行中分别输入"其它美食"、"湘菜"、"苏菜"、"粤菜"文字,如图 8-19 所示的文字,并将其链接到相关的网站。将光标置入第五行,单击菜单"插入"|"媒体"|"插件"选项,从弹出的对话框中选择要插入的影片"美食欣赏. wmv",如图 8-18 所示。调整影片的占位符到适合表格的大小为止,如图 8-19 所示。

图 8-18　插入视频文件选择对话框

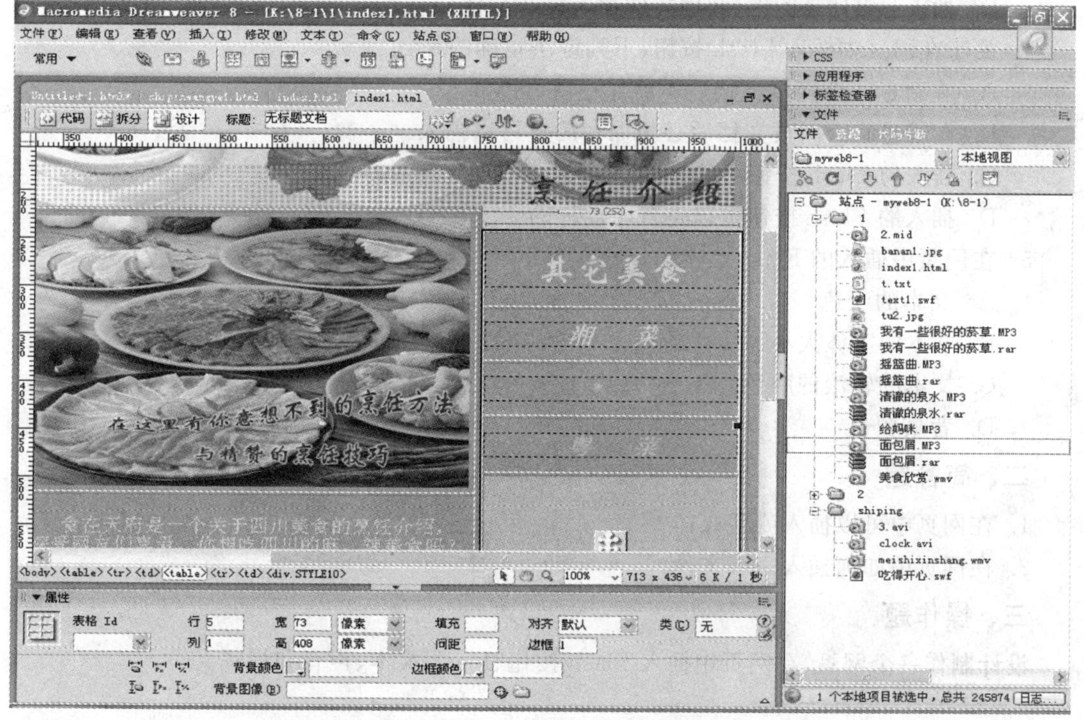

图 8-19　选择要插入的影片

⑧ 将第四行三列合并为一列，插入“banan1.jpg”文件。

⑨ 切换到代码视图，在<title>…</title>后插入背景音乐“bj.mp3”，代码为<bgsound src="1.MP3" loop="-1" />。

⑩ 按 F12 预览效果如图 8-15 所示。

本章小结

网页中插入的媒体可使网页显得生动活泼，精彩无限。为了让读者能够快速掌握在网页中插入媒体，本章详细介绍了在页面中插入 Flash 文件、Flash 文本、Flash 按钮、视频和声音的方法和步骤，还结合一个综合实例，具体介绍它们的应用和操作。

练习与思考

一、选择题

1. 在 Dreamweaver 中可以插入下列哪些媒体？(　　)

A. Flash 视频　　B. Flash 文本　　C. MP3 音乐　　D. 非 Flash 视频

2. 下列哪些不是声音格式？(　　)

A. MIDI　　B. SWF　　C. MP3　　D. AVI

3. 在网页中可以插入声音的方法有(　　)。

A. 链接到声音文件

B. 添加背景音乐(Bgsound 标签)

C. 在网页中嵌入音乐(Embed 标签)

D. 插入—媒体—插件(利用插件加入声音文件)

4. 关于在网页中插入 Flash 按钮，下列说法正确的是(　　)。

A. 在新建一个网页文档后不需保存就可以插入

B. 在新建一个网页文档后必须保存后才可以插入

C. 插入的 Flash 按钮必须是 Dreamweaver 8.0 自带的

D. 插入的 Flash 按钮可以是自己设计的

5. 在网页中插入的 Flash 文本可以设置以下属性(　　)。

A. 文本的颜色

B. 文本的字体大小

C. 文本的转滚的颜色

D. 背景颜色

二、简答题

1. 在网页中可以插入哪些媒体？

2. 在网页中如何插入声音文件？

三、操作题

设计制作一个网页，在网页中插入 Flash 按钮、Flash 文本、声音和视频。

第 9 章　CSS 样式表

Dreamweaver 8.0 中呈现的 CSS 是一系列格式设置规则，它们控制 Web 页面内容的外观。使用 CSS 设置页面格式时，将内容与表现形式分开。页面内容（即 HTML 代码）驻留在 HTML 文件自身中，而用于定义代码表现形式的 CSS 规则驻留在另一个文件（外部样式表）或 HTML 文档的另一部分（通常为文件头部分）中。使用 CSS 可以非常灵活地、更好地控制具体的页面外观——从精确的布局定位到特定的字体和样式都同样可以控制。

【本章内容和重点】

- CSS 的概念
- CSS 的创建方法
- 应用实例

9.1　基本概念

CSS 也称为层叠样式表（Cascading Style Sheets），是一系列格式设置规则，在网页设计中合理有效地使用 CSS 样式，不但可以实现一些网页元素包括字体、字号、颜色、链接状态及表现等的设置，还可以减少网页的编辑工具的工作量，美化网页中的元素，并对网页设计的效果及网页一致性的处理带来较大的方便，因此，它有较广泛的应用。

CSS 允许控制 HTML 无法独自控制的许多属性。例如，可以为选定的文本指定不同的字体大小和单位（像素、磅值等）。通过使用 CSS 以像素为单位设置字体大小，还可以确保在多个浏览器中以更一致的方式处理页面的布局和外观。除设置文本格式外，还可以使用 CSS 控制 Web 页面中块级元素的格式和定位。例如，可以设置块级元素的边距和边框、其他文本周围的浮动文本等。

CSS 格式设置规则由两部分组成：选择器和声明。选择器是标识格式元素的术语（如 P、H1、类名或 ID），声明用于定义元素样式。

9.1.1　CSS 的主要优点

使用 CSS 样式表可以有如下优点：

① 可以使站点中的网页保持风格的一致性。将定义好的外部 CSS 样式应用于同一个站点中的网页时，可使得使用该样式的页面保持同一风格。

② 便于对网页的样式进行调整修改。因为当多个页面使用同一样式时，只要修改样式表就可以使应用该样式表的所有元素的样式都发生相同的变化。也就是说，更新一处的 CSS 规则就可以使得使用该样式的所有文档的格式都会自动更新为新样式。

9.1.2　CSS 样式表的类型

Dreamweaver 8.0 中 CSS 样式表可以有以下样式类型，并可在如图 9－1 所示的对话框中进行设置。

① 类样式：也称为自定义 CSS 规则，可以将样式属性应用于任何文本范围或文本块。

② HTML 标签样式：可以重定义系统中的特定标签（如 h1，p）的格式。

③ CSS 选择器样式（高级样式）：重新定义特定元素组合的格式设置，或重新定义 CSS 允许的其他选择器表格的格式设置（例如，每当 h1 标题出现在表格单元格内时都应用选择器 td h1）。

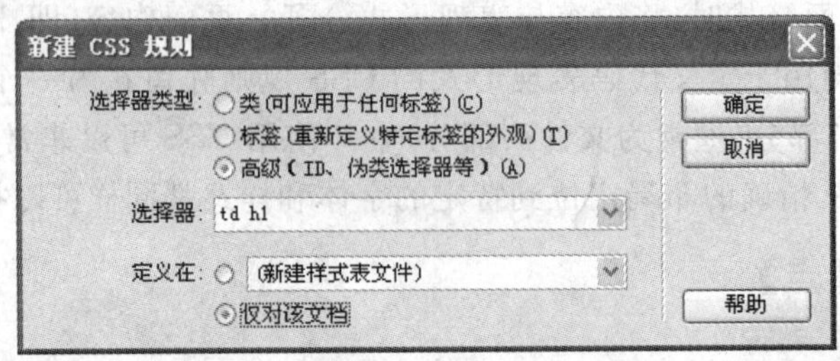

图 9－1 “新建 CSS 规则”对话框

9.2 CSS 样式表的创建

Dreamweaver 8.0 可以根据 CSS 样式表的应用情况创建内部 CSS（或嵌入式）和外部 CSS 样式表。

内部 CSS 样式表是定义在“仅对该文档”选项，其样式的代码是嵌入到 HTML 文档中文件头部分的 style 标签内。外部 CSS 样式表是以文件的形式存在于站点中，站点中的网页均可使用该 CSS 样式，其方法是通过导入或链接的方法将外部 CSS 样式表附加到需要应用该样式的网页文档中。

可以使用“CSS”面板右下角的四个按钮（如图 9－2 所示），四个按钮从左向右分别可对 CSS 样式表进行附加、新建、编辑和删除操作；也可以单击“CSS”面板右上角的快捷按钮 ，在弹出的菜单（如图 9－3 所示）中选择相应的功能进行操作。

图 9－2 “CSS”面板右下角的四个按钮

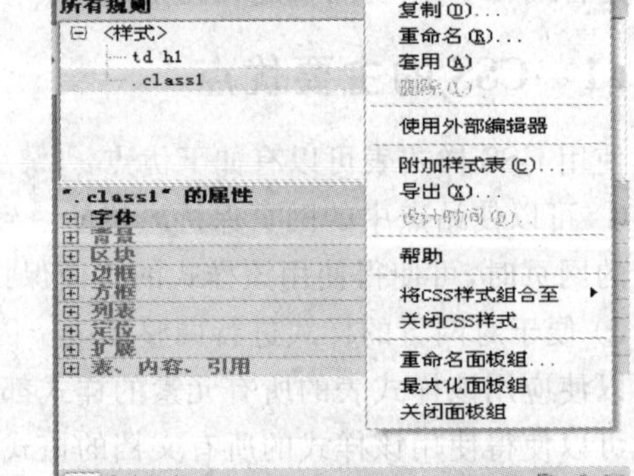

图 9－3 “CSS”面板快捷菜单

9.2.1　CSS 样式表的创建

在 Dreamweaver 8.0 中创建 CSS 样式的步骤如下所述。

① 打开“CSS”面板，单击右下角的“新建”按钮，弹出图 9-1“新建 CSS 规则”对话框。

② 在“选择器类型”参数选项中选择相应的选项，在“选择器”下拉列表中输入需要建立规则的名称，在“定义在”参数选项的下拉列表中选择是建立外部样式表或是建立“仅对该文档”的内部样式表。如果建立外部式样表可以设置“定义在”参数选项为“新建样式表文件”；也可以将该选项定义在一个已创建好的外部样式表文件，即将新建的样式表建立在该文件当中。在完成所有的设置后，单击“确定”按钮。

③ 在弹出图 9-4 的“CSS 规则定义”对话框的左侧选择 CSS 的一个分类项，并设置对应的参数。同样还可以选择其他分类项并对其参数进行设置(即可以层叠设置)，各项设置完毕后单击“确定”按钮即可。

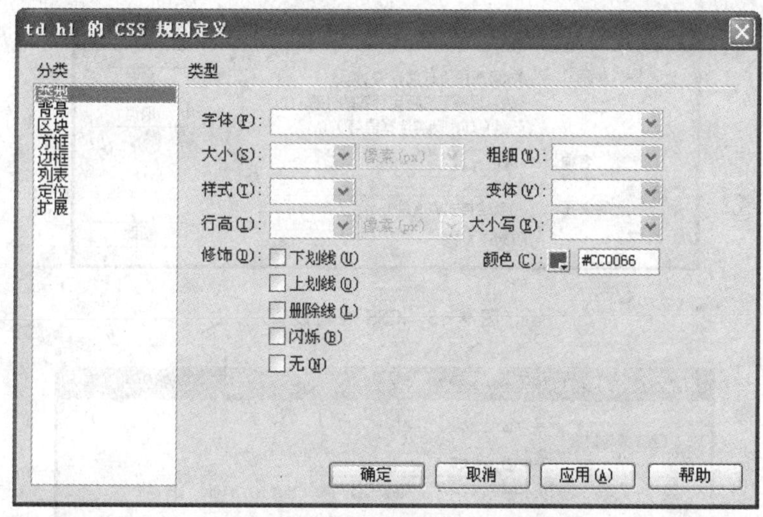

图 9-4　CSS 规则定义对话框

9.2.2　CSS 规则定义中的分类属性

在图 9-4 的“CCS 规则定义”对话框中，其左边的分类可以在一个 CSS 样式中层叠设置，每一个分类被选择后，将在右边出现与之相对应的类型属性。下面分别介绍各个“分类”项的属性含义。

1. “类型”分类属性

■ 字体：为文本字体属性，设置方式参照文本字体的设置方法。

■ 大小：设置文本字号。

■ 样式：将“正常”、“斜体”或“偏斜体”指定为字体样式。默认设置是“正常”。

■ 行高：设置文本所在行的高度。选择“正常”自动计算字体大小的行高，或输入一个确切的值并选择一种度量单位。

■ 修饰：向文本中添加下划线、上划线或删除线，或使文本闪烁。

■ 粗细：对字体应用特定或相对的粗体量。“正常”等于 400；“粗体”等于 700。

■ 变量：设置文本的小型大写字母变量。

■ 大小写：将所选内容中的每个单词的首字母大写或将文本设置为全部大写或小写。

■ 颜色：设置文本颜色。

【例 9-1】新建相对于文档的类 class1，并将它应用于文档中的文本，效果如图 9-7 所示。可按如下步骤进行操作。

① 新建一张空白文档，输入两段相同的文本，文本内容为：“CSS(层叠式样式表)对页面的美化及定位等方面的优点是无容质疑的。”

② 选择菜单“窗口”|“CSS 样式”选项，打开“CSS”面板，单击“CSS”面板下的“新建”按钮 ，弹出“新建 CSS 规则”对话框，按图 9-5 所示的进行设置后单击“确定”按钮，再对出现的“class1 规则”对话框进行设置，设置如图 9-6 所示，单击“确定”按钮，则建立了一个名为 class1 的类。

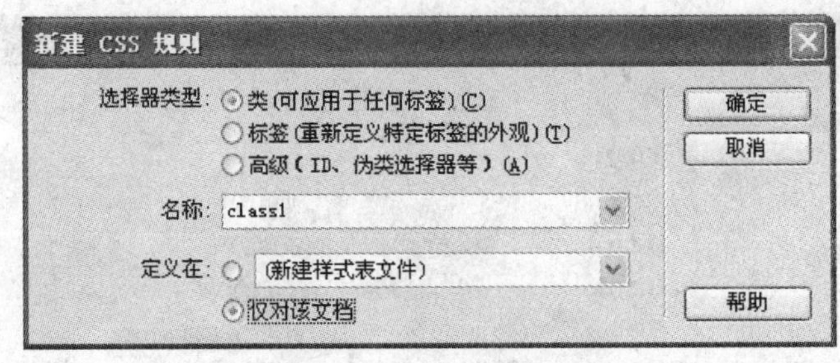

图 9-5 CSS 规则设置

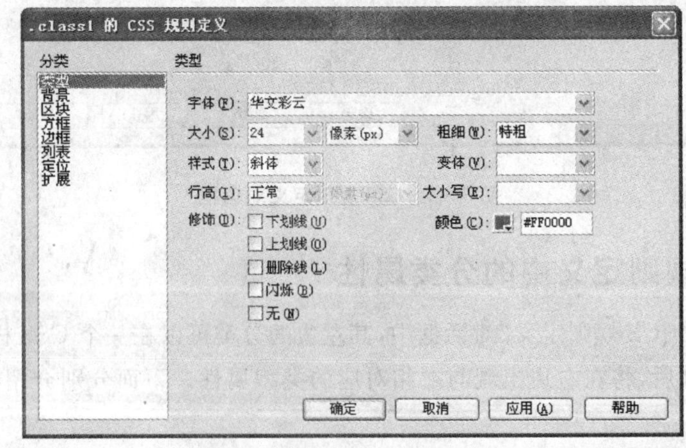

图 9-6 分类类型的属性设置

③ 选中要应用 class1 的第一段文本，选择“属性”面板中的“样式”选项列表中的 class1，将新建的 class1 类应用到文档中的第一段，效果如图 9-7 所示。

2. “背景”分类属性

“CSS 规则定义”对话框的“背景”分类可以定义 CSS 样式的背景格式。

■ 背景颜色：设置元素的背景颜色。

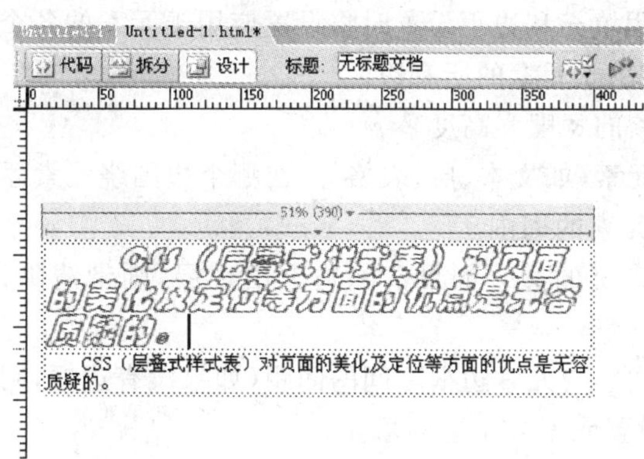

图 9-7 第一段文本应用了 class1

■ 背景图像：设置元素的背景图像。

■ 重复：确定是否重复背景图像以及如何重复背景图像。

● “不重复”：只在元素开始处显示一次图像。

● “重复”：在元素的后面水平和垂直平铺图像。

● “横向重复”和“纵向重复”：分别显示图像的水平带区和垂直带区。图像被剪辑以适合元素的边界。

■ 附件：确定背景图像是固定在它的原始位置还是随着内容一起滚动。

■ 水平位置和垂直位置：指定背景图像相对于元素的初始位置。这可以用于将背景图像与页面中心垂直和水平对齐。如果附件属性为“固定”，则位置相对于“文档”窗口而不是元素。

3. “区块”分类属性

“CSS 规则定义”对话框的“区块”分类可以定义标签及属性的间距和对齐设置。

■ 单词间距：设置单词的间距。

■ 字母间距：增加或减小字母或字符的间距。若要减小字符间距，可指定一个负值。字母间距设置覆盖对齐的文本设置。

■ 垂直对齐方式：指定应用它的元素的垂直对齐方式。仅当应用于 <img>标签时，Dreamweaver 8.0 才在“文档”窗口中显示该属性。

■ 文本对齐：设置元素中的文本对齐方式。

■ 文本缩进：指定第一行文本缩进的程度。

■ 空白：确定如何处理元素中的空白。

● 正常：收缩空白。

● 保留：处理方式与文本被括在 pre 标签中一样(即保留所有空白，包括空格、制表符和回车)。

● 不换行：指定仅当遇到
标签时文本才换行。

■ 显示：指定是否以及如何显示元素。“无”是关闭应用此属性的元素的显示。

4. “方框”分类属性

“CSS 规则定义”对话框的“方框”分类可以为控制元素在页面上的放置方式的标签和属

性定义设置。可以在应用填充和边距设置时将设置应用于元素的各个边，也可以使用“全部相同”设置将相同的设置应用于元素的所有边。

- 宽和高：设置元素的宽度和高度。
- 浮动：设置其他元素(如文本、层、表格等)在哪个边围绕元素浮动。其他元素按通常的方式环绕在浮动元素的周围。
- 清除：定义不允许层的边。如果清除边上出现层，则带清除设置的元素移到该层的下方。
- 填充：指定元素内容与元素边框之间的间距(如果没有边框，则为边距)。取消选择“全部相同”选项可设置元素各个边的填充。
  - 全部相同：为应用此属性的元素的“上”、“右”、“下”和“左”侧设置相同的填充属性。
- 边界：指定一个元素的边框与另一个元素之间的间距(如果没有边框，则为填充)。仅当应用于块级元素(段落、标题、列表等)时，Dreamweaver 才在“文档”窗口中显示该属性。取消选择“全部相同”可设置元素各个边的边距。
  - 全部相同：为应用此属性的元素的“上”、“右”、“下”和“左”侧设置相同的边距属性。

5. “边框”分类属性

“CSS 规则定义”对话框的“边框”分类可以定义元素周围的边框的设置，如宽度、颜色和样式等。

- 样式：设置边框的样式外观。样式的显示方式取决于浏览器。Dreamweaver 8.0 在“文档”窗口中将所有样式呈现为实线。取消选择“全部相同”选项可设置元素各个边的边框样式。其中

  全部相同：为应用此属性的元素的“上”、“右”、“下”和“左”侧设置相同的边框样式属性。
- 宽度：设置元素边框的粗细。取消选择“全部相同”可设置元素各个边的边框宽度。其中

  全部相同：为应用此属性的元素的“上”、“右”、“下”和“左”侧设置相同的边框宽度。
- 颜色：设置边框的颜色。可以分别设置每条边的颜色，但显示方式取决于浏览器。取消选择“全部相同”可设置元素各个边的边框颜色。其中

  全部相同：为应用此属性的元素的“上”、“右”、“下”和“左”侧设置相同的边框颜色。

【例 9-2】打开 ex2.htm 文档，创建一个“仅对该文档”的标签“img”，其“边框”的“样式”为“脊状”，“宽度”为“中”，“颜色”为“#3366FF”。观察该文档中图像的边框变化。

操作步骤如下所述。

① 新建一个空白网页文档，选择“插入”|“表单”|“表单”菜单项。插入如图 9-8 所示的表单，并存盘为 border.html。

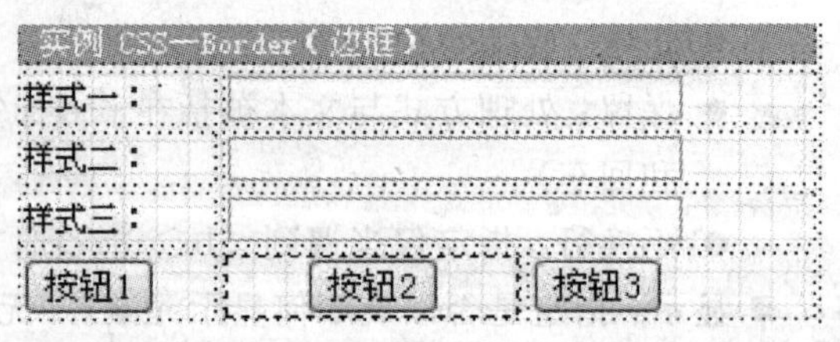

图 9-8　没有应用样式的表单

② 选择“窗口”|“CSS 样式”菜单命令打开“CSS”浮动面板，单击“CSS”面板下的“新建”按钮，出现“新建 CSS 样式规则”对话框，按图 9-9 所示来设置 border1，单击“确

定”按钮，在弹出的“border1 CSS 规则定义”对话框中选择“边框”分类，按图 9－10 所示进行设置，单击“确定”按钮后 border1 样式就建立好了。

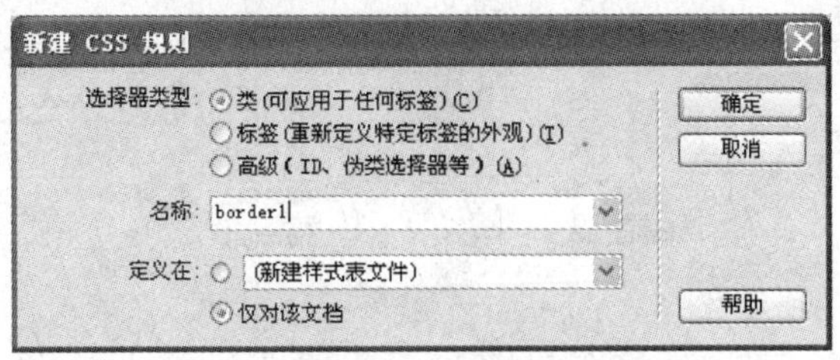

图 9－9　border1 CSS 规则参数

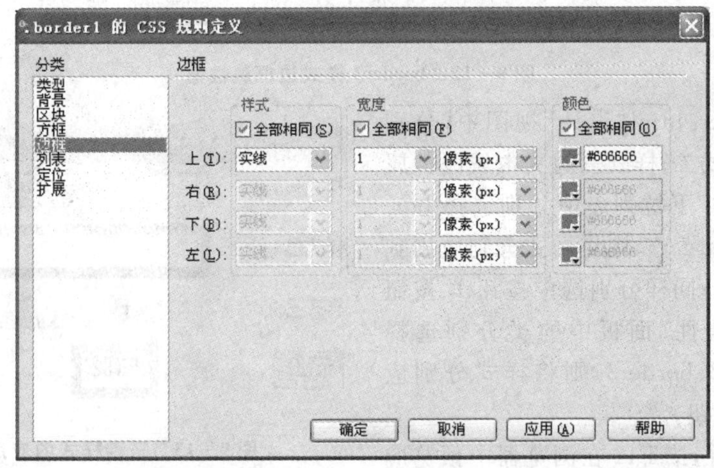

图 9－10　border1 样式边框属性

③ 按同样的方法创建 border2 样式和 border3 样式。border2、border3 样式的“边框”分类设置分别如图 9－11 和图 9－12 所示。

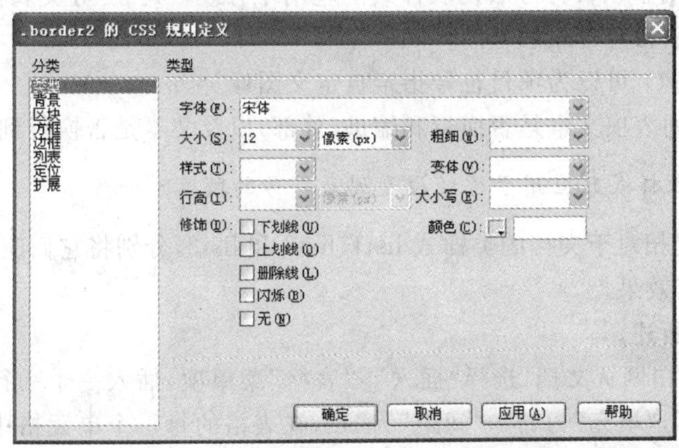

图 9－11　border2 样式边框属性值

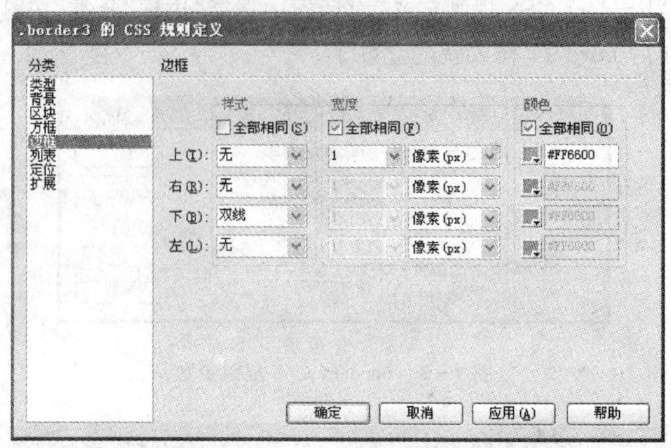

图 9-12　border3 样式边框属性值

④ 在 border.html“设计”视图中，分别选中样式一、样式二、样式三的文本域，从“属性”面板中的“类”下拉列表中分别选择 border1、border2、border3，则将样式分别应用到了对应的文本域；同样分别选中按钮 1、按钮 2、按钮 3，从“属性”面板中的类分别选择 border1、border2、border3，则将样式分别应用到了对应的按钮。

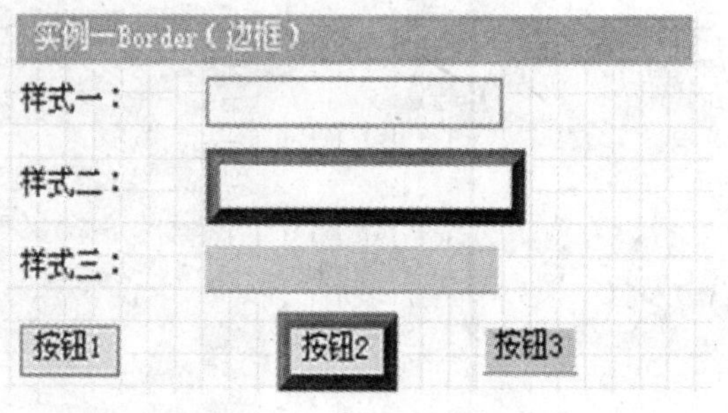

图 9-13　三种样式的应用效果

⑤ 保存文件，按 F12 在浏览器中预览应用样式后的效果，如图 9-13 所示。

6. “列表”分类属性

“CSS 规则定义”对话框的“列表”分类为列表标签定义列表设置（如项目符号大小和类型），只有当文本应用了项目符号后列表样式的应用才有效，“列表”分类属性如下所述。

■ 类型：设置项目符号或编号的外观。

■ 项目符号图像：可以为项目符号指定自定义图像。

■ 位置：设置列表项文本是否换行和缩进（外部）以及文本是否换行到左边。

注意：*列表属性样式只应用于已经设置列表符号的段落。*

【例 9-3】设置相对于文档的类样式 list1、list2 和 list3，分别将它们应用于列表 1、列表 2 和列表 3 中，观察其效果。

操作步骤如下所述。

① 新建一个空白网页文档，选择“插入”|“表格”菜单项，插入一个一行三列的表格，表格的“边框”设置为“0”，“填充”为“4”，“间距”为“4”，在表格的每一个单元格中插入几段文本，分别选中每一个单元格的文本，单击“属性”面板的“项目列表”参数选项的图标进行列表设置，并存盘为 list.html，效果如图 9-14 所示。

② 选择“窗口”|“CSS 样式”菜单项打开“CSS”面板，单击“CSS”面板下的“新建”按钮，

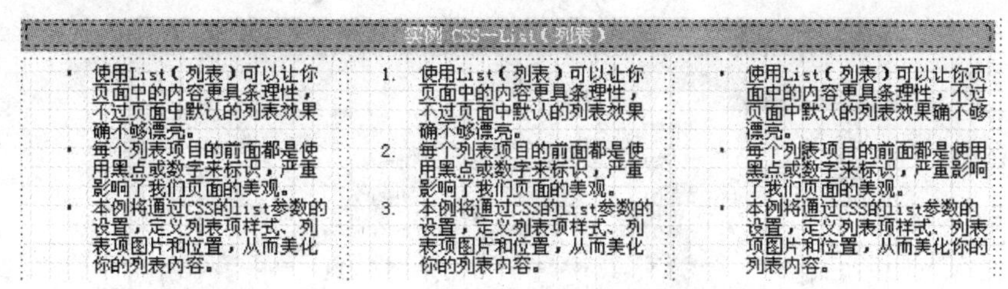

图 9－14　没有应用 CSS 样式的初始列表

在出现的“新建 CSS 样式规则”的对话框中按图 9－15 所示的选择设置 list1，单击“确定”按钮，在弹出的“list1 CSS 规则定义”对话框中选择“列表”分类，按如图 9－16 所示进行设置。为了设置文本的格式，可以对“类型”分类的属性设置，如图 9－17 所示，单击“确定”按钮后 list1 样式就建立好了。

图 9－15　新建 list1 样式设置

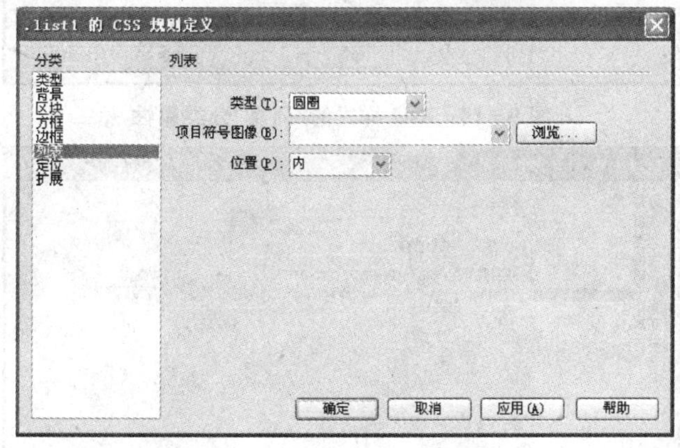

图 9－16　list1 样式的“列表”分类属性

③ 按同样的方法创建 list2 样式和 list3 样式，list2 样式和 list3 样式的“列表”分类设置分别如图 9－18 和图 9－19 所示。list2 样式的“类型”分类属性：“字体”为“宋体”，“大小”为“12”像素，“行高”为“18”像素，“颜色”为“＃006600”。list3 样式的文本设置“类型”分类属性：“字体”为“宋体”，“大小”为“12”像素，“行高”为“18”像素，“颜色”为“＃000099”。

7. “定位”分类属性

“CSS 规则定义”对话框的“定位”分类的样式属性使用“层”首选参数中定义层的默认标

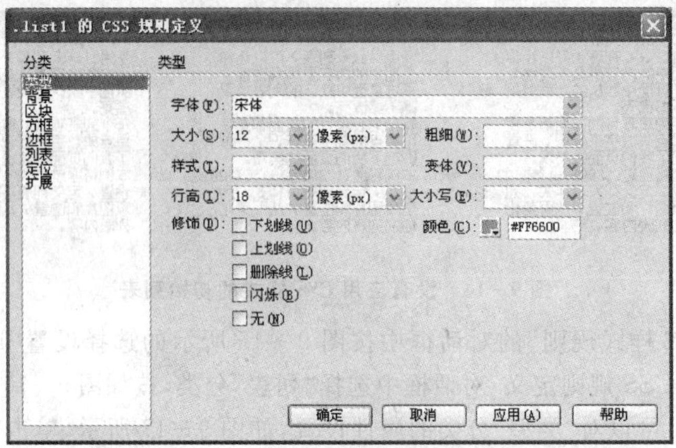

图 9－17　list1 样式的“类型”分类属性

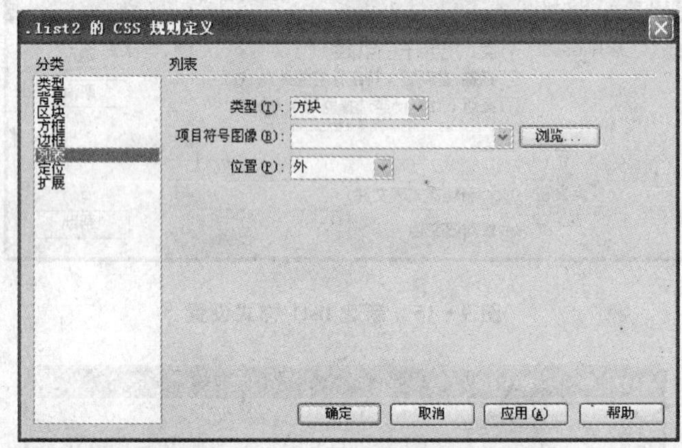

图 9－18　list2 样式的“列表”分类属性

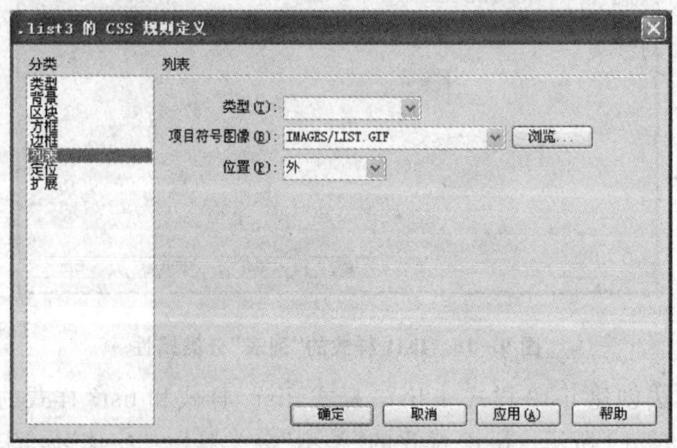

图 9－19　list3 样式的“列表”分类属性

签，将标签或所选文本块更改为新层。

■ 类型：确定浏览器应如何来定位层。

● 绝对：使用“定位”框中输入的坐标相对于页面左上角来放置层。

- 相对：以对像刚才的位置为基准，使用“定位”框中输入的坐标(相对于对象在文档的文本流中的位置)来放置层。该选项不显示在“文档”窗口中。
- 静态：将层放在它在文本流中的位置。

■ 显示：确定层的初始显示条件。如果不指定可见性属性，则默认情况下大多数浏览器都继承父级的值。选择以下可见性选项之一：

- 继承：继承层的父级的可见性属性。如果层没有父级，则它将是可见的。
- 可见：显示这些层的内容，而不管父级的值是什么。
- 隐藏：隐藏这些层的内容，而不管父级的值是什么。

■ Z 轴：确定层的堆叠顺序。编号较高的层显示在编号较低的层的上面。值可以为正，也可以为负。

■ 溢出(仅限于 CSS 层)：确定当层的内容超出层的大小时的处理方式。

- 可见：增加层的大小，以使其所有内容都可见。层向右下方扩展。
- 隐藏：保持层的大小并剪辑任何超出的内容。不提供任何滚动条。
- 滚动：在层中添加滚动条，不论内容是否超出层的大小。明确提供滚动条可避免滚动条在动态环境中出现和消失所引起的混乱。该选项不显示在“文档”窗口中，并且仅适用于支持滚动条的浏览器。Internet Explorer 和 Netscape Navigator 6 支持此属性。
- 自动：使滚动条仅在层的内容超出层的边界时才出现。该选项不显示在“文档”窗口中。

■ 定位：指定层的位置和大小。“剪辑”定义层的可见部分。

8. “扩展”分类属性

“CSS 规则定义”对话框的“扩展”分类的样式属性包括滤镜、分页和指针选项，它们中的大部分不受任何浏览器的支持，或者仅受 Internet Explorer 4.0 和更高版本的支持。

■ 分页：在打印期间在样式所控制的对象之前或者之后强行分页。

■ 光标：当指针位于样式所控制的对象上时改变指针图像。下列是各种参数的意义：

- Hand：是手形。
- Crosshair：是十字形。
- Text：是平时鼠标移动到文本上的样式。
- Wait：是等待的效果。
- Default：是默认的那种效果。
- Help：是带问号的鼠标样式。

■ 滤镜：对样式所控制的对象应用特殊效果，其中包括模糊和反转。下面是几种滤镜的格式。

1）透明度滤镜 Alpha

语法，Alpha(Opacity=?，FinishOpacity=?，StartX=?，Style=?，StartY=?，FinishX=?，FinishY=?)

■ Opacity：参数代表透明度水准。默认的范围是从 0 到 100，它们其实是百分比的形式。也就是说，0 代表完全透明，100 代表完全不透明。

■ FinishOpacity：是一个可选参数，如果想要设置渐变的透明效果，就可以设置“Style”

参数指定了透明区域的形状特征。其中 0 代表统一形状、1 代表线形、2 代表放射状、3 代表长方形。

2）模糊滤镜 Blur 滤镜

语法　Blur(Add=?, Direction=?, Strength=?)

- Add：是一个布尔判断(True 或 False)，它指定图片是否模糊。
- Direction：用来设置模糊的方向。其中 0 代表垂直方向，然后每 45 度为一个单位。它的默认值是向左的 270 度。
- Strength：参数只能使用整数来指定，它代表有多少像素的宽度将受到模糊影响。

3）波形 wave 滤镜

对图像进行处理，以达到水纹效果

语法 Wave(Add=?, Freq=?, LightStrength=?, Phase=?, Strength=?)

- Add：表示是否要把对象按照波形式样扭曲，它只有两个值，即“true”和“false”。
- Freq：是波纹的频率，也就是指定在这个对象上面一共需要产生多少个完整的波纹。
- Lightstrength：可以对于波纹增强光影的效果，是从 0 到 100 的整数值。
- Phase：用来设置正弦波开始的偏移量。值从 0 到 100 之间，代表开始时的偏移量取自波长的百分比值。例如，如果值为 25 那么正弦波就从 90 度的方向开始。
- Strength：设置波动摇摆的幅度。

注意：在设置滤镜参数时如果有不需要设置的参数，必须将其从格式中去掉。

【例 9-3】在一个空白网页文档中插入三张相同的图片，如图 9-12 所示。新建仅对该文档的 Alpha 和 Blur 滤镜，命名为 Alpha 和 Blur，并将 Alpha 和 Blur 滤镜应用于网页中第二、第三张图片，在浏览器中观察应用滤镜前后的效果图。

操作步骤如下所述。

① 新建一张空白文档，存盘为 lvjing. html，选择“插入”|“表格”菜单项，插入一个 1 行 3 列的表格，在“属性”面板中设置“对齐”方式为“居中”，将 LION. JPG 文件分别插入到三个单元格中，如图 9-20 所示。

图 9-20　没有加滤镜的原图

② 选择“窗口”|“CSS 样式”菜单命令打开“CSS”面板，单击“CSS”面板右下方的“新建”按钮，对出现对话框按图 9-21 所示的选择进行设置后单击“确定”按钮，再对出现的对话框选择“扩展”分类，在右边的滤镜列表中选择 Alpha 滤镜如图 9-22 所示，设置 Alpha 滤镜的参数为 Alpha (Opacity=10, FinishOpacity=50, Style=2, StartY=2)，单击“确定”按钮后 CSS 样式 Alpha 就设置好了。按此方法，再建立样式 Blur，Blur 滤镜的参数设置为 Blur(Add=0, Direction=2, Strength=20)。

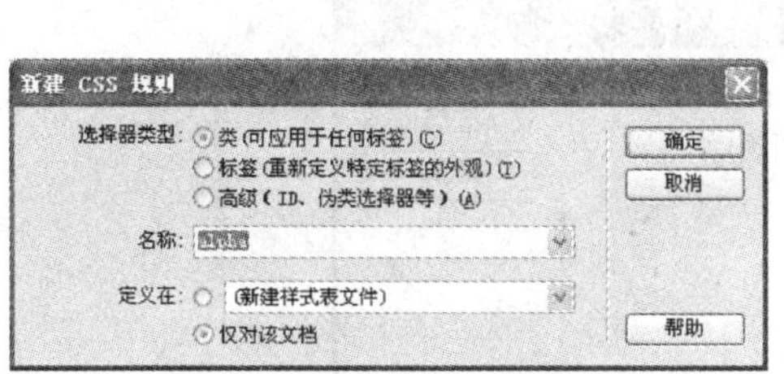

图 9-21　“新建 CSS 规则”对话框

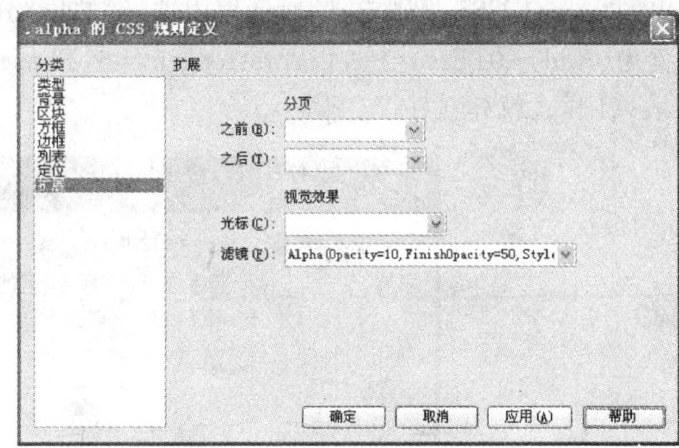

图 9-22　扩展类 CSS 规则定义

③ 在 lvjing. html“设计”视图中，单击第二张图片，“属性”面板中的“类”参数选择 Alpha，将 Alpha 样式应用到第二张图片；单击第三张图片，“属性”面板中的“类”参数选择 Blur，将 Blur 样式应用到第三张图片。存盘，按 F12 在浏览器中预览应用样式后的效果，如图 9-23 所示。

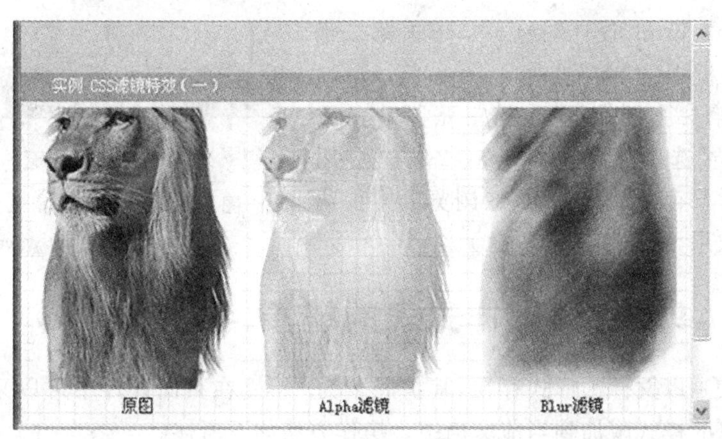

图 9-23　第二张、第三张分别应用了 Alph 和 aBlur 样式效果

【例 9-4】新建一个空白网页文档，插入如图 9-24 的三张相同的图片，新建不同参数的“wave”滤镜 wave1 和 wave2，并将样式加载到图片上，在浏览器中观察图片产生波形弯曲的效果。

图 9-24　三张未应用样式的原图

操作步骤如下所述。

① 新建一个空白文本，存盘为 lvjing2. html，选择“插入”|“表格”菜单项，插入一个 1 行 3 列的表格，在“属性”面板中设置“对齐”方式为“居中”，将 hua. jpg 文件分别插入到三个单元格中，如图 9-24 所示。

② 选择“窗口”|“CSS 样式”菜单项打开“CSS”面板，单击“CSS”下的“新建”按钮，在出现的“新建 CSS 规则”的对话框按如图 9-25 所示的选择设置 wave1 后单击“确定”按钮，在弹

出的“wave1 CSS 规则定义”对话框中选择“扩展”分类，从滤镜列表中选择 wave 滤镜，参数设置为（Add＝0，Freq＝6，Lightstrength＝6，Phase＝10，Strength＝3），单击“确定”按钮后 wave1 样式就建立好了。

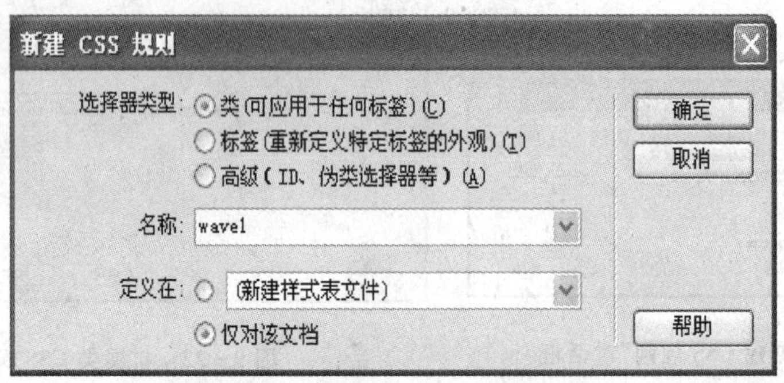

图 9－25 “新建 CSS 规则”对话框

③ 同样的方法建立 Wave2 样式，参数设置为（Add＝0，Freq＝3，LightStrength＝30，Phase＝5，Strength＝10）。

④ 在 lvjing2. html“设计”视图中，单击第二张图片，“属性”面板中的“类”选择 wave1，将 wave1 样式应用到了第二张图片；单击第三张图片，“属性”面板中的“类”选择 wave2，将 wave2 样式应用到了第三张图片。存盘，单击 F12 在浏览器中预览应用样式后的效果，如图 9－26 所示。

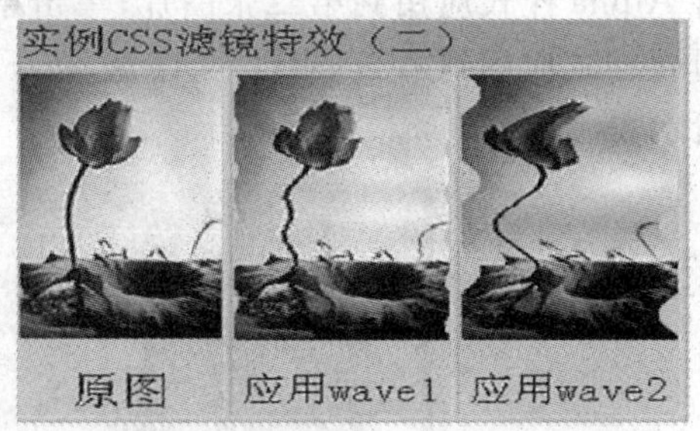

图 9－26 第二张、第三张分别应用 wave1 和 wave2 的样式

9.3 外部样式表的链接、导入和编辑

外部样式表是以文件的形式存在，其扩展名为. css。在页面设计中可以采用链接或导入的方式将编辑好的样式附加到当前文档中。操作方法如下所述。

① 单击“CSS”面板右下角的“附加样式表”图标，弹出如图 9－27 所示的对话框，执行下列操作之一：

■ 单击“浏览”，浏览外部 CSS 样式表，选择一个外部样式表文件。

■ 在“文件/URL”框中键入该样式表的路径。

② 在“添加为”选项中，选择一个选项。若要创建当前文档和外部样式表之间的链接，选

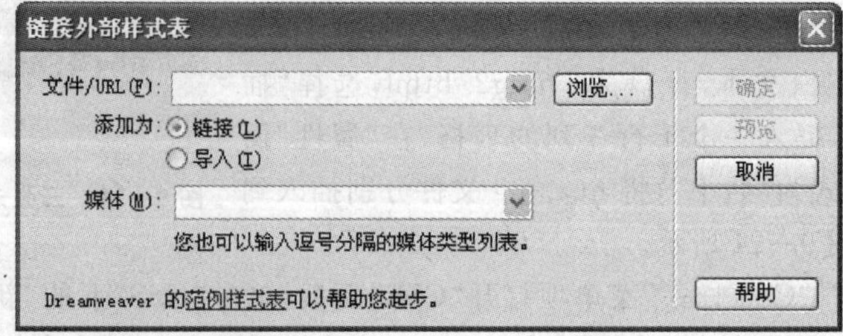

图 9－27 标签 imgCSS 规则定义

择“链接”，该选项在 HTML 代码中创建一个 link href 标签，并引用已发布的样式表所在的 URL。如果要嵌套样式表，选择“导入”，单击“确定”按钮。

【例 9－5】

① 创建一个外部 css1. css 样式表文件，在“新建规则”对话框中，将“选择器类型”参数选项选择“标签”，“标签”参数选项选择 img 标签；CSS 规则定义中“边框”参数按如图 9－28 中参数设置。观察 index. html 文档中图片的变化。

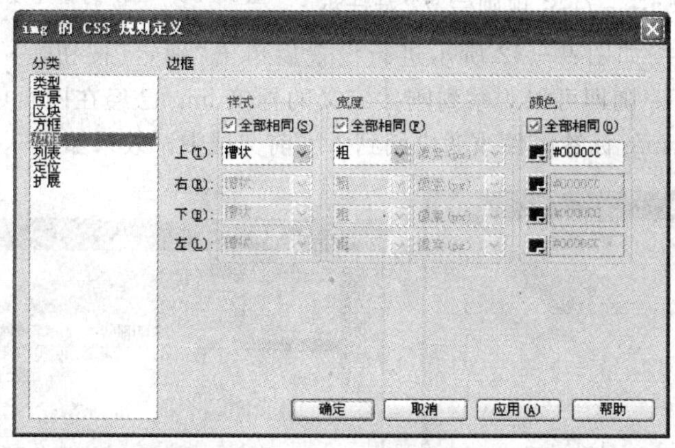

图 9－28　标签 imgCSS 规则定义

② 创建一个外部 css2. css 样式表文件，在“新建 CSS 规则”对话框中，将“选择器类型”参数选项选择“类”，“标签”参数选项键入 img1，“CSS 规则定义”分类与 img 相同。观察 index. html 文档中图片的变化，并将 css1. css 和 css2. css 分别应用到 gerenjianjie. html 和 gudianshici. html 文档中，观察网页变化。

操作步骤如下所述。

① 打开文档 index. html 文档，如图 9－29 所示。

图 9－29　没有应用样式的初始页

② 选择"窗口"|"CSS 样式"菜单项打开"CSS"面板，单击"CSS"面板下的"新建"按钮，出现"新建 CSS 规则"对话框。

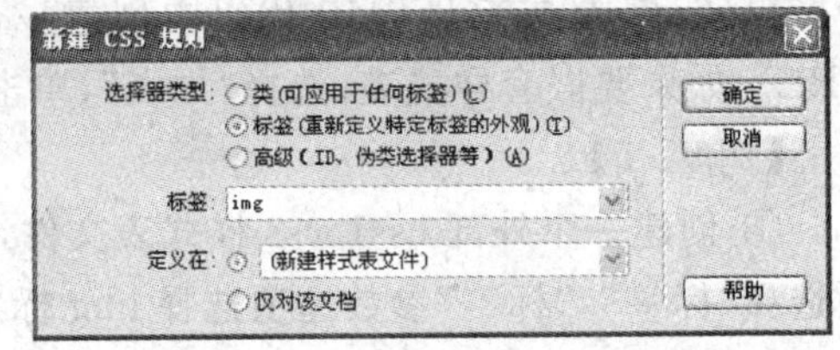

图 9－30　css1 的新建规则对话框参数设置

③ 按如图 9－30 所示的选择进行设置后单击"确定"按钮，在弹出的"保存样式表文件为"对话框中输入"css1"（如图 9－31 所示），单击"确定"按钮，再在弹出的"img CSS 规则定义"对话框中选择"边框"分类，按如图 9－32 所示进行设置后单击"确定"按钮，一个外部样式表文件 css1.css 就建立好了。随即可以观察到刚才定义的标签 img 已经在网页中生效，所有的图片均加上了边框，表明 img 标签属性改变应用到了当前文档中。效果如图 9－33 所示。

图 9－31　保存样式表文件对话框

图 9－32　img 样式 CSS 规则边框参数值

图 9－33　设置了 img 标签的边框类属性后的效果

④ 选择菜单“窗口”|“CSS 样式”选项，打开“CSS”面板，单击“CSS”面板下的“新建”按钮 ，对出现的“新建 CSS 样式规则”对话框按如图 9－34 所示的选择进行设置后单击“确定”按钮，在弹出的“保存样式表文件为”对话框中输入“css2”，单击“确定”按钮，在弹出的“img1 CSS 规则定义”对话框中选择“边框”分类，按如图 9－35 所示进行设置后单击“确定”按钮，一个外部样式表文件 css2. css 就建立好了。可以观察到刚才定义的样式 img1 并没有在网页中生效，分别单击页面中的 04. gif 和 11. gif 图片，在“属性”面板中的“类”参数中选择 img1，则样式应用到图像上。效果如图 9－36 所示，该图加上了边框。

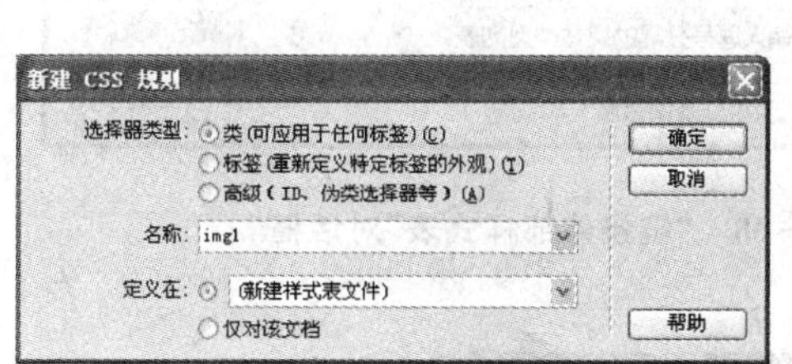

图 9－34 img1 类参数设置

图 9－35 img1 类的边框参数设置

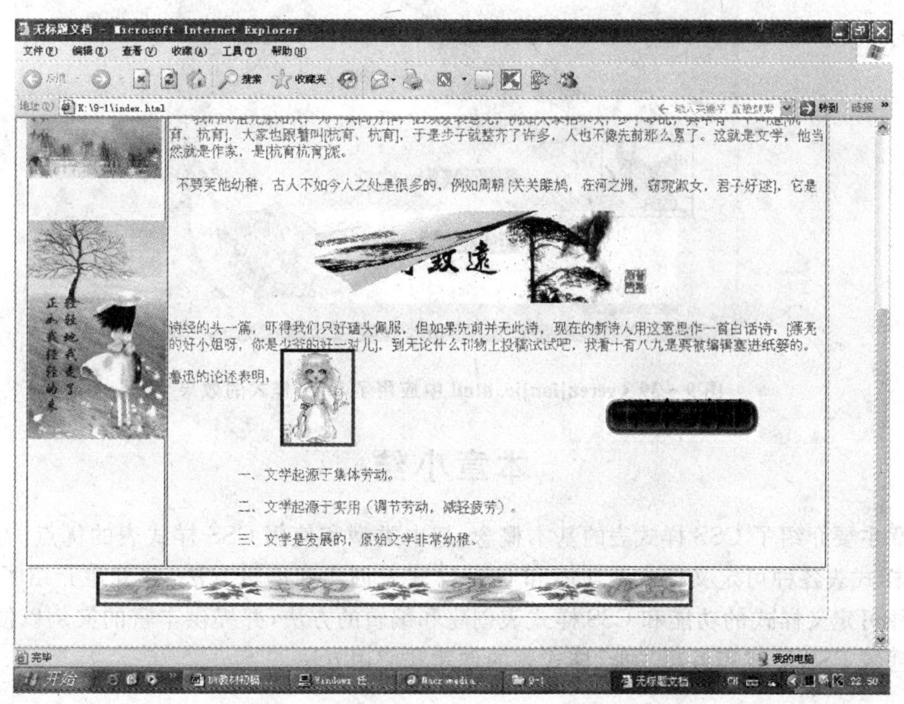

图 9－36 index 中应用了 img1 样式的效果

⑤ 打开 gerenjianjie. html 文档，打开“CSS”面板，单击如图 9－37“附加样式表”图标后，弹出图 9－38 所示的“链接外部样式”对话框，单击“文件/URL”参数选项文本框右侧的“浏览”图标，从站点文件夹中选择刚才创建的 css2. css 文件名，在“添加为”参数选项中选择“链接”或者“导入”，如图 9－38 所示选择了“链接”。单击 042. gif 图片，在“属性”面板中的“类”参数选

项中选择 img1，则外部样式应用到该图。效果如图 9－39 所示，该图加上了边框。

图 9－37　附加样式表图标

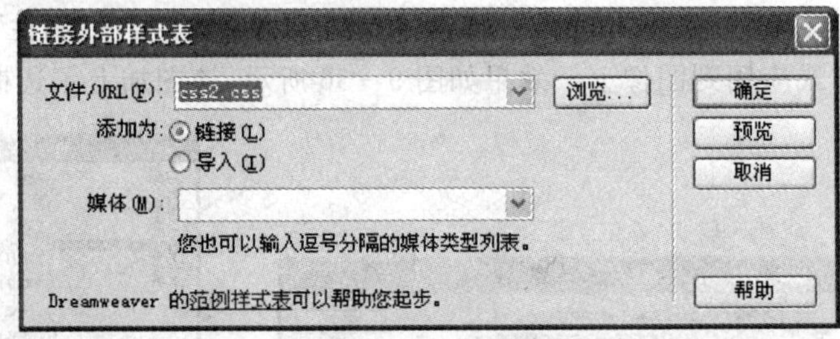

图 9－38　“链接外部样式表”对话框

图 9－39　gerenjianjie. html 中应用了 img1 样式的效果

本章小结

本章主要介绍了 CSS 样式表的基本概念、基本类型和使用 CSS 样式表的优点，着重介绍了 CSS 样式表各种可定义样式的功能和 CSS 样式表创建和编辑方法，并着重介绍了 CSS 样式表各种可定义样式的功能和 CSS 样式表创建和编辑的方法，并提供丰富的实例以便读者能够快速理解 CSS 样式表各项功能、样式表的创建和使用方法。

练习与思考

一、选择题

1. 使用 CSS 样式可以实现的功能是(　　)。

A. 更改 HTML 默认的设置

B. 应用于插入的文本、图表、表格、表单元素，统一整个站点的风格

C. 以CSS样式文件的形式存在，并链接到其他的文档中多次应用

D. 修改CSS样式文件，同时修改其他链接有CSS样式文件的效果

2. 在CSS样式设置中，A：active表示？(　)

A. 设置背景颜色　　B. 设置文本颜色

C. 设置链接颜色　　D. 设置正在访问链接的颜色

3. CSS样式的定义格式(　)。

A. 与HTML一样　　B. {属性：值}　　C. {属性=值}　　D. <属性=值>

4. 在CSS语言中下列哪一项的适用对象是"所有对象"？(　)

A. 背景　　B. 文本排列　　C. 纵向排列　　D. 文本缩进

5. 在使用Alpha滤镜设置透明效果时，参数finishopacity代表(　)。

A. 结束时的透明度　　B. 渐变时透明度的样式

C. 透明度的级别　　D. 设置渐变透明度的坐标

二、简答题

1. 什么是CSS样式？主要的优点是什么？

2. 如何建立外部样式表？如何将外部样式表应用到多个网页？

三、操作题

按要求完成下列各题

1. 打开"index. html"，创建一个"外部样式表文件"的类css1. css，"字体"为"宋体"，"大小"为"36px"，"行高"为"100%"，每一段的行首缩进2个字体高，"颜色"为"＃FC0099"，并把它应用到"文学起源"的标题文字上。

2. 创建一个"仅对该文档"的类，名称为". tableback"，设置背景样式的图片为"TBBACK. GIF"，重复，水平居中，垂直居中，并应用到"fina. html"文件的表格中。

3. 创建一个外部的css2. css样式表文件，且设计要求如下，并把css2. css应用到"index. htm"网页中，且把ID中的"a：link"设为："颜色"为"＃6699CC"，有下划线。注意观察网页有什么样的变化。

■ 高级ID中的"a：link"为："颜色"为"＃FFFF00"，无下划线。

■ 高级ID中的"a：visited"为："颜色"为"＃FF0000"。

■ 高级ID中的"a：hover"为："颜色"为"＃00FF33"。

■ 高级ID中的"a：active"为："颜色"为"＃660033"。

4. 创建一个"仅对该文档"的类，名称为". pageback"，设置背景样式的图片为"PAGEBACK. JPG"，不重复，水平居中，垂直居中，打开"fina. html"，按Ctrl+A选择中整个页面，并将其应用到其中，观察其变化。

第 10 章　资源、模板和库

在网站设计过程中，如果能合理地应用 Dreamweaver 8.0 中的模板和库，不仅可以加快设计具有大量的相似风格网页的速度，而且对于网站的维护和修改也具有重要的意义。

所谓模板是指一个文档，可以将该文档作为创建其他文档的基础。模板是建立具有一种格式的网页，然后再填入数据。在创建模板的时候可以指定哪些元素不变，哪些元素或者区域是可以进行修改的。

而库项目可以用来存储一个网页的头部和脚注，该网页的中间布局可以不同，也可用于个别设计元素，如站点的版权信息或徽标；而模板则可以控制更大的设计区域。

模板和库都可以进行修改，编辑库项目或模板将更新已应用这些资源的所有文档，从而避免对多个网页的重复修改操作。

本章将介绍模板和库的创建与应用以及如何通过“资源”面板来对站点中的资源进行管理。

【本章内容和重点】

- 资源面板与资源管理
- 模板和库的概念
- 模板的创建与应用
- 库的创建与应用

10.1　资源管理

随着 Web 站点开发的进行，积累的资源会越来越多。在某些情况下，设计者可能在多个站点上使用同一资源，或者可能在所有站点上使用一组特别喜欢的资源。因此，为了方便地使用资源，资源的管理就变得十分重要。使用 Dreamweaver 8.0 来管理站点资源，可以轻松地跟踪和预览已存储在站点中的多种资源，如图像、影片、颜色、脚本和链接等，也可以将某种资源直接拖至当前网页文档以将其插入到文档中，还可以访问两种特殊类型的资源，即库和模板。

10.1.1　站点“资源”与“资源”面板

“资源”包括存储在站点中的各种元素，如图像、Flash、模板、颜色、影片文件、库和脚本等。“资源”面板可以查看和管理当前站点中的资源。“资源”面板显示与“文档”窗口中的活动文档相关联的站点资源。

“资源”面板提供“站点”和“收藏”两种视图，可以通过选择“站点”或者“收藏”来得到不同的视图，如图 10 - 1 所示是“站点”视图。

“站点”列表，显示站点中的某种类别的所有资源（这些类别可单击“资源”面板左边的图标来选取，它包括在站点的任何文档中使用的颜色和 URL）。

“收藏”列表，仅显示选择的资源。

在这两个列表中，资源被分成多个类别，沿着“资源”面板的左侧排列。“站点”列表和“收

藏”列表都可用于除模板和库项目之外的所有资源类别，如图 10－2 是选择了模板类别的“资源”面板。默认情况下，给定类别中的资源按名称的字母顺序列出。可以预览某一类别中的资源，并可以通过拖动预览区和资源显示区中间的“分隔条”来更改预览区域的大小。

图 10－1　“资源”面板中的站点视图

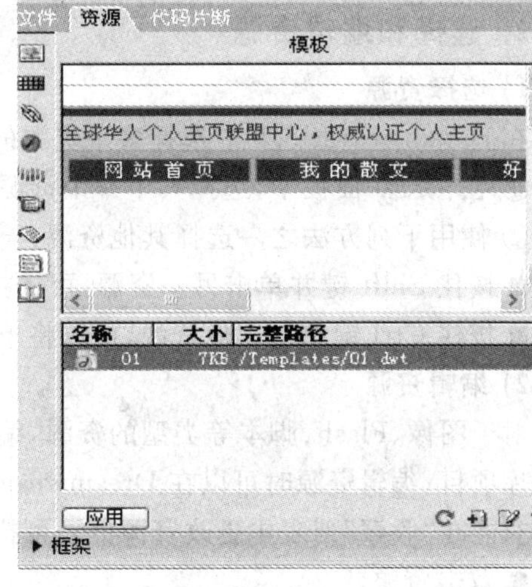

图 10－2　模板资源

“资源”面板左侧的资源对象按从上到下按顺序分别是：

① 图像资源；② 颜色资源；③ 超级链接资源；④ Flash 资源；⑤ 脚本资源；⑥ 模板资源；⑦ 库资源。

10.1.2　管理站点资源

1. 查看站点资源

要查看站点中的资源，必须先定义一个本地站点，然后在“资源”面板中查看资源（见图 10－3）。查看资源的方法如下所述。

① 选择菜单“窗口”|“资源”命令选项，在右边浮动面板中出现“资源”面板，默认情况下，“图像”类别处于选定状态。

② 选择沿着“资源”面板的左侧排列的资源类别，可以查看站点中所使用的该类别的资源。如图 10－1 显示的是站点列表下图像文件。

图 10－3　利用资源面板查看图像

“资源”面板可能需要花几秒钟才能创建“站点”列表，因为它需要读取站点缓存以创建该列表。在下列三种情况需要单击站点列表底部的“刷新站点列表”按钮 C 对“资源”面板进行刷新后，才能查看资源列表，否则将查看到不真实的资源列表，操作的方法如下所述。

① 在站点中添加或删除资源后。

② 在 Dreamweaver 8.0 外部添加或删除资源后。

③ 删除站点中特定颜色或 URL 的唯一实例时，或者保存一个包含尚未在站点中使用的颜色或 URL 的新文件时。

2. 选择和编辑资源

1）选择资源

在 Dreamweaver 8.0 中选择多个资源的操作步骤如下所述。

① 在“资源”面板中，选择其中一个资源。

② 使用下列方法之一选择其他资源：

■ 按住 Shift 键并单击另一资源，可选择它们之间一系列连续的资源。

■ 按住 Ctrl 键单击其他资源，可以将单击的资源选中。

2）编辑资源

对于图像、Flash、脚本等类型的资源，编辑资源时将启动一个外部编辑应用程序。对于模板和库项目，编辑资源时可以在 Dreamweaver 8.0 内部更改资源。对于颜色和 URL，编辑资源时只能在“收藏”列表中更改资源值。可执行以下操作之一对选中的资源进行编辑：

■ 双击资源。

■ 选择资源，然后单击面板底部的“编辑”按钮。

当设计者根据需要更改资源后，可以执行下列操作之一：

■ 如果该资源是基于文件的资源（除颜色和 URL 以外的任何资源），则保存它并将它关闭。

■ 如果该资源是 URL，则在“编辑 URL”对话框中完成编辑后单击“确定”。

■ 如果该资源是颜色，则挑选颜色时 Dreamweaver 8.0 颜色选择器将自动退出。

3. 将资源应用到文档

Macromedia Dreamweaver 8.0 可以将资源添加到文档。可将选择的图像、Flash、颜色、超链接、影片、脚本、库等资源通过“资源”面板下方的“插入”按钮插入到文档“设计”视图窗口中，也可以将模板资源应用到文档中，操作步骤如下所述。

① 将插入点放置在“设计”视图中希望插入资源的位置。

② 在“资源”面板左侧选择要插入或应用的资源类型的类别。

③ 在“资源”面板顶部选择“站点”或“收藏”，然后选择要插入的资源。对于模板和库资源而言，没有“站点”或“收藏”列表；如果“插入”或“应用”的是库或模板资源，则跳过此步骤。

④ 单击“插入”或“应用”按钮可将选择的资源插入或应用到文档中。如图 10－4 是将所选择的图像资源通过最底部的“插入”按钮插入到文档中的效果。

注意：

(1) 只能将模板应用于整个文档，不能将它插入到文档中。

(2) 插入颜色资源，则改变插入点文本的颜色；更改文档中选定文本的颜色为资源列表中的某种颜色，则需要在文档中选择文本，在“资源”面板选择所需的颜色后单击面板底部的“应用”按钮。

(3) 所有的资源均可以直接拖入“文档”窗口中。

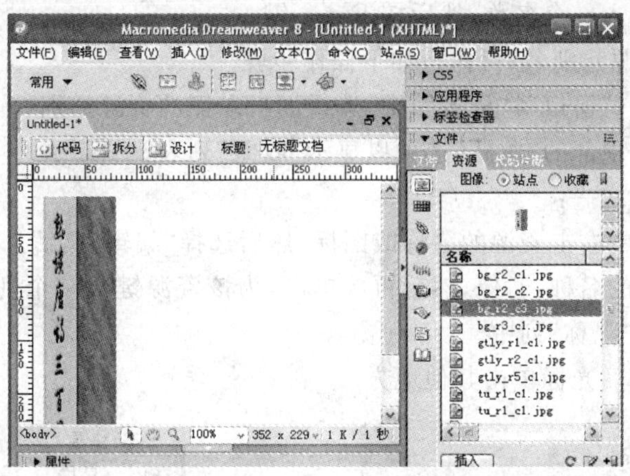

图 10-4 利用“资源”面板将选中的图像插入到左边的文档

4. 创建和管理喜爱的资源列表

“资源”面板的“站点”列表总是显示站点内所有可识别资源，而对于某些大型站点来说由于资源量大，该列表可能会变得难以使用。因此，可以将常用的资源添加到“收藏”列表，也可以将相关的资源归成一类，以方便在“资源”面板中查找它们。

对于“收藏”列表和“站点”列表，“资源”面板的大多数操作都是相同的。但是，添加新颜色或添加 URL 只能在“收藏”列表中执行，不能向“站点”列表中添加新颜色或 URL，“站点”列表只包含站点中已经在使用的颜色或 URL 资源。在“收藏”列表中添加和删除资源有多种方法，最简单的方法是单击右下的“新建”图标 即可。向“收藏”列表中添加资源，可执行下列操作之一：

① 在“资源”面板的“站点”列表中选择一种或多种资源，然后单击该面板底部的“添加到收藏”按钮 。

② 文本的上下文菜单（上下文菜单是指选择文本后右击所弹出的菜单）中包含“添加到颜色收藏”或“添加到 URL 收藏”，具体取决于文本是否附着了链接。同时还要注意，只有符合“资源”面板中类别之一的元素才可以添加到“收藏”列表中。具体操作是选择要添加的“颜色”或“URL”资源后右击，从弹出的菜单中选择“添加到颜色收藏”或“添加到 URL 收藏”即可。

5. 将资源归类和为喜爱资源创建别名

当将资源归类存放到收藏夹时，可以给“收藏”列表中的资源起别名以便更方便地管理，在“收藏”列表中会显示该资源的别名而不是其文件名或值，而在“站点”列表中是使用资源的真实文件名（颜色和 URL 用其值）列出。例如，如果某颜色名为＃999900，可以使用一个更具描述性的别名，如 PageBgColor 或 ImportantTextColor。

可以在“收藏”列表中创建收藏夹后再将“站点”列表中资源添加到收藏夹。如图 10-5 中创建了一个 color1 和 color2 收藏夹用以存放归类的颜色，创建归类收藏夹可执行下列操作步骤。

① 在“资源”面板（选择“窗口”|“资源”菜单可以弹出）中，选择位于面板顶部的“收藏”选项。

② 单击面板底部的“新建收藏夹” 按钮。

③ 为该文件夹键入一个名称，然后按 Enter 键。

若要给喜爱的资源起别名，可执行如下操作步骤。

① 在“资源”面板（“窗口”|“资源”）中，选择面板左侧的资源类别。

② 选择位于面板顶部的“收藏”选项以显示“收藏”列表。

③ 执行下列操作之一：

■ 在“资源”面板中右击资源的名称或图标，然后选择“编辑别名”。

■ 单击一次资源的名称，暂停，然后再次单击，为该资源键入一个别名，然后按 Enter 键，该别名出现在“昵称”列中。

④ 输入新的名字后光标单击其他地方。

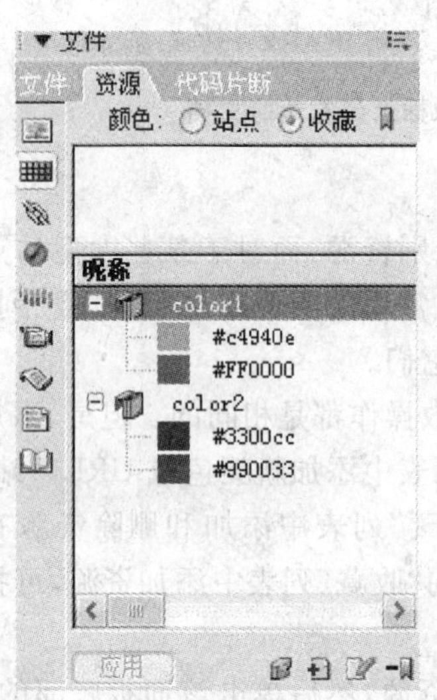

图 10-5　收藏列表中分类收藏夹

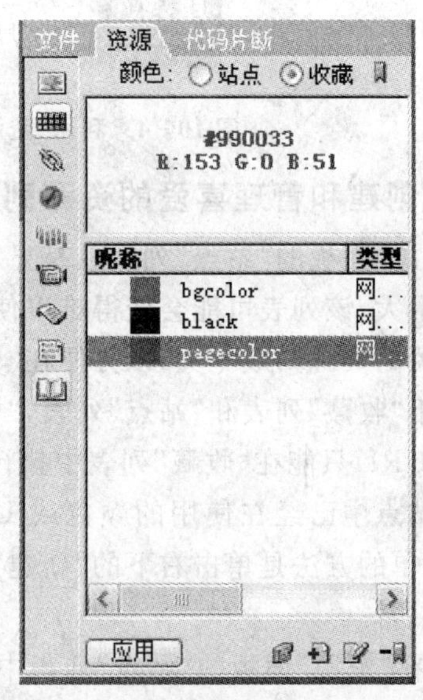

图 10-6　收藏夹中的颜色以别名显示

10.2　创建模板

模板是指一个可以作为创建其他文档基础的一个文档。创建模板时可以设计固定的和可进行编辑的区域。即控制哪些页面元素可以由模板用户进行编辑，哪些页面元素是固定不变的。在模板文档中可以包括数种类型的模板区域。

从模板创建的文档与该模板保持连接状态，可以修改模板并立即更新基于该模板的所有文档中的设计，即一次修改可以更新多个页面。

10.2.1　模板区域的类型

创建模板时，可编辑区域和锁定区域都可以更改。但是，在基于模板的文档中，模板用户只能在可编辑区域中进行更改，无法修改锁定区域。因此，必须指定可编辑区域。

① 可编辑区域是基于模板的文档中的未锁定区域，它是模板用户可以编辑的部分。模板创作者可以将模板的任何区域指定为可编辑的。要让模板生效，它应该至少包含一个可编辑区域；否则，将无法编辑基于该模板的页面。

② 重复区域是文档中设置为重复的布局部分。例如,可以设置重复一个表格行。通常重复部分是可编辑的,这样模板用户可以编辑重复元素中的内容,同时使设计本身处于模板创作者的控制之下。在基于模板的文档中,模板用户可以根据需要使用重复区域控制选项添加或删除重复区域的副本。可以在模板中插入两种类型的重复区域:重复区域和重复表格。

③ 可选区域是在模板中指定为可选的部分,用于保存有可能在基于模板的文档中出现的内容(如可选文本或图像)。在基于模板的页面上,模板用户通常控制是否显示内容。

④ 可编辑标签属性可以在模板中解锁标签属性,以使该属性可以在基于模板的页面中编辑。例如,可以“锁定”在文档中出现的图像,但可让模板用户将对齐设为左对齐、右对齐或居中对齐。

本文中主要介绍模板中的可编辑区的创建。

10.2.2 模板的创建

可以从现有文档(如 HTML、Macromedia ColdFusion 或 Microsoft Active Server Pages 文档)中创建模板,或者从新建的空白文档中创建模板。Dreamweaver 8.0 将模板文件保存在站点本地根文件夹中的 Templates 文件夹下,扩展名为“.dwt”。如果该 Templates 文件夹在站点中尚不存在,Dreamweaver 8.0 将在保存新建的模板时自动创建该文件夹。

1. 将现有的 html 文档另存为模板

从现有文档(如 HTML、Macromedia ColdFusion 或 Microsoft Active Server Pages 文档)中创建模板可按如下操作步骤进行。

① 打开要另存为模板的文档,执行下列操作之一:

■ 若要打开一个现有文档,请选择菜单“文件”|“打开”命令选项,然后选择该文档。

■ 若要打开一个新的空文档,请选择菜单“文件”|“新建”命令选项。

② 文档打开后,执行下列操作之一:

■ 选择菜单“文件”|“另存为模板”命令选项。

■ 在“插入”栏的“常用”类别中,单击工具栏上的“模板”图标右边的下三角按钮,然后选择“创建模板”,出现图 10-7 所示的“另存为模板”对话框。

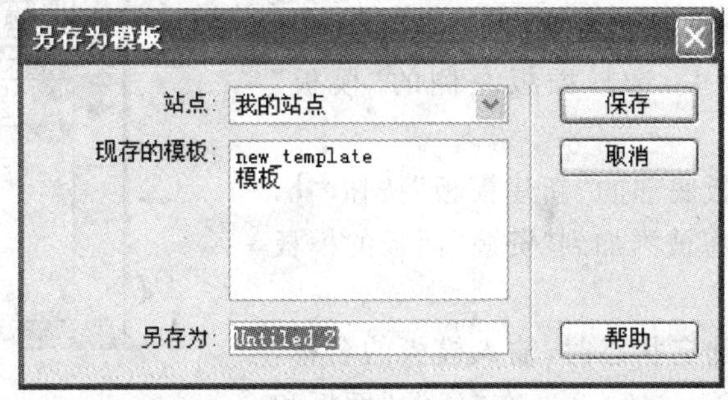

图 10-7 “另存为模板”对话框

③ 在对话框的“站点”参数选项文本框中选择一个用来保存模板的站点,并在“另存为”文本框中为模板输入一个唯一的名称,单击“保存”按钮即可。

注意: 不要将模板文件移动到 Templates 文件夹之外,或者将任何非模板文件放在 Templates 文件夹中。此外，不要将 Templates 文件夹移动到本地根文件夹之外。否则将会导致模板的路径错误。

如果需要存储关于模板的其他信息，例如创建人为什么要做这样布局的决策等，可以为该模板创建一个设计备注文件。基于模板的文档并不会继承模板的设计备注。如图 10－8 所示，在打开的模板文件中选择模板内容后右击，就可以在模板中添加设计备注。

图 10－8　在模板中添加设计备注

2. 通过“资源”管理器创建空模板

通过“资源”管理器来创建空模板可以执行以下操作。

① 在“资源”面板中，选择面板左侧的“模板”类别。

② 单击“资源”面板底部的“新建模板”按钮，一个新的、无标题模板将被添加到“资源”面板的模板列表中。

③ 在模板仍处于选定状态时，输入模板的名称，然后按 Enter 键，Dreamweaver 8.0 在“资源”面板和 Templates 文件夹中创建一个新的空模板，如图 10－9所示。此时，双击该空模板文件名可以对它进行编辑。

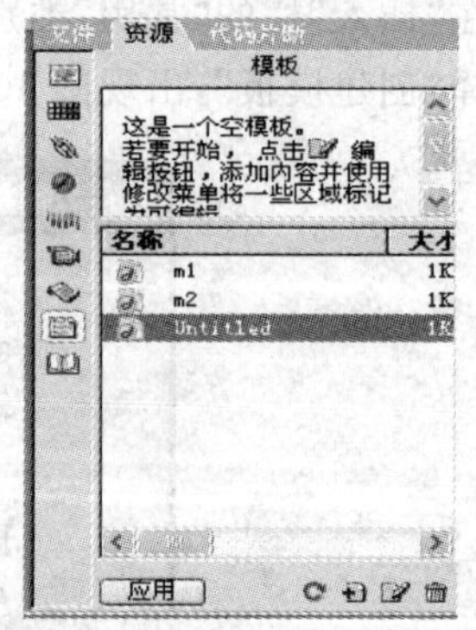

图 10－9　利用资源管理器创建新模板

10.2.3 模板文件的编辑

编辑模板文件,可执行下列操作:

① 打开"资源"面板,选定"模板"类别。"资源"面板下部栏列出当前站点所有可用模板,上部栏中显示选定模板的预览。在图 10-9 中所选中的模板在上部栏中显示是空模板。

② 在"资源"面板中,可执行下列步骤之一:

■ 双击模板名称。

■ 单击"资源"面板底部的"编辑"按钮 。

③ 在"文档"窗口中编辑模板,在模板创建可编辑区域。

④ 选择菜单"文件"|"保存",将编辑好的模板保存。

如果保存的模板没有可编辑区域,则会弹出如图 10-10 所示的对话框,单击"确定"按钮后,该模板文件被应用后没有可编辑区域,可以参考 10.2.7 节对模板定义可编辑区。

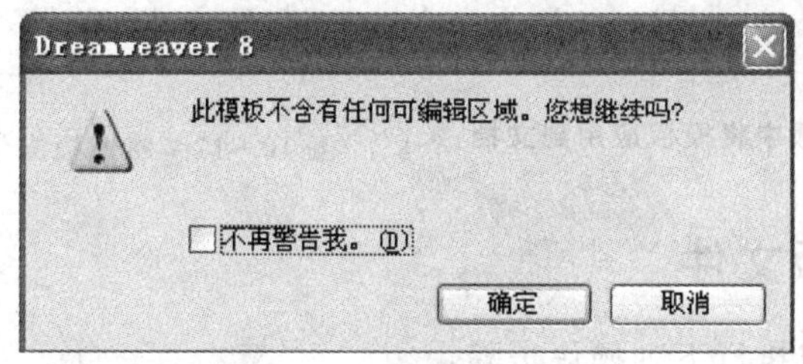

图 10-10 Dreamweaver 8.0 警告目前模板中不含编辑区域

10.2.4 模板的重命名

在"资源"面板中重新命名模板,执行下列步骤之一:

① 单击模板名称以选取模板。

② 暂停一下,再次单击。

③ 当名称变为可编辑时,输入一个新名称。或者右击模板名称,在弹出的快捷菜单中选择"重命名"命令。

注意: 两次单击之间要暂停,否则是双击,双击将会打开模板文件。

10.2.5 将模板文件应用到文档

将创建好的模板应用到文档有许多方法,下面介绍两种方法的操作步骤。

(1) 通过"资源"面板将模板文件应用到文档,操作步骤如下:

① 打开文档。

② 在"资源"面板中选取模板文件。

③ 单击"应用"按钮,如图 10-11 所示。

(2) 通过菜单将模板文件应用到文档,操作步骤如下:

① 打开文档。

② 选择菜单"修改"|"模板"|"套用模板到页"选项,如图 10-12 所示。

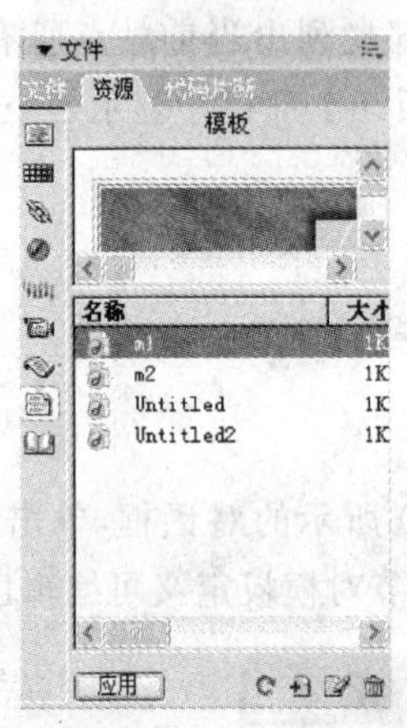

图 10－11　在“资源”面板中将模板应用到文档

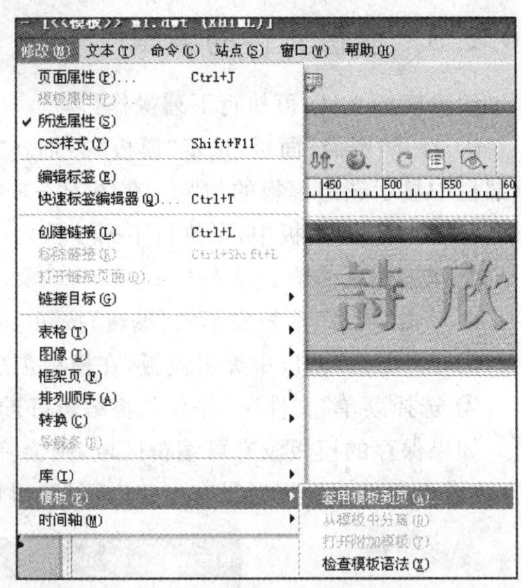

图 10－12　将模板文件应用到文档的菜单选项

10.2.6　删除模板文件

删除模板文件，可以执行下列操作步骤：

① 在“资源”面板中选取模板。

② 单击“资源”面板底部右侧的“删除”按钮🗑，并确认要删除该模板。

注意：模板文件被删除后就不能恢复，所以要小心此操作。

虽然模板文件从用户的站点中被删除了，但是基于该模板的文档并未从该模板分离，它们仍保留着模板被删除之前所定义的结构和可编辑区域。如果要将这样的文档转换为普通的 HTML 文件，选择菜单“修改”|“模板”|“从模板中分离”命令选项。

10.2.7　定义模板的可编辑区域

在模板中，可编辑区域是基于该模板的页面中可以修改的部分，例如，搜狐的新闻页面，新闻内容等，这样每一个页面都可以有不同的内容。锁定区域是在每一个页面中保持不变的页面布局部分，例如，海威设计网站（http://www.logowu.cn/）中的每一页都有相同的标题、导航和底部，顶部的标题和左边的导航虽然相同，可链接却不同，因此只能设为可编辑区，不可设为锁定区域。而底部的标志在每个页面都是相同的，不需要修改，可设为锁定区。右边的内容则也因链接不同而相异，所以右面也可以设定为可编辑区域。

新创建模板中所有区域都是锁定（不可编辑）的，所以在使用该模板前，必须先定义一些可编辑区域。编辑模板文件时可以对可编辑区域和锁定区域进行修改。当模板应用到文档时，则只能对可编辑区域进行修改，锁定的区域是不能修改的。

可以在模板页面中的任何位置插入可编辑区域，但如果要使表格或层可编辑，则需考虑以下情况：

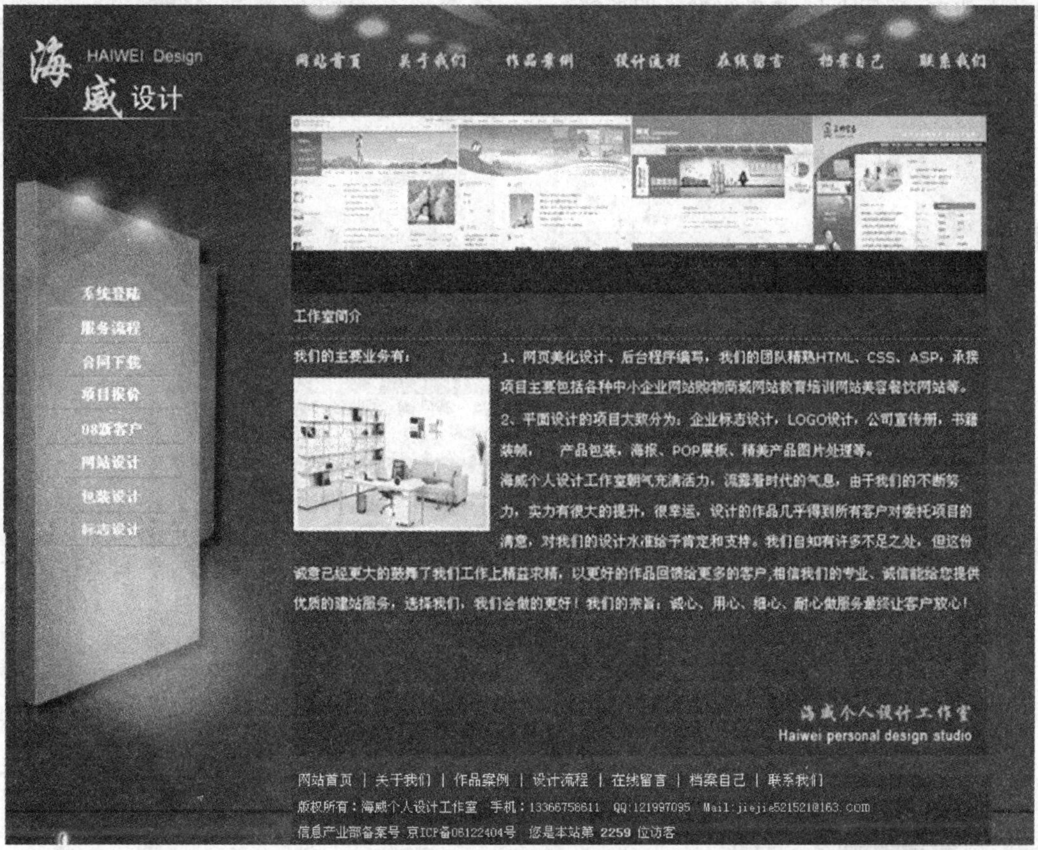

图 10－13　海威设计网站的首页

- 可以将整个表格或单独的表格单元格标记为可编辑区域，但不能将多个表格单元格标记为单个可编辑区域。如果选定＜td＞标签，则可编辑区域中包括单元格周围的区域；如果未选定，则可编辑区域将只影响单元格中的内容。
- 层和层内容是单独的元素；使层可编辑时可以更改层的位置及其内容，而使层中的内容可编辑时只能更改层的内容而不能更改其位置。

在模板中插入可编辑区域的方法可执行如下操作步骤。

① 打开模板文件，执行下列操作之一选择区域：

- 选择想要转换为可编辑区域的文本或内容。
- 将插入点放在想要插入可编辑区域的地方。

② 执行下列操作之一插入可编辑区域：

- 选择菜单“插入”|“模板对象”|“可编辑区域”命令选项。
- 右击，然后选择“模板”|“新建可编辑区域”。
- 在“插入”栏的“常用”类别中，单击“模板”图标，然后选择“可编辑区域”(如图 10－14 所示)，弹出如图 10－15 所示的“新建可编辑区域”对话框。

③ 在对话框“名称”参数选项文本框中为可编辑区域输入唯一的名称，单击“确定”按钮。可编辑区域在模板中被一个高亮的矩形外框环绕起来，在左上角显示该区域的名称，如图

10－16 所示，图中 Edit 是可编辑区的名称。

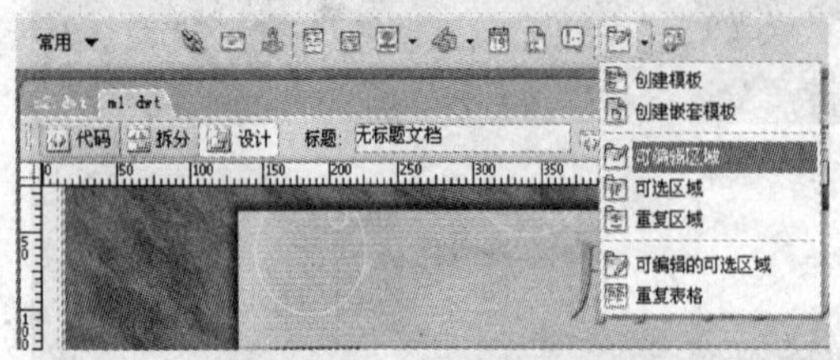

图 10－14 “插入”栏下“常用”类别的模板分类

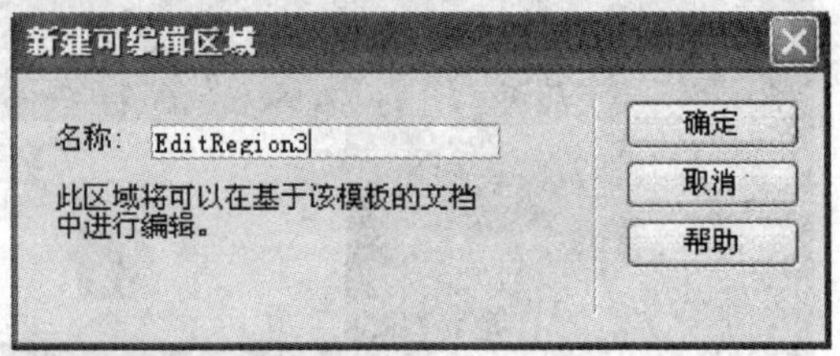

图 10－15 “新建可编辑区”对话框

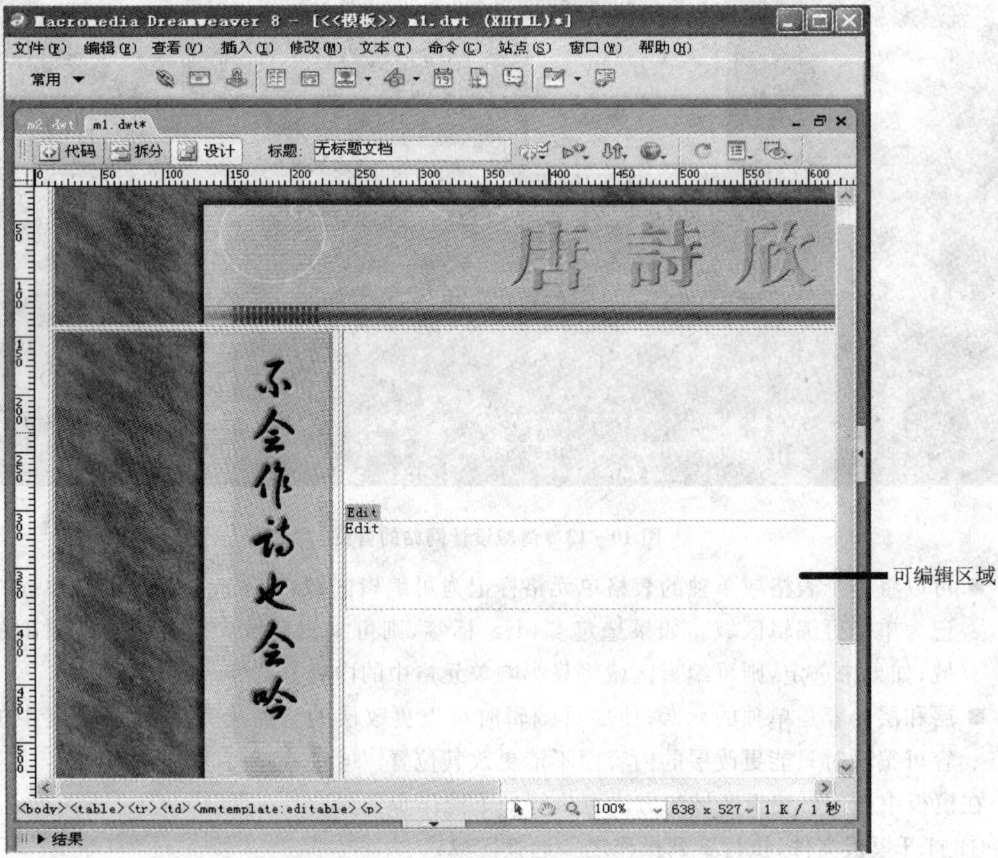

可编辑区域

图 10－16 被高亮环绕的可编辑区域

10.2.8 模板应用举例

【例 10－1】建立一个模板，并将其应用到两个文档中，观察效果。

操作步骤如下所述。

1. 制作 template1.dwt 模板页面

① 选择“窗口”|“资源”菜单项，打开“资源”面板，单击“资源”面板中的“站点”按钮。

② 选择“资源”面板左边的“模板”类别，单击“资源”面板底部的“新建模板”按钮 ，一个

新的、无标题模板将被添加到“资源”面板的模板列表中。

③ 在模板仍处于选定状态时，输入模板的名称“template1. dwt”，然后按 Enter 键，Dreamweaver 8.0 创建一个新的空模板。

④ 双击该模板文件名在“文档”窗口中打开它，如图 10－17 所示。

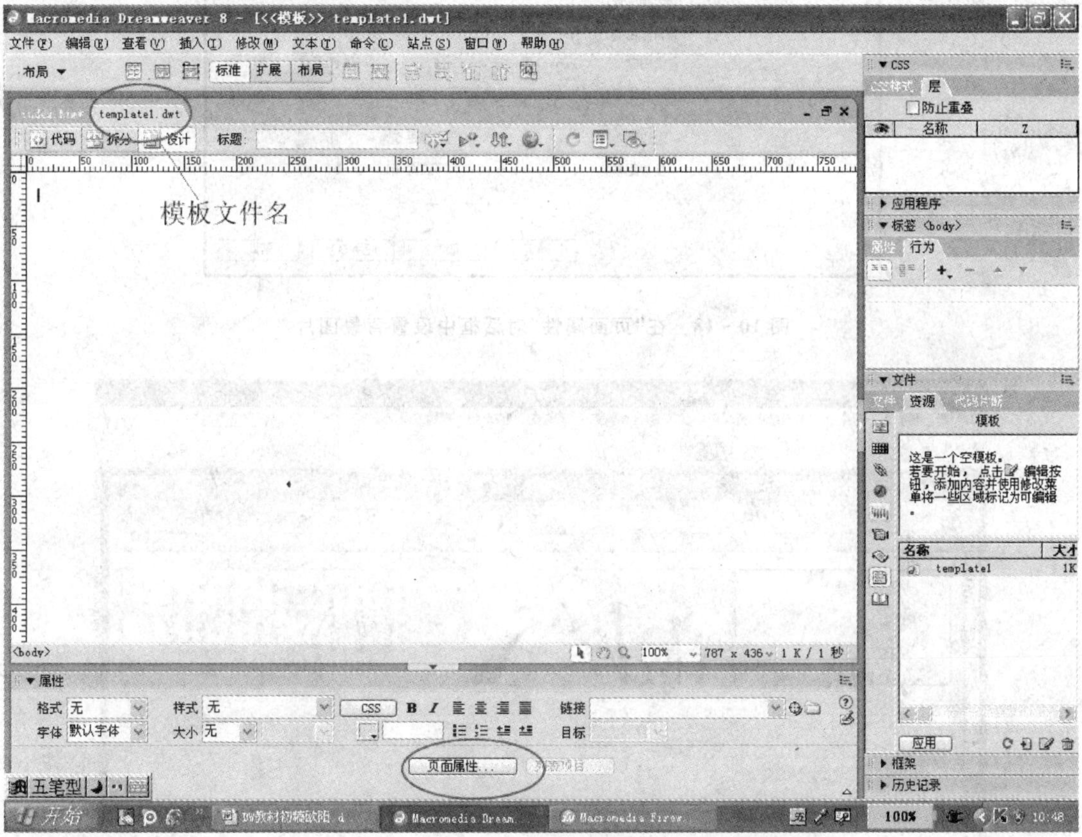

图 10－17　打开一个刚刚建立的空模板文件

⑤ 插入一个四行两列的表格，在弹出的“表格”对话框中设置表格的“宽度”为“100％”，“单元格边距”、“单元格间距”和“边框粗细”均设置为“0”，“对齐方式”设置为 “居中”。

⑥ 单击文档底部的“页面属性”按钮(见图 10－17)，弹出如图 10－18 所示的“页面属性”对话框，在“背景图像”参数选项栏设置“背景图像”为“background. gif”文件，单击“确定”按钮。

⑦ 将光标置入表格的第一行第一列，选择“插入”|“图像”菜单项，插入图像“zhu. jpg”文件，在第一行第二列插入“hua. jpg”图像文件，效果如图 10－19 所示。

⑧ 选中表格第二行并右击，选择“表格”|“合并单元格”菜单项，将第二行两单元格合并为一个单元格；并输入“古韵悠悠 古诗新韵 友缘天下 绿野仙踪”作为链接标题。打开“页面属性”对话框，在链接类别中分别设置“链接字体”为“华文细黑”，“大小”为“20”，“链接的颜色”为“＃990033”，“下划线样式”为“始终无下划线”。

⑨ 选中表格的第四行，将其合并为一列，在底部单元格的“属性”面板中设置“背景”为“yedi. jpg”文件。如图 10－20 所示。至此，模板建好。

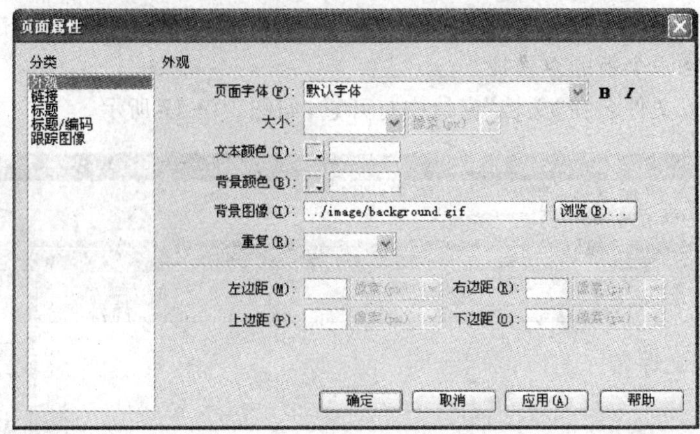

图 10－18　在“页面属性”对话框中设置背景图片

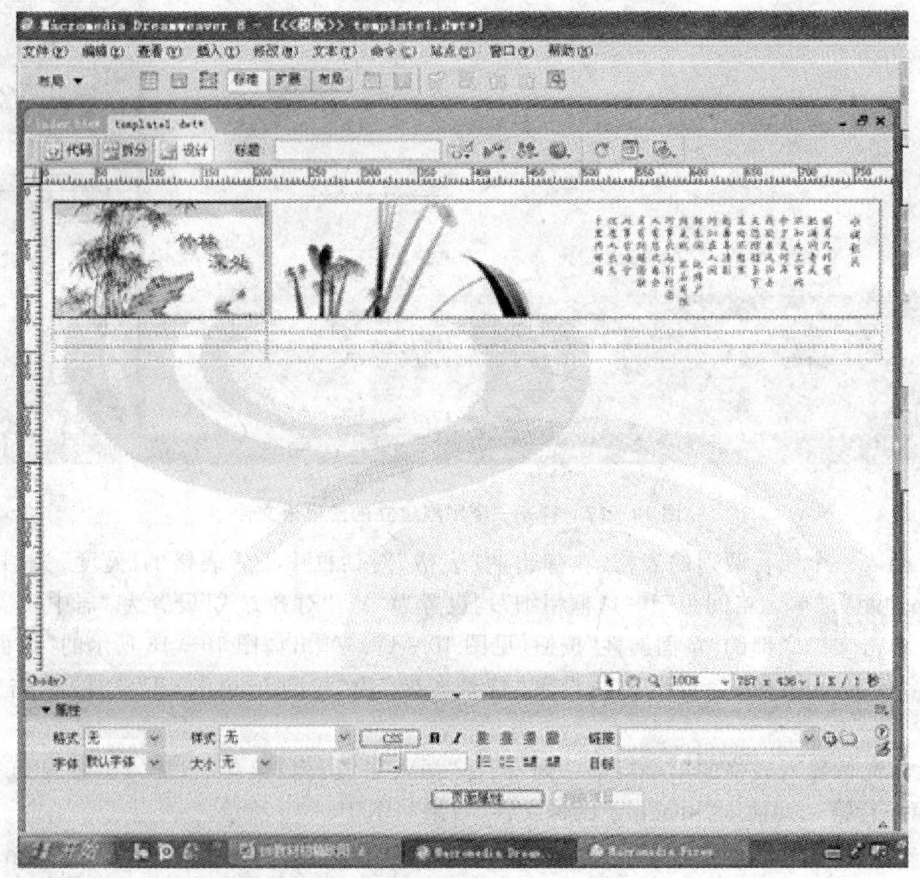

图 10－19　设置背景图片和第一行中插入图片后的效果

2. 在模板中建立可编辑区

① 将表格的第三行的两列合并。

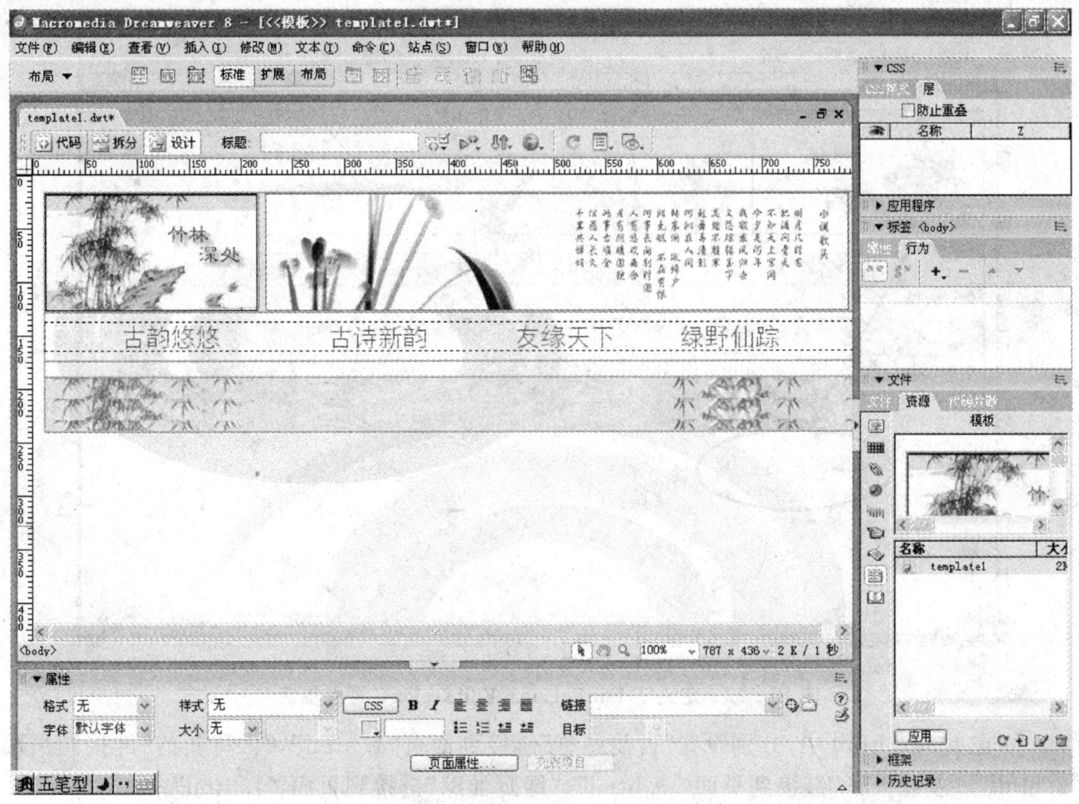

图 10－20　没有可编辑区的模板文件

② 选中表格的第三行，选择“插入”|“模板对象”|“可编辑区域”命令选项，弹出如图 10－21 所示的“新建可编辑区域”对话框，单击“确定”按钮。

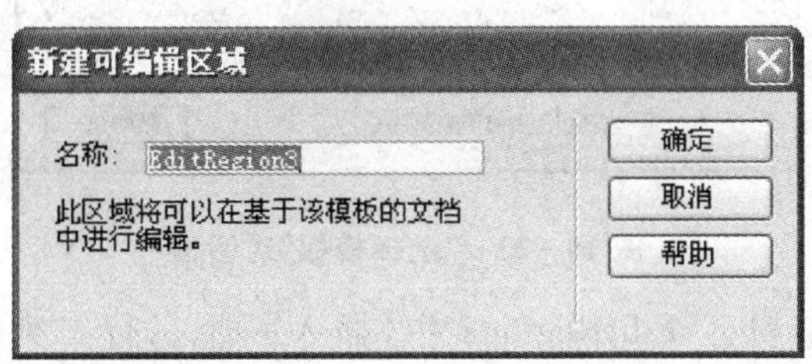

图 10－21　“新建可编辑区域”对话框

③ 同理，将第二行选中，设置为可编辑区域。

④ 可编辑区域在模板中被一个高亮蓝色的矩形外框环绕起来，在左上角显示该区域的名称 EditRegion3、EditRegion4，如图 10－22 所示。

3. 通过菜单将模板文件应用到文档

① 新建一个文档，保存文件名为 index. html。

② 选择“修改”|“模板”|“套用模板到页”菜单项，弹出如图 10－23 所示的“选择模板”对话框，单击“站点”文本框右侧的下拉按钮，选择站点名，在“模板”文本框中选模板文件“template1”，单击“确定”按钮。则模板文件“template1. dwt”被应用到了 index. html 文档中。

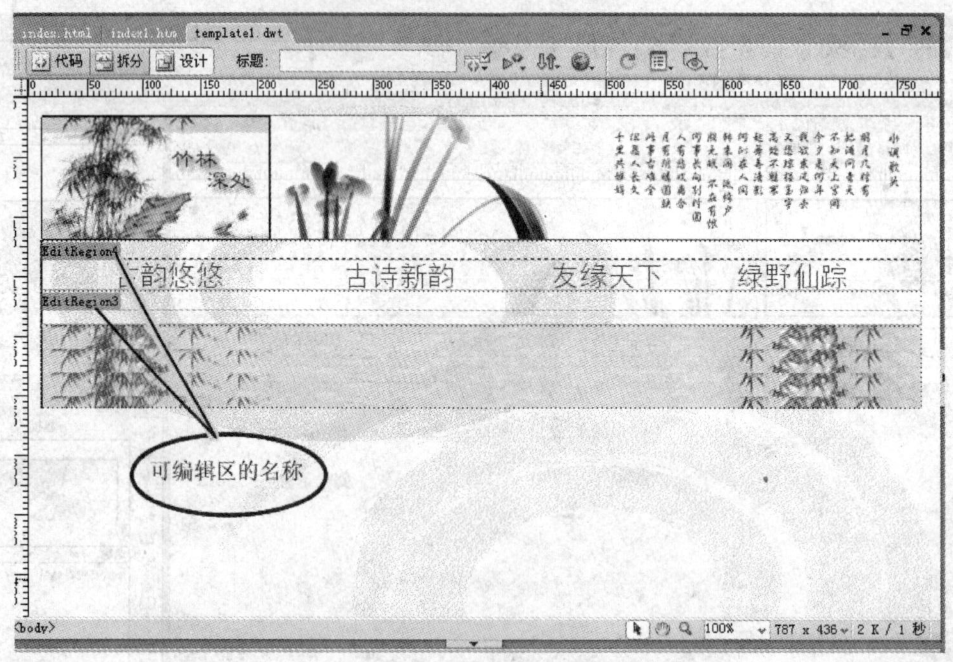

图 10－22　定义了 EditRegion3、EditRegion4“可编辑区”

③ 在 index.html 中，分别设置“古韵悠悠”链接到面页“1.html”，“古诗新韵”链接到页面“2.html”，“友缘天下”链接到页面 “3.html”，“绿野仙踪”链接到页面 “4.html”。

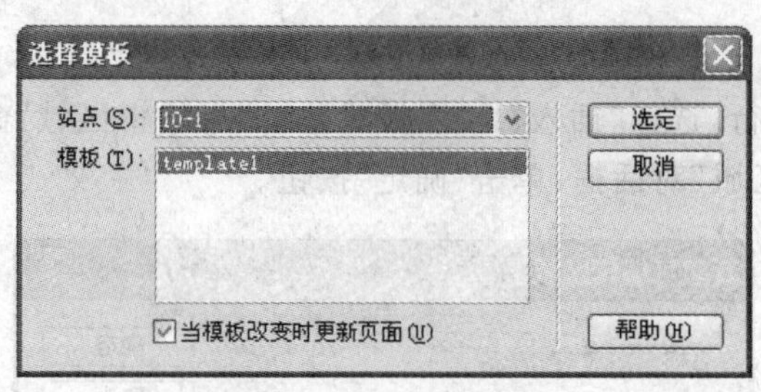

图 10－23　“选择模板”对话框

④ 将光标置入可编辑区 EditRegion3 中，插入一个一行二列的表格，表格的宽度为“100%”，“单元格边距”、“单元格间距”和“边框粗细”均设置为“0”，“对齐方式”设置为“居中”。

⑤ 选中表格的第二列，设置“背景图像”为“yincha.jpg”文件，并插入如下文本：

“香茗浮水叶如花
碧影清姿梦有家
和手轻吹忧喜事
缘尘一去向天涯”

设置文本“字体”为“方正舒体”，“大小”为 “24”，“颜色”为 “＃999999”。

⑤ 将光标置入(刚插入的)表格的第一列，插入一个二行一列的表格，表格的“宽度”为“100%”，“单元格边距”、“单元格间距”和“边框粗细”均设置为“0”，“对齐方式”设置为“居中”。将光标置入第一行，插入图像文件“niao.jpg”，将光标置入第二行，将其拆分为二列，插入如图

10－24 所示左侧的竖排文本。保存文件，按 F12 在浏览器中浏览如图 10－24 所示。

注意：本例在应用过程中，模板如果修改，需要更新页面。将模板应用于链接的其他页面，将可以达到页面的效果一致。

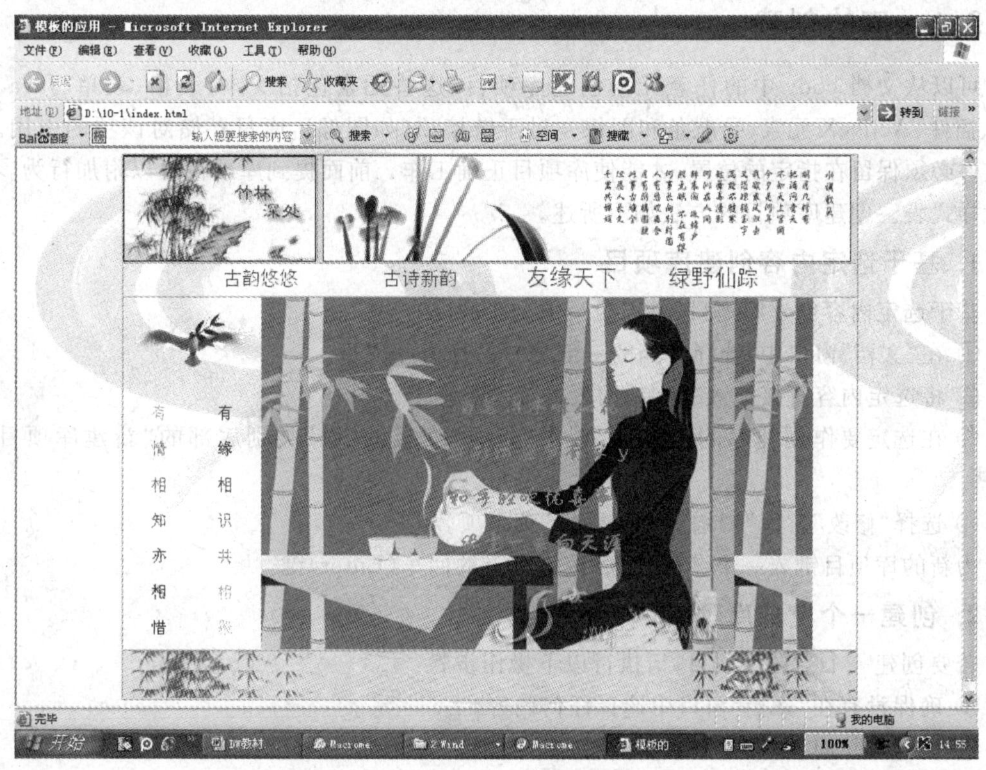

图 10－24　模板应用后的最终效果

10.3　库的创建、管理和编辑

在 Dreamweaver 8.0 中的库是一种特殊的文件，包含创建放在 Web 页上的单独的资源或资源副本的集合，库里的这些资源称为库项目，Dreamweaver 8.0 将库项目存储在每个站点的本地根文件夹内的 Library 文件夹中。

在库中存储各种各样的页元素，如图像、表格、声音和 Flash 文件。库项目主要用于个别设计元素，如站点的版权信息或徽标等，每当更改某个库项目的内容时，可以更新所有使用该项目的页面。当然，库项目也可以用来存储一个网页的头部和脚注，可以使页面的布局风格一致。

例如：为某公司建立一个大型站点，公司想让其广告语出现在站点的每个页面上，但是销售部门还没有最后确定广告语的文字。则可以创建一个包含该广告语的库项目并在每个页面上使用，当销售部门提供该广告语的最终版本时，只要更改该库项目就会自动更新每一个使用它的页面。

每个站点都有自己的库，使用库项目时，Dreamweaver 8.0 不是在 Web 页中插入库项目，而是插入一个指向库项目的链接。即，Dreamweaver 8.0 向文档中插入该项目的 HTML 源代

码副本，并添加一个包含对原始外部项目的引用的 HTML 注释。

库项目可以附加“行为”，但是不能包括“CSS 样式表”，因为“CSS 样式表”的代码是插入到 head 部分。

10.3.1 库的创建

可以从文档 body 中的任意元素创建库项目，这些元素包括文本、表格、表单、Java Applet、插件、ActiveX 元素、导航条和图像。对于链接项(如图像)，库只存储对该项的引用。原始文件必须保留在指定的位置，才能使库项目正确工作。前面提到库项目可以附加行为，不能包含样式表。创建库项目的方法如下所述。

1. 基于选定内容创建库项目

基于选定内容创建库项目，可以执行下列步骤之一：

① 在“文档”窗口中，选择文档的一部分并另存为库项目。

② 将选定内容直接拖入“资源”面板的“库”类别中。

③ 在选定要作创建库的内容后，单击“资源”面板的“库”类别底部的“新建库项目”按钮。

④ 选择“修改”|“库”|“增加对象到库”菜单项。

为新的库项目键入一个名称，然后按键盘上的回车(Enter)键。

2. 创建一个空白库项目

若要创建一个空白库项目，请执行以下操作步骤：

① 确保没有在“文档”窗口中选择任何内容。

② 在“资源”面板，选择面板左侧的“库”类别。

③ 单击“资源”面板底部的“新建库项目”按钮，为该项目输入一个名称，然后按回车(Enter)键。

空白项目创建好后，可以在里面增加库内容。

10.3.2 在文档中插入库项目

在文档中插入库项目时，其实际内容和对该项目的引用将一同插入到文档中，插入库项目的操作步骤如下：

① 将插入点放在“文档”窗口中。

② 选择菜单“窗口”|“资源”命令，打开“资源”面板，单击“资源”面板左侧的“库”按钮以显示分类。

③ 从“资源”面板拖动一个库项目到“文档”窗口，或者选取一个项目并单击“插入”按钮。

10.3.3 库项目的修改

修改库项目后，可以选择更新所有使用该库项目的文档，如果选择不更新，文档将仍然保持和库项日相关联，当重新更新时可以选择“修改”|“库”|“更新页面”菜单项来更新它们。

对库项目的其他更改还包括：重命名项目以断开其与文档或模板的连接，从站点的库中删除项目，以及重新创建丢失的库项目。

注意： 编辑库项目时，“CSS”面板不可用，因为库项目中只能包含 body 元素，而 CSS 样式表代码却插入到文档的 head 部分。“页面属性”对话框也不可用，因为库项目中不能包含 body 标签或其属性。

1. 编辑库项目

要编辑库项目，可以执行以下操作步骤。

① 在“资源”面板（“窗口”|“资源”）中，选择面板左侧的“库”类别。

② 选择库项目，库项目的预览出现在“资源”面板的顶部，如图 10－25 所示。

③ 执行下列操作之一：

■ 单击面板底部的“编辑”按钮。

■ 双击库项目。

Dreamweaver 8.0 将打开一个用于编辑该库项目的新窗口。此窗口非常类似于“文档”窗口。

④ 编辑库项目然后保存，出现图 10－26 所示对话框。

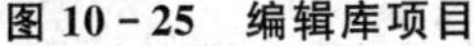

图 10－25　编辑库项目

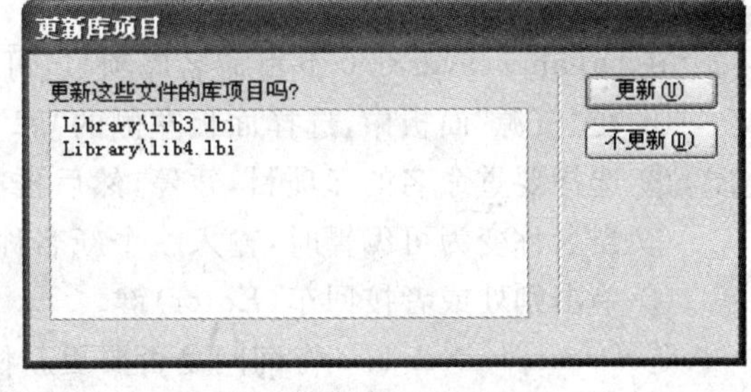

图 10－26　“更新库项目”对话框

⑤ 选择是否更新本地站点上那些使用编辑过的库项目的文档：

■ 选择“更新”将更新本地站点中所有包含编辑过的库项目的文档。

■ 选择“不更新”将不更改任何文档，直到使用菜单“修改”|“库”|“更新当前页”或“更新页面”命令选项才进行更改。

2. 要更改当前文档以使用所有库项目的当前版本

要更改当前文档以使用所有库项目的当前版本，通过选择菜单“修改”|“库”|“更新当前页”命令选项。

3. 更新整个站点或所有使用特定库项目的文档

更新整个站点或所有使用特定库项目的文档，可执行以下操作。

① 选择菜单“修改”|“库”|“更新页面”命令选项，会出现“更新页面”对话框，如图 10－27 所示。

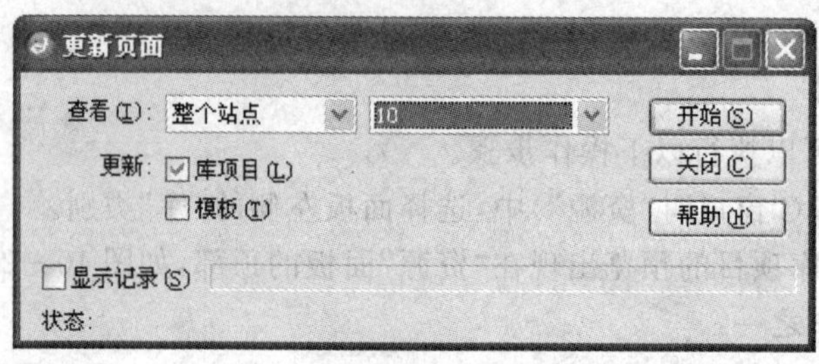

图 10－27 “更新页面”对话框

② 单击“查看”参数选项文本框右侧的下拉按钮后，执行下列操作之一：

- 选择“整个站点”，然后从相邻的下拉菜单中选择站点名称，单击“开始”按钮，将会更新所选站点中的所有页面，使其使用所有库项目的当前版本。
- 选择“文件使用”，然后从相邻的下拉菜单中选择库项目名称。这会更新当前站点中所有使用所选库项目的页面。

③ 在“更新”参数选项中选择“库项目”，若要同时更新模板，模板也要选中。

④ 单击“开始”按钮。

Dreamweaver 8.0 按照指示更新文件，如果选择了“显示记录”选项，Dreamweaver 8.0 将提供关于它试图更新的文件的信息，包括是否成功更新的信息。

4. 重命名库项目

在 Dreamweaver 8.0 下重命名库项目，可执行以下操作步骤。

① 在“资源”面板中，选择面板左侧的“库”类别。

② 选择要重命名的库项目，暂停，然后再次单击。

③ 当名称变为可编辑时，输入一个新名称。

④ 单击别处或者按回车(Enter)键。

⑤ Dreamweaver 8.0 将询问是否要更新使用该项目的文档。

- 若要更新站点中所有使用该项目的文档，请单击“更新”。
- 若要避免更新任何使用该项目的文档，请单击“不更新”。

5. 库项目的删除与重建

若要从库中删除库项目，请执行以下操作步骤。

① 在“资源”面板中，选择面板左侧的“库”类别。

② 选择要删除的库项目。

③ 执行下列操作之一：

- 单击面板底部的“删除”按钮，然后确认要删除该项目。
- 按“删除”键，然后确认要删除该项目。

注意： 删除一个库项目后，将无法使用“撤消”来找回它。但可以重新创建它，具体操作方法为：

① 在某个文档中选择该项目的一个实例。

② 在“属性”面板(“窗口”|“属性”)中单击“重新创建”按钮。

10.3.4　库应用举例

【例 10－2】完成如下的操作

(1) 将如图 10－28 所示的面页中的一些元素建立成为库项目。

(2) 利用(1)所建的库项目进行页面设计。

图 10－28　原始页面

操作步骤如下所述。

1. 库项目的建立

① 打开“资源”面板，选择“库”类别，打开 5. html 网页文档。

② 选择页面中的第一行和第二行(是内嵌的一个表格)，单击“资源”面板右下角的“新建库项目”按钮，并输入库名字为：“lib1”。

③ 选择页面中的第三行、第四和第五行(是内嵌的一个表格)，单击“资源”面板右下角的“新建库项目”按钮，并输入库名字为：“lib2”。

④ 选择页面中的第六行(是内嵌的一个表格)，单击“资源”面板右下角的“新建库项目”按钮，并输入库名字为：“lib3”。

⑤ 选择页面中的第七行(是内嵌一个表格)，单击“资源”面板右下角的“新建库项目”按钮，并输入库名字为：“lib4”。

以上建立了四个库项目，如图 10－29 所示。“资源”面板的上部分是选中的库元素的预览效果。

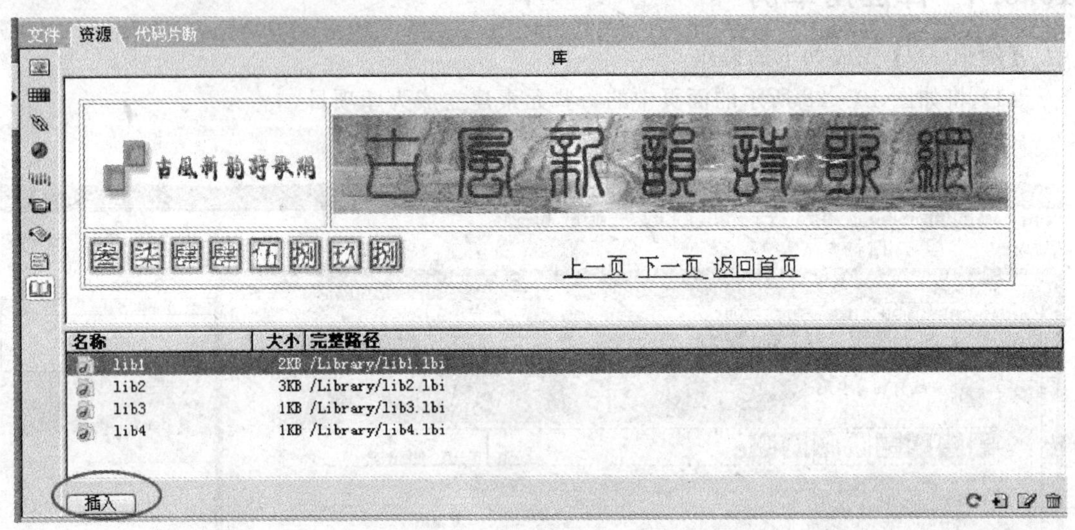

图 10－29　库项目的预览

2. 库项目的应用

应用一

① 新建一个空白文档，保存文件为“libapp. html”。

② 在文档中插入一个四行一列的表格。

③ 将光标置入第一行，选择“资源”面板中的“库”类别，单击 lib1 库项目选中它，再单击“资源”面板底部的“插入”按钮（如图 10－29 所示），此时将一个库项目插入到当前文档中，效果如图 10－30 所示。

④ 在第二、三、四行分别插入 lib2、lib3、lib4，效果如前面的图 10－28 所示。

注意：

（1）在插入的库项目上单击右键，选择“从源文件分离”，可以在网页文档中直接对库项目进行编辑。

（2）在插入的库项目上单击右键，选择“打开库项目”，可以打开库项目进行编辑。

应用二

① 插入一个三行一列的表格。

② 分别在第一行和第三行中插入 lib1 和 lib2 库项目。

效果如图 10－31 所示。在创建页面时，若在第二行中嵌套表格进行布局，可以得到风格一致的其他页面。图 10－32 就是与图 10－28 风格一致的页面。

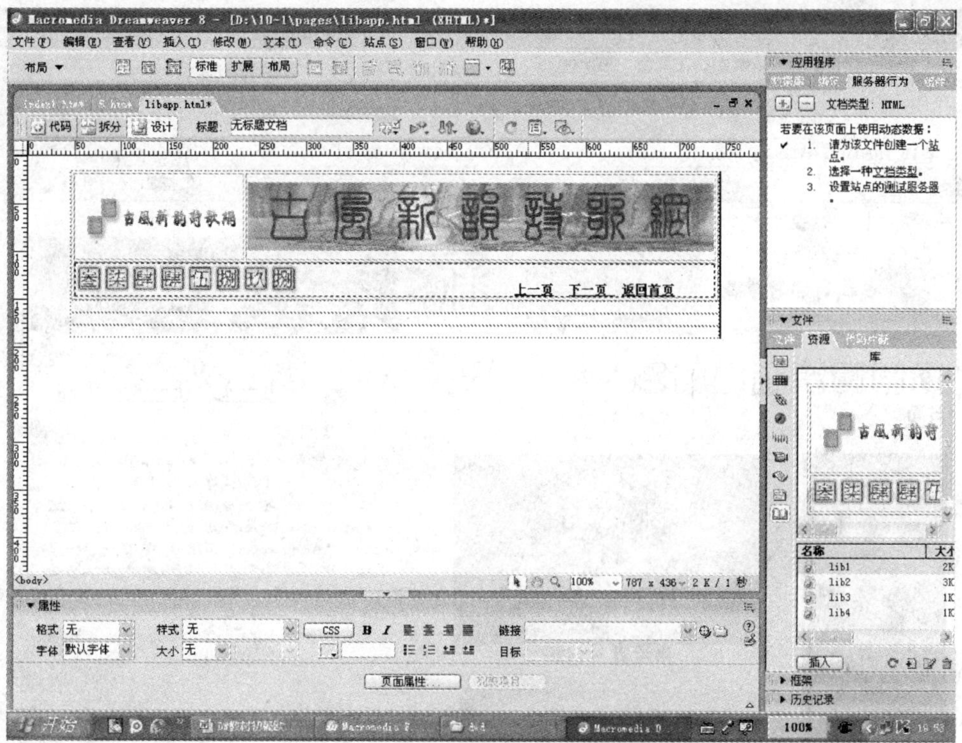

图 10－30　表格第一行插入了库项目

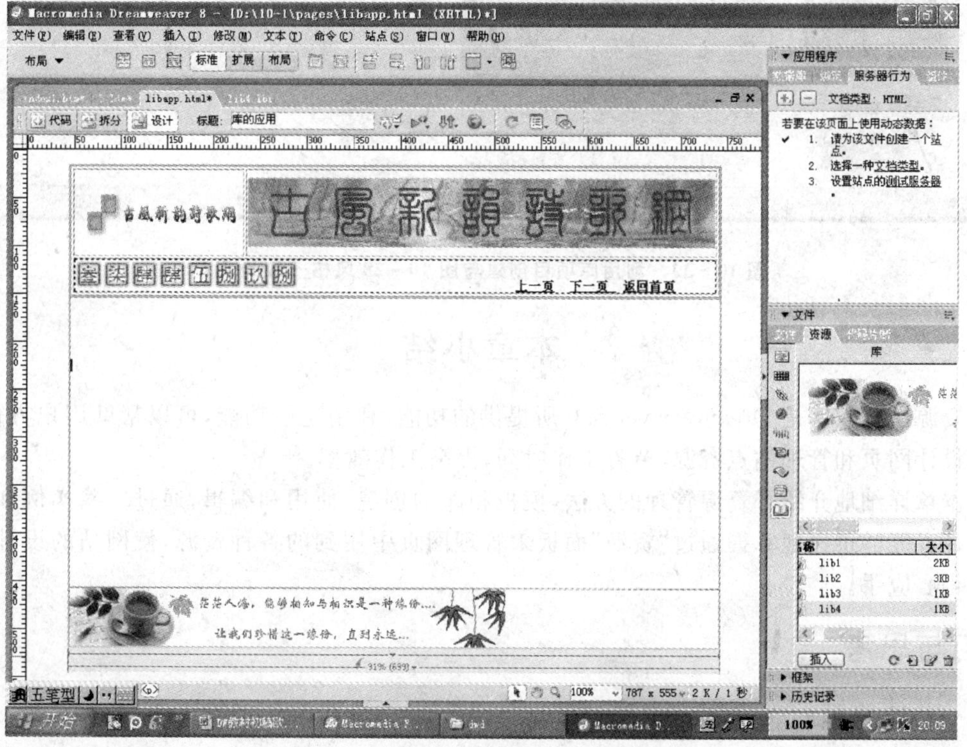

图 10－31　使用库项目创建的风格一致的“模板”

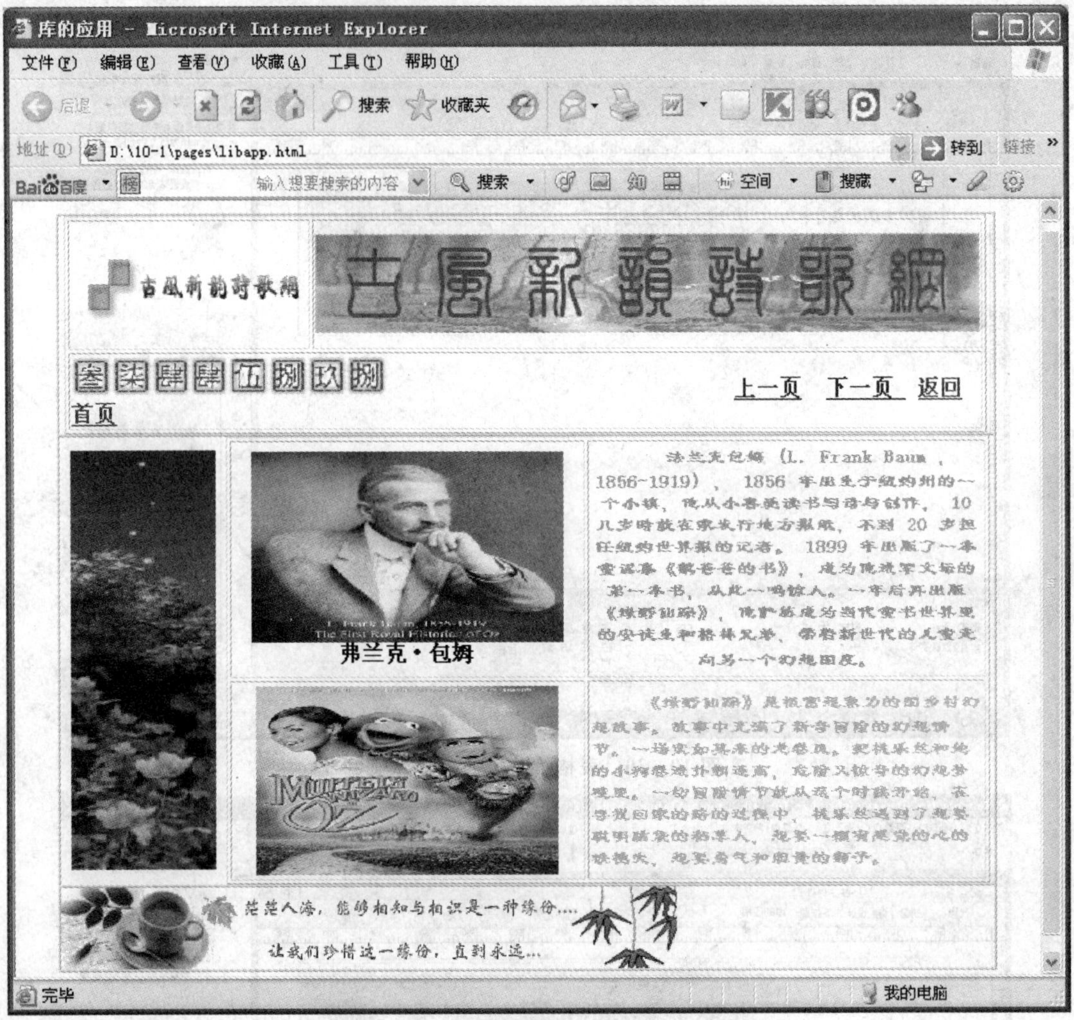

图 10－32　利用库项目创建与图 10－28 风格一致的页面

本章小结

资源、模板、库是 Dreamweaver 8.0 所提供的功能，利用这些功能，可以帮助用户方便、快捷地设计网页和管理站点资源，节省工作时间，提高工作效率。

本章详细地介绍了资源管理的方法，模板和库的创建、使用和编辑，通过一些实例和图例使设计者能够迅速地掌握通过“资源”面板来管理网页中用到的各种资源，使网站的设计工作更加得心应手。

练习与思考

一、选择题

1. 资源管理器可以管理下列哪些资源(　　)?

　A. 颜色　　　B. 脚本　　　C. 图像　　　D. 模板

2. 某用户在用模板制作网页时，要在其中添加行为却不能实现的原因是(　　)。
   A. 在使用模板做出来的网页中不能新增行为
   B. 该用户没有定义可编辑区域
   C. 使用了 Template 后，Html 文件的 Head 部分会被“封锁”
   D. 该用户没有定义锁定区域
3. 在将模板应用于文档之后，下列说法中正确的是(　　)。
   A. 模板将不能够修改
   B. 模板还可以被修改
   C. 文档将不能被修改
   D. 文档还可以被修改
4. 关于库项目，下列说法正确的是(　　)。
   A. 库项目是由网页元素组成
   B. 库项目插入到文档中后还可以被修改
   C. 库项目插入到文档中后可以从源文件中分离出来
   D. 库项目更新后，所应用到该库项目的页面均可以被更新

二、简答题

1. 在 Dreamweaver 8.0 中，资源被分为哪几类，如何使用“资源”面板来管理这些资源？
2. 创建模板的方法有哪些？
3. 创建库的方法有哪些？

三、操作题

1. 创建一个有特色的模板，并使用该模板创建两个以上的页面。
2. 创建库项目，并将它应用到两个以上的网页文档中。

第 11 章　在网页中使用行为

大多数网页编辑器对网页的处理方法不尽相同，各有千秋。Dreamweaver 8.0 提供的高效、优化、可视化的“行为”来供用户选择是很多网页编辑软件都没有办法与之相比的，“行为”的使用使得页面的设计不需要编写代码就可以实现丰富的动态页面效果，达到用户与页面交互的目的。

“行为”是被用来动态响应用户操作、改变当前页面效果或是执行特定任务的一种方法。“行为”是由“事件”和“动作”构成。例如，当用户把鼠标移动至对象上(称为事件)，这个对象会发生预定义的变化(称为动作)。本章将介绍 Dreamweaver 8.0 中的内置“行为”，通过学习会使网页制作效果达到一个新的境界。

【本章内容和重点】

■ 行为的基本知识

■ 行为面板

■ Dreamweaver 8.0 内置行为

■ Dreamweaver 8.0 内置行为的设置

11.1　行为的基本知识

Macromedia Dreamweaver 8.0 的“行为”将 JavaScript 代码放置在文档中，允许访问者与 Web 页进行交互，从而以多种方式更改页面或引起某些任务的执行。

1. 行为的概念

在引言中提到“行为”是被用来动态响应用户操作、改变当前页面效果或是执行特定任务的一种方法，是“事件”(Event)和“动作”(Action)的构成。

“事件”是“动作”被触发的结果，而“动作”是用于完成特殊任务而预先编写好的 JavaScript 小程序，这些程序代码执行特定的任务，是在特定的时间或者用户在某时所发出的指令后紧接着发生的。“事件”是为大多数浏览器理解的通用代码，浏览器通过释译来执行动作。一个事件也可以触发许多动作，可以定义执行的顺序。

实际上，“事件”是浏览器生成的消息，它指示该页的访问者执行了某种操作。例如，当访问者将鼠标指针移动到某个链接上时，浏览器为该链接生成一个 onMouseOver 事件；然后浏览器查看是否存在为该链接生成该事件时浏览器应该调用的 JavaScript 代码(这些代码是在被查看的页中指定的)。不同的网页元素定义了不同的事件。例如，在大多数浏览器中，onMouseOver 和 onClick 是与链接关联的事件，而 onLoad 是与图像和文档的 body 部分关联的事件。

Dreamweaver 8.0 提供的“动作”是由 Dreamweaver 8.0 工程师精心编写的，提供了最大的跨浏览器兼容性。例如，打开浏览器窗口、显示或隐藏层、播放声音或停止 Macromedia Shockwave 影片等。

将“行为”附加到网页元素之后，只要对该元素发生了所指定的“事件”，浏览器就会调用与

该事件关联的"动作"(JavaScript 代码)。例如,如果将"弹出消息"动作附加到某个链接并指定它将由 onMouseOver 事件触发,那么只要某人在浏览器中用鼠标指针指向该链接,就将在对话框中弹出预先设定的消息。

注意:"事件"和"动作"两个术语是 Dreamweaver 8.0 的术语,而不是 HTML 术语。从浏览器的角度看,动作与其他任何一段 JavaScript 代码完全相同。

2. "行为"面板的使用

"行为"面板(见图 11－1)具有以下选项。

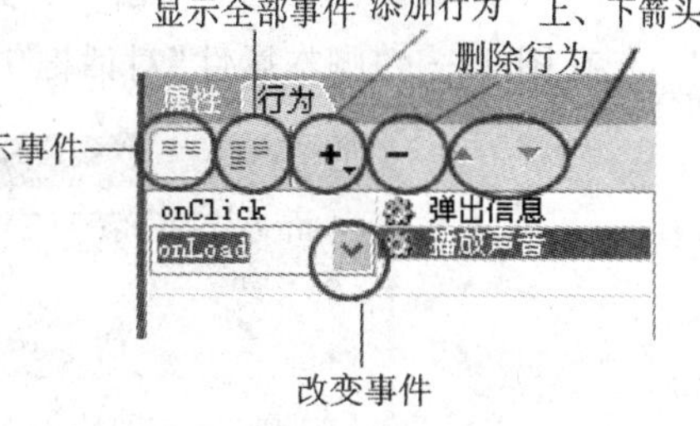

图 11－1　"行为"面板示意图

显示设置事件:仅显示附加到当前文档的那些事件。"显示设置事件"是默认的视图,是按字母降序显示给定类别的所有事件。单击图 11－1"改变事件"下拉按钮,则可以选择其他事件。

添加动作(＋):是一个弹出菜单,其中包含可以附加到当前所选元素的动作。当从该菜单中选择一个动作时,将出现一个对话框,可以在该对话框中指定该动作的参数。如果所有动作都灰显,则没有所选元素可以生成的事件。

删除(－)　是从行为列表中删除所选的事件和动作。

上下箭头按钮　将特定事件的所选动作在行为列表中向上或向下移动。可以为特定的事件更改动作的顺序。

11.2　使用 Dreamweaver 8.0 自带的动作

Dreamweaver 8.0 自带的动作可以在 Netscape Navigator 4.0 及更高版本、Internet Explorer 4.0 及更高版本中使用。其中大多数动作也可用于 NetscapeNavigator 版本 3.0 和更高版本。与层相关的在 Navigator 3.0 中不起作用,否则有可能出现错误。因此,可以在添加行为时选择较高版本的浏览器。Dreamweaver 8.0 自带的动作有 20 余种,在本节中介绍几种在网页设计中常用的自带行为。

1. 调用 JavaScript

"调用 JavaScript"动作允许使用"行为"面板指定当发生某个事件时应该执行的自定义函数或 JavaScript 代码行。操作步骤如下所述。

① 打开需要调用 JavaScript 程序的文档,选择需要触发事件的对象。选取菜单"查看"|"文件头内容"命令选项,在"文档"窗口上面出现"文档头"内容图标,(图 11－2 所示),单击"脚本编辑"图标。

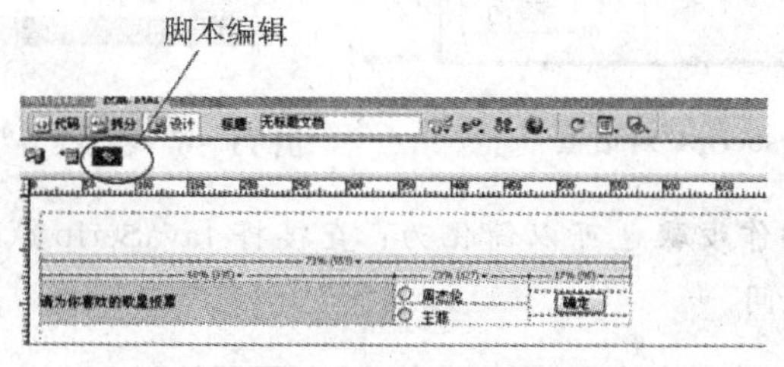

图 11－2　左上椭圆内是"脚本编辑"图标

② 在"属性"面板中设置"语言"参数选项为："JavaScript"(如图 11－3 所示)。单击"编辑"按钮，弹出如图 11－4 所示的"脚本属性"对话框。

图 11－3 设置 Script"属性"面板

③ 在图 11－4"脚本属性"对话框中将代码编辑后，单击"确定"按钮，回到文档编辑视窗。

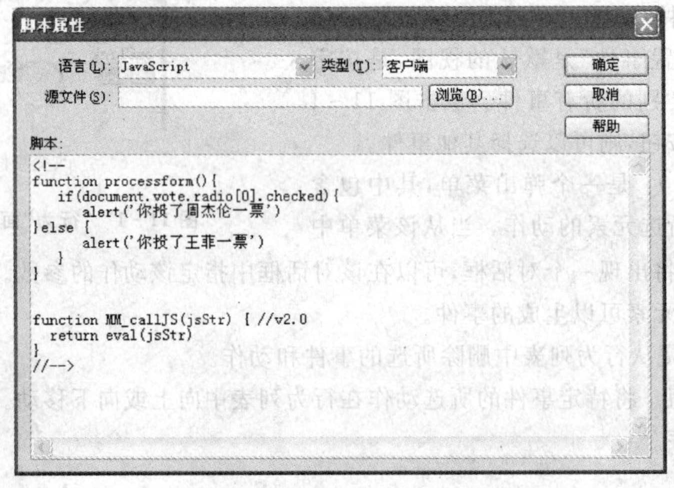

图 11－4 "脚本属性"对话框

④ 选择菜单"窗口"|"行为"命令，打开"行为"面板，单击"行为"面板上的(＋)按钮，在弹出的"动作"菜单中选择"调用 JavaScript"动作选项后弹出如图 11－5 所示的"调用 JavaScript"对话框。

⑤ 在参数选项文本框中输入要调用的 JavaScrip 函数(输入已经编辑好的函数名，例如 processform()函数)(如图 11－5 所示)，单击"确定"按钮后系统对所选定的对象定义了行为，系统将自动添加了一个事件，如图 11－6 所示。

如果需要更改事件，可单击需要更改的事件使其右边出现事件的下拉按钮(如图 11－1 所示)。单击下拉按钮后出现可选事件列表，可从事件列表中选择需要的事件。

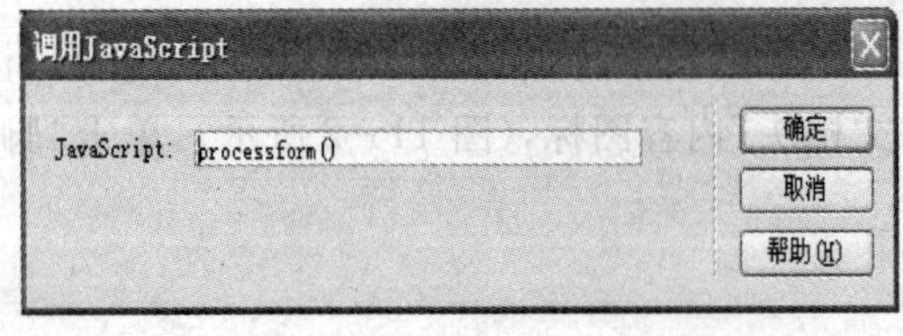

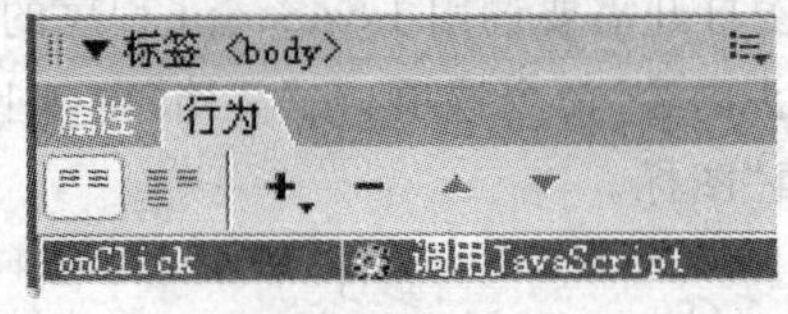

图 11－5 "调用 JavaScript"对话框

图 11－6 在"行为"面板中为按钮定义行为

注意：前面①～③操作步骤也可以简化为：直接将 JavaScrip 代码复制到网页代码视<head> </head>标签之间。

【例 11－1】将鼠标跟随程序嵌入到网页中，观察网页效果。

操作步骤如下所述。

① 新建一个网页并存盘，打开代码视图，将如下代码复制到网页代码中<head> </head>标签之间。

```
<style type = "text/css">
  .spanstyle {
  COLOR: #3300CC; FONT-FAMILY: 宋体; FONT-SIZE: 16pt; POSITION: absolute; TOP: -50px; VISIBILITY: visible
}
  </style>
  <script language = "">
  <!--
  var x,y
  var step = 18
  var flag = 0
  // Your snappy message. Important: the space at the end of the sentence!!!
  var message = "★文字跟随鼠标运动!"
  message = message.split("")
  var xpos = new Array()
  for (i = 0;i<= message.length-1;i++) {
  xpos[i] = -50
  }
  var ypos = new Array()
  for (i = 0;i<= message.length-1;i++) {
  ypos[i] = -200
  }
  function handlerMM(e){
  x = (document.layers) ? e.pageX : document.body.scrollLeft + event.clientX
  y = (document.layers) ? e.pageY : document.body.scrollTop + event.clientY
  flag = 1
  }
  function makesnake() {
    if (flag == 1 && document.all) {
       for (i = message.length-1; i>= 1; i--) {
            xpos[i] = xpos[i-1] + step
         ypos[i] = ypos[i-1]
       }
       xpos[0] = x + step
       ypos[0] = y
       for (i = 0; i<message.length-1; i++) {
         var thisspan = eval("span" + (i) + ".style")
         thisspan.posLeft = xpos[i]
         thisspan.posTop = ypos[i]
    }}
    else if (flag == 1 && document.layers) {
```

```
        for (i = message.length - 1; i>= 1; i--) {
                xpos[i] = xpos[i-1] + step
            ypos[i] = ypos[i-1]
        }
        xpos[0] = x + step
        ypos[0] = y
        for (i = 0; i<message.length - 1; i + + ) {
            var thisspan = eval("document.span" + i)
            thisspan.left = xpos[i]
            thisspan.top = ypos[i]
        }}
        var timer = setTimeout("makesnake()",30)
}
function MM_callJS(jsStr) { //v2.0
  return eval(jsStr)
}
//-->
</script>
```

② 调用 JavaScript 函数 makesnake()

单击“标签选择器”下的<body>标签，打开“行为”面板；单击添加行为命令按钮(+)，从弹出的动作菜单中选择“调用 JavaScript”动作选项，再在弹出的“调用 JavaScript”对话框中输入 makesnake()函数；单击“确定”按钮退出，在“行为”面板中选择事件为“onload”。

③ 将下列代码放入到代码视图中<body>……</body>标签之间。

```
<script>
  <! -- Beginning of JavaScript -
  for (i = 0;i< = message.length - 1;i + + ) {
      document.write("<span id='span" + i + "' class='spanstyle'>")
    document.write(message[i])
      document.write("</span>")
  }
  if (document.layers){
    document.captureEvents(Event.MOUSEMOVE);
  }
  document.onmousemove = handlerMM;
  // - End of JavaScript - -->
</script>
```

④ 保存文件，按 F12 在浏览器中浏览网页效果如图 11 - 7 所示。

2. 检查浏览器

使用“检查浏览器”动作可以根据访问者安装不同类型和版本的浏览器将它们转到不同的页面，这主要是针对使用不同浏览器的客户设置的。

例如，为了解决不同浏览器对网页访问的不一致性问题，可以针对不同浏览器编写不同的页面。通过检查浏览器行为，设置使用 Netscape Navigator 4.0 或更高版本浏览器的访问者

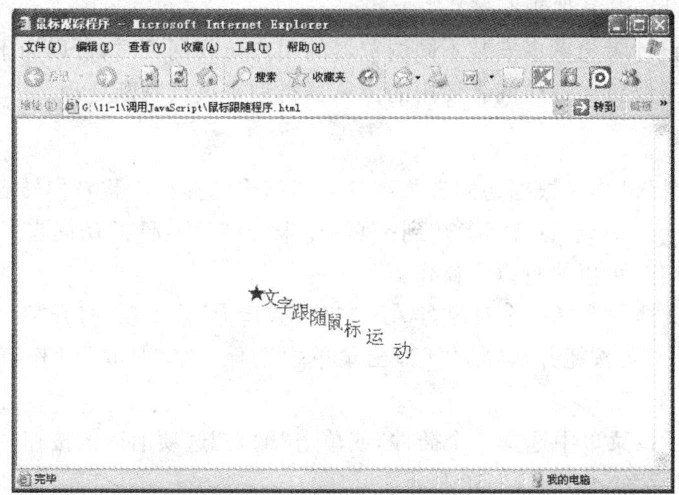

图 11－7　鼠标跟随程序效果

转到一个与之相关的页面，设置使用 Internet Explorer 4.0 或更高版本的访问者转到另一个与之相关的页面，并让使用任何其他类型浏览器的访问者留在当前页上。

要使用“检查浏览器”动作，可执行以下操作步骤：

① 打开一个要进行浏览器检查的网页文档，选择菜单“窗口”|“行为”命令打开“行为”面板。

② 单击“行为”面板上的（+）按钮并从“动作”弹出菜单（如图 11－8 所示）中选择“检查浏览器”动作菜单项，弹出图 11－9 所示的三种不同浏览器访问者的设置。

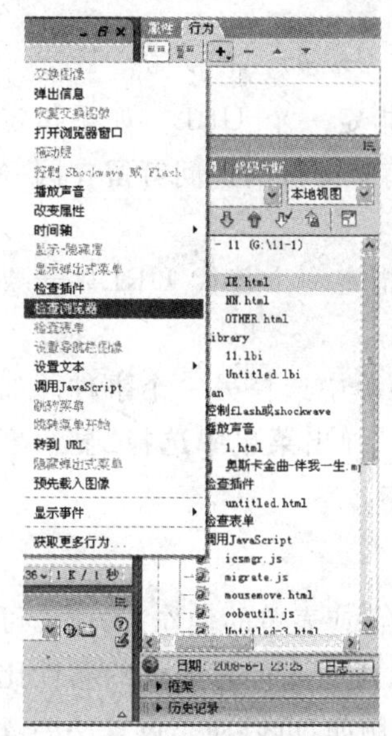

图 11－8　检查浏览器动作菜单

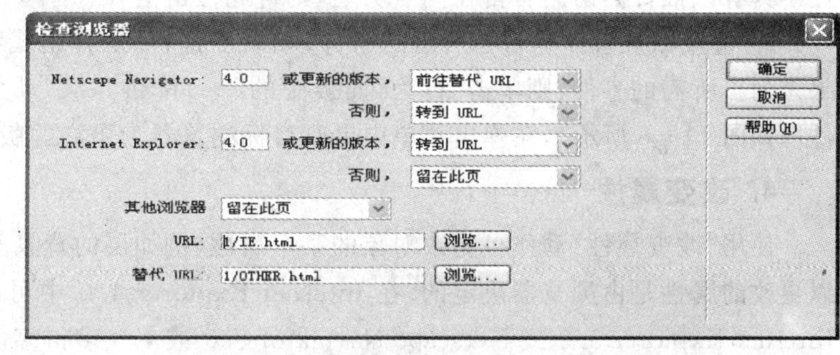

图 11－9　针对三种不同浏览器访问者的设置

例如，图 11－9 的设置是可以用于检测安装不同浏览器的访问者，用于检查的是存放在文件夹 1 下的三个页面：IE. html(Internet Explorer 浏览器)、NN. html(Netscape Navigator 浏览器)和 OTHER.html(其他浏览器)。

因此,当网页设计者想考虑安装不同浏览器的用户访问网页时,可以为不同的浏览器用户设计不同的页面,系统将根据访问者使用的浏览器类型来进行判断处理。

3. 检查插件

使用"检查插件"动作是根据访问者是否安装了指定的插件来将它们转到不同的页面。例如,想让安装有 Shockwave 的访问者转到一页,让未安装该软件的访问者转到另一页。若要使用"检查插件"动作,可以执行以下操作:

① 在打开的文档中选择一个对象,选择"窗口"|"行为"菜单项,打开"行为"面板。

② 单击加号(+)按钮并从"动作"弹出菜单中选择"检查插件"动作菜单,弹出"检查插件"对话框。

③ 从"插件"下拉菜单中选择一个插件,或单击"输入"选项前面的按钮并在相邻的文本框中键入插件的确切名称,如图 11-10 所示。

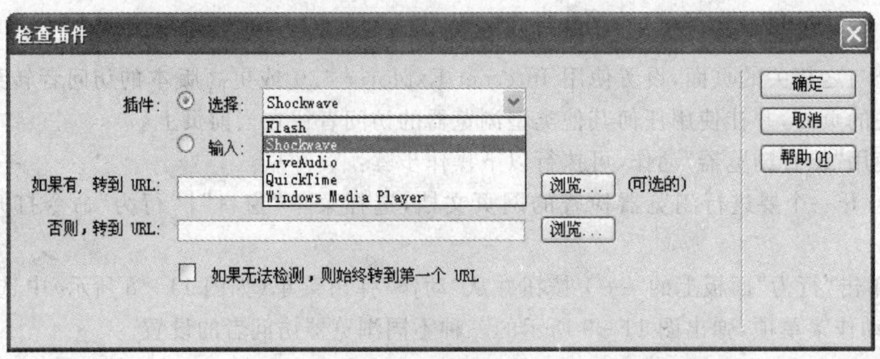

图 11-10 "检查插件"对话框

④ 在"如果有,转到 URL"文本框中,为具有该插件的访问者指定一个 URL。如果指定一个远程 URL,则必须在地址中包括" http://"前缀。若要让具有该插件的访问者留在同一页上,则将此栏留空。

⑤ 在"否则,转到 URL"文本框中,为不具有该插件的访问者指定一个替代 URL。若要让不具有该插件的访问者留在同一页上,则将此栏留空。

⑥ 检查默认事件是否是所需的事件,如果不是,可从弹出式菜单中选择另一个事件。如果未列出所需的事件,则单击"行为"面板中的(+)按钮并从"动作"弹出菜单中选择"显示事件"(如图 11-8 所示),在弹出菜单中更改目标浏览器为更高的版本。

4. 改变属性

使用"改变属性"动作可更改对象的某个属性(例如层的背景颜色或表单的动作)的值。可以更改的属性是由浏览器决定的;在 Internet Explorer 4.0 中可以通过此行为更改的属性比 Internet Explorer 3.0 或 Netscape Navigator 3.0 或 4.0 多得多。例如,可以动态设置层的背景颜色。

注意:只有在非常熟悉 HTML 和 JavaScript 的情况下才使用此动作。

要使用"改变属性"动作,可执行以下操作步骤:

① 选择一个对象后，选择"窗口"|"行为"菜单项，打开"行为"面板。

② 单击加号(+)按钮并从"动作"弹出菜单中选择"更改属性"。

③ 从"对象类型"弹出菜单中选择要更改其属性的对象类型。"命名对象"弹出菜单马上列出所有所选类型的命名对象。

④ 从"命名对象"弹出菜单中选择一个对象。

⑤ 从"属性"弹出菜单中选择一个属性，或在文本框中输入该属性的名称。若要查看每个浏览器中可以更改的属性，可从浏览器弹出菜单中选择不同的浏览器或浏览器版本。如果正在键入属性名称，则一定要使用该属性的准确 JavaScript 名称(JavaScript 属性是区分大小写的)。

⑥ 在"新值"文本框中为该属性输入新值，然后单击"确定"按钮。

⑦ 检查默认事件是否是所需的事件(当该事件发生时，将执行动作并更改属性)。如果不是，可从弹出菜单中选择另一个事件。如果未列出所需的事件，则在"显示事件"弹出菜单中更改目标浏览器。

【例 11-2】新建一个网页，在网页中插入一张图片，通过对该图片的"改变属性"行为设置改变其路径属性，观察当单击该图片时的变化。

操作步骤如下所述。

① 新建一个站点，在站点中新建一个网页，在其中插入一幅图片，文件名为"2.jpg"，在"属性"面板的"图像"参数选项文本框中给该图片命名为 img2，并保存文件为"改变属性 1.html"，如图 11-11 所示。

图 11-11 需要改变属性的原始图片

② 选择图片后，选择菜单"窗口"|"行为"选项打开"行为"面板。

③ 单击加号(+)按钮并从"动作"弹出菜单中选择"更改属性"，弹出图 11-12 所示的"改变属性"对话框。

④ 单击“对象类型”参数选项文本框右侧下拉按钮，从下拉列表中选择要更改其属性的对象的类型。单击“命名对象”参数选项文本框右侧的下拉按钮，系统将弹出所有所选类型的命名对象列表。

⑤ 从“命名对象”列表中选择一个对象。从“属性”列表中选择一个属性，或在“输入”参数选项的文本框中输入该属性的名称。

⑥ 在“新值”文本框中为该属性输入新值，然后单击“确定”，回到“行为”面板。

⑦ 单击“行为”面板上(＋)左侧的事件下拉菜单，(图 11－13 所示)，选择 OnClick 事件。

⑧ 保存文件，并在浏览器中浏览，效果如图 11－14 所示。单击该图片，该图片被改变为另外一张图片，如图 11－15 所示。

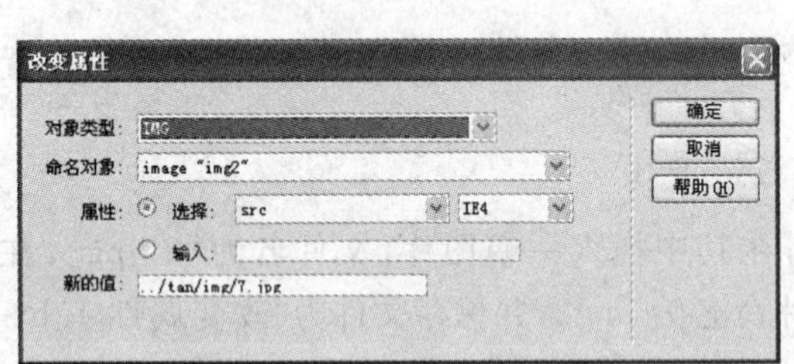

图 11－12　改变图片的源文件属性设置

图 11－13　设置 OnClick 事件

注意：使用“改变属性”动作更改对象的某个属性(例如层的背景颜色或表单的动作)的值。可以更改的属性是由浏览器决定的。例如，可以动态设置层的背景颜色。

图 11－14　原始图片效果图

图 11－15　改变图片的 src 后的效果图

5. 显示-隐藏层

“显示-隐藏层”行为可以设置显示、隐藏或恢复一个或多个层的默认可见性。此动作可用于在用户与页进行交互式显示信息。

例如，当用户将鼠标指针滑过一个植物的图像时，可以显示一个层给出的有关该植物的生长季节和地区、需要多少阳光、可以长到多大等详细信息。

“显示-隐藏层”还可用于创建预先载入层，即一个最初挡住页的内容的较大的层，在所有页组件都完成载入后该层即消失。

要添加“显示-隐藏层”行为，可按如下操作步骤进行：

① 选择“插入”|“层”菜单项或单击“插入”栏中的“层”按钮，然后在“文档”窗口中绘制一个层。重复此步骤来创建其他的层。

② 在“文档”窗口中单击，取消对层的选择，然后打开“行为”面板。

③ 单击“行为”面板上的加号(＋)按钮并从“动作”弹出菜单中选择“显示-隐藏层”动作，如图 11－16 所示。弹出图 11－17“显示-隐藏层”对话框。

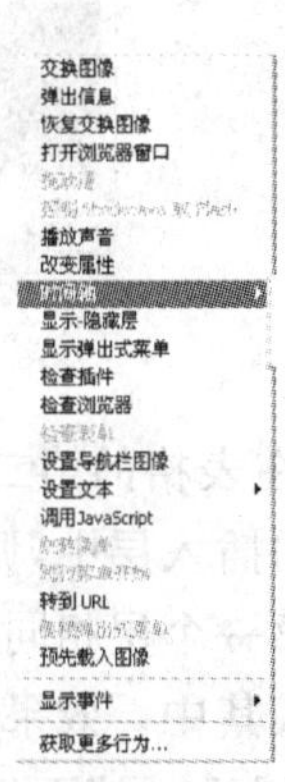

图 11－16　显示隐藏层菜单

④ 在“命名的层”列表中选择要更改其可见性的层。

⑤ 单击“显示”以显示该层、单击“隐藏”以隐藏该层、或单击“默认”以恢复层的默认可见性。

⑥ 重复步骤④和⑤直到对所有需要设置的层均设置完，然后单击“确定”按钮。

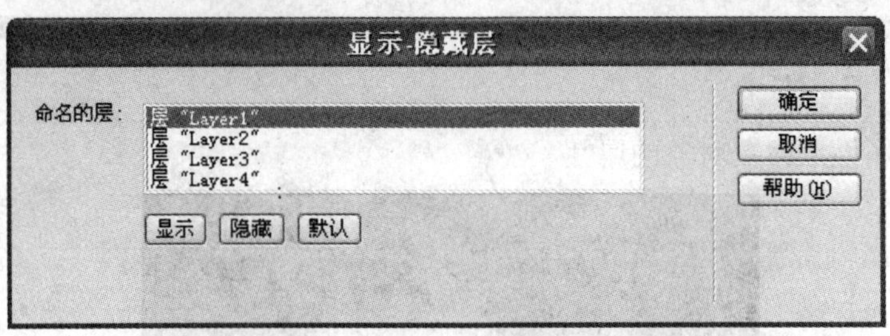

图 11－17 设置层的"显示-隐藏"对话框

⑦ 在"行为"面板中选择触发该动作的事件。

【例 11－3】制作一个网页，如图 11－18 所示，当单击图中左边小图时在右边显示该图的放大图片。

操作步骤如下所述。

① 新建一个文档，插入一个 4 行 2 列的表格，将制作好的四张图分别插入第一列中的四个单元格，图片的大小为"180×120"，将第二列合并，在其中输入文本："请选择你喜欢的图片放大欣赏……"，"大小"为"24 号"，"颜色"为"＃FF00CC"，"居中"。如图 11－18 所示。

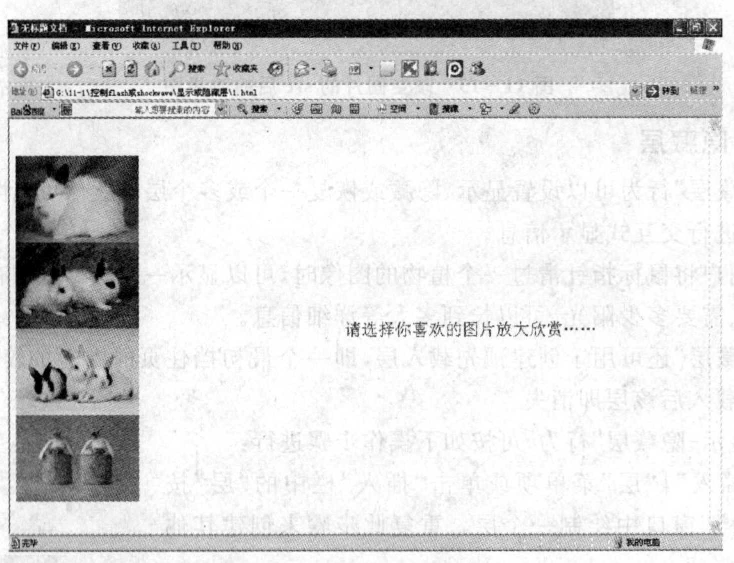

图 11－18 未放大的小图

② 在表格的第二列中插入一个层，大小为"400×300"，调整其居中，将左边第一单元图片的放大图插入层中，调整其大小与层一样，依次在该层上插入第二、三、四个层，这些层的规格大小与第一个层相同，并且相重叠，分别将第二单元格、第三单元格、第四单元格对应的图的放大图插入其中。效果如图 11－19 所示。

③ 打开"层"面板，单击层面板上层名称前面的眼睛图标，当层前面的眼睛都闭上时所有的层都隐藏(如图 11－20 所示)，IE 浏览器中浏览效果如图 11－18 所示。

④ 设置层的"显示-隐藏层"属性。打开"行为"面板，选中表格第一单元格的第一张图片，单击添加行为命令按钮(＋)，从弹出的"动作"菜单中选择"显示-隐藏层"动作菜单。弹出如图 11－21 的对话框。

图 11-19　单击左边为小图其放大后图在右边显示

图 11-20　隐藏层设置

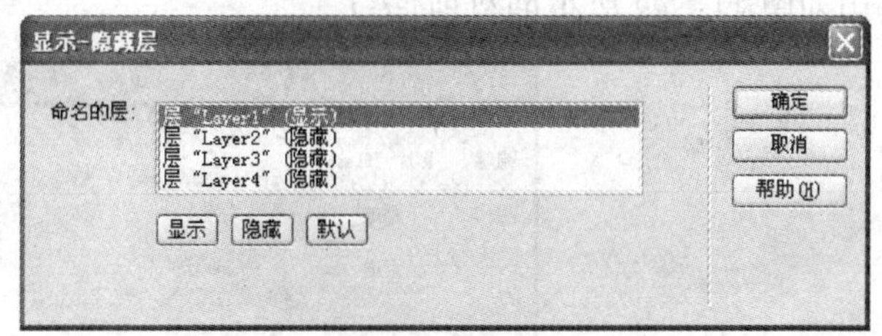

图 11-21　"显示-隐藏层"对话框

⑤ 选择放置该图的放大图的层，单击下方的"显示"按钮，设置该层为显示，设置其余层为隐藏，单击"确定"按钮。

⑥ 在"行为"面板中选择事件为"onclick"。

⑦ 重复步骤④～⑥直到其余小图片均附加"显示-隐藏层"行为。

⑧ 保存结果，在 IE 浏览器中浏览，单击左边的第一张小图，效果如图 11-22 所示。

6. 控制 shockwave 或者 Flash

使用"控制 Shockwave 或 Flash"动作可以播放、停止、倒带，或转到 Macromedia Shockwave，或 Macromedia Flash SWF 文件中的帧。操作方法如下所述。

① 选择"插入"|"媒体"|"Shockwave"或"插入"|"媒体"|"Flash"菜单项，可分别在"文档"窗口中插入 Shockwave 或 Flash SWF 文件。

② 在"文档"窗口中选择 Shockwave 或 Flash SWF 文件占位符，在"属性"面板中 Shockwave 或 Flash 图标的旁边设置影片的名称。

③ 选择用于控制 Shockwave 或 Flash SWF 文件"播放"或"停止"的按钮。

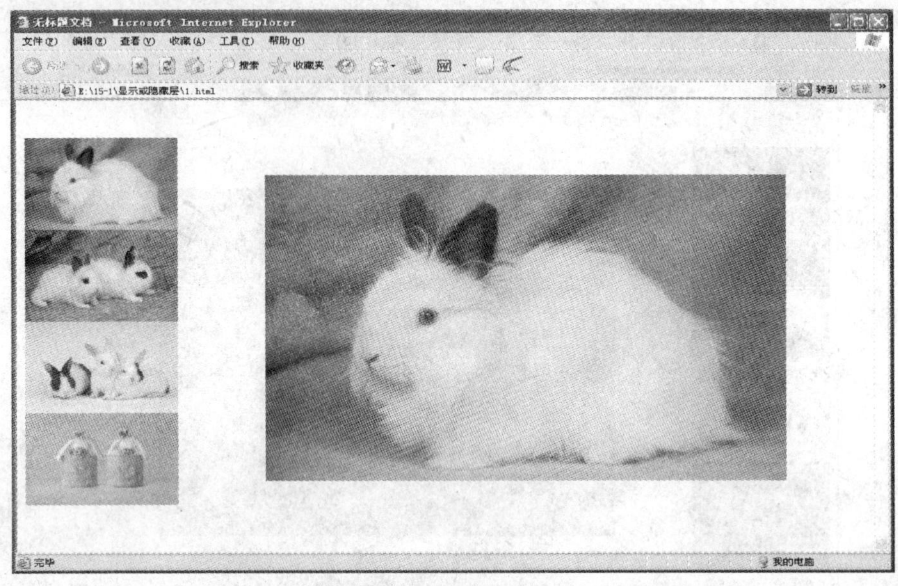

图 11-22　IE 浏览时单击左边的第一张小图的效果

④ 打开“行为”面板，单击（+），从“动作”弹出菜单中选择“控制 Shockwave 或 Flash”。弹出如图 11-23 所示的对话框。

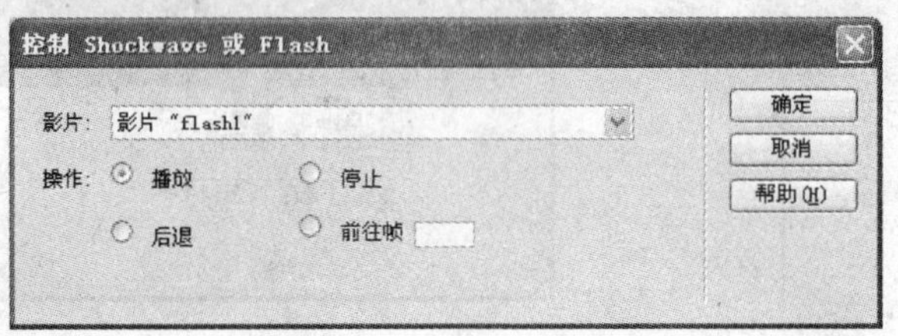

图 11-23　设置 shockwave 或 Flash 播放停止的对话框

⑤ 单击“影片”参数选项文本框右边的下拉按钮，Dreamweaver 8.0 自动列出当前文档中所有 Shockwave 和 Flash SWF 文件的名称（Dreamweaver 8.0 列出以 .dcr、.dir、.swf 或 .spl 结尾的影片，这些文件扩展名在 object 或 embed 标签中）的“影片”，可从中选择需要控制的影片，图 11-23 中是选择了“名称”为“Flash1”的影片。

⑥ 在“操作”参数选项中选择是否播放、停止、后退或前往多少帧，单击“确定”按钮退出。

⑦ 在“行为”面板中选择事件为“onClick”，保存文件。

【例 11-4】通过行为控制一个影片的“停止”和“播放”。

操作步骤如下所述。

① 新建一个网页文件，将光标置入其中，选择“插入”|“媒体”|“Flash”菜单项，插入“遮罩技术切换照片的效果动画.swf”文件。

② 在“属性”面板的 Flash 图标的旁边设置影片的“名称”为“Flash1”。

③ 选择“插入”栏下的“表单”分类，添加两个“提交”按钮，分别选中两个“提交”按钮，在“属性”面板中将它们的值分别更改为：“play”和“stop”，此时系统为 Flash1 影片添加控制“播放”和“停止”的按钮，结果如图 11-24 所示。

④ 选择“play”按钮，打开“行为”面板，单击（+）按钮并从“动作”弹出菜单中选择“控制 Shockwave 或 Flash”动作菜单。弹出如图 11－25 所示的对话框。

⑤ 从“影片”选项中选择需要控制的影片 Flash1，从“操作”参数选项中选择“播放”按钮，并单击“确定”按钮退出，回到图 11－26 所示的“行为”面板。

⑥ 在“行为”面板中选择事件为“onClick”。

⑦ 重复步骤④～⑥，设置“stop”按钮（将步骤⑤中的“操作”选项中选择的“播放”改为“停止”按钮即可，如图 11－27 所示）。

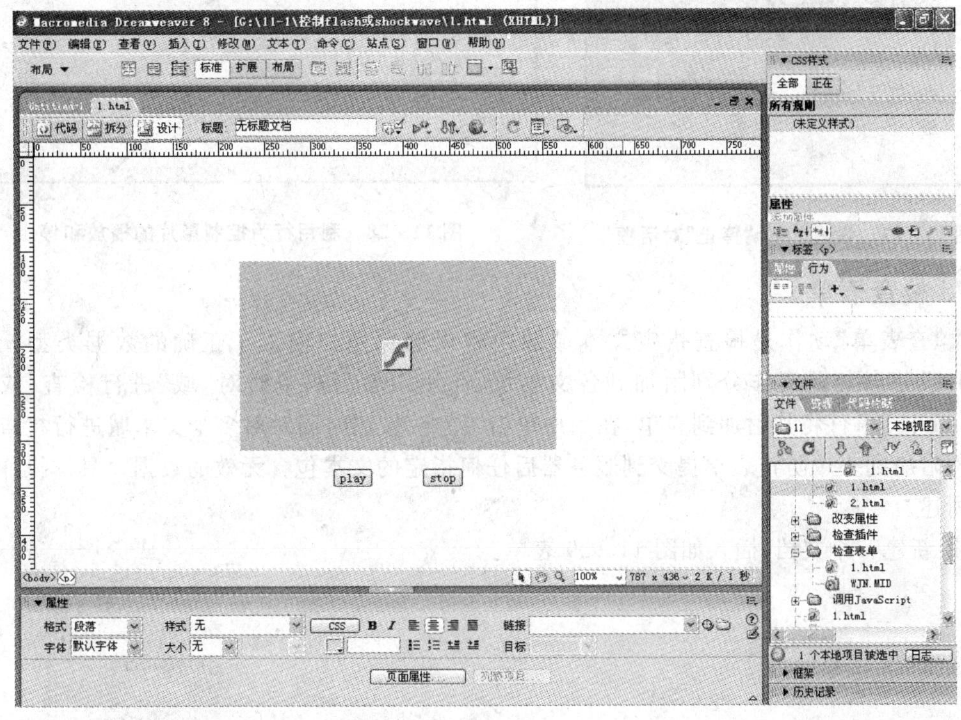

图 11－24　添加了控制“播放”和“停止”按钮的 Flash 影片

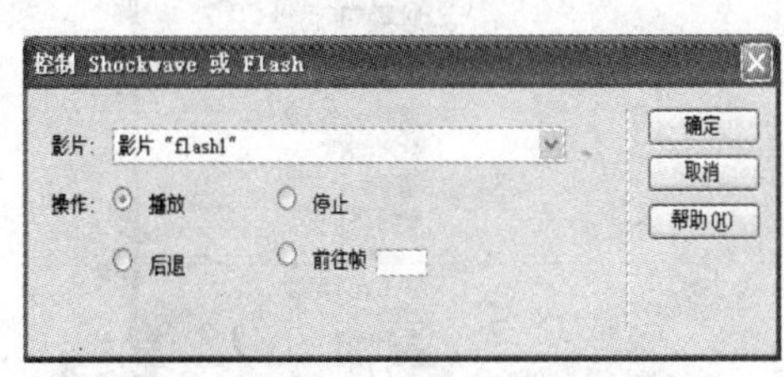

图 11－25　设置 Flash“播放”对话框

图 11－26　设置 OnClick 事件

⑧ 按 F12 在浏览器中播放影片，如图 11－28 所示，当单击“stop”按钮时，正在播放的 Flash 动画暂停播放，再单击“play”按钮时，动画继续播放。

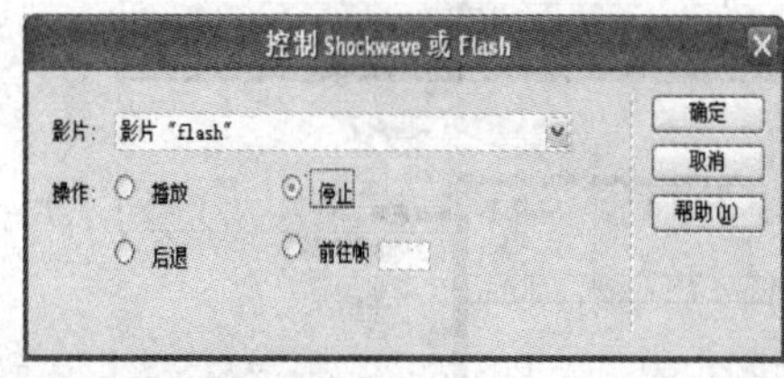

图 11-27　设置 Flash“停止”对话框

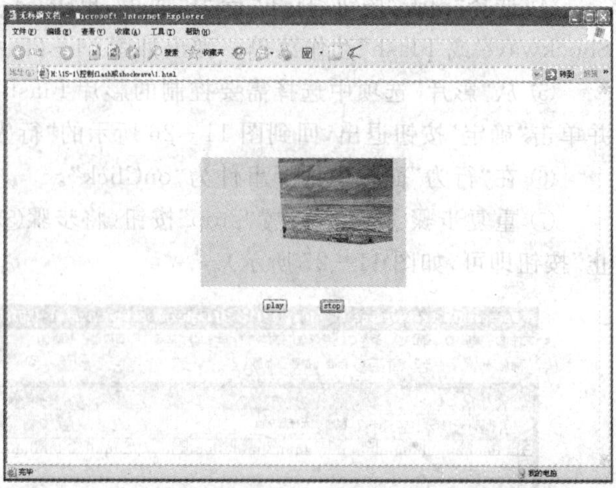

图 11-28　利用行为控制影片的播放和停止

7. 检查表单

“检查表单”动作是检查指定文本域的内容以确保用户输入了正确的数据类型。使用“onBlur”事件将此动作分别附加到各文本域，在用户填写表单时对“域”进行检查；或使用“onSubmit ”事件将其附加到表单，在用户单击“提交”按钮时同时对多个文本域进行检查。将此动作附加到表单防止表单提交到服务器后任何指定的文本包含无效的数据。具体操作步骤如下所述。

① 新建一个文档，插入如图 11-29 表单。

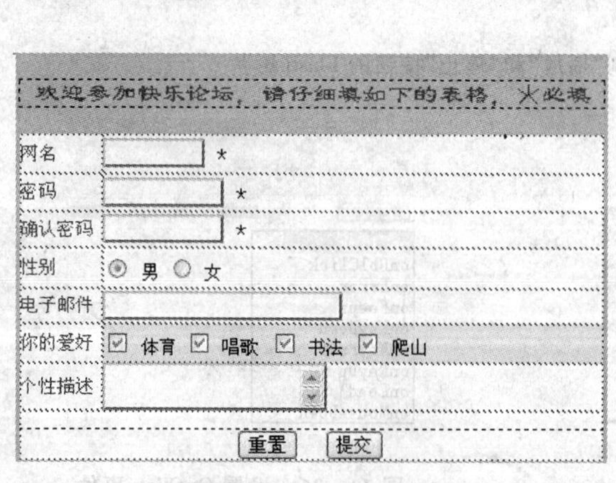

图 11-29　表单图

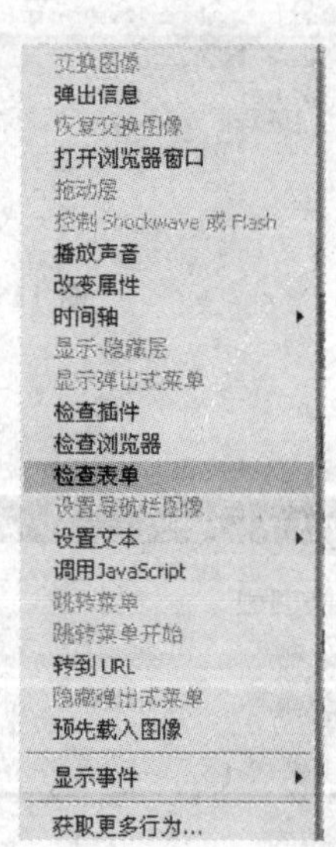

图 11-30　“行为”面板上的动作菜单

② 使用下列方法之一：

■ 要在用户填写表单时分别检查各个域，选择一个文本域并选择“窗口”|“行为”菜单项，打开“行为”面板。

■ 要在用户提交表单时检查多个域，可在“文档”窗口左下角的“标签选择器”中单击＜form＞标签选择表单，如图 11－31 所示，并选择“窗口”|“行为”菜单项，打开“行为”面板。

③ 从“行为”面板上的动作弹出菜单中选择“检查表单”动作菜单（如图 11－30 所示），弹出如图 11－32 所示的对话框。执行下列操作之一：

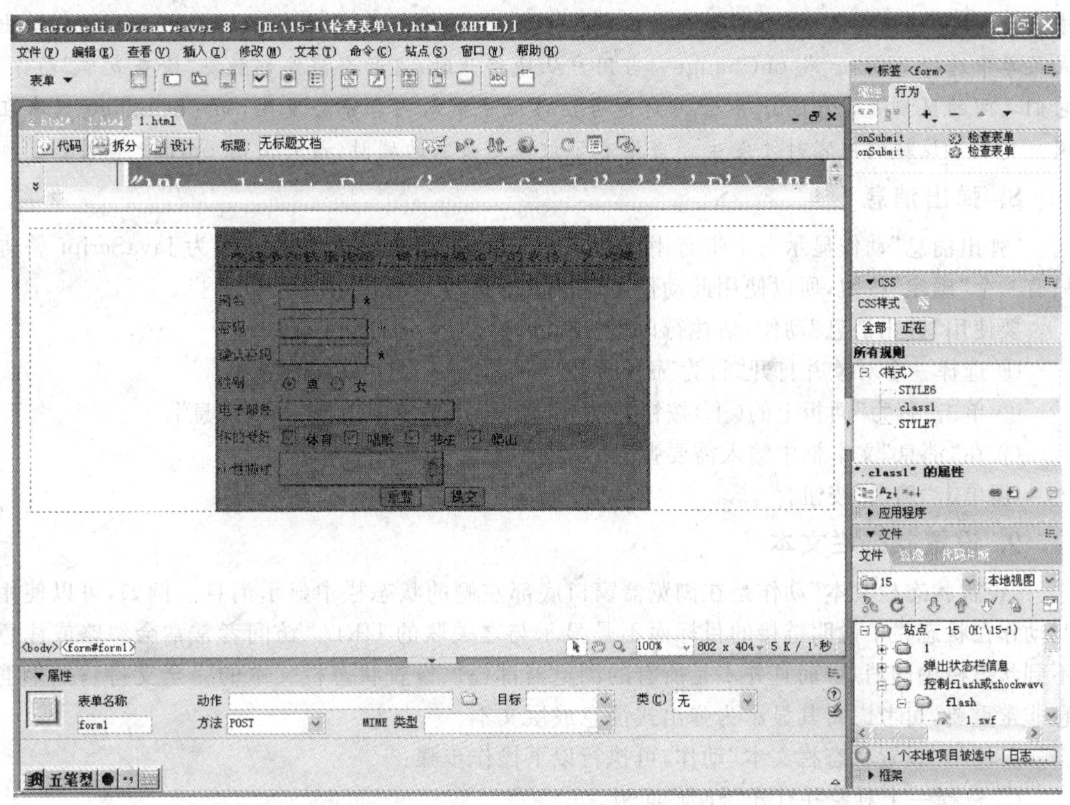

图 11－31　单击表单标签选择整个表单

图 11－32　“检查表单”对话框

■ 如果要检查单个域，从“命名的栏位”列表中选择在“文档”窗口中选择的同一个域。

■ 如果要检查多个域，则从“命名的栏名”列表中选择某个文本域。

④ 如果该域必须包含某种数据，则选择“必需”选项。从“可接受”选项中选择一个选项，如果该域是必需的，但不需要包含任何特定类型的数据，则使用“任何数据”。

■ 使用“电子邮件地址”检查该域是否包含一个@ 符号。

■ 使用“数字”检查该域是否只包含数字。

■ 使用“数字从”检查该域是否包含特定范围内的数字。

⑤ 单击“确定”按钮，保存文件，浏览并测试结果。

注意： 如果在用户提交表单时检查多个域，则 onSubmit 事件自动出现在“事件”弹出菜单中，如果要分别检查各个域，则检查默认事件是否是 onBlur 或 onChange，如果不是，可从弹出式菜单中选择 onBlur 或 onChange。当用户从域移开时，这两个事件都触发“检查表单”动作。它们之间的区别是，onBlur 不管用户是否在该域中键入内容都会发生，而 onChange 只有在用户更改了该域的内容时才发生。当指定了该域是必需的域时，最好使用 onBlur 事件。

8. 弹出消息

“弹出消息”动作显示一个带有用户指定的消息的 JavaScript 警告。因为 JavaScript 警告只有一个“确定”按钮，所以使用此动作可以提供信息，而不能为用户提供选择。

要使用“弹出消息”动作，请执行以下操作：

① 选择一个对象并打开“行为”面板。

② 单击“行为”面板上的(＋)按钮并从“动作”弹出菜单中选择“弹出消息”。

③ 在“消息”文本框中输入需要弹出的消息。

④ 单击“确定”按钮。

9. 设置状态栏文本

“设置状态栏文本”动作是在浏览器窗口底部左侧的状态栏中显示消息。例如，可以使用此动作在状态栏中说明链接的目标而不是显示与之关联的 URL。访问者常常会忽略或注意不到状态栏中的消息(而且并不是所有的浏览器都提供设置状态栏文本的完全支持)；如果消息非常重要，可考虑将其显示为弹出式消息或层文本。

要使用“设置状态栏文本”动作，可执行以下操作步骤：

① 选择一个对象并打开“行为”面板。

② 单击(＋)按钮并从“动作”弹出菜单中选择“设置文本”|“设置状态栏文本”菜单项。

③ 在“设置状态栏文本”对话框中的“消息”文本框中键入消息。

④ 单击“确定”按钮。

注意： 一般来说，消息应该简明扼要，如果消息不能完全放在状态栏中，浏览器将截断消息。

⑤ 设置显示文本状态栏的显示事件为所需要的事件。

10. 播放声音

使用“播放声音”动作来播放声音。可以在每次鼠标指针滑过某个链接时播放一段声音效果，或在页载入时播放音乐剪辑。

注意： 浏览器可能需要用某种附加的音频支持(例如音频插件)来播放声音。因此，具有不同插件的不同浏览器所播放声音的效果通常会有所不同。

使用“播放声音”动作，可以执行以下操作步骤：

① 选择一个对象并打开“行为”面板。

② 单击“行为”面板上的(＋)按钮并从“动作”弹出菜单中选择“播放声音”。

③ 单击“浏览”选择一个声音文件，或在“播放声音”文本框中输入路径和文件名。

④ 单击“确定”。

检查默认事件是否是所需的事件。如果不是，可以从弹出式菜单中选择另一个事件。如果未列出所需的事件，则在“显示事件”弹出菜单中更改目标浏览器版本号。

【例 11－5】在“zhongguo. html”网页中添加行为，使得打开网页“zhongguo. html”时可以播放音乐。

操作步骤如下所述。

① 打开 zhongguo. html 页面。

② 在“设计”视图的“标签选择器”上单击状态栏的<body>标签。

③ 单击“行为”面板上的(＋)按钮并从“动作”弹出菜单中选择“播放声音”，在弹出的“播放声音”对话框中输入要播放的声音文件的路径和文件名，或者单击“浏览”并在弹出的“选择文件”对话框中选择 music 文件夹下的“WJN. MID”文件，如图 11－33 所示。

图 11－33　“播放声音”对话框

④ 单击“确定”按钮退出，在“文档”窗口中出现一个声音插件，如图 11－34 左下角所示。

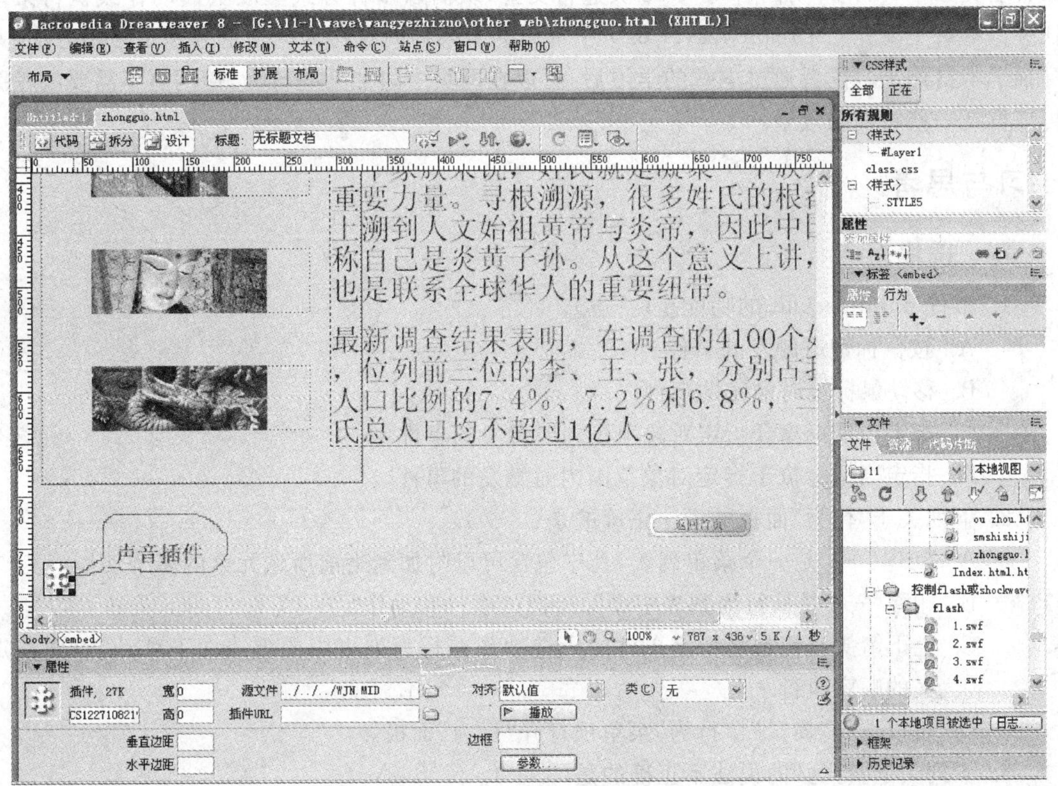

图 11－34　在网页中添加声音行为

⑤ 在“行为”面板中选择“播放声音”的事件为“onload”。

⑥ 选中声音插件，单击“属性”面板中的“参数”选项，设置“属性”面板的“参数”值，如图11－35所示。

⑦ 保存文件并在浏览器中浏览网页，当装载页时，会播放声音。

图 11－35　声音参数的设置

本章小结

“行为”是实现网页上交互的一种捷径，是由一段一段的 JavaScript 代码组成，它主要是为了更好地控制其他网页中的元素而设置。“行为”的扩展是无限制的，只要掌握了 JavaScript，就可以自己编写“行为”。Dreamweaver 8.0 的内置行为有二十多种，它是将 JavaScript 代码放置在文档中，以允许访问者与 Web 页进行交互，从而以多种方式更改页面动作或执行某些任务。本章主要介绍 Dreamweaver 8.0 中常用的十来种内置行为的功能和基本使用方法，并穿插了丰富例子。读者通过本章的学习后，可以在网页中附加某些行为，使网页不需要编程就可以得到一些特别的效果。

练习与思考

一、选择题

1. 事件 onMouseOut 的功能是（　　）。
   A. 按鼠标键时触发的事件
   B. 移动鼠标键时触发的事件
   C. 指定当鼠标离开指定对象范围内时触发的事件
   D. 指定当鼠标位于指定对象范围内时触发的事件
2. 下列关于“行为”面板的说法正确的是（　　）。
   A. 动作(＋) 是一个菜单列表，其中包含可以附加到当前所选元素的多个动作
   B. 删除(－) 是从行为列表中删除所选的事件和动作
   C. 上下箭头按钮是将特定事件的所选动作在行为列表中向上或向下移动，以便按定义的顺序执行
   D. 可以选择“窗口”|“行为”菜单项打开“行为”面板。
3. 下列关于“行为”的说法不正确的是（　　）。
   A. “行为”即是“事件”，“事件”就是“行为”

B. “行为”是“事件”和“动作”组合

C. “行为”是 Dreamweaver 预置的 JavaScript 程序库

D. 通过“行为”可以改变对象属性、打开浏览器和播放音乐

4. 下列关于 Dreamweaver 中“事件”的说法不正确的是(　　)。

A. “事件”是由浏览器为每个页面元素定义的

B. “事件”只能由系统引发,不能自己引发

C. OnAbort“事件”是当终止正在打开的页面时引发

D. “事件”可以被自己引发

5. 在 Dreamweaver 中,打开“行为”面板的快捷键是(　　)。

A. Ctrl+F2　　　　B. Shift+F2

C. Ctrl+F3　　　　D. Shift+F4

二、简答题

1. 简述行为的概念及其特点。

2. 简述什么是事件。

三、操作题

1. 使用“改变属性”行为,实现当鼠标移动到文本上时,文本的背景颜色发生变化。

2. 实现当鼠标移到图片上时显示图片的相关知识。

第 12 章　Fireworks 8.0 基础知识

Fireworks 是 Macromedia 公司发布的一款专为网络图形设计的图形编辑软件，它大大简化了网络图形设计的工作难度。无论是专业设计还是业余爱好者，使用 Fireworks 不仅可以轻松地制作出动感十足的 GIF 动画，还可以轻易地完成大图切割、动态按钮、动态翻转图等。因此，对于辅助网页编辑来说，Fireworks 将是最大的功臣。借助 Macromedia Fireworks 8.0，可以在直观、可定制的环境中创建和优化用于网页的图像并进行精确控制。

【本章内容和重点】

- Fireworks 8.0 工作界面及基本使用
- 文本的处理
- 图像的处理
- 切片和热点的使用
- 图像的优化和导出

12.1　Fireworks 8.0 概述

Fireworks 可以称得上是集创建、编辑和优化网页图像多功能于一体的应用程序。随着版本的不断升级以及功能的不断增强，Fireworks 受到越来越多网页制作者的青睐。本书介绍的版本 Fireworks 8.0 中文版更是以它方便快捷的操作模式，在位图编辑、矢量图像处理与 GIF 动画制作功能上的多方面的优秀整合，赢得业界的诸多好评。Fireworks 8.0 大大降低了网络图像设计的工作难度，用户能借助 Fireworks 8.0 轻松地制作出适合网络需求的图像，而且效果极佳。

12.1.1　Fireworks 8.0 功能介绍

Macromedia Fireworks 之所以能够成为主流的网页图形图像处理和网页制作软件，是因为使用 Fireworks 可以让用户在一个专业化的环境中创建和编辑网页图形，对其进行动画处理，添加高级交互功能，以及优化图像。

以下列出的均为可以在 Fireworks 8.0 中完成的工作：

- 可以同时使用位图和矢量图的技术创作、编辑各种图形图像。
- 可以对图像进行压缩，以提高网页中图像的显示速度。
- 可以为网络图像添加交互性，例如，图像映射、用 JavaScript 实现的翻转按钮、动态的标题广告甚至是动态网页。
- 可以输出 HTML 格式的文件，并且直接输出到 Dreamweaver 的 Library(库)里，使得两者的结合更加紧密。
- 批处理功能、输出设置、优化面板，以及与网页制作软件的高兼容性都可以为用户节省大量宝贵的时间。
- 可以直接从扫描仪中输入图像。

从上面可以看到，Fireworks 8.0 是用来设计和制作专业化网页图形的优秀解决方案，也是一种适用于 Web 图形设计的应用软件。由于其功能强大、制作专业、兼容性好，尤其是可以直接输出 Web 页面，并且可以在内部嵌入 Web 页面常用的动画、JavaScript 脚本等，为 Web 图形设计又添加了新的意义。因此，它现在已经成为 Macromedia 著名的网页设计三剑客中举足轻重的角色。

12.1.2　Fireworks 8.0 工作界面

Fireworks 8.0 的工作界面由 5 个部分组成，即菜单栏、工作区、工具箱、“属性”面板和“浮动”面板，如图 12－1 所示。

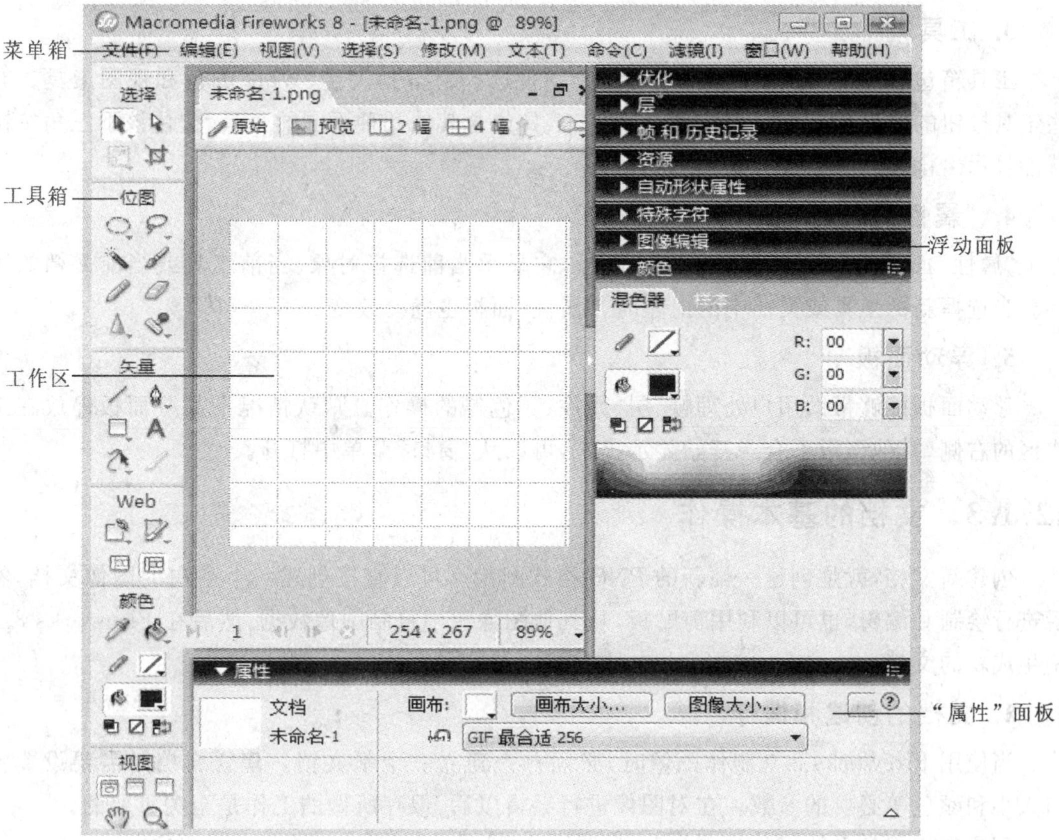

图 12－1　Fireworks 8.0 的工作界面

菜单栏位于窗口的顶部，“属性”面板位于窗口底部。位于窗口的左侧是工具箱，“浮动”面板组位于窗口的右侧。工作区则位于应用程序窗口中心。

1. 菜单栏

利用菜单栏中的命令几乎能完成所有操作，菜单栏中包括“文件”、“编辑”、“视图”、“选择”、“修改”、“文本”、“命令”、“滤镜”、“窗口”和“帮助”10 个菜单项。

2. 工作区

工作区用来显示正在编辑的图像内容。在“文档”窗口的上方有 4 个选项卡，如图 12－2 所示。默认是原始选项，工作区只有这种情况下才能编辑图像文件。在“预览”选项卡中可以预览制作好的图像。“2 幅”和“4 幅”选项卡可以将图像分成 2 个或 4 个窗口进行预览，能够同时查看最多 4 种不同优化设置所产生的效果，进行比较后选定最理想的一种设置。

图 12－2　工作区选择卡

3. 工具箱

工具箱包含了 6 个类别的多种工具，分别是选择、位图、矢量、Web、颜色和视图工具。有些工具按钮的右下角有下三角按钮，说明该工具包含其他几种不同的工具，按住该下三角按钮就能显示出该工具所包含的其他工具。

4. “属性”面板

“属性”面板是一个上下文关联的面板，它显示当前选择对象、当前工具或当前文档的属性。当选择新的工具或文档中的对象时，“属性”面板也随之改变。

5. 浮动面板

浮动面板能够帮助用户处理帧、层、元件、颜色等的操作。默认情况下某些面板停放在工作区的右侧，其他面板不会一开始显示出来，可以从“窗口”菜单中打开。

12.1.3　文档的基本操作

创建新文档，就是创建一幅新的 PNG 格式图像。可以直接创建一个空白的图像文档，然后进行绘制和编辑，也可以利用剪贴板，从其他图像源中复制图像数据，然后在 Fireworks 8.0 中生成新的文档。

1. 文档的创建和保存

当使用 Fireworks 8.0 制作图像时，必须首先建立一个新文档。建立文档时需要设置画布大小和颜色等必要的参数。在对图像进行编辑以后，保存所做的工作是至关重要的。

创建新文档的具体操作步骤如下所述。

① 选择菜单栏中的“文件”|“新建”菜单项，出现“新建文档”对话框，如图 12－3 所示。

② 在“宽度”和“高度”文本框中分别输入画布的宽度和高度，单位可以是像素、英寸或厘米。

③ 在“分辨率”文本框中输入新建图像的分辨率，单位可以是像素/英寸或像素/厘米。

④ 在“画布颜色”选项中选择需要的画布颜色。可以选择白色、透明或者自定义颜色。如果选择自定义颜色，可以单击“自定义”颜色选择框上的小黑三角，然后在弹出的框中选择需要的颜色，如图 12－4 所示。

⑤ 单击“确定”按钮，一个新的空白文档就创建完毕，如图 12－5 所示。

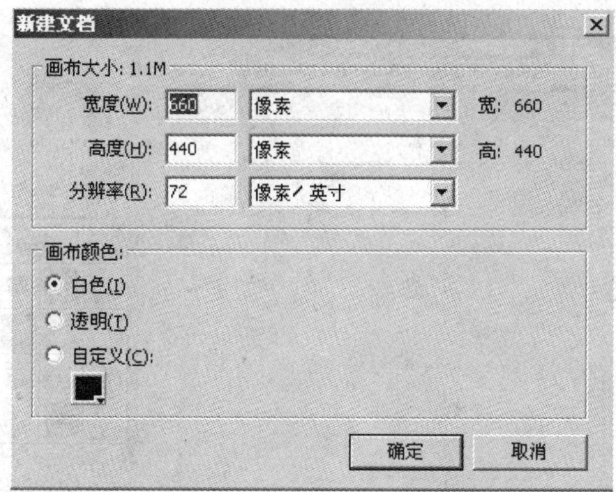

图 12-3 "新建文件"对话框

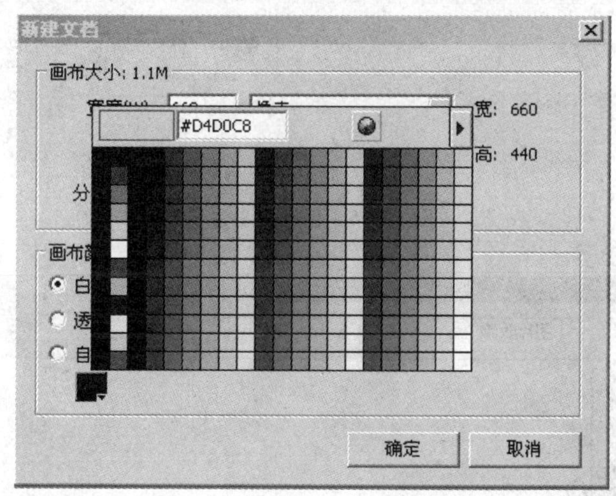

图 12-4 设置画布的颜色

保存文档的具体操作步骤如下所述。

选择菜单栏中的"文件"|"保存"菜单项,弹出如图 12-6 所示"另存为"对话框,在对话框中输入文件名并选择要保存的路径,单击"保存"按钮,即可完成文档保存。文件保存的类型默认为 PNG。

2. 打开文档

Fireworks 8.0 不仅可以生成多种格式的图像,还可以打开和处理很多其他格式的图像文件,其中包括 Photoshop, FreeHand, Illustrator,未压缩的 CorelDRAW, WBMP, EPS, JPEG, GIF 和 GIF 动画文件。打开已创建文档的具体操作如下所述。

选择菜单栏中"文件"|"打开"菜单项,弹出"打开"对话框,如图 12-7 所示。在对话框中选择要打开的文件,此时在对话框的右侧就会显示图像的预览图,单击"打开"按钮,即可打开文档。

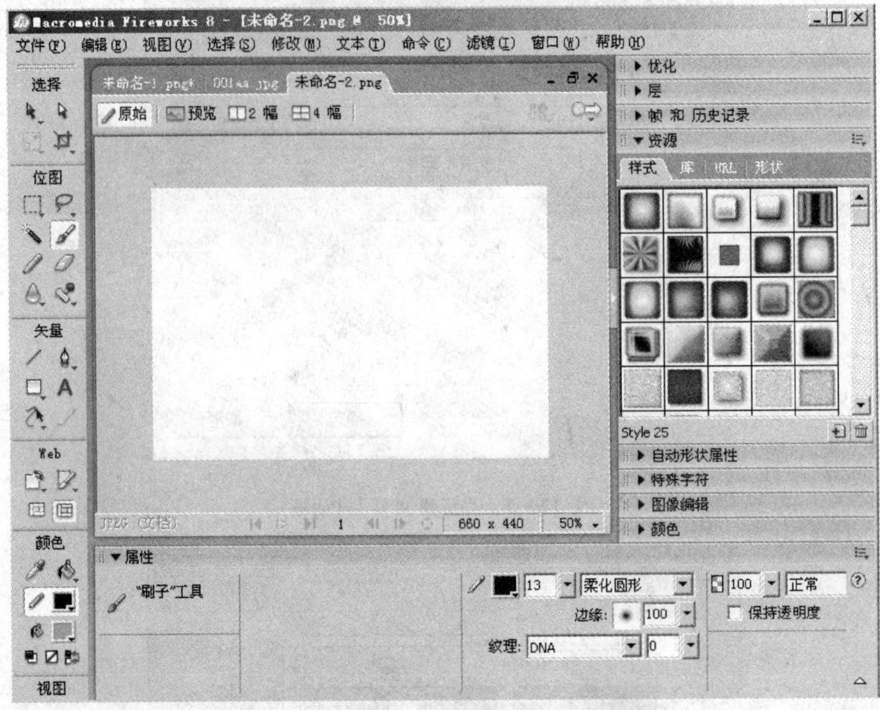

图 12－5　创建空白文档

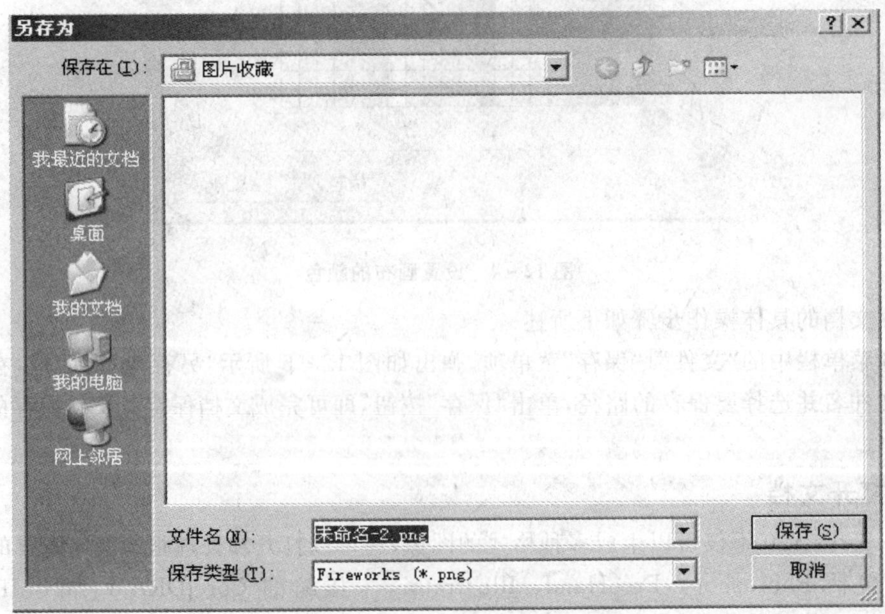

图 12－6　"另存为"对话框

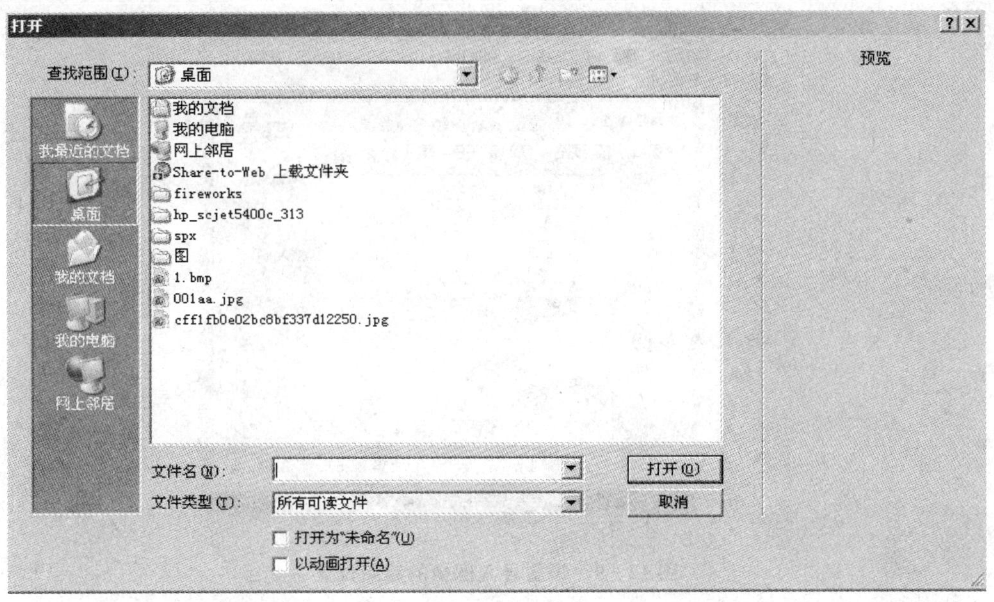

图 12-7　“打开”对话框

3. 文档的导入和导出

在 Fireworks 8.0 中，可以导入其他格式的图像文件。导入文档的具体操作步骤如下所述。

① 选择菜单栏中“文件”|“导入”菜单项，弹出“导入”对话框，如图 12-8 所示。

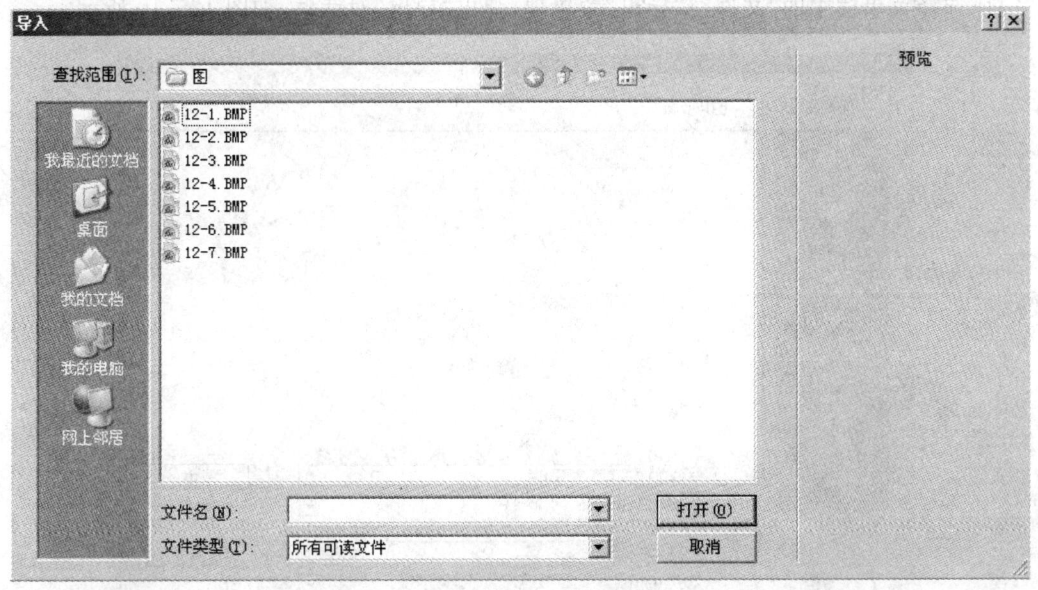

图 12-8　“导入”对话框

② 在对话框中选中要导入的图像，单击“打开”按钮，将鼠标移动到工作区中，此时鼠标指针变为一个折线形状 ┌，用于设置导入图像的左上角的起始位置，如图 12-9 所示。

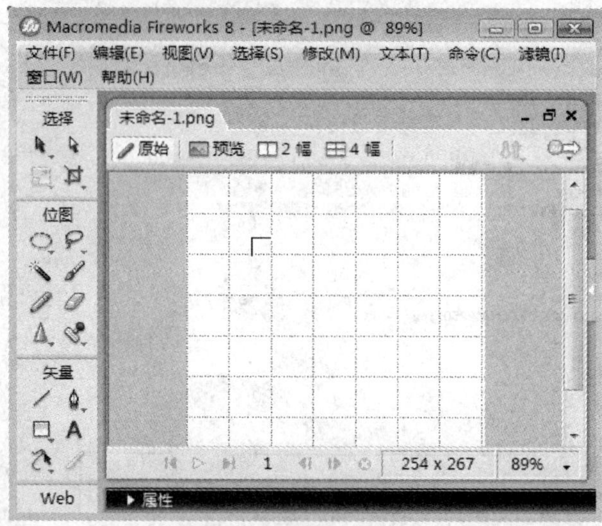

图 12-9　设置导入图像的起始位置

③ 如果希望以原始大小导入图像，在工作区中需要的导入图像的起始位置单击鼠标，即可将图像导入；如果希望以新的大小导入图像，则可以拖动鼠标绘制一个所需大小的矩形，释放鼠标，图像即以所需大小被导入。

一般来说，保存工作是将创作工作有效地保存下来，保留文档的可编辑属性，所以保存的文档只是 PNG 格式。而导出能导成多种格式，所包含的用途和范围要广得多。导出文档的具体操作步骤如下所述。

① 选择菜单栏中的"文件"|"导出"菜单项，弹出"导出"对话框，如图 12-10 所示。

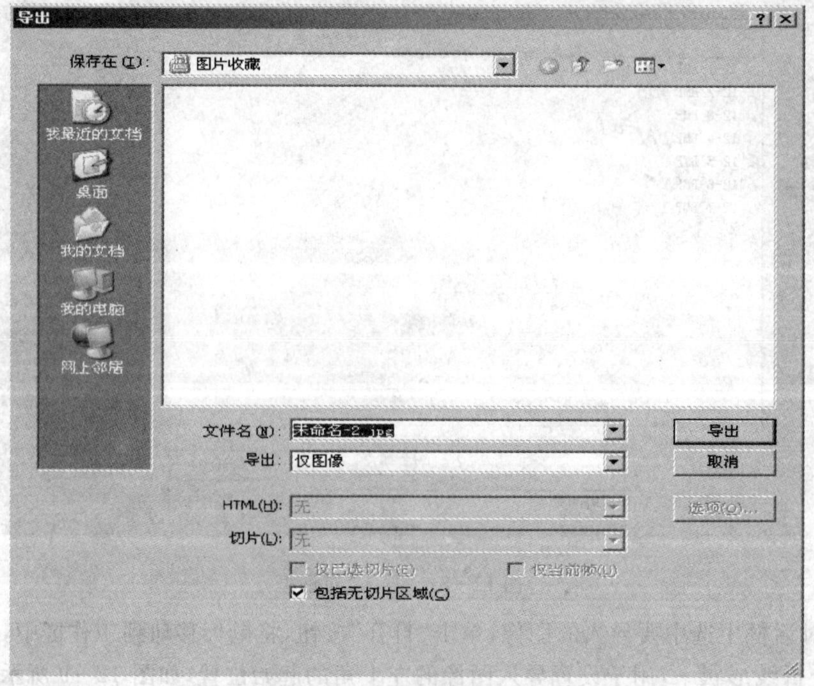

图 12-10　"导出"对话框

② 在“导出”下拉列表中选择要导出文档的格式，单击“导出”按钮，即可导出文档。可以选择以下几种方式导出 Fireworks 图像。

■ 将文档导出为 GIF，JPEG 或其他图像文件格式的单个图像。

■ 将整个文档导出为 HTML 文件及其相关的图像文件。

■ 只导出所选切片。

■ 只导出文档的指定区域。

■ 将 Fireworks 帧和层导出为单独的图像文件。

■ 将 Fireworks 文档导出为单个图像。

12.1.4 画布的使用

Fireworks 中的画布也就相当于图像的背景，在绘图的过程中为了使画布的大小或色彩能够和前景的图像保持协调，经常要修改画布的相关属性。具体操作方法如下所述。

1. 修改画布的大小

① 选择菜单栏中的“修改”|“画布”|“画布大小”命令，弹出“画布大小”对话框，如图 12-11 所示。

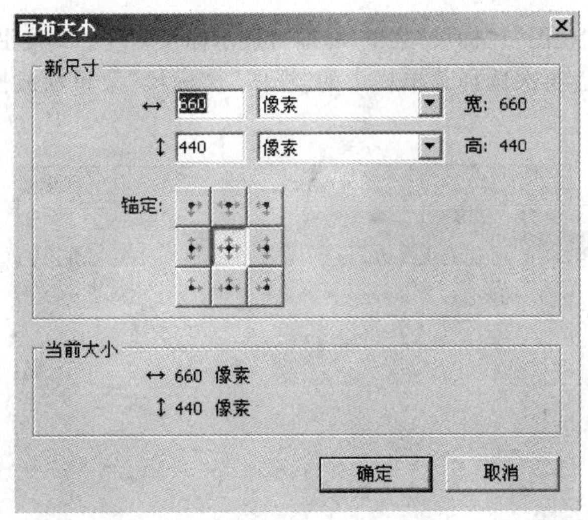

图 12-11 “画布大小”对话框

② 在“像素尺寸”文本框中输入新的水平和垂直尺寸，单位可以是“像素”或“百分比”。如果取消选择左下角“图像重新取样”复选框，则只能更改分辨率或打印尺寸，不能更改图片大小。如果取消“约束比例”复选框，可以单独调整宽度和高度，否则在默认时文档的水平和垂直尺寸间应保持一定的比例。

③ 在“打印尺寸”文本框中输入打印图像的水平和垂直尺寸。在“分辨率”文本框中输入新的图像分辨率，单位可以是“像素/英寸”或“百分比/厘米”。

④ 设置完毕后，单击“确定”按钮，即可完成对画布大小的调整。

2. 修改画布颜色

① 选择菜单栏中的“修改”|“画布”|“画布颜色”菜单项，弹出“画布颜色”对话框，如图 12－12 所示。

② 设置完毕后，单击“确定”按钮，即可改变画布的颜色。

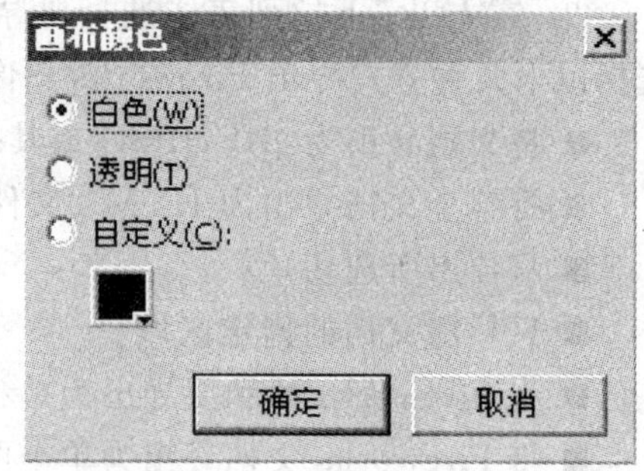

图 12－12 “画布颜色”对话框

3. 旋转画布

选择菜单栏中的“修改”|“画布”菜单项，然后从弹出菜单的 3 个选项——旋转 180°、顺时针旋转 90°和逆时针旋转 90°中选择需要的旋转角度。

12.1.5 布局工具的使用

在使用 Fireworks 8.0 进行图像制作时，通常离不开标尺和辅助线等工具，它们能够帮助用户精确地对对象进行布局以及执行各种绘制操作，使用户在 Fireworks 中的工作更加得心应手。

1. 标　尺

选择菜单栏中的“视图”|“标尺”菜单项，即可显示标尺刻度。刻度沿着文档窗口的边缘显示，如图 12－13 所示。再次选择菜单栏中的“视图”|“标尺”菜单项或按 Ctrl＋Alt＋R 快捷键，即可隐藏标尺。

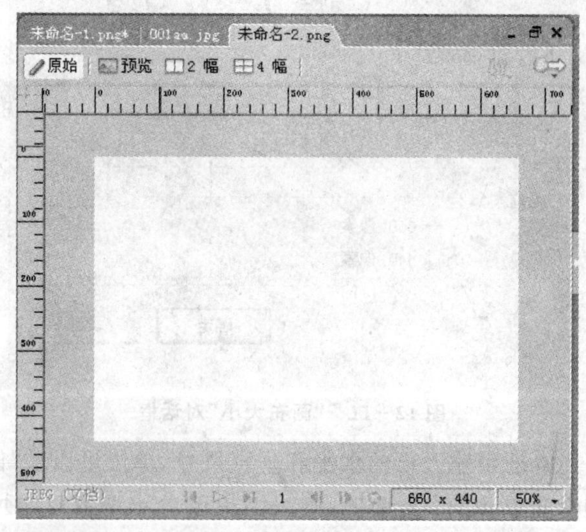

图 12－13 显示标尺

网页中的图形是以像素为单位进行度量的，所以标尺的刻度单位是像素。标尺原点的默认是从工作区的左上角开始的。如果要改变标尺的原点，可以用鼠标拖动文档窗口中水平标尺和垂直标尺的交界处，将其拖动到需要设置的位置。如果要恢复默认的原点位置，可以在文档窗口中双击左上角的默认原点位置。

2. 网　格

选择菜单栏中的“视图”|“网格”|“显示网格”菜单项，可以显示网格线，如图 12-14 所示，再次选择该命令可隐藏网格。

图 12-14　显示网格线

选择菜单栏中的“视图”|“网格”|“对齐网格”菜单项，可以使绘图对象的边缘与网格对齐。

选择菜单栏中的“视图”|“网格”|“编辑网格”菜单项，弹出如图 12-15 所示对话框，在对话框中可以设置网格线的颜色和排列密度等。

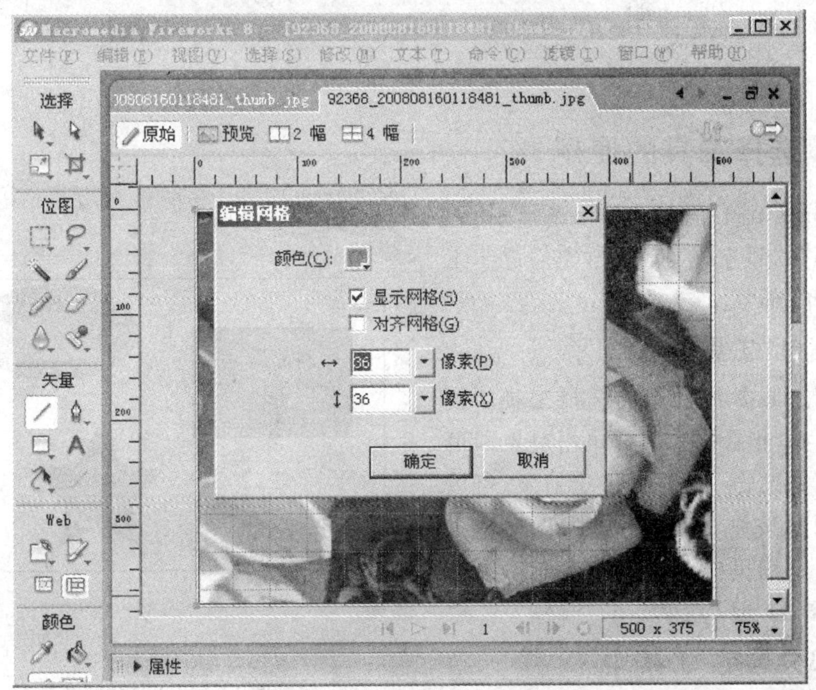

图 12-15　“编辑网格”对话框

3. 辅助线

辅助线是标尺和网格的扩展，它允许用户在文档中自行定制定位线。利用辅助线还可以创建切片。

选择菜单栏中的“视图”|“标尺”菜单项启动标尺后，从上方或左侧的标尺刻度中按住鼠标不放，并向画布方向拖动，即可拉出一条辅助线，如图 12－16 所示。当把辅助线再拖回标尺的位置即可删除辅助线。

图 12－16　辅助线

12.1.6　选择工具的使用

Fireworks 8.0 提供了两种选择工具，“指针”工具和“部分选定”工具，它们位于工具箱的“选择”部分。

1. “指针”工具

“指针”工具是最常用的选择工具。在工具箱中选择“指针”工具后，单击对象即可选中目标。如果要一次选中多个对象，可以在选择的同时按住 Shift 键，也可以在包含所有对象的范围里按下鼠标左键拖动鼠标的方式，如图 12－17 所示。

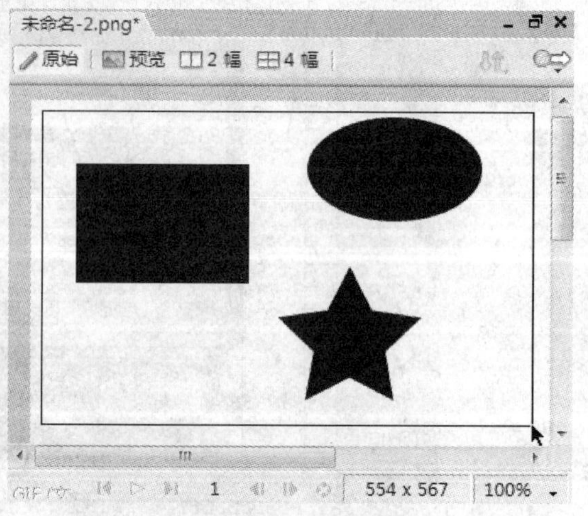

图 12－17　“指针”选择

2. “部分选定”工具

如果多个对象被组合在一起，则“指针”

工具只能选择整个组合。如果使用“部分选定”工具，则可以选择组合前的单个对象。在工具箱中选择“部分选定”工具后，单击对象即可选中目标。

12.2　文本的处理

文本在网页图像中居于一个非常特殊的地位，虽然在网页中的大部分文本文件是通过浏览器呈现出来的，但网页中的一些修饰性的网页图像却是基于文字效果的，因此文本编辑是网页图片制作中不可缺少的部分。

12.2.1　文本的输入

Fireworks 8.0 提供了许多文本编辑功能，可以使用工具箱中的文本工具直接输入文字，也可以用文本编辑器输入或编辑文字。

使用工具箱中的文本工具输入文本的具体操作方法如下所述。

① 打开一个需要处理的图像文件，在工具箱“矢量”种类中选择“文本”工具 A，如图12－18所示。

图12－18　打开图像文件

② 在“属性”面板中设置好字体、字号、颜色和文字间距等属性，在工作区中的任意位置单击，然后输入文字，如图12－19所示。选中文本框中的文字后还可以再次改变文字的属性。

当创建空白文本或选中已经创建的文本框后，选择“文本/编辑器”命令，可以进入如图12－20所示的“文本编辑器”对话框，可以在其中输入或编辑文本。

图 12-19 输入文字

图 12-20 文本编辑器

12.2.2 设置文本属性

选中任意文本框，在“属性”面板中就会出现相应的文本工具的属性设置，如图 12-21 所示。

可以设置的文本属性如下。

① 文字的字体、大小、颜色以及文本样式。样式有 3 种可供选择，分别是“粗体”、“斜体”和“下划线”，如图 12-22 所示。

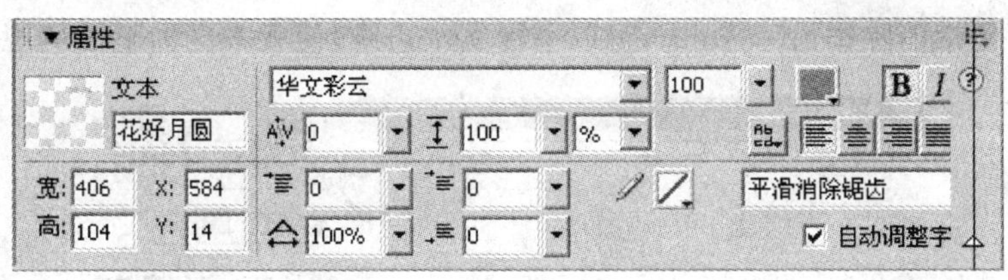

图 12－21 文本工具的“属性”面板

图 12－22 设置文本属性

② 字距是指文本框内文字之间的距离，用户可以通过字距旁边文本框输入特定值，也可以拖动滑动杆来设置相应值，如图 12－23 所示。

③ 字顶距是段落中相邻行之间的距离。可以用像素来表示字顶距，也可以用行的基线之间的间隔百分比来表示字顶距，百分比越大行间距越大，如图 12－24 所示。

④ 文字水平缩放不同于调整字距，它可以改变文字的宽度，如图 12－25 所示。设置文字水平缩放后，文字的字距没有发生变化，而文字宽带发生了变化。

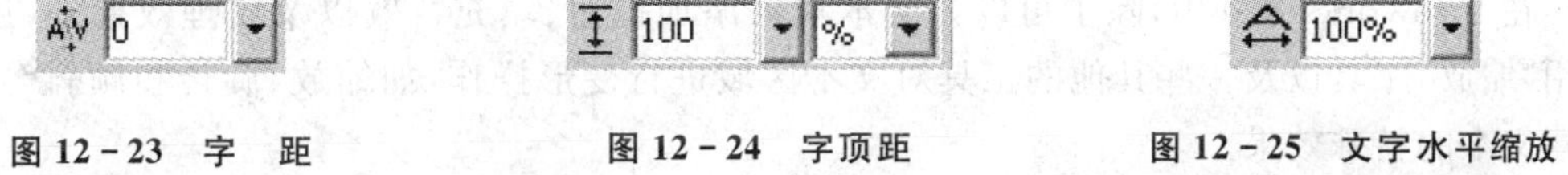

图 12－23 字 距　　图 12－24 字顶距　　图 12－25 文字水平缩放

⑤ 文本排列方式有两种：横排和竖排选择“文本/编辑器”命令，在打开的图 12－26 所示对话框中可以选择，表示文字是横排方式，表示文字是竖排方式。在如图 12－26 所示横排方式下，后面的对齐方式依次为左对齐、居中对齐、右对齐、齐行、伸展/强制对齐。在如图 12－27 所示竖排方式下，对齐方式依次为顶部对齐、居中对齐、底部对齐、齐行、伸展/强制对齐。最右侧的图标用来设置文字的排列方向是从左向右或是从右向左。

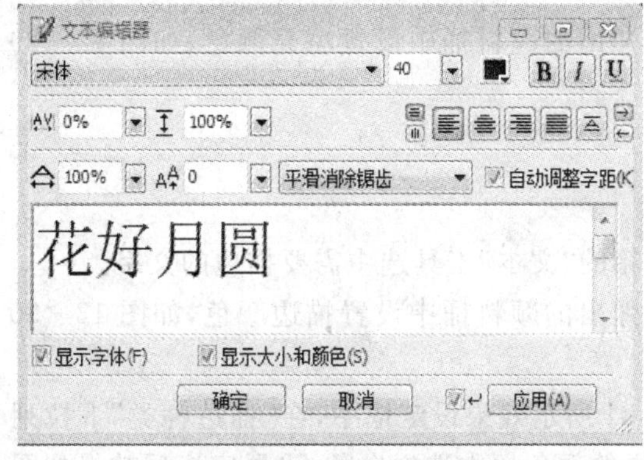

图 12－26 文本编辑器文字横排

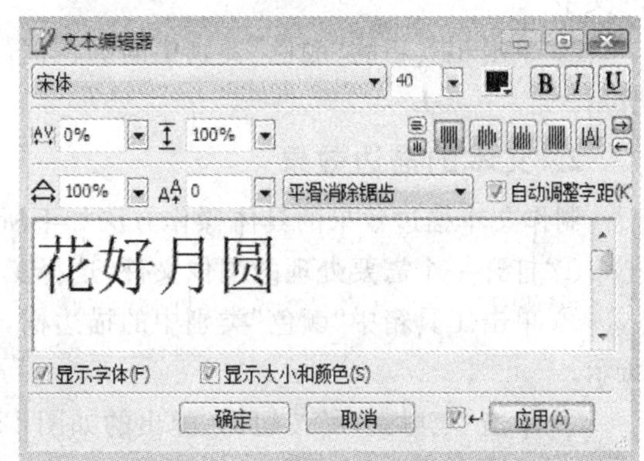

图 12－27 文本编辑器文字竖排

⑥ 消除锯齿级别(图 12－28 所示下拉列表框)包含“不消除锯齿”、“匀边消除锯齿”、“强力消除锯齿”、“平滑消除锯齿”等方式,可以平滑文本边缘,使文本更加整洁美观。

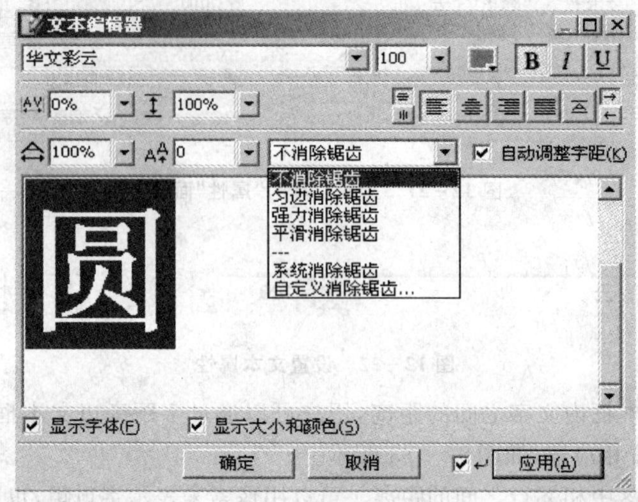

图 12－28　锯齿选项

12.2.3　文本的特殊效果

在 Fireworks 8.0 中,除了可以为文本对象添加描边、填充特效以及纹理效果外,还可以使用“缩放”工具以及一些其他的工具对文本区域进行变形操作,如缩放、旋转和倾斜等,从而创建文本的特殊效果。

1. 文本的填充效果

在 Fireworks 8.0 中,文本对象的默认填充值通常设置为单色填充,当然也可以使用其他填充类型,如 Web 仿色填充、倾斜填充以及图案填充。制作文本的填充效果的具体操作方法如下所述。

① 打开一个需要处理的图像文件,选择工具箱“矢量”类别中的“文本”工具选中需要填充的文字。

② 单击工具箱的“颜色”类别中的颜色框,在弹出的颜料桶中设置填充颜色,如图 12－29 所示。

2. 文本的描边效果

制作文本描边效果的具体操作方法如下所述。

① 打开一个需要处理的图像文件,选择工具箱的“文本”工具选中需要描边的文字。

② 单击工具箱中“颜色”类别中的描边框,在弹出的颜料桶中设置描边颜色,如图 12－30 所示。

③ 单击“笔触选项”按钮,在弹出的如图 12－31 所示效果设定框中,在“描边种类”下拉列表中选择“蜡笔”选项,在“描边种类”下拉列表右边的颜色框中选择白色,设置完毕后效果如图 12－32 所示。

图 12－29　设置填充颜色

图 12－30　设置描边颜色

3. 文本的变形

选择工具箱中的一些变形工具可以对文字进行调整，选择工具箱“选择”类别中的“缩放”工具，单击右下角的下三角按钮可以找到这些变形工具。

图 12－31 “笔触”效果设定框

图 12－32 设置后效果

1）缩放文本

选中工作区中的文本对象，选择工具箱中的“缩放”工具，文本对象的周围出项 8 个控制点和一个缩放的中心点，如图 12－33 所示。当鼠标放置在控制点上变成双向箭头时，拖动控制点即可对文本进行缩放，如图 12－34 所示。

当鼠标移动到控制点的 4 个选项附近时，会变成圆形箭头形状，如图 12－35 所示。此时拖动该控制点即可旋转文字的方向，如图 12－36 所示。

② 按住 Shift 键，同时选中文本和路径。选择菜单栏中的“文本”|“附加到路径”菜单项，文字就附加到了路径上，如图 12－39 所示。此时文字与路径成为一个整体，并且该路径会暂时失去笔触、填充以及效果属性，对该路径所用的任何笔触、填充或效果属性都将应用到文字当中。

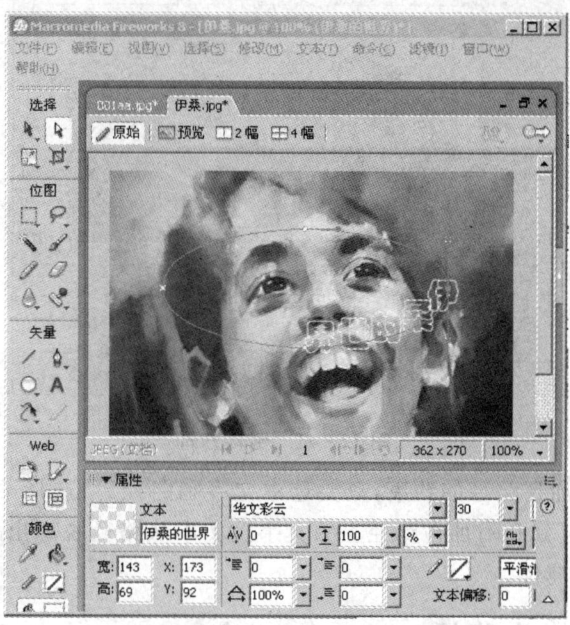

图 12－39　附加到路径

③ 若文字附加到路径的位置不理想，可以通过“属性”面板中的“文本偏移”选项进行调整，在“文本偏移”文本框中输入 366，将文字顺时针偏移 366 个像素，如图 12－40 所示。

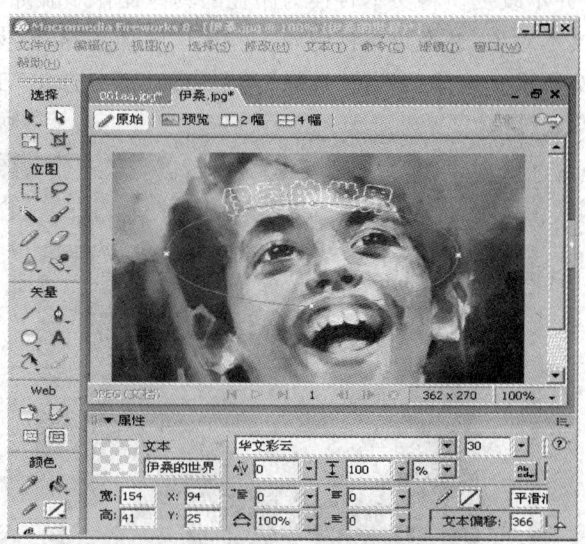

图 12－40　文本“属性”面板

对于附加在路径上的文字而言，不仅可以选择菜单栏中的“文本”|“倒转方向”菜单项改变其位置，还可以改变文字在路径内外的方向，如图 12－41 所示。

图 12－41　倒转方向

④ 要解除文字附加到路径的约束，只要选中文字和路径后，选择菜单栏中的"文本"|"从路径分离"菜单项，即可分开附加在路径上的文字。文本从路径脱离出来后，该路径会重新获得笔触、填充以及效果属性。

12.2.5　文本转换为路径

与附加文本到路径不同，将文本转换为路径后就不可逆转了。只有在刚转换的时候，可以按 Ctrl＋Z 快捷键撤消转换，之后转换过的图像就不能再作为文本进行编辑了。文本对象转换为路径以后，其位置并不改变。将文本转换为路径的具体操作步骤如下所述。

选中工作区中的文本对象，选择菜单栏中的"文本"|"转换为路径"菜单项，将文本对象转换为路径，如图 12－42 所示。选择工具箱"选择"类别中的"部分选定"工具，拖动文字上的路

图 12－42　将文本转换为路径

径节点，可以改变文本的形状，如图 12 - 43 所示。

图 12 - 43　改变文本的形状

12.3　图形的绘制

在图像处理中，经常提到位图和矢量图。位图也叫点阵图，就是最小单位以像素构成的图。如果将它放大，位图图像会越来越粗糙，并最终不可识别。矢量图也叫向量图，路径和点是矢量图的基本要素。如果放大矢量图形，也仅仅是尺寸的变化，而图形看上去和原来的一模一样。Flash 动画大多使用矢量图做的。

在绘制 Flash 所用图像时经常使用到 Fireworks 的矢量绘图功能。Fireworks 8.0 提供了许多绘制和编辑矢量对象的工具，可以使用这些基本的绘图工具快速绘制直线、矩形、椭圆、星形以及一些不规则几何形状。

12.3.1　基本图形的绘制

基本图形分为直线、矩形、椭圆和多边形等简单的几何图形，选择相应的工具，在画布上拖动鼠标即可绘制出相应的图形。在各种形状工具的“属性”面板中可以方便地为这些图形选择不同的填充模式，通过颜色的调节手柄还可以自由地控制填充方向及范围。

1. 直线的绘制

绘制直线的具体操作方法如下所述。

① 在工具箱中选择“直线”工具。

② 在工作区中合适位置单击并拖动鼠标，即可绘制出一条连接两点的直线，如图 12 - 44 所示。在使用“直线”工具时按住 Shift 键，可以保证绘制的方向水平、垂直或 45°夹角方向。

2. 矩形的绘制

绘制矩形的具体操作方法如下所述。

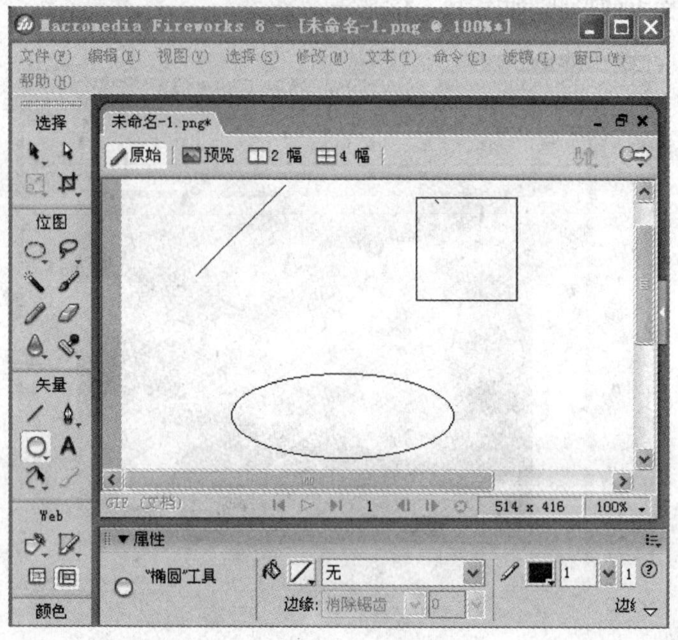

图 12-44　绘制线段

① 在工具箱中选择“矩形”工具。

② 在工作区中合适位置单击并拖动鼠标，即可绘制出一个矩形，如图 12-44 所示。当按住 Shift 键不放时可以绘制出正方形。如果选中绘制的矩形，在“属性”面板的“矩形圆度”文本框中输入数值，可以绘制出不同圆度的圆角矩形。

3. 椭圆的绘制

绘制椭圆的具体操作方法如下所述。

① 在工具箱中选择“椭圆”工具。

② 在工作区中的合适位置单击并拖动鼠标，即可绘制出一个椭圆，如图 12-44 所示，当按住 Shift 键不放时可以绘制出正圆形。如果要以中心为基点绘制椭圆，可以在绘制过程中按下 Alt 键，这样就会以椭圆的中心点为基准点，鼠标释放的位置为椭圆的边界点来绘制椭圆。

4. 绘制星形

绘制星形的具体操作方法如下所述。

① 在工具箱中选择“多边形”工具，如图 12-45 所示。设置“形状”为“星形”，“边”为 5，填充颜色为无，描边颜色为＃00FFFF。

② 在工作区中单击并拖动鼠标，即可绘制出一个星形，如图 12-45 所示。

5. 绘制扩展图形

Fireworks 8.0 提供了一组扩展矢量工具，如图 12-46 所示。利用它们可以绘制出更多的几何图形，例如 L 形、圆角矩形、斜切矩形、螺旋形和饼形等。

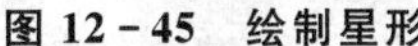

图 12－45　绘制星形

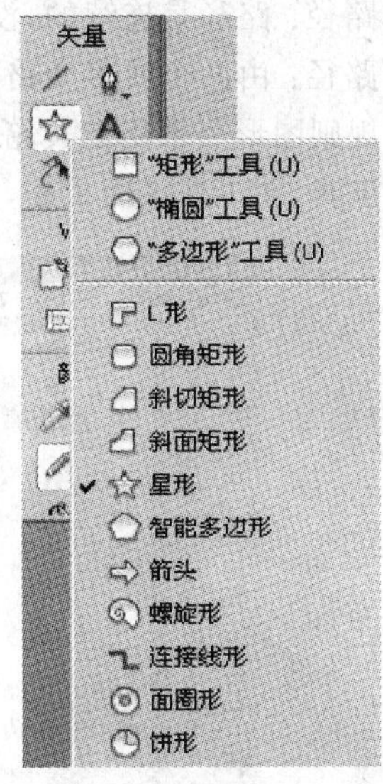

图 12－46　扩展矢量工具

12.3.2　不规则图形的绘制

这里的不规则图形主要是指通过路径构成的图形。路径就是使用绘图工具创建的贝塞尔曲线，如图 12－47 所示。贝塞尔曲线是由 4 个点来控制的，其中两个点为曲线的端点控制点，称为“锚点”，另两个点浮动在曲线的周围，称为“方向点”。

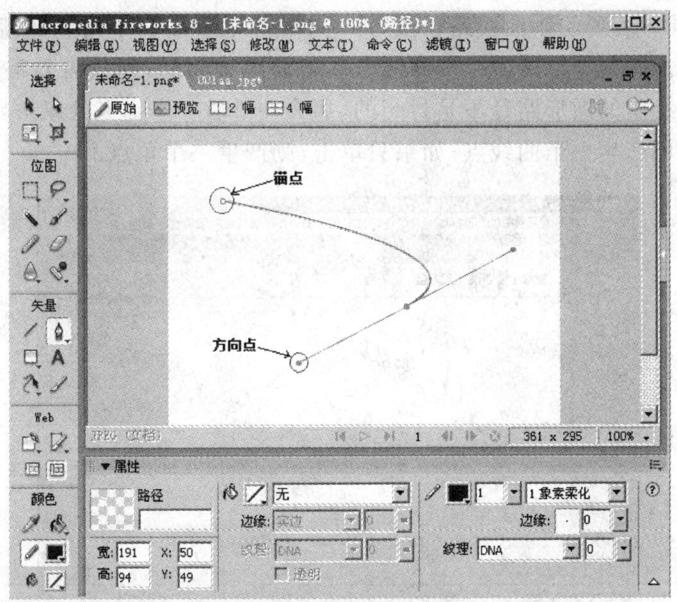

图 12－47　路　径

路径大致可以分为以下 3 种类型。

■ 开放路径：即路径的起点和终点不重合，例如直线。

■ 闭合路径：路径是连续的，没有起点和终点，例如圆。

■ 复合路径：由两个或多个路径共同组成的路径。

绘制不规则图形可采用工具箱中的“钢笔”工具，具体操作方法：在工具箱“矢量”种类中选择“钢笔”工具，在工作区内单击，然后再确定下一个点的位置即可，如图 12－48 所示。

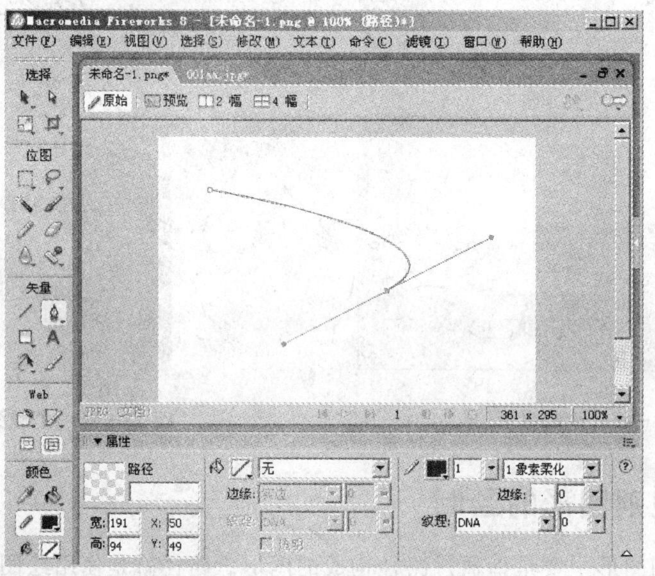

图 12－48　绘制不规则图形

若要封闭该路径，可以在确定终点时单击所绘制的第一个点，如图 12－49 所示，封闭路径的起点和终点相同。若要绘制曲线路径段，首先单击以放置第一个角点，然后将钢笔移动到下一个点的位置，单击并拖动以产生一个曲线点。若要继续绘制，则只需要重复上述操作即可。若要结束工作，如绘制的图形路径不是封闭的，那么在最后一个锚点处双击鼠标。如果单击并拖动一个新点，即可产生一个曲线点；如果只单击，则产生一个角点。

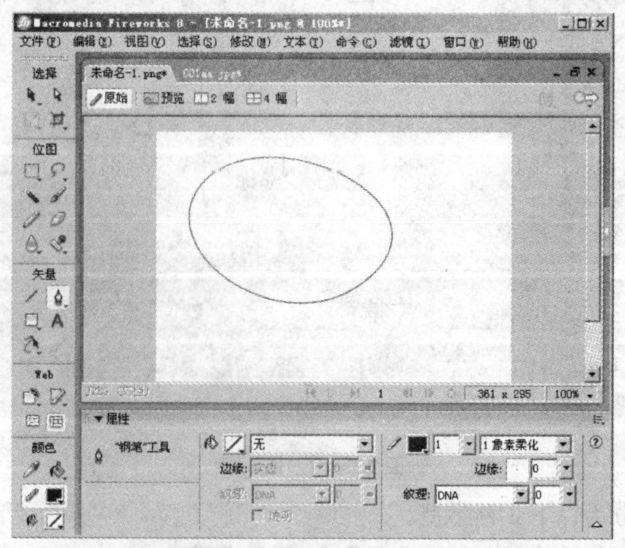

图 12－49　绘制封闭路径

12.3.3 位图的操作

在 Fireworks 8.0 中，还可以对位图进行选区的创建和编辑等操作。

1. 位图选区的创建

选择区域工具是创建位图选区的主要工具，如图 12－50 所示，包括“选取框”、“椭圆选取框”、“套索”、“多边形套索”和“魔术棒”，用于选取位图的编辑范围。所有的位图编辑操作，如剪切、复制和填充等，只在该范围内才有效。

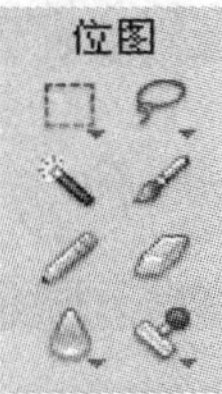

图 12－50 选择区域工具

使用“选取框”工具可在图像中选择矩形区域，如图 12－51 所示。

图 12－51 矩形选区

使用“椭圆选取框”工具则可在图像中选择椭圆区域，如图 12－52 所示。

使用“套索”工具可以随意绘制所需的选取范围，主要用于选取不规则的图像选区，在选取的同时按下 Shift 键可使选取线段成水平、垂直或 45°角方向，如图 12－53 所示。

2. 位图的编辑

Fireworks 8.0 提供了多种编辑位图的工具，可以对位图进行模糊和锐化，复制图像的部分区域等。

选取“模糊”工具，如图 12－54 所示。“模糊”工具的工作原理就是降低像素之间的反差，

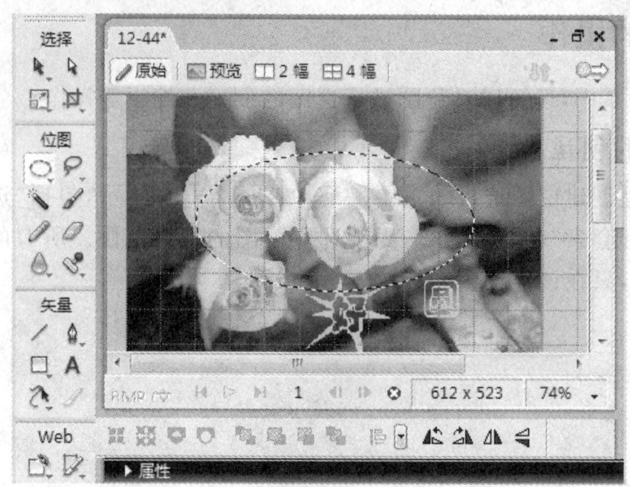

图 12－52　椭圆选区

图 12－53　不规则选区

使图像产生模糊效果。单击需要模糊的图像部分，效果如图 12－55 所示。

单击"模糊"工具右下角的下三角按钮，选取"锐化"工具示。"锐化"工具的工作原理就是增加像素之间的对比度，使图像越来越清晰。

单击"模糊"工具右下角的倒三角，选取"涂抹"工具。"涂抹"工具顾名思义，好比用手去涂抹刚刚画好的图片，使图片更加均匀。

"橡皮图章"工具用来克隆图像的部分区域，以便将其复制到图像中的其他区域。具体操作方法如下所述。

① 打开图像，选择"橡皮图章"工具，在"属性"面板中选择合适的笔刷大小，按住 Alt 键的同时在图像上单击，就复制了这部分图像，如图 12－56 所示。

图 12-54　模糊前的效果

图 12-55　模糊后的效果

② 在图像中相应的位置单击，即可将刚才复制的图像粘贴到当前位置，如图 12-57 所示。

图 12-56　复制图像

图 12-57　粘贴图像

12.4　切片和热点的使用

利用图像映射的方式在图像上构建站点，然后将站点分别与不同的链接相关联，这是 Fireworks 和 Internet 联系的一大途径。如果页面中的图像较大，在浏览器中下载时会耗费较长的时间，为了避免这种情况，可以将较大的图像分割为许多较小的图像，然后分别进行下载，以获得较高的下载速度。

12.4.1　切片的创建

切片就是将一幅大图像分割为一些小的图像切片，然后在网页中通过没有间距和宽度的表格重新将这些小的图像没有缝隙地拼接起来，成为一幅完整的图像。这样做可以降低图像的大小，减少网页的下载时间，并且能创建交互的效果，还能将图像的一些区域用 HTML 来代替。

切片只能是矩形，不能是其他形状，当然也可以创建多边形的切片，但是这种切片实际上是由矩形拼凑而成的。创建切片的具体操作方法如下所述。

① 打开要创建切片的图像文件，如图 12－58 所示。

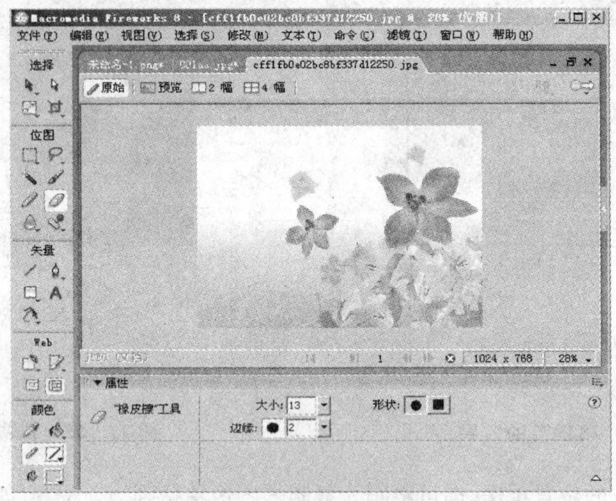

图 12－58　打开图像文件

② 在工具箱“Web”类别中选择“切片”工具，在图像的设定位置按住鼠标左键拖动绘制一个矩形区域，即可生成矩形切片，如图 12－59 所示。该切片区域被半透明的绿色所覆盖，称为切片对象，同时根据切片对象的位置进行分割，分割线为红色，称为切片准线。

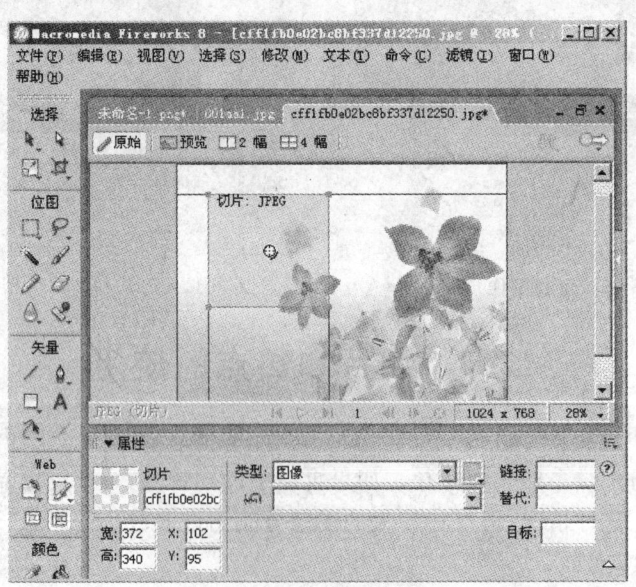

图 12－59　创建切片

12.4.2　切片的编辑

切片的编辑包括修改切片的大小和颜色，以及为切片添加链接。

1. 切片大小及颜色的修改

如果要选取切片，可以利用“指针”工具、“部分选定”工具来选中它，也可以使用“层”面板

来选择。选中切片之后，若要移动切片可以使用鼠标拖动或直接按键盘上的方向键。

修改切片大小和颜色的具体操作步骤如下所述。

① 选择工具箱中“指针”工具，拖动切片准线即可调整切片的大小，如图 12－60 所示。选中切片，将鼠标指针置于切片的任意一个顶点上，拖动鼠标也可调整切片的大小。

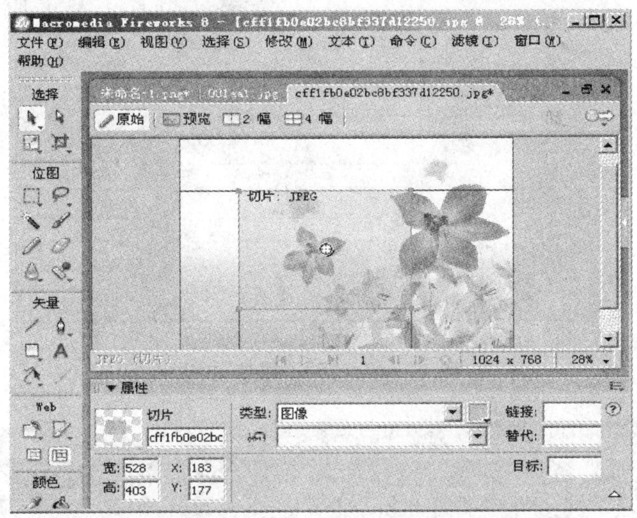

图 12－60　拖动切片准线

② 为图像设置好切片区域后，在其“属性”面板中就可以设置切片的属性。单击“类型”文本框右边的颜色框，在弹出的拾色器中设置切片的颜色，如图 12－61 所示。

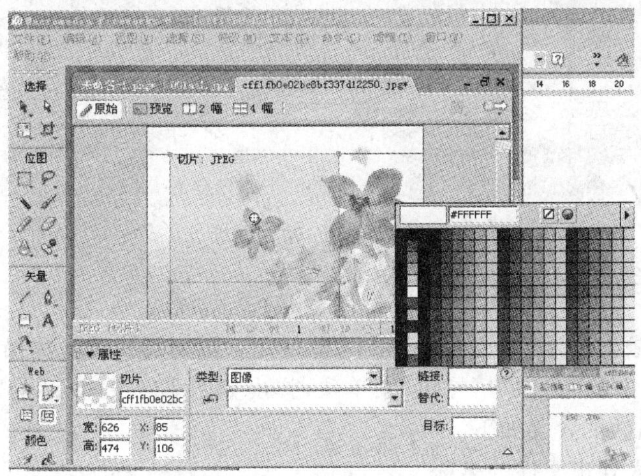

图 12－61　设置切片颜色

2. 切片链接的添加

为切片添加链接的具体操作步骤如下所述。

① 创建好切片后，选择工具箱中的“指针”工具，选中要创建链接的切片，打开“属性”面板，如图 12－62 所示。

② 在“属性”面板中的“链接”右边的文本框中输入要链接的网址，如图 12－63 所示，即可为切片创建链接。

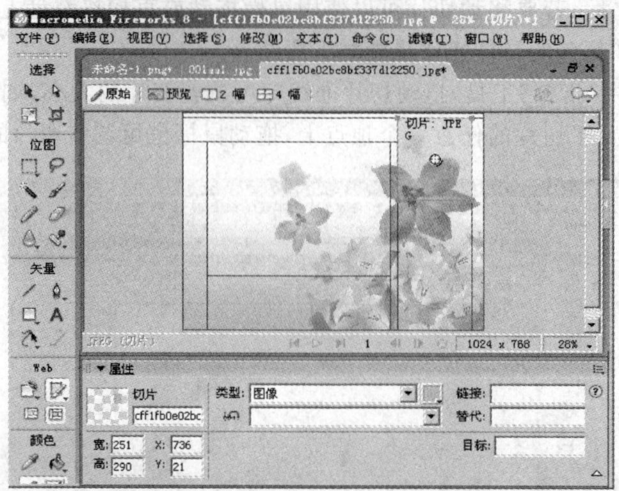

图 12－62　打开“属性”面板

图 12－63　输入网址

12.4.4　切片的导出

完成了切片对象的绘制后，还需要导出才能使用。导出切片的具体操作步骤如下所述。

① 选择菜单栏中的“文件”|“导出”菜单项，弹出如图 12－64 所示的“导出”对话框。“导出”对话框中主要参数的含义如下。

■ 文件名：输入导出文件的名称。

■ 导出：选择输出文件的保存格式，默认情况下是以 HTML 格式输出的。

■ HTML：导出成 HTML 文件或把制作内容以 GIF 图像格式复制到剪切板中。

■ 切片：可以选择是否导出切片。

■ 仅已选切片：只导出事先被选取的切片。

■ 仅当前帧：当制作对象有多个帧时，可以事先选中其中一帧单独导出。

■ 包括无切片区域：选择是否将无切片区域一并导出。

■ 将图像放入子文件夹：选择是否把导出的 HTML 文件与图片一起放在文件夹中。

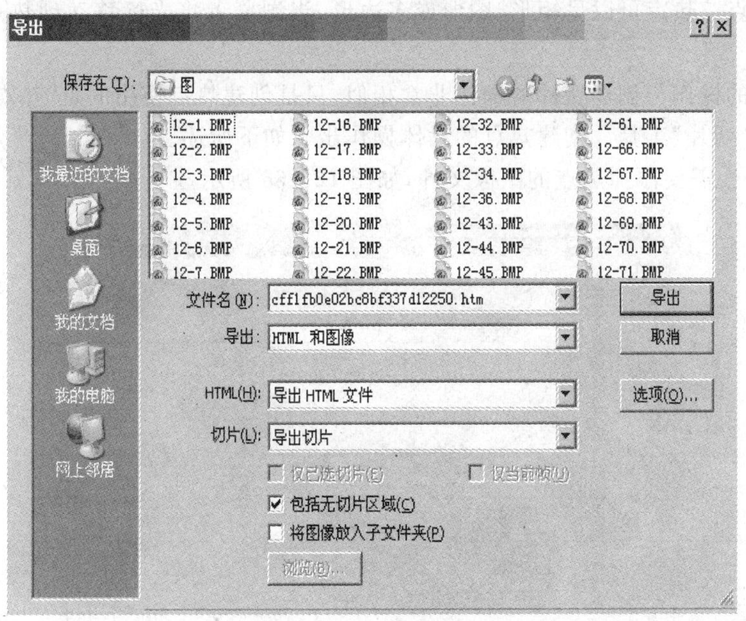

图 12-64 "导出"对话框

② Fireworks 在导出时自动为每个切片文件进行命名。可以采用默认名称或者为每个切片输入一个自定义名称，单击"导出"按钮。

③ 按 F12 键在浏览器中预览效果，如图 12-65 所示，单击切片可指向链接网站。

图 12-65 导出后的 HTML 文件

12.4.5 热点的创建

图像映射是网页中非常流行的技术。所谓图像映射，就是在同一幅图像中创建多个链接区域，通过单击不同的链接区域，可以转到不同的链接目标端点，位于图像上的多个链接区域通常被称为热点。热点可以呈矩形、图形或多边形，当浏览者将光标移动到热点上时，光标会变成手形。

创建热点的操作与创建切片的操作非常相似，只是创建热点使用的是“热点”工具，而创建切片使用的是“切片”工具。创建热点的具体操作步骤如下所述。

① 打开一个需要添加热点的图像文件，如图 12－66 所示。

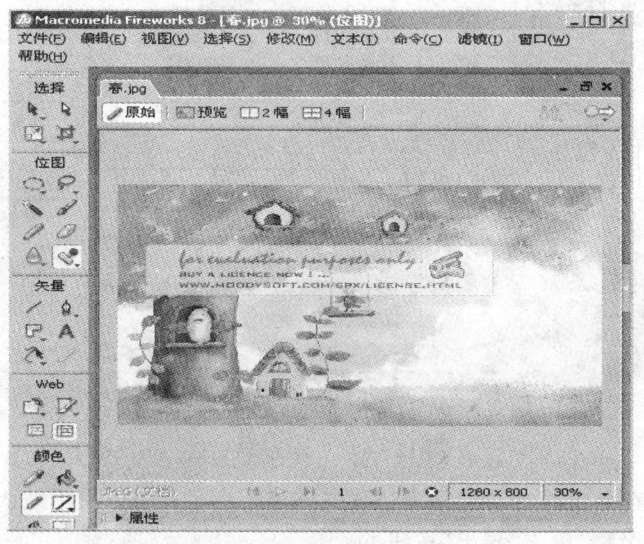

图 12－66　打开图像文件

② 单击工具箱中的“矩形热点”工具右下角的下三角按钮，弹出如图 12－67 所示的 3 种类型的热点工具，即“矩形热点”工具、“圆形热点”工具和“多边形热点”工具。

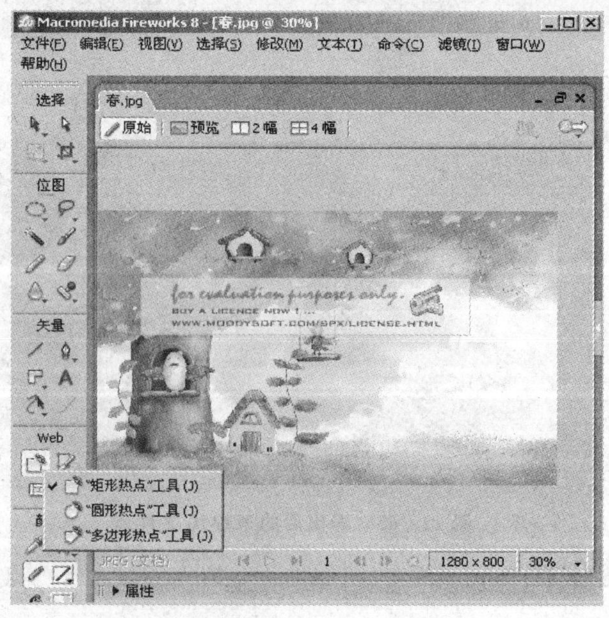

图 12－67　选择热点工具

③ 在图像上创建热点的位置上按住鼠标左键并拖动创建热点，然后为它们指定 URL 链接、替代和目标等属性。链接框填入相应的链接。替代框填入提示文字说明。目标框表示超级链接指向的页面出现在什么目标区域，有以下四个选项，不作选择则默认在新浏览器窗口打开。

■ _blank：单击链接以后，指向页面出现在新窗口中。

■ _parent：用指向页面替换他外面所在的框架结构。

■ _self：将链接页面显示在当前框架中。

■ _top：跳出所有框架，页面直接出现在浏览器中。

12.4.6 热点的编辑

对热点的编辑包括改变热点的形状、颜色等，下面介绍热点形状的改变方法。选中热点后，利用“指针”工具拖动热点边框上的控制点可以改变热点的形状。对于矩形和圆形热点，只能通过控制点改变大小而不能改变形状。如果要把热点从一种形状变成另一种形状，只要选中需要改变的热点，在“属性”面板中的“形状”下拉列表中选择需要的形状即可，如图 12－68 所示。

图 12－68 改变热点形状

12.4.7 切片和热点的显示或隐藏

在 Fireworks 8.0 中创建切片和热点之后，可以重新编辑切片和热点，同时还可以设置切片和热点的显示或隐藏。

隐藏或显示切片和热点的具体操作方法如下所述。

① 在“层”面板中单击各个网页对象旁边的眼睛图标，可在隐藏或显示网页对象之间进行切换。

② 单击工具箱中“隐藏切片和热点”工具，可以隐藏切片和热点；单击“显示切片和热点”工具，可以显示切片和热点。

12.5　图像的优化与导出

优化就是关于颜色、压缩和品质的最优秀的组合。使用 Fireworks 8.0 对图像进行设计修改，最终目标是在最大限度地保持图像品质的同时，选择压缩质量最高的文件格式，这种平衡就是优化。Fireworks 8.0 的"导出向导"可以引导完成导出过程，并提出设置方面的建议，同时显示"图像预览"作为导出过程对文档进行优化。使用"优化"面板和使用"导出"对话框，可以更好地控制导出和优化过程。

12.5.1　图像的优化

在 Fireworks 8.0 中，对图像的优化由 3 部分工作组成。

① 选择最佳文件格式。每种文件格式都有不同的压缩颜色信息的方法，为某些类型的图像选择适当的格式可以大大减小文件的大小。

② 设置格式特定的选项。每种图像文件格式都有一组唯一的选项，可以用如色阶这样的选项来减小文件的大小。某些图像格式还具有控制图像压缩的选项。

③ 调整图像中的颜色。可以通过调色板的特定颜色集来限制颜色，然后修剪掉调色板中未使用的颜色。调色板中的颜色越少，意味着图像中的颜色也少，而这会导致调色板图像文件类型的文件大小也越小。

可以利用"属性"面板或"优化"面板中的常用优化设置快速设置文件格式，并应用一些特定格式的设置。"优化"面板主要分为两部分，在"保存的设置"下拉列表中可以设置导出的文件格式，在参数设置区可对该文件格式进行相关的优化设置。

比较简单的办法，就是根据图像颜色数直接选择导出方案。确定需要优化图像的颜色数，256 色的用 GIF 格式，256 色以上的用 JPG 格式。

GIF 举例如图 12－69 所示，注意颜色参数，颜色数越小，输出就越小。

JPG 举例如图 12－70 所示，注意品质参数，品质数越小，图形越小，但图形损失也越大。

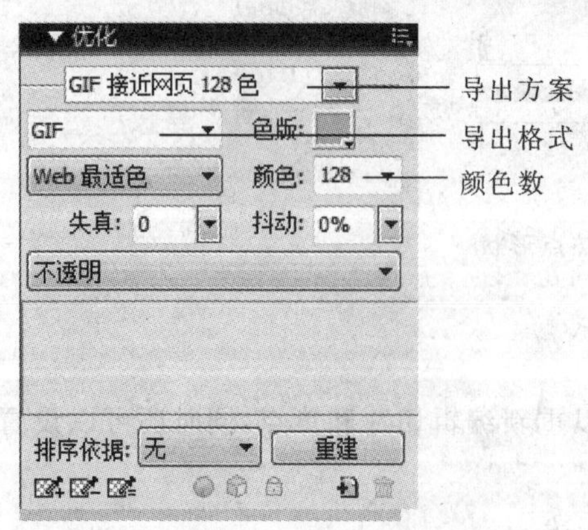

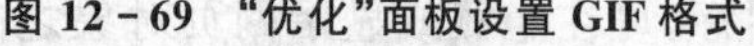
图 12－69　"优化"面板设置 GIF 格式

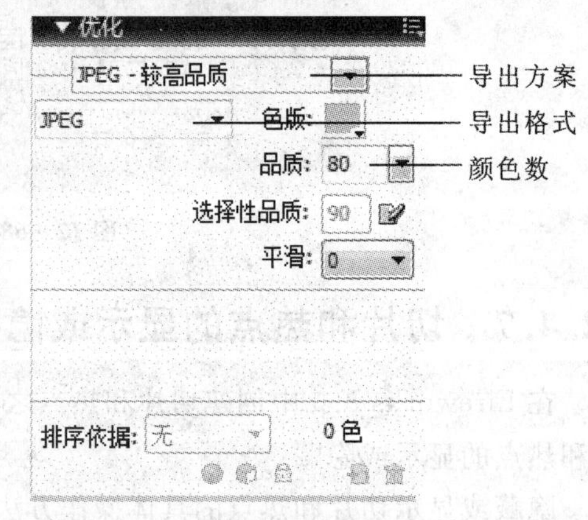

图 12－70　"优化"面板设置 JPG 格式

单击"2 幅"选项进行输出比较，如图 12－71 所示。注意两边的图像品质基本看不出不同，但文件大小已经相差了 10 多倍。

图 12－71　优化前后图像比较

12.5.2　图像的导出

Fireworks 8.0 的强大功能不仅表现在可以导出多种格式的图像，还表现在可以直接导出许多种可视化网页编辑器的 HTML 代码。使用导出预览还可以在导出之前根据图像的具体情况提供及时的外观反馈，可以尝试不同的导出格式、颜色深度和调色板分配，并立即看到结果。

使用导出向导的具体操作步骤如下所述。

① 打开一个需要导出的图像文件，选择菜单栏中的"文件"|"导出向导"菜单项，弹出如图 12－72 所示的"导出向导"对话框。

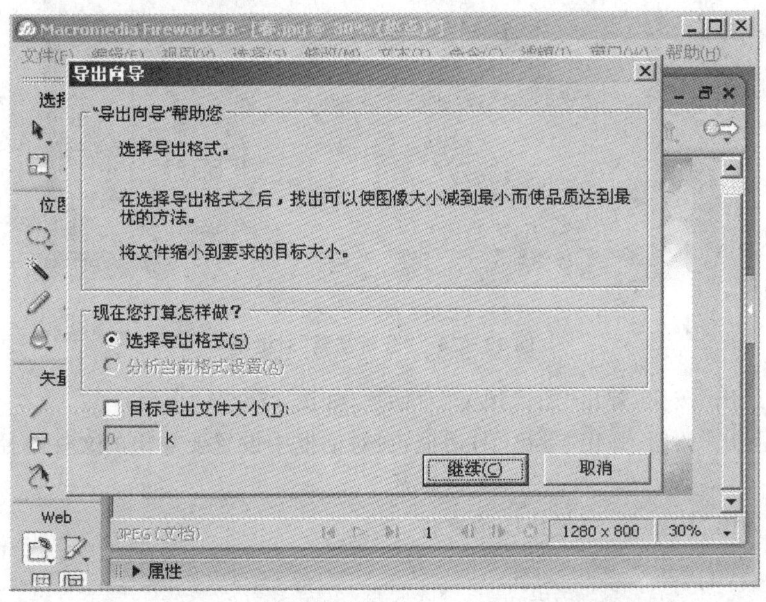

图 12－72　"导出向导"对话框 1

② 设置完毕后单击“继续”按钮，弹出下一个界面，如图 12－73 所示。

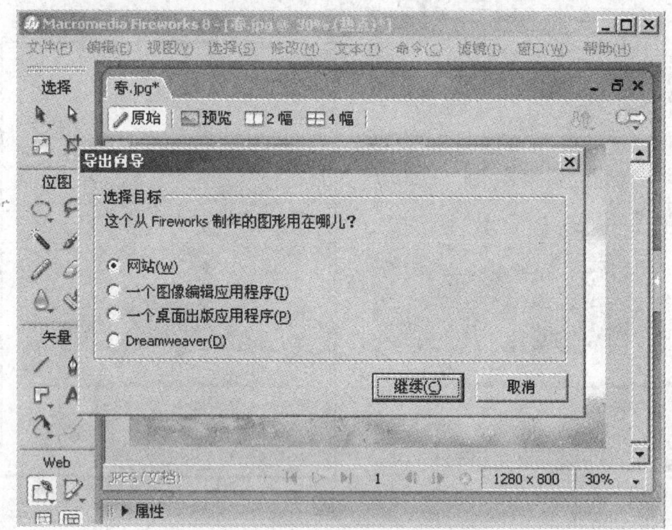

图 12－73 “导出向导”对话框 2

③ 设置完毕后单击“继续”按钮，弹出“分析结果”对话框，如图 12－74 所示。

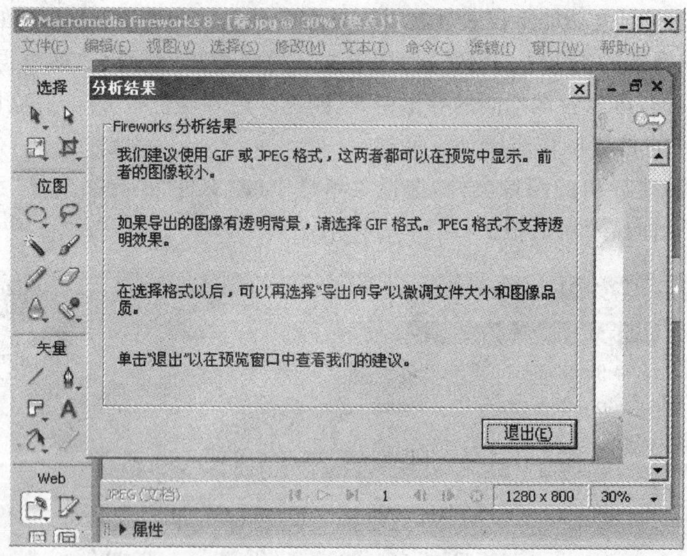

图 12－74 “分析结果”对话框

④ 单击“退出”按钮，弹出“图像预览”对话框，如图 12－75 所示。

⑤ 单击“导出”按钮，弹出“导出”对话框，在对话框中设置要导出的文件路径，如图 12－76 所示。

⑥ 单击“导出”按钮，即可导出图像文件。

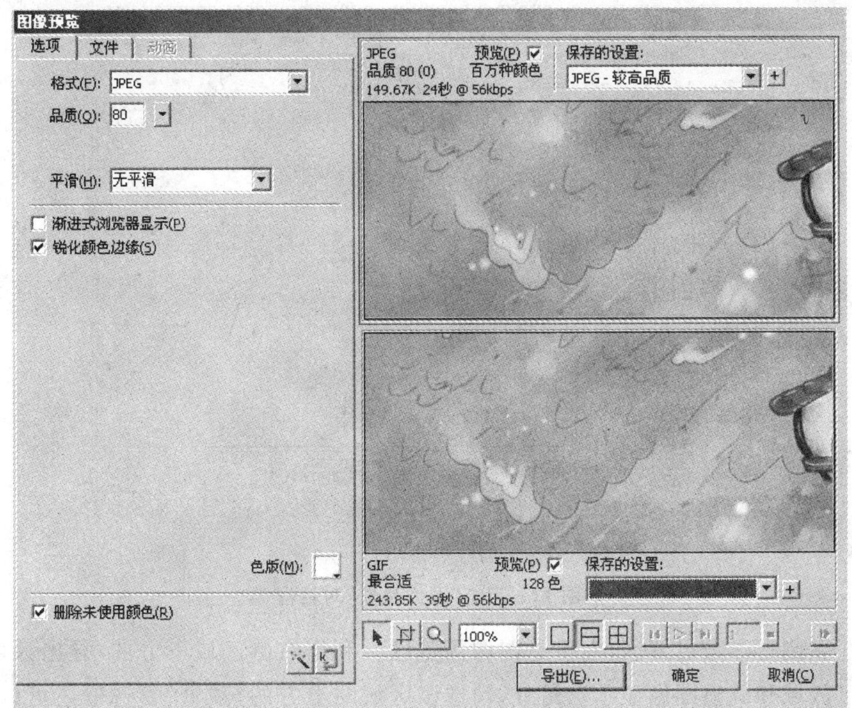

图 12－75　“图像预览”对话框

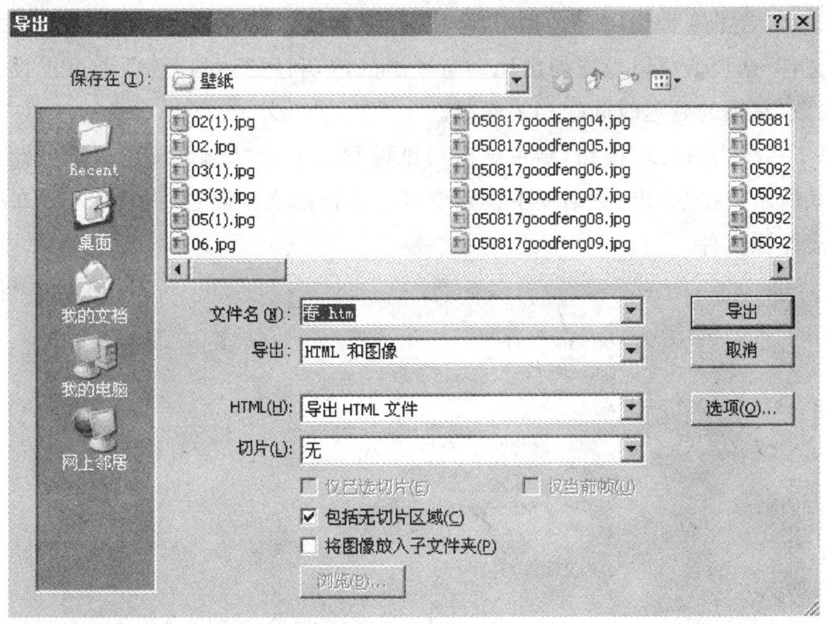

图 12－76　“导出”对话框

12.5.3　使用图像预览优化导出图像

在 Fireworks 8.0 中，选择菜单栏中的“文件”|“图像预览”菜单项，打开如图 12－77 所示的“图像预览”对话框。

图 12－77 “图像预览”对话框

对话框左侧是参数设置区，右侧是图像预览区。利用右侧区域下方的“导出区域”工具可以定义导出区域和调整图像显示。另外，勾选该区域左上方的“预览”复选框还可以预览导出时文件的大小以及各项参数值。

左侧区域包含了 3 个选项卡。利用“选项”选项卡可以设置优化导出的文件格式与参数，

利用“文件”选项卡可以设置导出比例与导出区域，利用“动画”选项卡可以设置导出动画时的播放次数、每帧的延迟时间等相关参数。

设置完毕后单击“确定”按钮，结束导出预览设置。单击“导出”按钮，弹出“导出”对话框，如图 12－78 所示。在“导出”对话框中设置要导出图像的文件路径，设置完毕后单击“导出”按钮，即可完成图像文件。

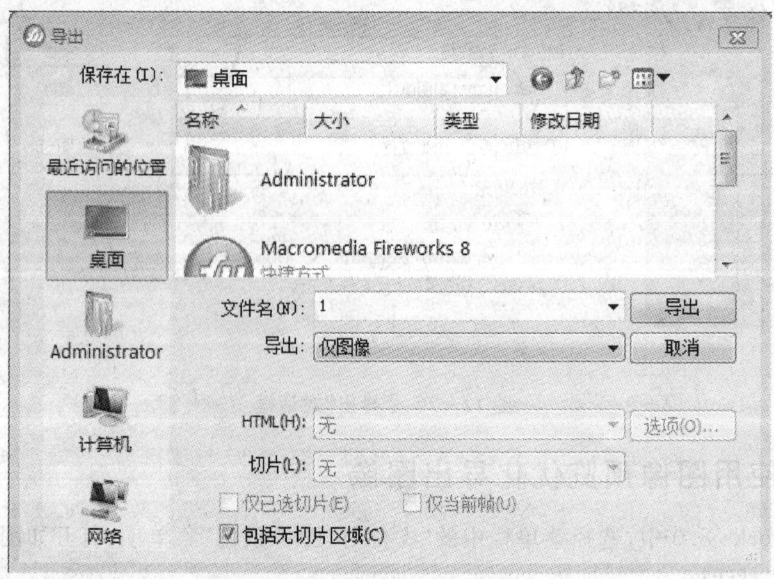

图 12－78 “导出”对话框

12.5.4　GIF 格式图像的优化

GIF(Graphics Interchange Format)格式即图形交换格式，是一种很流行的网页图像格式。GIF 中最多包含 256 种颜色，还可以包含一块透明区域和多个动画帧。在导出为 GIF 格式时，包含纯色区域图像的压缩质量最好。GIF 通常适用于卡通、徽标、包含透明区域的图形以及动画。

在 Fireworks 中制作完图像后，可以选择菜单栏中的“文件”|“图像预览”菜单项，导出预览文件，如图 12－79 所示。

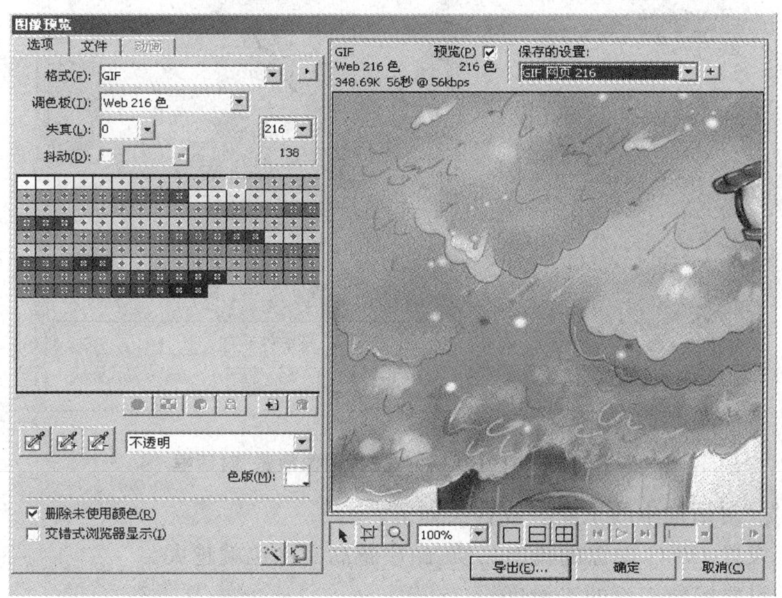

图 12－79　GIF 格式的“图像预览”对话框

GIF 格式的“图像预览”对话框中的主要参数含义如下。

- 格式：在下拉列表中可以选择将要输出的图像格式，常用的输出格式有 GIF、GIF 动画和 JPEG 等。
- 调色板：选择图像所使用的调色板。调色板中的颜色越少，图像中的颜色就越少，输出的图像文件也就越小。
- 失真：设置图像的压缩质量。压缩比越高，图像失真就越大。在“失真”文本框后面的文本框中，可以设置图像所使用的最大色彩数。
- 抖动：通过替换图像中色彩相近的像素，模拟出当前调色板中没有的颜色，从而产生缺少颜色的外观。在导出具有复杂混合或渐变的图像，以及将图像导出为如 GIF 的 8 位图像文件格式时，抖动尤其有用，但同时也会增加图像文件的容量。“抖动”选项仅适用于 GIF 和其他 8 位图像文件格式。
- 颜色表：显示输出对象时使用到的各种颜色。

设置好优化输出的参数后，即可按照所做的设置输出相关文件了。

12.5.5 JPEG 格式图像的优化

JPEG(Joint Photographic Group)格式总是以 24 位颜色保存和导出的,因此不能通过编辑调色板来优化 JPEG。当选择 JPEG 图像时,颜色表为空,如图 12 - 80 所示。

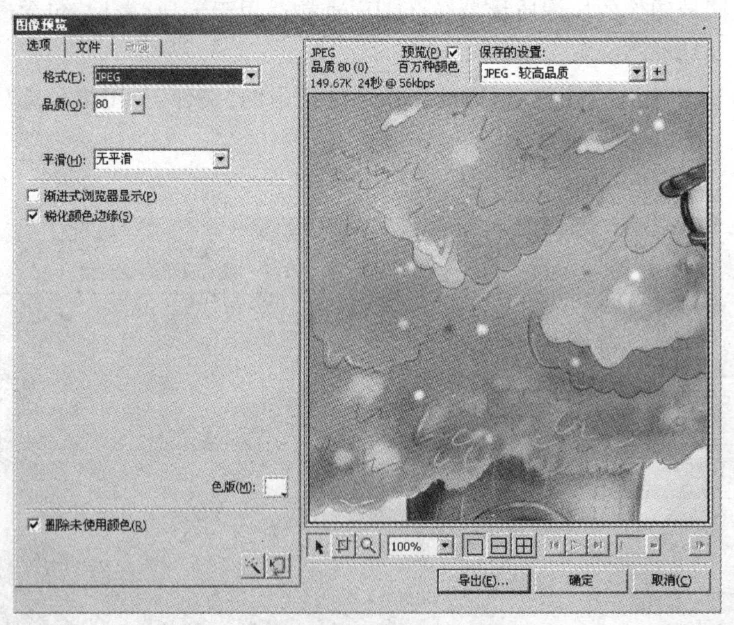

图 12 - 80 JPEG 格式的“图像预览”对话框

“图像预览”对话框中的主要参数含义如下。

- 品质：设置 JPEG 图像的输出品质,品质越高文件也就越大。
- 平滑：设置图像表面的光滑度。
- 渐进式浏览器显示：选择该复选框后,在浏览器上查看此图像时,将以从迷糊逐渐到清晰的方式来显示。
- 锐化颜色边缘：将强化图像颜色边缘的锐化值,使图像更加清晰。

本章小结

Fireworks 8.0 是一个专业化的网页设计软件。本章从界面介绍到最简单的本文处理、图形绘制,再到切片和热点的使用,以及图像的优化和导出,基本上全面介绍了 Fireworks 8.0 中所有需要了解和掌握的功能和操作。

针对每一类功能和操作,都准备了相应的步骤讲解,以 Step by Step 的方式带领读者制作出一定的成果,以期达到巩固知识点的目的。

练习与思考

1. 使用 Fireworks 8.0 中的“矩形”工具和“椭圆”工具制作出图 12 - 81 所示的邮票效果。

图 12-81　邮　票

2. 将图 12-82 中的图像以 GIF 格式优化。

图 12-82　进行 GIF 格式优化

3. 制作图 12-83 所示的按钮。

图 12-83　带按钮的图像

第 13 章 Flash 8.0 基础知识

Flash 是一种专门针对网络动画制作的软件，使用该软件用户不但可以制作交互和不带交互的动画文件，也可以在动画中加入声音、视频和位图图像，还可以制作交互式的影片或者具有完备功能的网站。迄今为止，已有数百万计的企业用户、开发人员和设计人员使用 Macromedia 公司的 Flash 软件编辑发布动画作品，并且这个数字每年还以飞快的速度增加。

【本章内容和重点】

- Flash 8.0 工作界面
- 图像的处理
- Flash 动画的制作
- 声音和视频文件在动画中的使用
- ActionScript 在动画中的使用

13.1 Flash 8.0 概述

Flash 制作的动画已经开始大量地在网上传播，逐渐成为网页多媒体动画设计软件的标准。本章主要介绍 Flash 8.0 的基础知识。通过这些内容的学习，读者能够对 Flash 8.0 有较全面的认识，对 Flash 8.0 各部分功能有所了解。

13.1.1 Flash 8.0 功能介绍

Flash 是交互式矢量图和 Web 动画的标准。网页设计者使用 Flash 能创建漂亮的、可改变尺寸的、极其紧密的导航界面、技术说明以及其他奇特的效果。同时，Flash 也是 Macromedia 公司推出的一种优秀的矢量动画编辑软件，它与 Dreamweaver、Fireworks 一并被称为公司的网页设计三剑客，Flash 8.0 是其最新的版本。

大型 Flash 动画综合了很多技术和技巧，结合了多种编辑语言如 JavaScript，PHP，ASP，CGI 等。从这些特点可以看出当今 Flash 的制作趋向 3 个方向发展，即单纯的动画短片制作、交互式商业广告应用，以及既有动画又有交互内容的综合应用。

Flash 提供的物质变形和透明技术使得创建动画更加容易，并为 Web 动画设计者的丰富想象提供了手段；交互设计让用户可以随心所欲地控制动画，赋予用户更多的主动权；优化的界面设计和强大的工具使用使 Flash 更加简单实用。同时 Flash 还具有导出独立运行程序的能力。

13.1.2 Flash 8.0 工作界面

Flash 8.0 工作界面由 6 个部分组成，即菜单栏、工具箱、时间轴、舞台、"属性"面板以及各种浮动面板，如图 13－1 所示。

菜单栏
浮动面板
时间轴
工具箱
舞台
属性面板

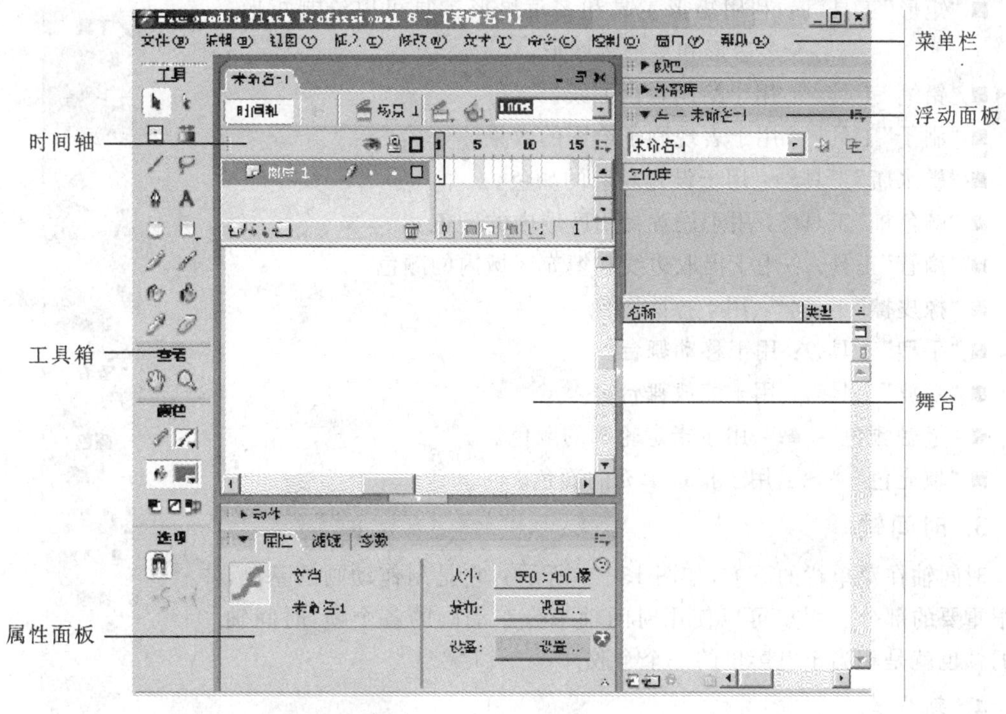

图 13-1　Flash 8.0 的工作界面

1. 菜单栏

菜单栏包括“文件”、“编辑”、“视图”、“插入”、“修改”、“文本”、“命令”、“控制”、“窗口”和“帮助”10 个菜单项，如图 13-2 所示。

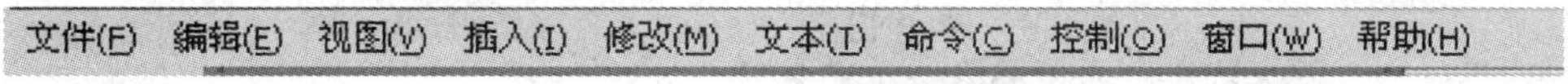

文件(F) 编辑(E) 视图(V) 插入(I) 修改(M) 文本(T) 命令(C) 控制(O) 窗口(W) 帮助(H)

图 13-2　菜单栏

2. 工具箱

Flash 8.0 带有功能强大的工具箱，工具箱位于窗口左侧，用户可通过拖动鼠标将它放置在桌面的任一位置。利用工具箱中的一系列按钮，可以进行对象选择、图形绘制、文本输入与编辑等工作，如图 13-3 所示。

- “选择”工具：用于选择文字和图像等对象。
- “部分选取”工具：用于选择对象的锚点和路径。
- “任意变形”工具：用于对图像进行旋转、倾斜、缩放、扭曲和封套等操作。
- “填充变形”工具：用于调节填充颜色和区域。
- “线条”工具：用于绘制线条。
- “套索”工具：用于选取不规则区域。
- “钢笔”工具：用于绘制曲线或直线。
- “文本”工具A：用于输入文本。
- “椭圆”工具：用于绘制椭圆或正圆。

■"矩形"工具：利用矩形工具和多角星形工具可以绘制矩形、多边形和星形等图形。
■"铅笔"工具：用于绘制自由曲线。
■"刷子"工具：用于表现刷子绘图的效果。
■"墨水瓶"工具：用于设置轮廓的颜色。
■"颜色桶"工具：用于设置封闭区域内的颜色。
■"滴管"工具：用于提取边线和填充区域内的颜色。
■"橡皮擦"工具：用于擦除图像。
■"手型"工具：用于移动舞台。
■"缩放"工具：用于缩放舞台。
■"笔触颜色"：用于指定轮廓的颜色。
■"填充色"：用于指定填充的颜色。

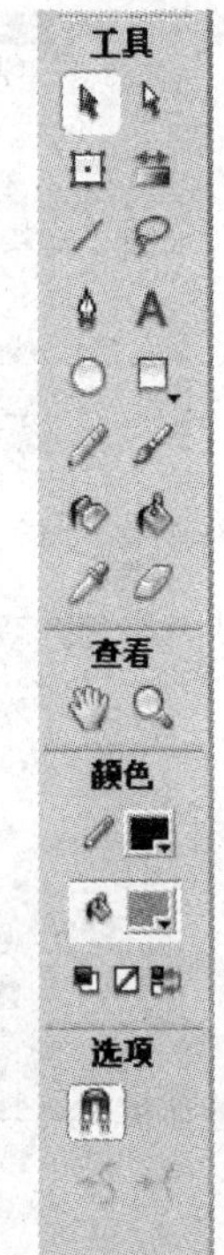

图 13－3　工具箱

3. 时间轴

时间轴在菜单栏的下方，如图 13－4 所示。它是制作动画的基础，是很重要的部分。用户可以使用时间轴来分布动画的各个帧，时间轴上的帧也就是相当于电影里的一个个胶片。

4. 舞　台

舞台是绘制和编辑动画内容的区域，如图 13－5 所示。动画内容包括矢量图像、文本框、按钮、导入的位图图形或视频剪辑等。动画在播放时仅显示舞台上的内容，对于舞台之外的内容是不显示的。

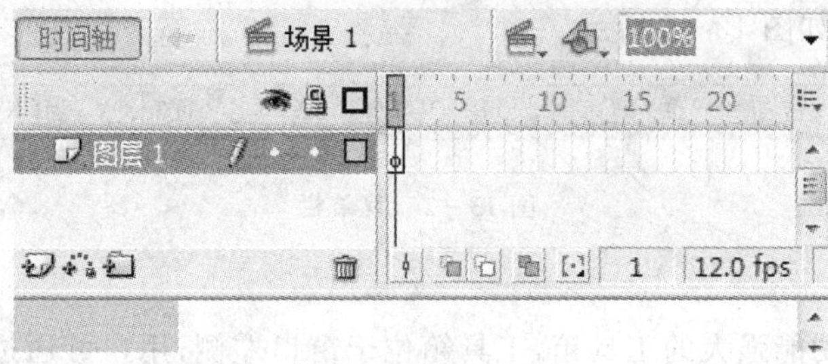

图 13－4　时间轴

图 13－5　舞　台

5. “属性”面板

使用“属性”面板可以设置舞台或时间轴上当前对象的一些常用属性。根据当前选定对象的不同，“属性”面板可以显示当前文档、文本、元件、形状、位图、视图、组、帧或工具的相关信息，如图 13－6 所示。

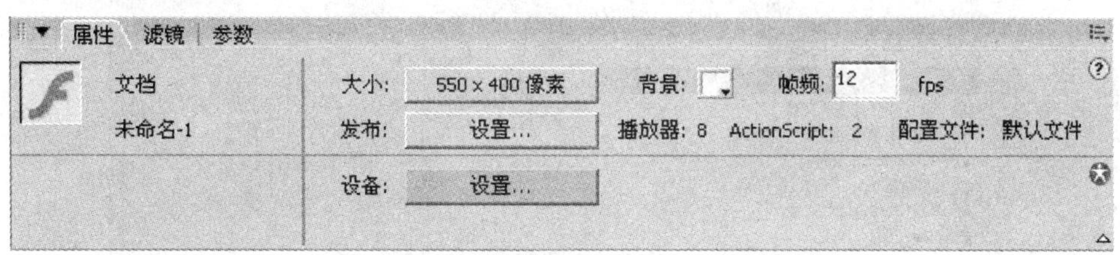

图 13－6　“属性”面板

6. 浮动面板

Flash 8.0 提供了多种自定义工作区，以满足不同用户的需要。面板中的选项控制着元件、实例、颜色、类型、帧和其他元素的特征。通过拖动面板标题栏左侧的标志，可以将浮动面板从组合中分离出来，也可以利用它将独立的浮动面板添加到面板组合中，如图 13－7 所示。

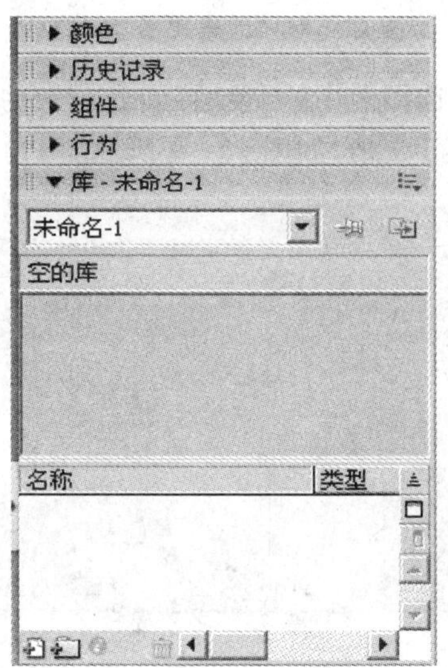

图 13－7　浮动面板

13.2　图形的绘制

Flash 8.0 提供了各种绘图工具和编辑工具，利用这些工具用户可以随心所欲地进行创作。

13.2.1　文档的基本操作

在学习 Flash 8.0 的工具功能之前，首先应掌握对 Flash 文档的基本操作。

1. 文档的创建和保存

创建一个 Flash 文档的具体操作步骤如下所述。

① 选择菜单栏中的“文件”|“新建”菜单项，弹出“新建文档”对话框，如图 13－8 所示。

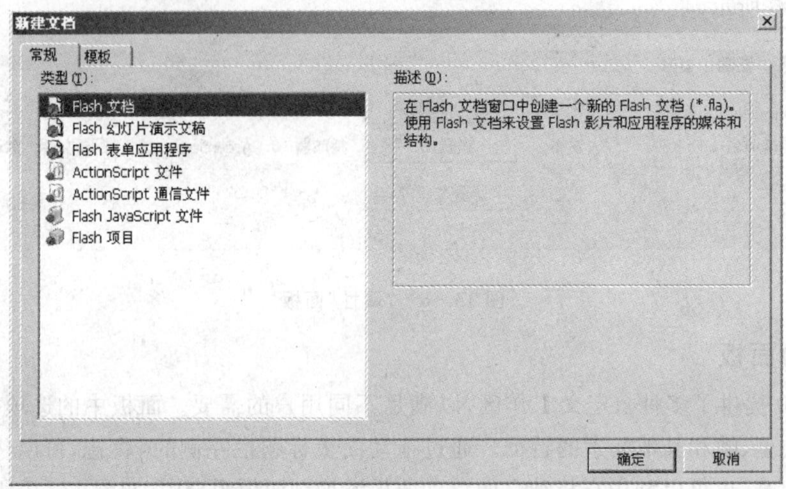

图 13－8 “新建文档”对话框

② 在对话框中选择“常规”选择卡中的“类型”列表框中的“Flash 文档”选项，单击“确定”按钮，即可创建一个空白的 Flash 文档，如图 13－9 所示。

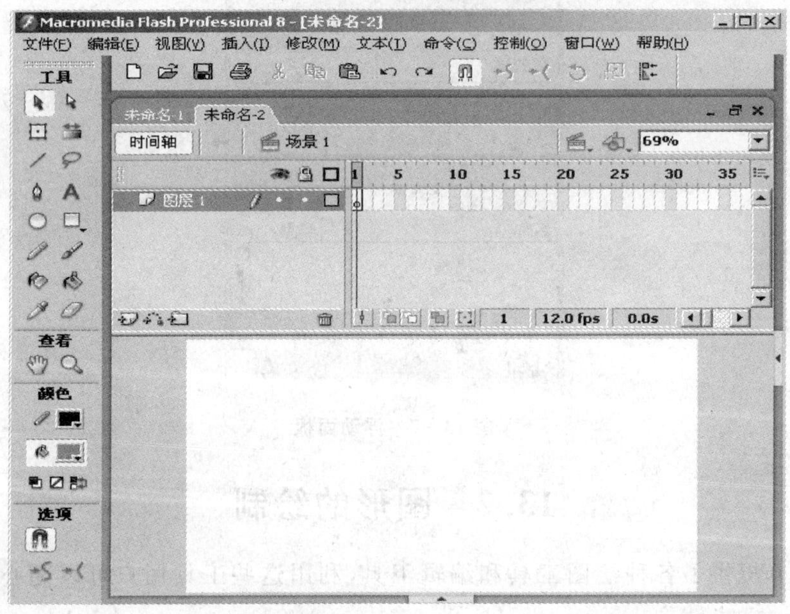

图 13－9 新建空白文档

保存 Flash 文档的具体步骤如下所述。

① 选择菜单栏中的“文件”|“保存”菜单项，弹出“另存为”对话框，如图 13－10 所示。

② 在对话框中的“文件名”文本框中输入文档的名称，单击“保存”按钮，即可保存文档。

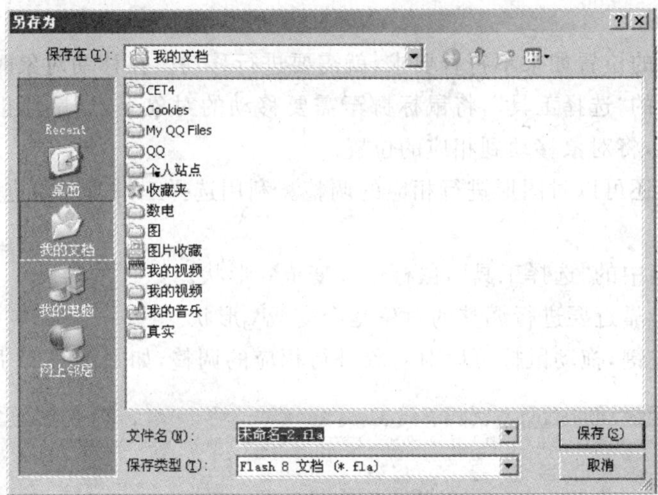

图 13－10　“另存为”对话框

2. 文档的打开和关闭

如果想要修改以前创建的文档，可以打开文档进行编辑，打开文档的具体步骤如下所述。

① 选择菜单栏中的“文件”|“打开”菜单项，弹出“打开”对话框，如图 13－11 所示。

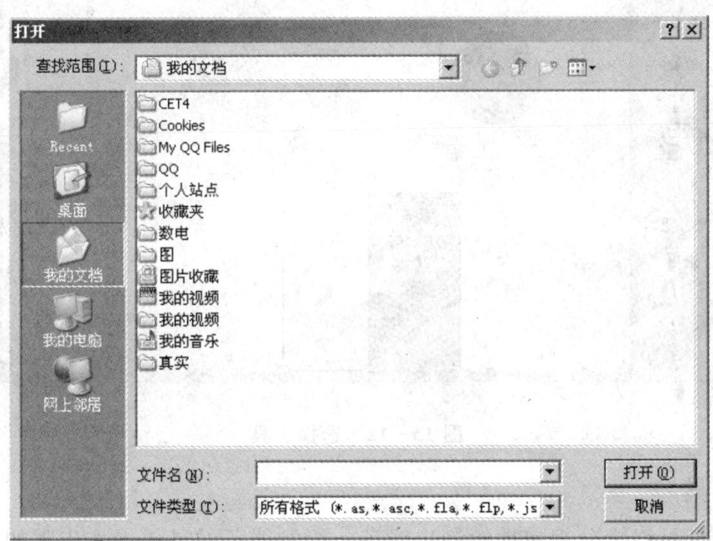

图 13－11　“打开”对话框

② 在弹出的对话框中选择要打开的文档，单击“打开”按钮，即可打开选定的文档。

编辑完文档以后，可以关闭该文档。选择菜单栏中的“文件”|“关闭”菜单项，即可将当前文档关闭。单击文档窗口右上角的“关闭”按钮，可以将当前文档关闭。选择菜单栏中的“文件”|“全部关闭”菜单项，可以将所有打开的文档关闭。

13.2.2　绘图工具

绘图工具是绘制动画的基本工具，下面将利用绘图工具绘制图形和编辑图形。

1. 选择工具

创建后的对象的位置如果不符合要求，就需要进行移动。在移动对象时，需要使用选择工具。选择工具箱中的“选择工具”，将鼠标挪至需要移动的对象上，当鼠标指针变为形状时，按住鼠标左键拖动，将对象移动到相应的位置。

利用选择工具还可以对图形进行相应的调整。利用选择工具对对象进行调整的具体操作步骤如下所述。

① 选择工具箱中的“选择工具”，鼠标指针变成形状。

② 当鼠标指针靠近要进行调整的对象是会变成形状。

③ 按住鼠标左键，拖动鼠标可以对对象进行相应的调整，如图 13－12 所示。

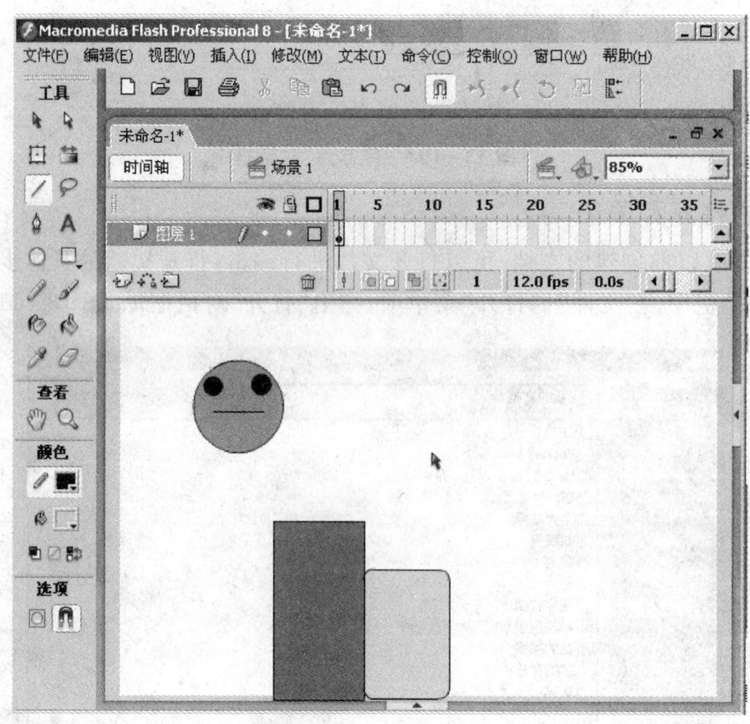

图 13－12 选择工具

2. 线条工具

使用线条工具可以十分简单地绘制出线条。绘制线条的具体操作步骤如下所述。

① 在工具箱中选择“线条工具”，鼠标指针变成十字形状，可以在“属性”面板中设置线条的笔触样式。

② 按住鼠标左键，在舞台中绘制线条，如图 13－13 所示。

3. 文本工具

一个完整的动画离不开一些文字的说明，优美的文字也能为 Flash 动画添加特殊效果。

在 Flash 8.0 中可以创建 3 个不同类型的文本，即静态文本、动态文本和输入文本，所有文本都支持 Unicode 编码。

① 静态文本：静态文本一般用于书写普通文本，也是制作动画时主要用到的文本格式，

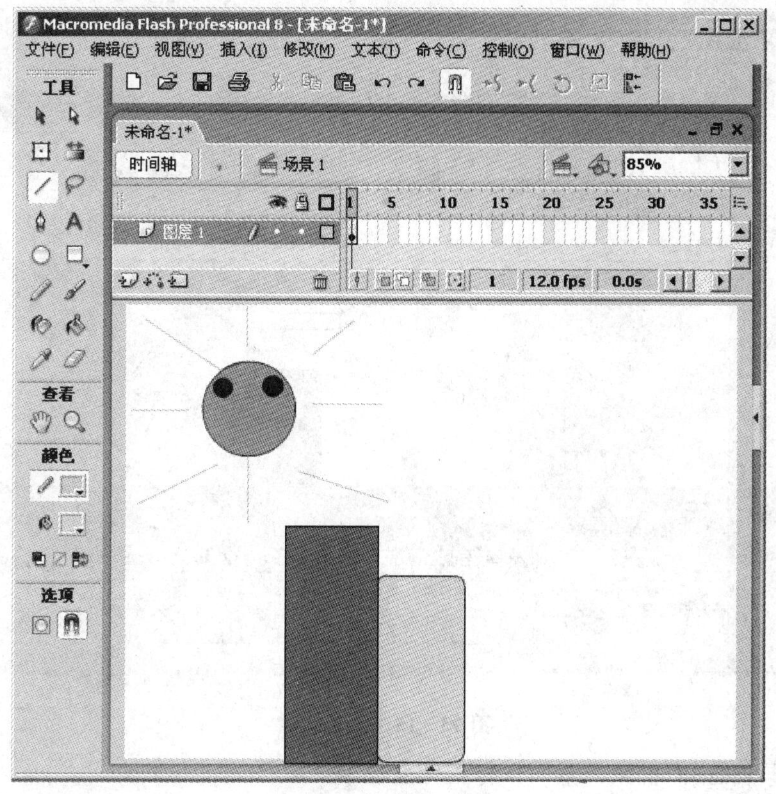

图 13－13　绘制线条

还可以利用“属性”面板为文本添加链接。

② 动态文本：动态文本显示动态更新的文本，如股票报价和天气预报等。

③ 输入文本：输入文本允许用户将文本输入到表单或调查表中。

输入三种类型文本的方法相同，下面以静态文本为例介绍具体的操作步骤。

① 选择工具箱中的文本工具，鼠标指针变为$+_{A}$形状。

② 在“属性”面板中，将“字体”设置为华文行楷，“大小”设置为 25，“颜色”设置为 #00FF00，如图 13－14 所示。

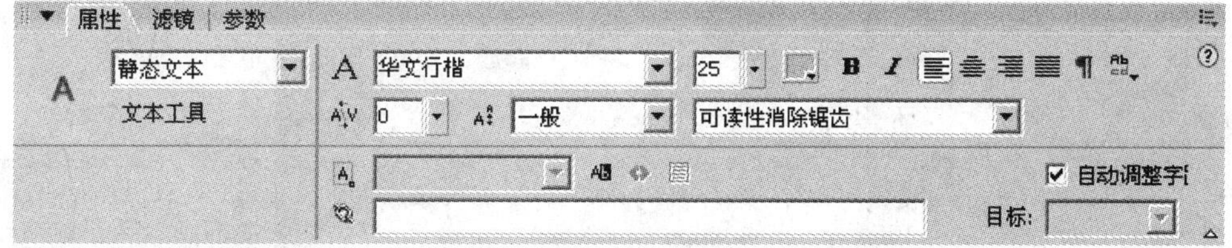

图 13－14　设置文本属性

③ 在舞台中单击，在文本框中即可输入文字，如图 13－15 所示。

4. 椭圆工具

椭圆工具的作用非常强大，主要用来绘制椭圆和正圆，它不仅可以选择轮廓线的颜色，还可以任意选择填充颜色。绘制椭圆的具体操作如下所述。

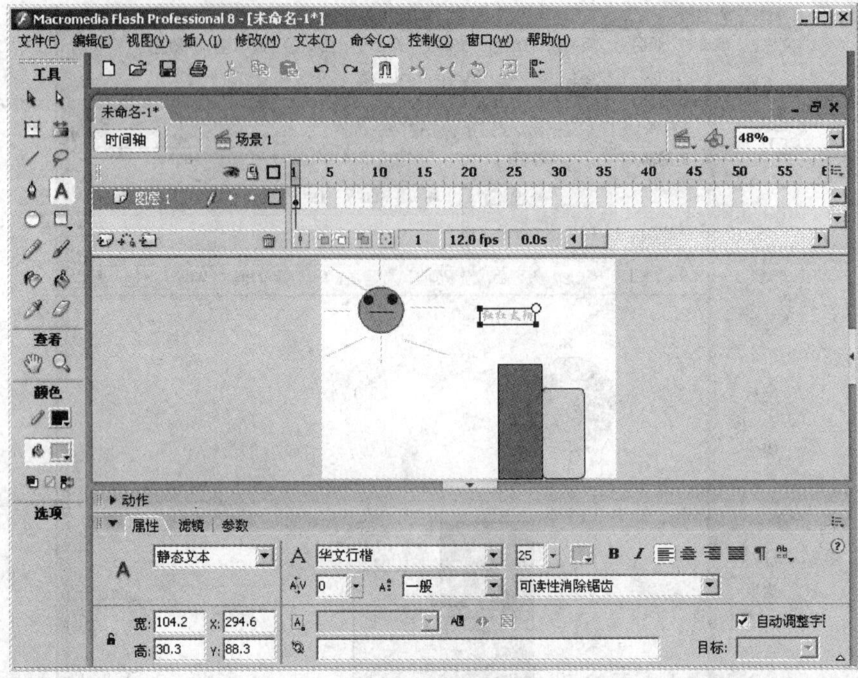

图 13－15　输入文字

① 在工具箱选择“椭圆工具”，鼠标指针变成十字形状。

② 按住鼠标左键，在舞台中单击并拖动鼠标，绘制一个椭圆，如图 13－16 所示。若按住 Shift 键在舞台中拖动鼠标，可以绘制一个正圆。

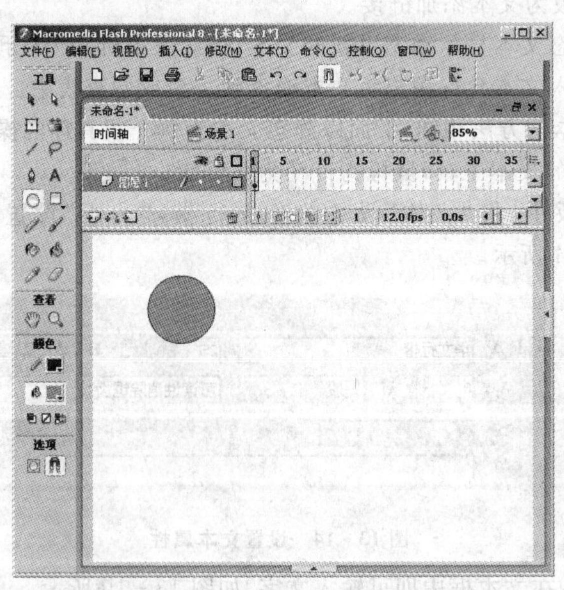

图 13－16　绘制椭圆

5. 矩形工具

矩形工具的用法和椭圆工具相同，都可以任意设置轮廓线的颜色和填充颜色，利用矩形工具还可以绘制出带有一定圆角的矩形。绘制矩形和圆角矩形的具体操作步骤如下所述。

① 在工具箱中选择“矩形工具”，鼠标指针变为十字形状。

② 按住鼠标左键拖动，在舞台中绘制一个矩形，如图 13－17 所示。

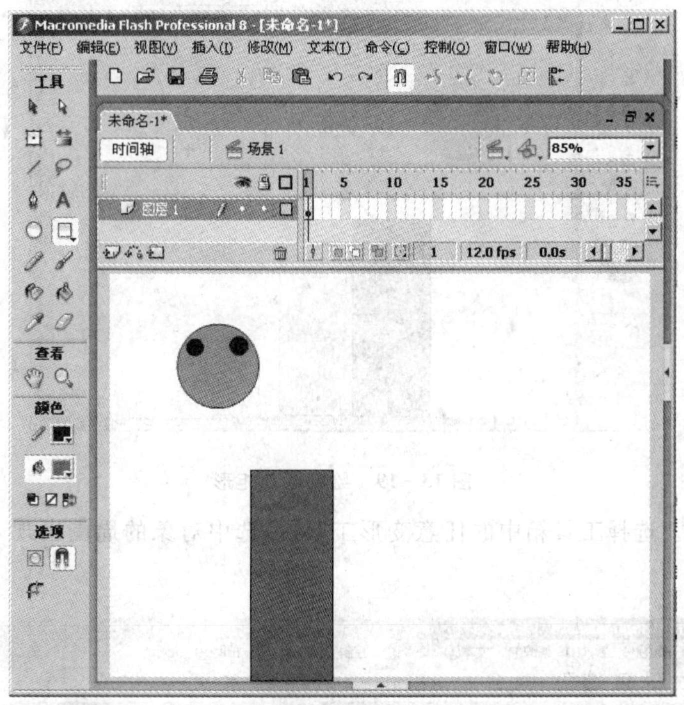

图 13－17　绘制矩形

③ 在工具箱“选项”中选择“边角半径设置”，弹出“矩形设置”对话框，如图 13－18 所示。

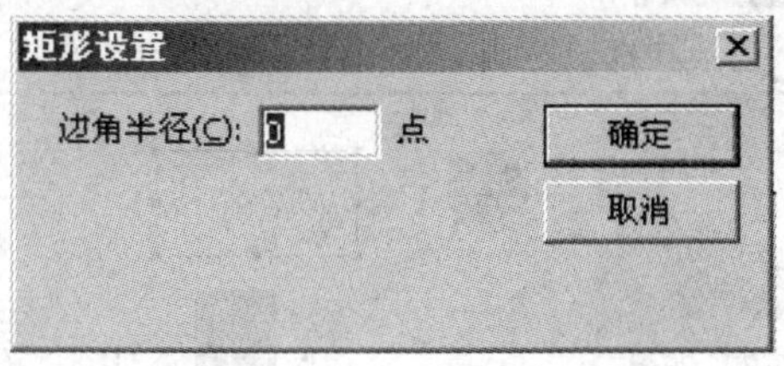

图 13－18　“矩形设置”对话框

④ 在对话框中的“边角半径”文本框中输入 10，设置矩形的圆角半径为 10，单击“确定”按钮，在舞台中绘制一个圆角矩形，如图 13－19 所示。

6. 任意变形工具

使用任意变形工具可以改变舞台中对象的形态。选择工具箱中的任意变形工具，工具箱中的“选项”区域中会出现 4 个附属工具，分别是旋转与倾斜、缩放、扭曲和封套。利用任意变形工具修改对象形状的具体操作步骤如下所述。

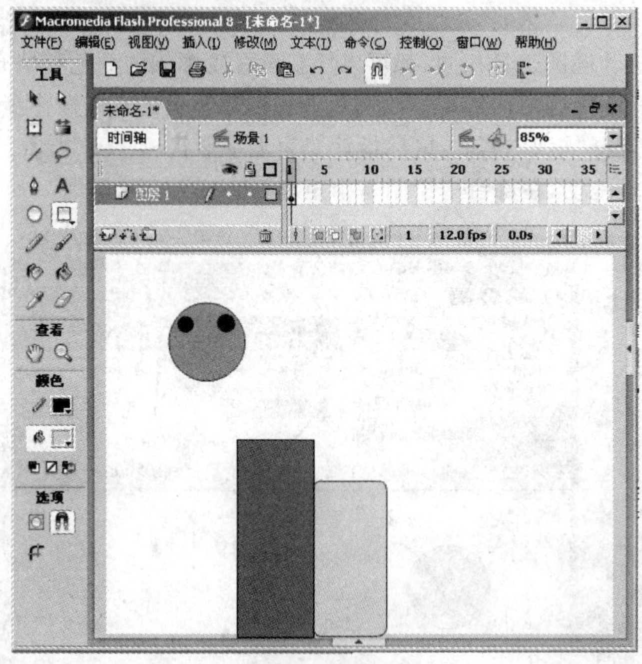

图 13－19　绘制圆角矩形

① 选中对象。选择工具箱中的任意变形工具，选中对象的周围出现 8 个控制点，如图 13－20 所示。

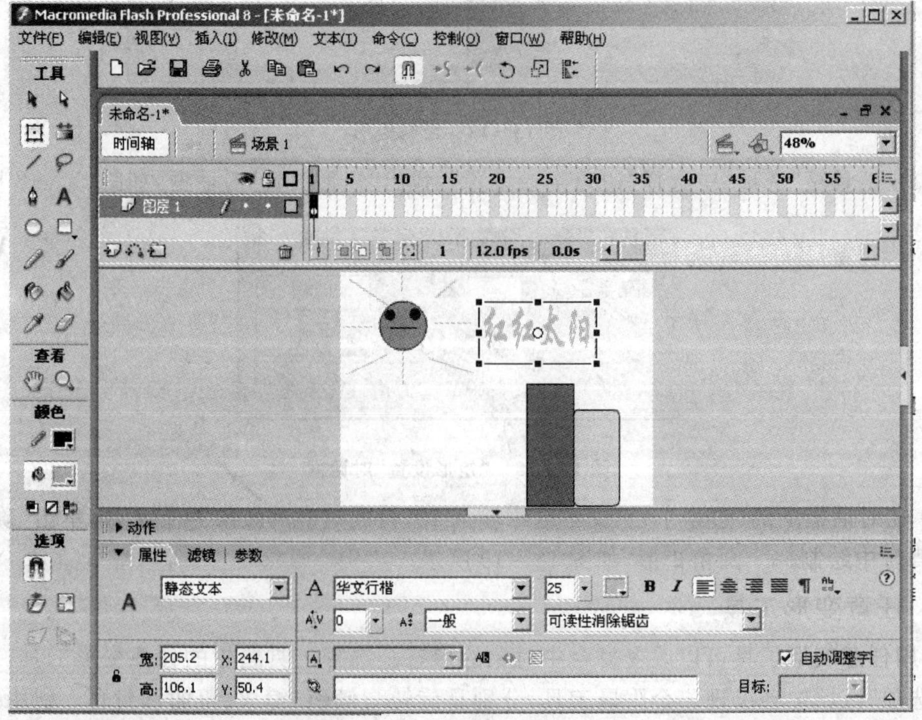

图 13－20　选择任意变形工具

② 单击工具箱"选项"中的按钮,可以对对象进行旋转和倾斜,如图 13－21 所示。

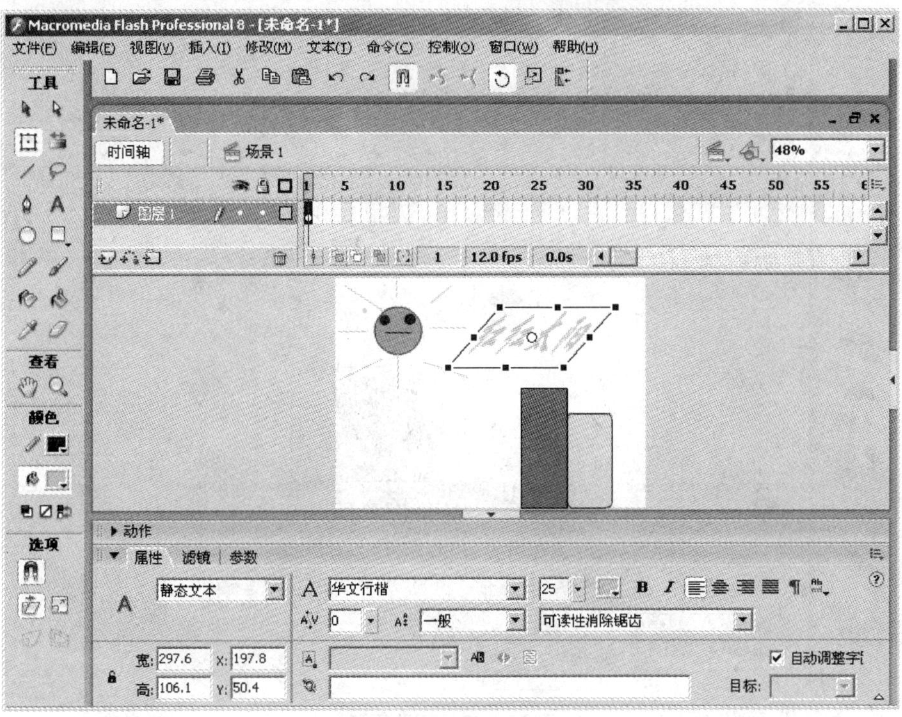

图 13－21　旋转和倾斜图像

③ 单击工具箱"选项"中的按钮,可以对对象进行缩小和放大,如图 13－22 所示。

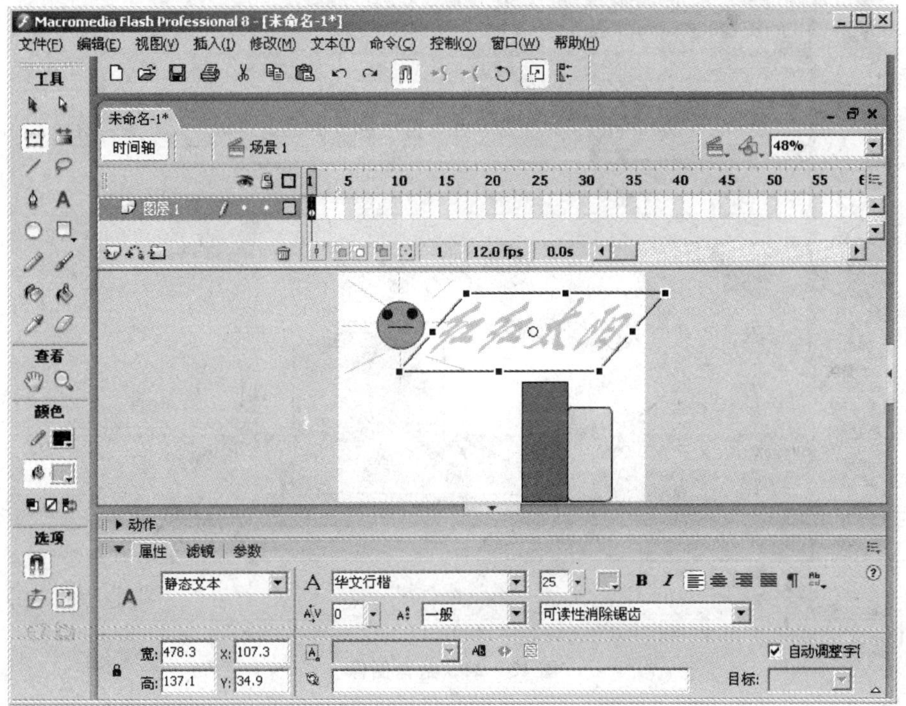

图 13－22　缩放图像

④ 单击工具箱“选项”中的按钮，可以对对象进行扭曲，如图 13 - 23 所示。

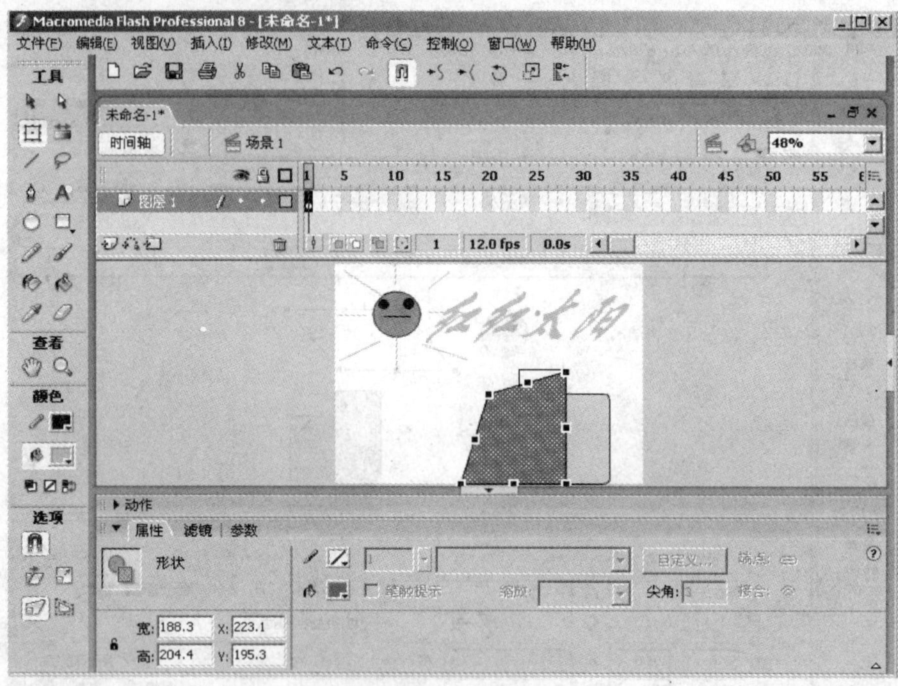

图 13 - 23　扭曲图像

⑤ 单击工具箱“选项”中的按钮，可以对对象进行封套，如图 13 - 24 所示。

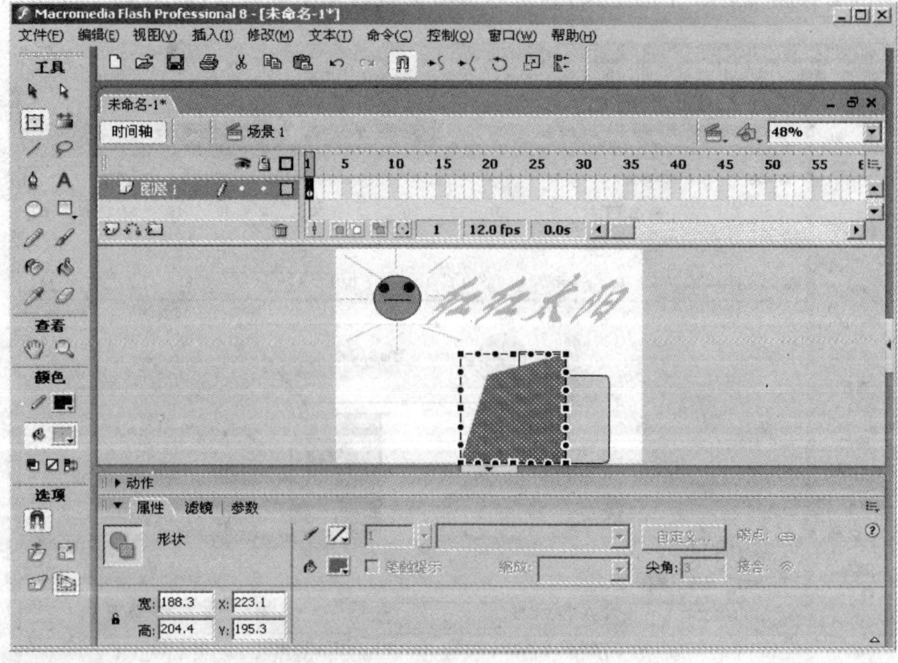

图 13 - 24　封套图像

13.3 Flash 动画制作

Flash 动画中包含了各种资源,用来提供创建影片的元素。Flash 动画将图像按一定的时间顺序排放在时间轴中,在播放时按时间轴排放顺序连续快速地显示这些图像。

13.3.1 元 件

元件是 Flash 动画中一种独特的资源类型。元件可以使编辑影片变得简单,如果想更改影片中重复的元素,只需对元件进行更改,Flash 8.0 就会自动更新所有使用该元件的实例。元件可以是一个图形,也可以是一个按钮,还可以是影片剪辑,它们不仅仅局限于本身的功能,还可以与影片一起完成各种动画。

在影片中使用元件可以大大地减小最后生成文件的大小。元件一旦被建立就会被放置在库中,在库中可以看到各种元件的属性,还可以对各种元件进行操作。元件在 Flash 中只要创建一次就可以在整部影片中反复使用,而且一个实例只需要下载一次元件,这样就可以加快影片的播放速度。

元件有 3 种类型,分别是图形元件、按钮元件和影片剪辑。

① 图形元件用于静态图像或简单的动画,主要是便于重复利用。对于静态图像还可以创建几个链接到主影片时间轴上的可重用动画片段。图形元件与影片的时间轴同步运行。交互式控件和声音不会在图形元件的动画序列中产生作用。

② 按钮元件用于创建影片中影响鼠标事件例如鼠标单击、滑过或其他动作的交互按钮。

③ 影片剪辑除了可以包含静态图像外,还可以包括一些高级的动画。它与图形元件的主要区别在于它支持 ActionScript 和声音。使用影片剪辑元件可以创建独立于影片中主时间轴播放的可重复使用的动画部分。影片剪辑很像在影片中的小影片,它可以包括交互控制、声音甚至其他的影片剪辑实例,也可以在按钮元件的时间轴放置影片剪辑实例来创建动画按钮。

1. 图形元件

图形元件很适用于制作静态图像、不具有交互性的动画以及创建与主时间轴相关联的动画。创建图形元件的具体步骤如下所述。

① 新建一个 Flash 文档,选择菜单栏中的“插入”|“新建元件”菜单项,弹出“创建新元件”对话框,如图 13-25 所示。

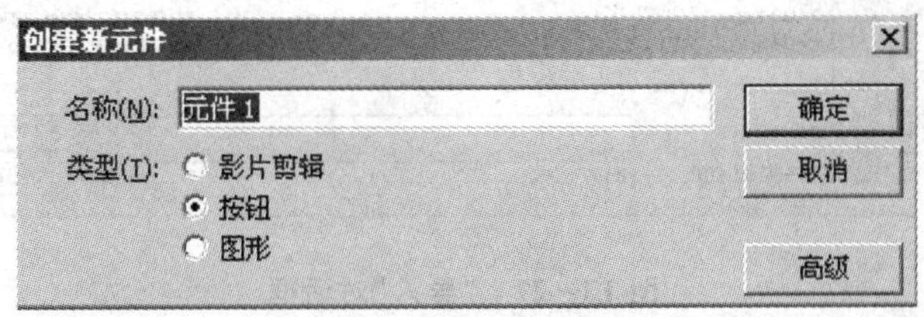

图 13-25 “创建新元件”对话框

② 在对话框中的“名称”文本框中输入元件的名称,在“类型”中选择“图形”,单击“确定”按钮,进入图形元件的编辑模式,如图 13-26 所示。

③ 选择菜单栏中的“文件”|“导入”|“导入到舞台”菜单项,弹出“导入”对话框,如图

13－27所示。

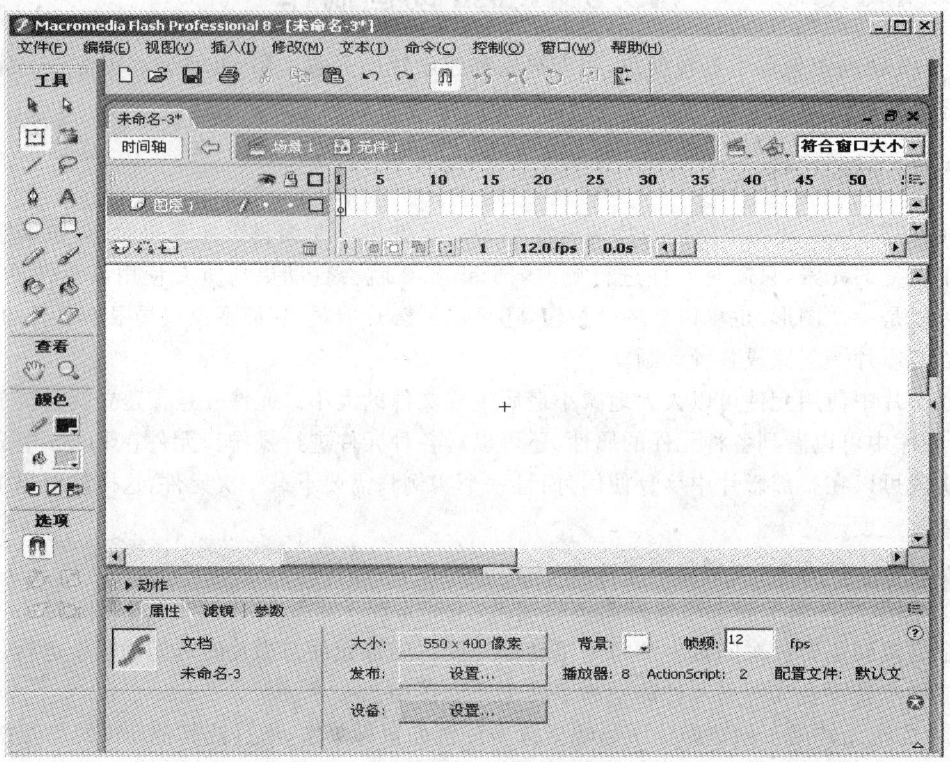

图 13－26　图形元件编辑模式

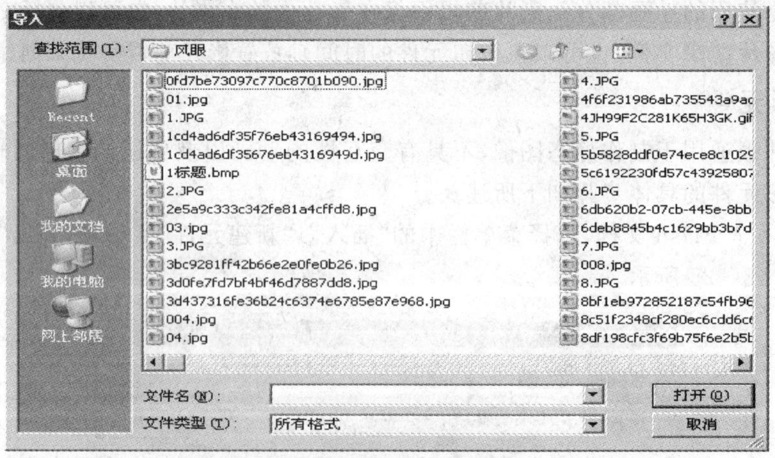

图 13－27　“导入”对话框

④ 在对话框中选择要导入的图片，单击“打开”按钮，将图片导入到舞台中，如图 13－28 所示。

⑤ 单击文档左上角的“场景 1”图标，进入主场景的编辑模式，选择菜单栏中的“窗口”|“库”菜单项，打开“库”面板，在“库”面板中可以看到创建的图形元件，如图 13－29 所示。

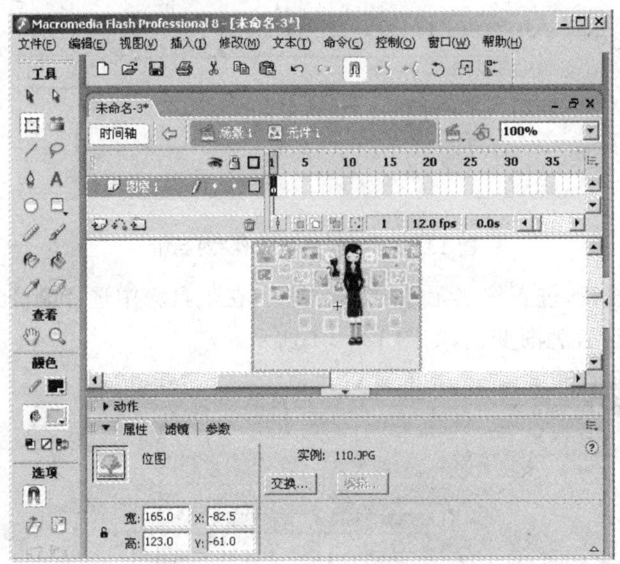

图 13－28　导入图像

图 13－29　创建图形元件

2. 按钮元件

按钮是元件的一种。它可根据按钮的弹出和出现的每一种状态来显示不同的图像，来响应鼠标动作和执行指定的行为。按钮有 4 种不同的状态，可以通过在 4 帧时间轴上创建关键帧指定不同的按钮状态。这 4 个状态帧分别是弹起、指针经过、按下和点击。创建按钮元件的具体操作步骤如下所述。

① 选择菜单栏中的“插入”|“新建元件”菜单项，弹出“创建新元件”对话框，在对话框中的“名称”文本框中输入元件的名称，在“类型”中选择“按钮”，如图 13－30 所示。

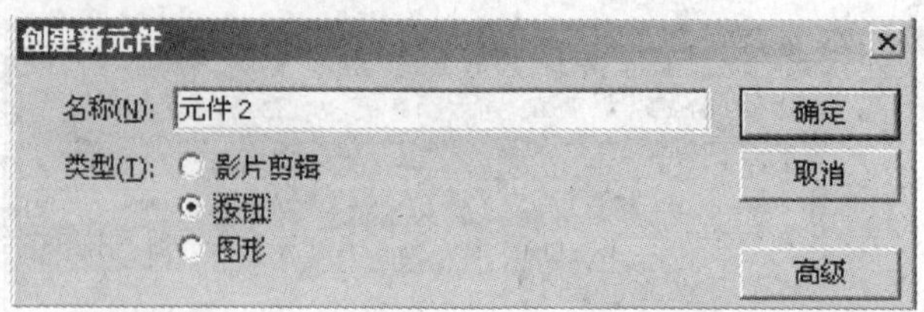

图 13－30 “创建新元件”对话框

② 单击“确定”按钮，进入按钮元件的编辑模式，在工具箱中选择椭圆工具，将“笔触颜色”设置为无，“填充色”设置为渐变色，如图 13－31 所示。

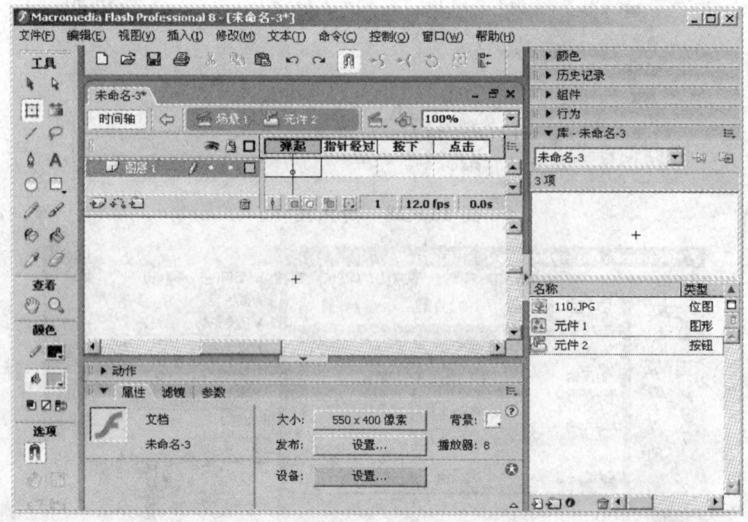

图 13－31 按钮元件编辑模式

③ 选中“弹起”帧，按住鼠标左键不放并拖动来绘制一个椭圆，如图 13－32 所示。

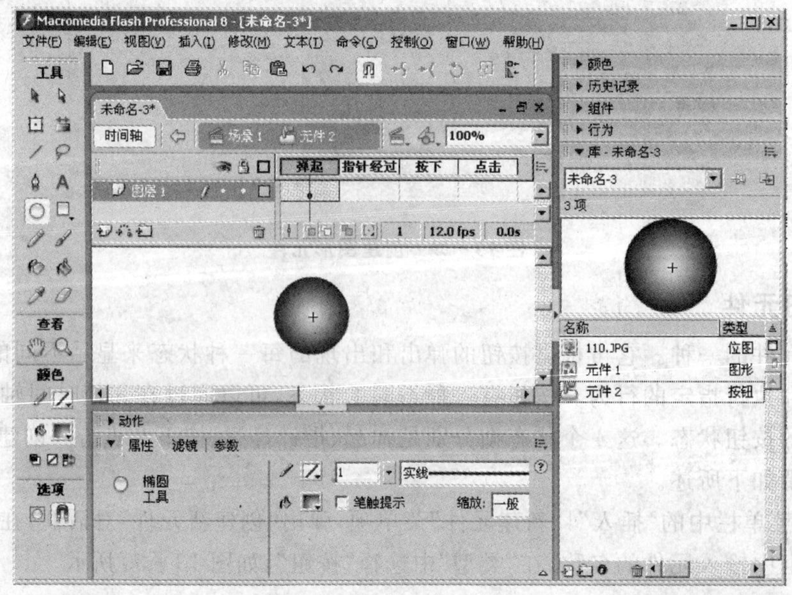

图 13－32 编辑“弹出”帧

④ 选中“指针经过”帧，按 F6 键插入关键帧，并调整椭圆的颜色，如图 13－33 所示。

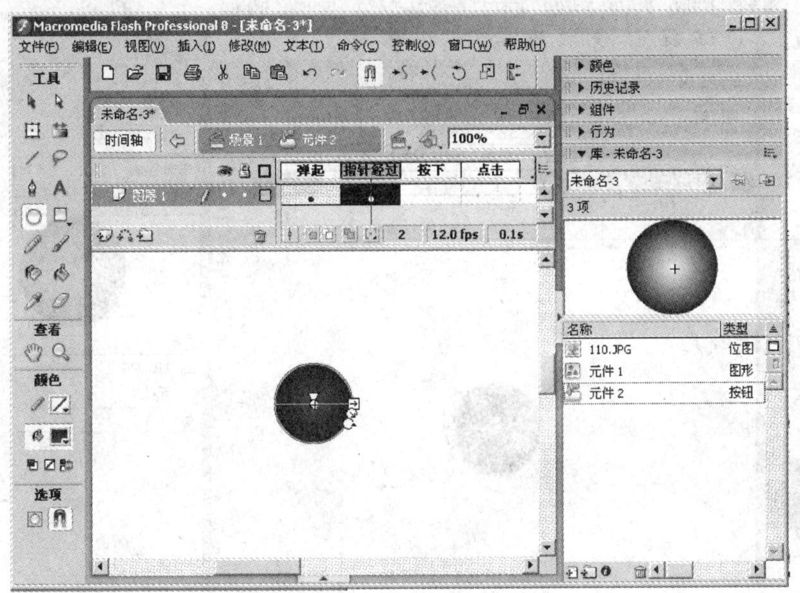

图 13－33　编辑“指针经过”帧

⑤ 选中“按下”帧，按 F6 键插入关键帧，并调整椭圆的颜色，如图 13－34 所示。

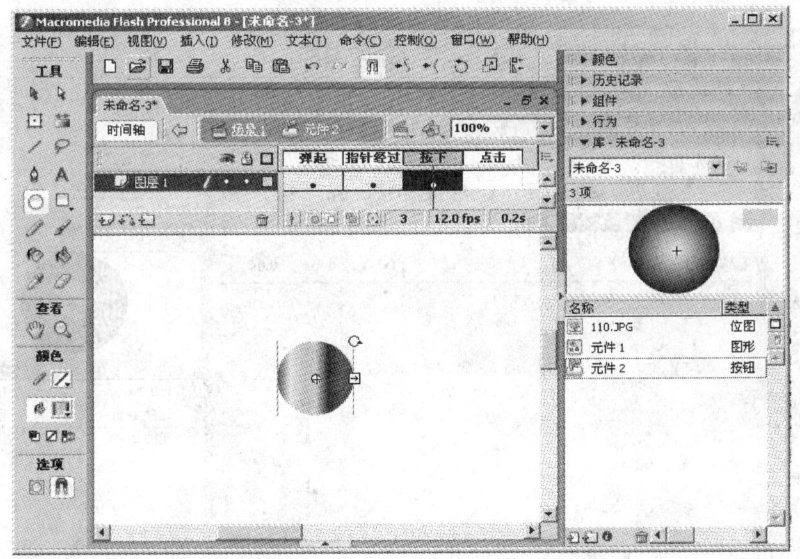

图 13－34　编辑“按下”帧

⑥ 选中“点击”帧，按 F6 键插入关键帧，并调整椭圆的颜色，如图 13－35 所示。

⑦ 单击文档左上角的“场景 1”图标，进入主场景的编辑模式。打开“库”面板，在“库”面板中可以看到创建的按钮元件，如图 13－36 所示。

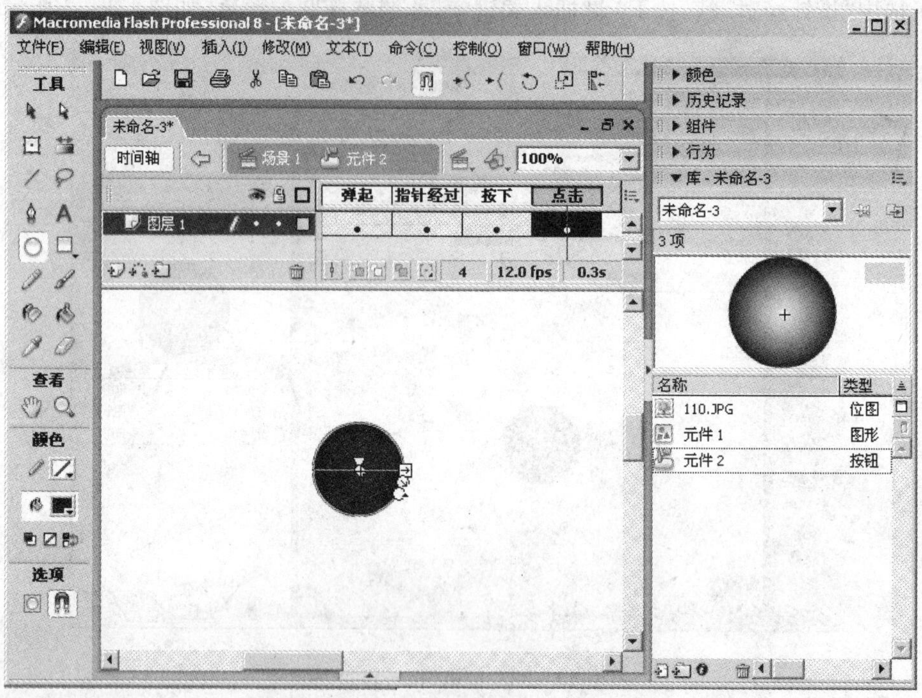

图 13－35　编辑“点击”帧

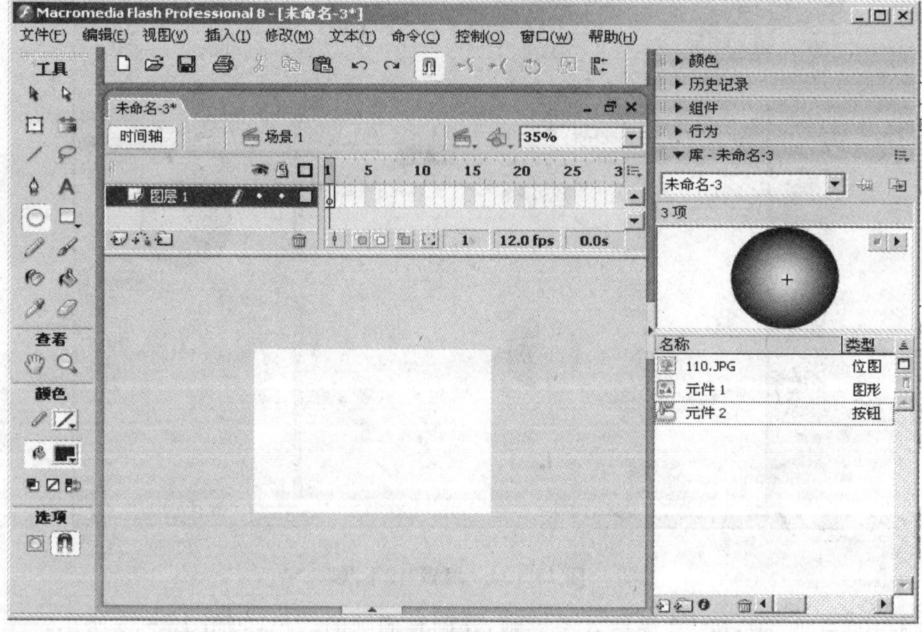

图 13－36　创建的按钮元件

3. 影片剪辑

影片剪辑元件可独立于主时间轴，在其他影片剪辑和按钮中添加影片以创建嵌套的影片剪辑；影片剪辑会在主影片的时间轴上产生一个关键帧，一个 30 帧的影片剪辑放在即使只有一个帧的主时间轴上，也会从头运行到结尾。创建影片剪辑的具体步骤如下所述。

① 选择菜单栏中的“插入”|“新建元件”菜单项，弹出“创建新元件”对话框，在对话框中的“名称”文本框中输入元件的名称，在“类型”中选择“影片剪辑”，如图 13－37 所示。

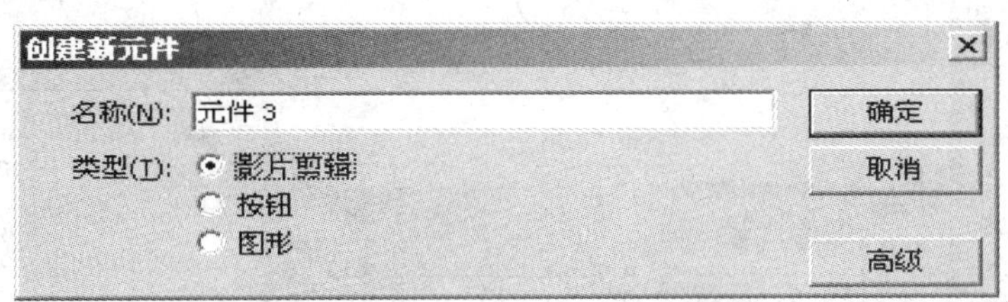

图 13－37 “创建新元件”对话框

② 单击“确定”按钮，进入影片剪辑的编辑模式。在工具箱中选择文本工具，在“属性”面板中进行相应的设置，如图 13－38 所示。

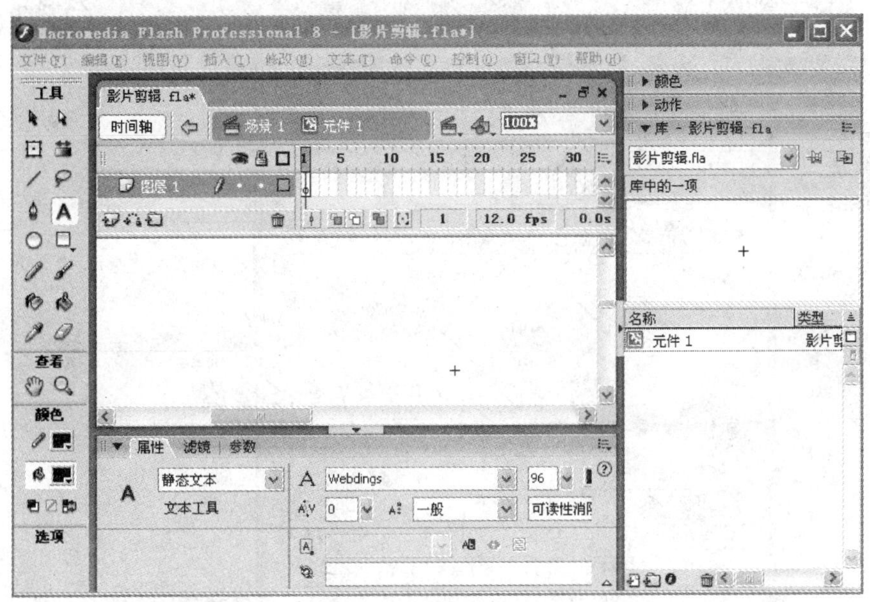

图 13－38 选择文本工具

③ 在舞台中单击，在文本框中输入小写英文字母“l”，如图 13－39 所示。

④ 选中第 20 帧，按 F6 插入关键帧，选择工具箱中的任意变形工具，对文本进行旋转，如图 13－40 所示。

⑤ 在 1～20 帧之间的任意帧处右击，在弹出的快捷菜单中选择“创建补间动画”选项，创建补间动画如图 13－41 所示。

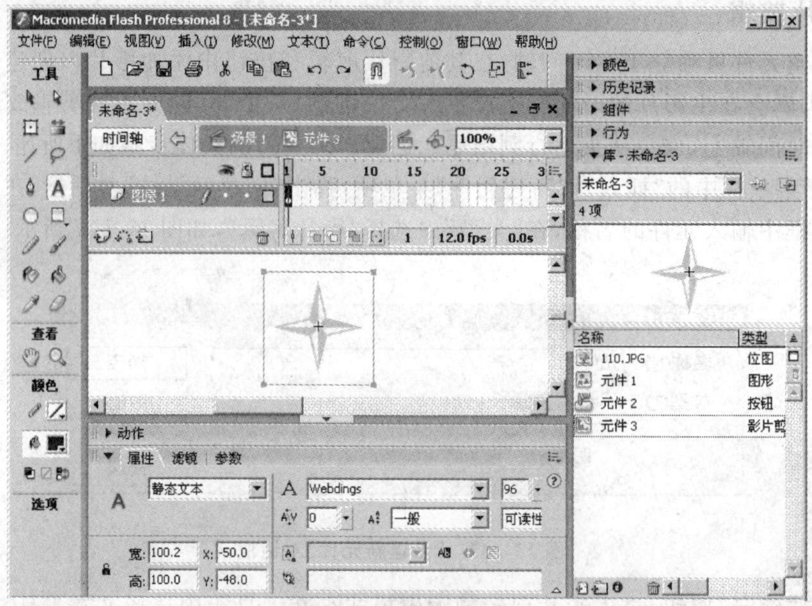

图 13-39　输入文字

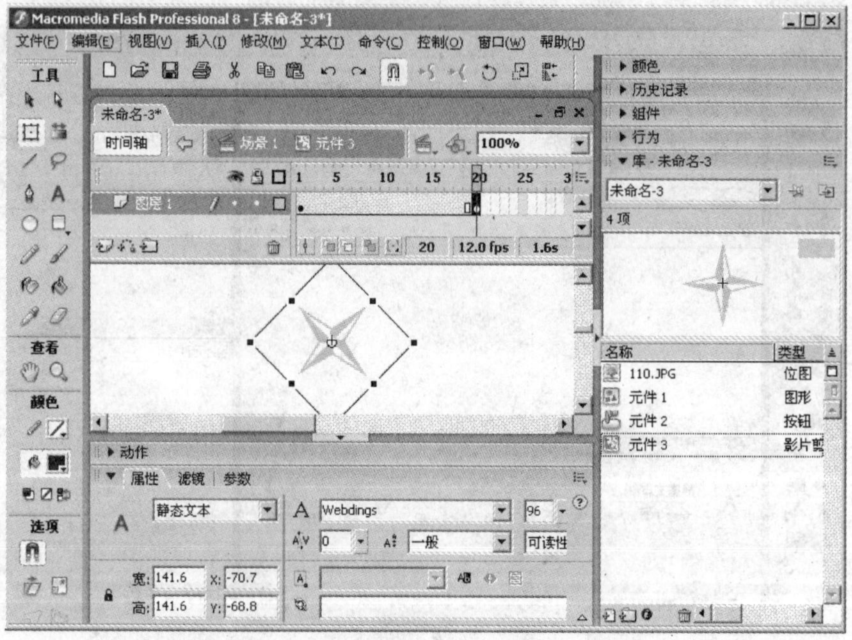

图 13-40　进行旋转

⑥ 单击文档左上角的"场景 1"图标，进入主场景编辑模式。在"库"面板中可以看到创建的影片剪辑，如图 13-42 所示。

⑦ 将创建的影片剪辑拖入到舞台中，按 Ctrl+Enter 快捷键测试效果，如图 13-43 所示。

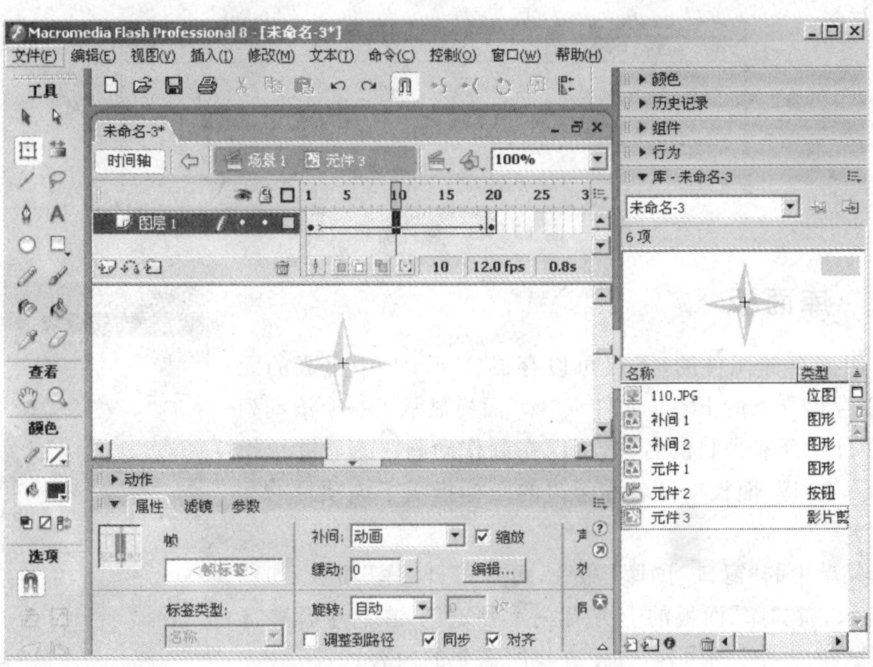

图 13－41　创建补间动画

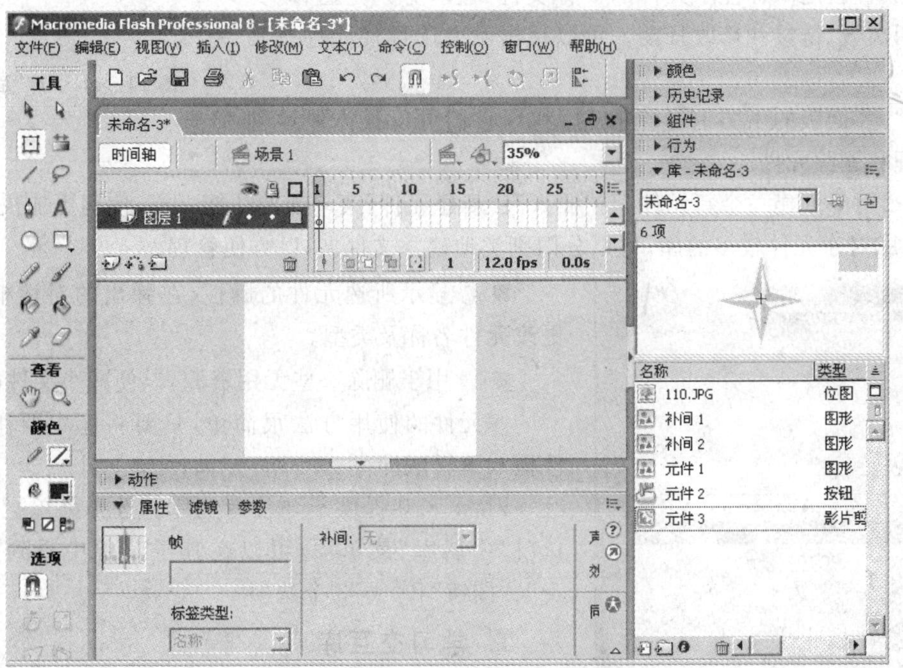

图 13－42　创建的影片剪辑

图 13－43　影片剪辑效果

13.3.2　库面板

库是用来存储元件的，不仅可以存储在 Flash 中生成的元件，也可以存储导入的 Flash 元件。“库”面板显示了一个滚动列表，包含了库中所有项目的名称，可以在制作动画时查看并组织这些元素。在“库”面板项目名称旁边的图标指明了该项目的文件类型。

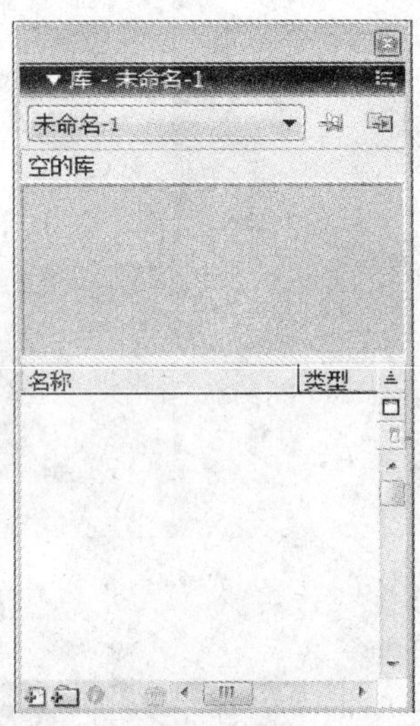

图 13－44　“库”面板

选择菜单中的“窗口”|“库”命令，可以打开“库”面板，如图 13－44 所示。在“库”面板的上方有一个预览区，在这个预览区中可以预览相应元件的内容，方便查找所需要的内容。

如果库中的对象比较多，为了查询的需要，Flash 在预览区和元件放置区之间标注了元件的 5 种文件属性，分别是名称、类型、使用次数、链接和修改日期。可以单击某一属性使元件按其排列。

在“库”面板的下方有 4 个按钮，利用它们可以很方便地创建、管理和删除元件。

- 用于创建一个新元件，与“插入”|“新建元件”菜单项的功能一样，使用更加快捷。
- 对于元件较多的库，可以分门别类地建立文件夹，以方便管理。
- 显示所选元件的属性，在弹出的对话框中可以更改元件名称及类型。
- 用于删除一些无用资源，以便减小文件的体积。

库元件的使用方法很简单，只要将库中要用到的元件拖入编辑区即可。

Flash 8.0 提供了 3 种专业库。选择菜单栏中的“窗口”|“公用库”菜单项，可以在其子菜单中看到“学习交互”、“按钮”和“类”3 个选项。

1. 学习交互库

选择菜单栏中的“窗口”|“公用库”|“学习交互”菜单项，弹出“学习交互库”面板。其中包含多层文件夹，双击打开文件夹，可以对其中的各个文件进行预览，如图 13－45所示。

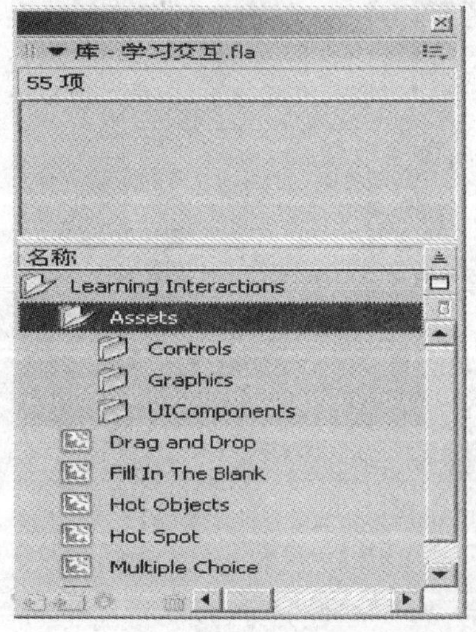

图 13－45　“学习交互库”面板及预览交互库文件

2. 按钮库

选择菜单栏中的“窗口”|“公用库”|“按钮”菜单项，弹出如图 13－46 所示的“按钮库”面板。“按钮库”面板中包含多个文件夹，双击其中的某个文件夹将其打开，可以看到该文件夹中包含的多个按钮文件，单击其中的某个按钮，可以在上面的窗口中预览。单击预览窗口中右上角的“播放”和“停止”按钮可以查看按钮动画的播放情况，如图 13－47 所示。

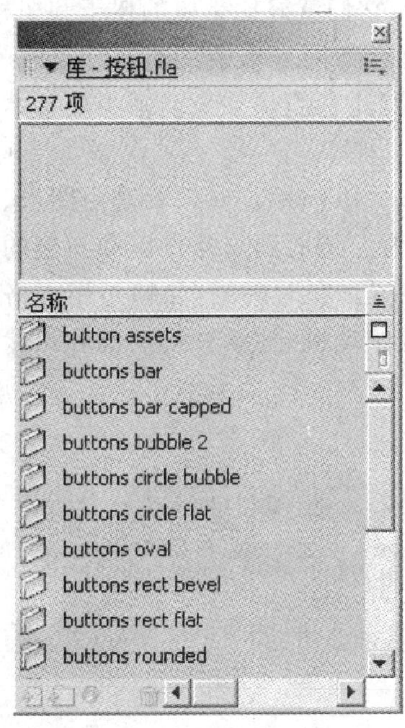

图 13－46　“按钮库”面板

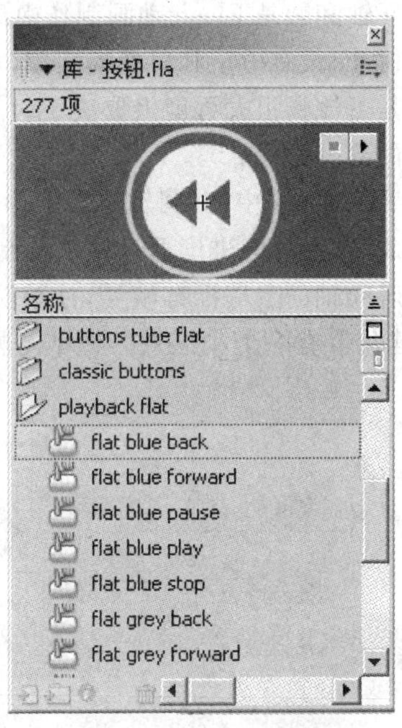

图 13－47　按钮元件

3. 类　库

Flash 8.0 中去掉了过去版本中的声音库，新增了一个叫做类的库。该库中共有 3 个元件，分别是数据绑定组件、应用组件和网络服务元件。选择菜单栏中的“窗口”|“公用库”|“类”菜单项，弹出如图 13－48 所示的“类库”面板。

图 13－48　“类库”面板

13.3.3 时间轴和帧

Flash 最主要的功能就是制作动画，即利用时间轴中的关键帧使绘制的精彩图形以及引入的素材动起来。本小节将介绍时间轴和帧等重要概念以及 Flash 基本动画创建方法。

1. 时间轴

时间轴和帧是 Flash 动画制作中最主要的两个概念，它们就好比是树的树干和树根，而元件就是树叶，没有树干和树根的支撑，整个 Flash 影片就会如同一堆杂乱的落叶。Flash 动画的播放是否流畅很大程度上取决于时间轴和帧的使用，因此它们是整个动画中最基本的也是最重要的部分。

在 Flash 8.0 中，时间轴位于工作区正上方，如图 13－49 所示。时间轴是由图层、帧和播放头组成的，影片的进度通过帧来控制。时间轴可以分为左侧的图层操作区和右侧的帧操作区。在时间轴的上端标有帧号，播放头标示当前帧的位置。在时间轴上，帧是用方格来表示的，关键帧带有一个小黑点。在帧与帧之间可以产生逐帧动画、运动补间动画和形状补间动画等。

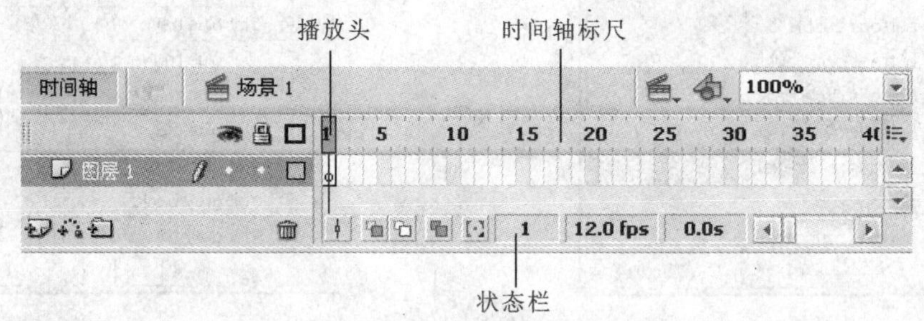

图 13－49 “时间轴”面板

- 时间轴标尺：时间轴标尺是由帧标记和帧编辑号两部分组成的。时间轴标尺可以确定动画播放的具体时间，以 1 帧为最基本的单位。
- 播放头：当拖动时间轴上的播放头时，工作区中的画面会相应变化，拖动播放头可以选择相应位置的帧，然后对该帧进行相关的编辑。
- 状态栏：状态栏显示了当前帧、帧频率和运行时间。当前帧也就是播放头当前的位置。帧频率显示了当前动画每秒钟播放的帧数，双击帧频率，可以在弹出的对话框中重新设置每秒钟播放的帧数。运行时间显示的是第 1 帧与当前帧之间播放的时间间隔。

2. 关键帧

只有图形的位置、形状或属性不断的变化才能显示出动画效果，关键帧就是定义这些变化的帧，也包括含有动作脚本的帧。关键帧在时间轴上以实心的小黑点表示，所有参与动画的对象都必须而且只能插入到关键帧中，关键帧的内容可以编辑。

选择菜单栏中的“插入”|“时间轴”|“关键帧”菜单项，可以在选中的帧上插入关键帧，或选中要插入关键帧的帧，按 F6 键即可插入关键帧。选中某一帧并右击，在弹出的快捷菜单中选择“插入关键帧”选项，也可插入关键帧。

选中插入的关键帧并右击，在弹出的快捷菜单中选择“清除关键帧”选项，即可将关键帧删除，或选中要删除的关键帧，选择菜单栏中的“修改”|“时间轴”|“清除关键帧”菜单项。

下面讲述逐帧动画、动画补间和形状补间的制作方法。

1）逐帧动画

逐帧动画是一种比较原始的动画制作方法。采用的原理实际上就是传统的动画片制作原理，先把动画中的分解动作一帧一帧的制作出来，然后让它们连续播放。制作逐帧动画的具体操作步骤如下所述。

① 新建一个空白文档，选择菜单栏中的“文件”|“导入”|“导入到库”菜单项，弹出“导入到库”对话框，如图 13－50 所示。

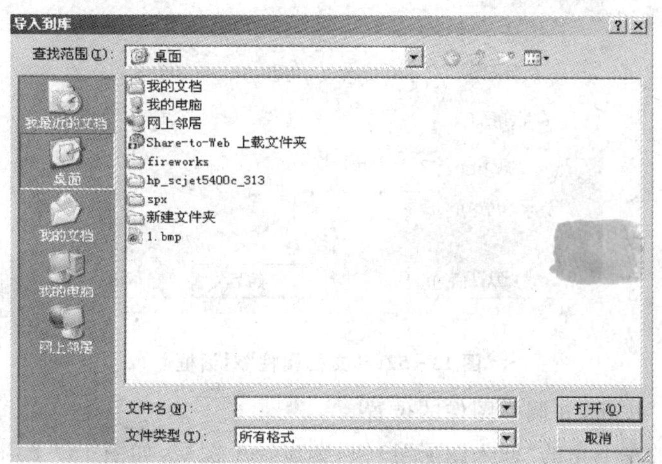

图 13－50 “导入到库”对话框

② 在对话框中选择图像，单击“打开”按钮，将图像导入到“库”面板中，并将图像拖动到舞台中，如图 13－51 所示。

图 13－51 拖入图像

③ 选择菜单栏中的“修改”|“文档”菜单项，弹出“文档属性”对话框，在对话框中将“尺寸”右边的“宽”设置为 600px，“高”设置为 359px，如图 13-52 所示。

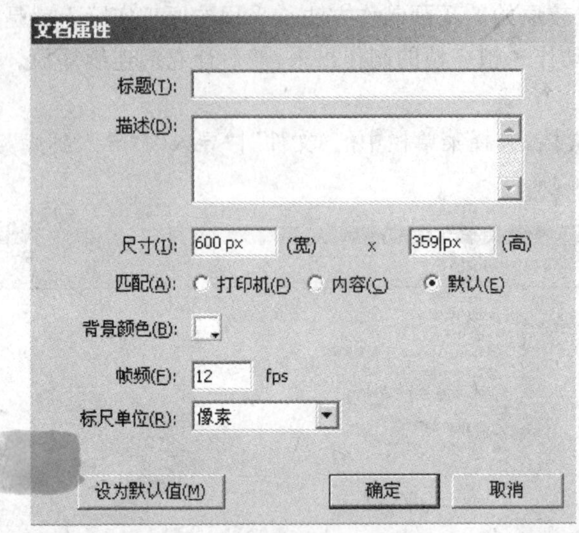

图 13-52 “文档属性”对话框

④ 单击“确定”按钮，并调整图像的位置。

⑤ 单击时间轴左下角的“插入图层”按钮，新建一个图层，如图 13-53 所示。

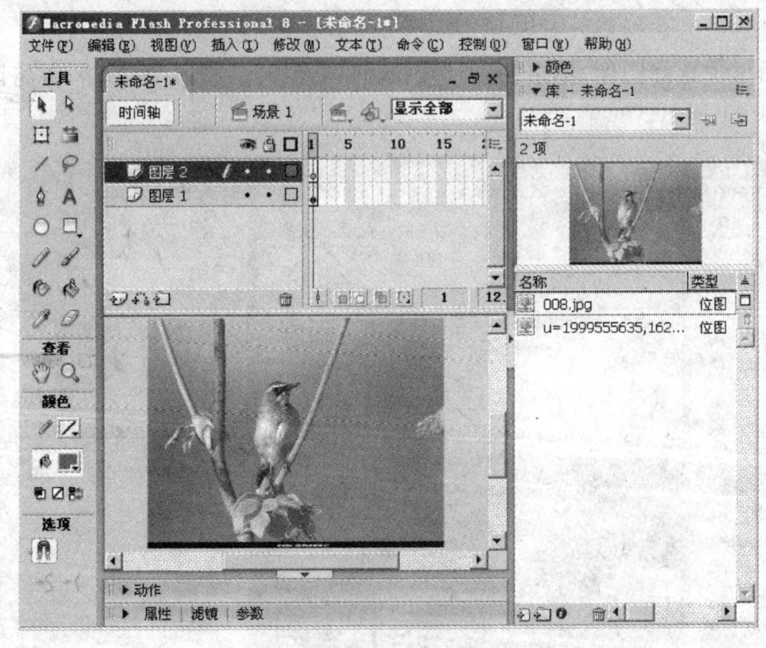

图 13-53 新建图层

⑥ 选中图层 2 的第 5 帧，按 F6 键插入关键帧。选择工具箱中的文本工具，在“属性”面板中将“字体”设置为华文行楷，“大小”设置为 35，“颜色”设置为＃FF99CC，在舞台上单击鼠标左键，在文本框中输入文字“大”，如图 13-54 所示。

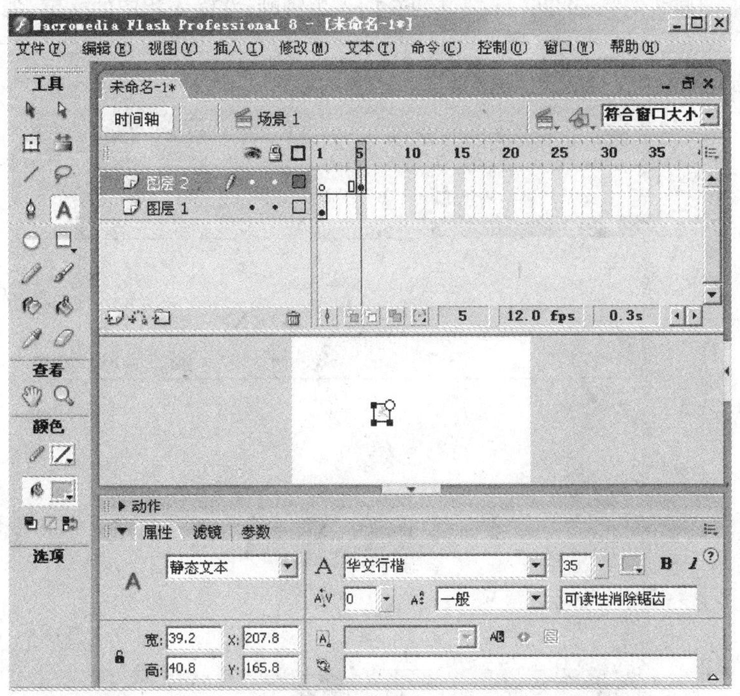

图 13－54　文字输入 1

⑦ 选中图层 2 的第 12 帧，按 F6 插入关键帧，在舞台上单击，在文本框中输入文字“海”，如图 13－55 所示。

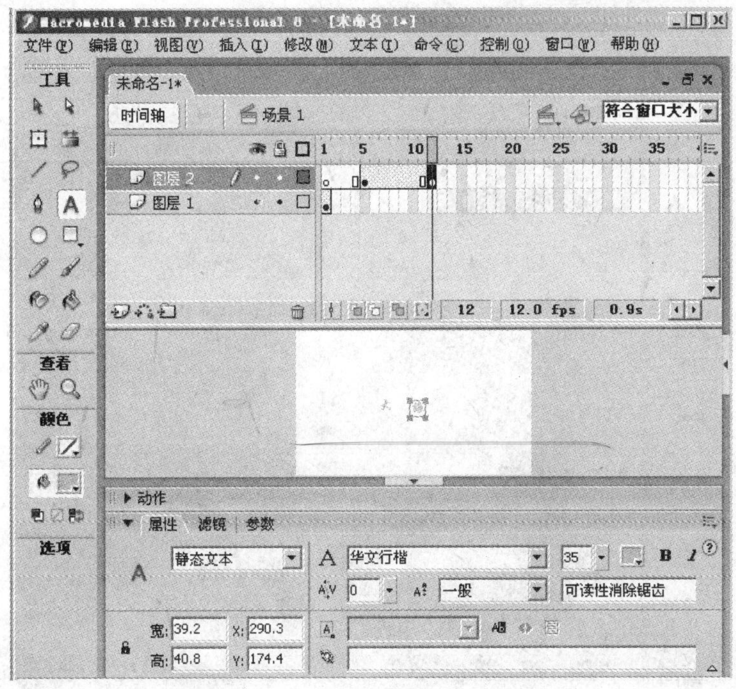

图 13－55　文字输入 2

⑧ 分别选中图层 2 的第 19,26,33 帧,按 F6 插入关键帧,并输入相应的文字,如图 13 - 56 所示。

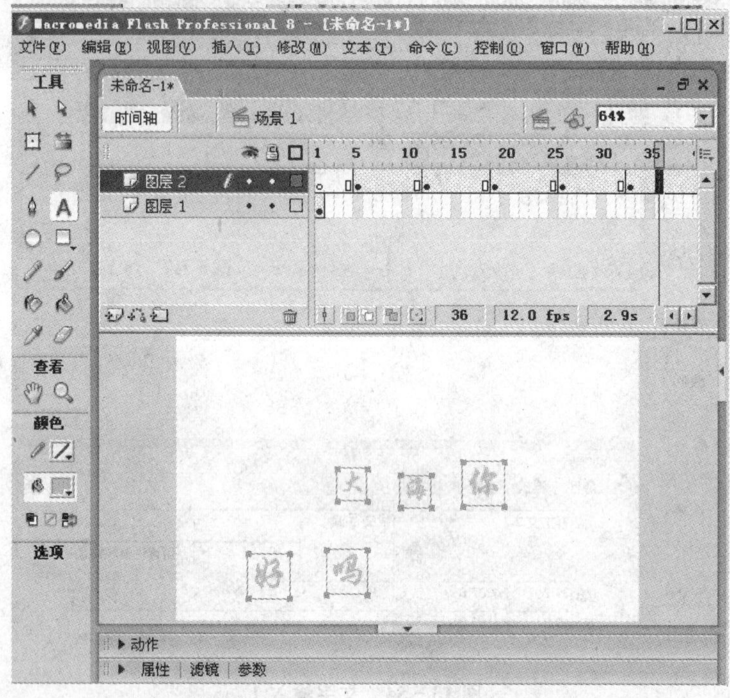

图 13 - 56　文字输入 3

⑨ 选中图层 2 和图层 1 的第 50 帧,按 F5 插入帧,如图 13 - 57 所示。

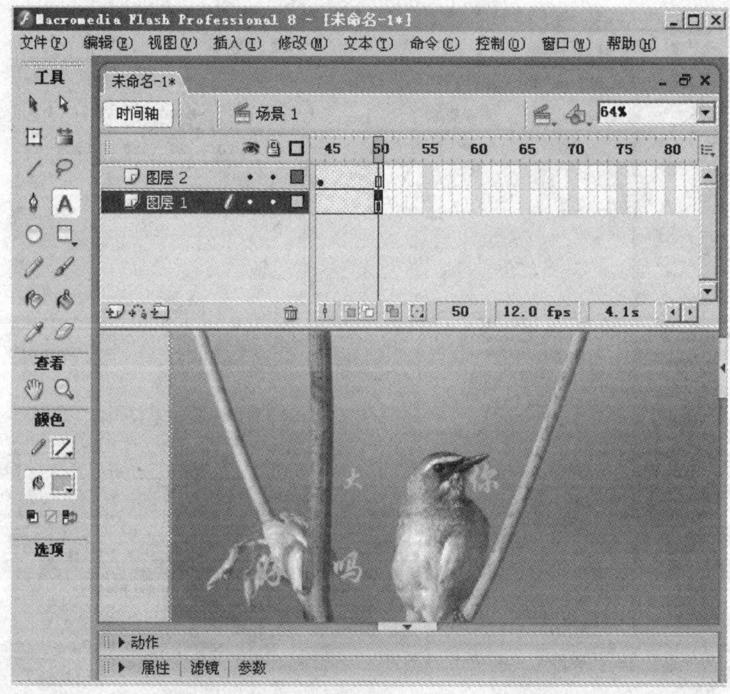

图 13 - 57　插入帧

⑩ 按住 Ctrl+Enter 快捷键测试动画效果，如图 13－58 所示。

图 13－58 逐帧动画

2）动画补间

动画补间所处理的动画对象是舞台中引入的元件实例或其他导入的素材对象。创建补间动画的具体操作步骤如下所述。

① 新建一个空白文档，选择菜单栏中的“文件”|“导入”|“导入到库”菜单项，弹出“导入到库”对话框，如图 13－59 所示。

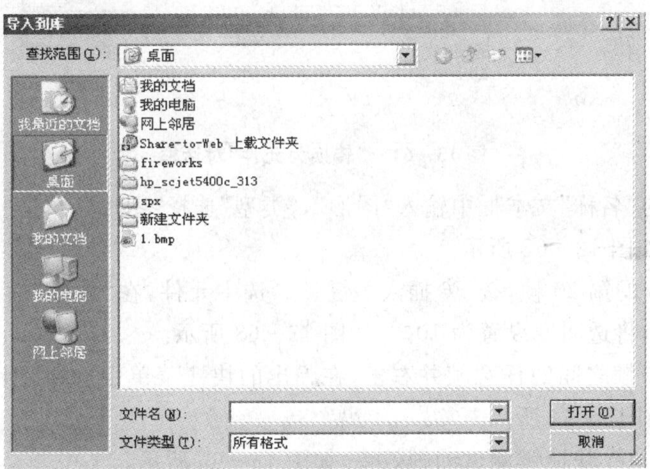

图 13－59 “导入到库”对话框

② 在对话框中选择图像，单击“打开”按钮，将图像导入到“库”面板中，并将图像拖动到舞台中，如图 13－60 所示。

③ 选择菜单栏中的“修改”|“文档”菜单项，弹出“文档属性”对话框，在对话框中根据图像的大小修改文档的尺寸，并调整图像的位置。

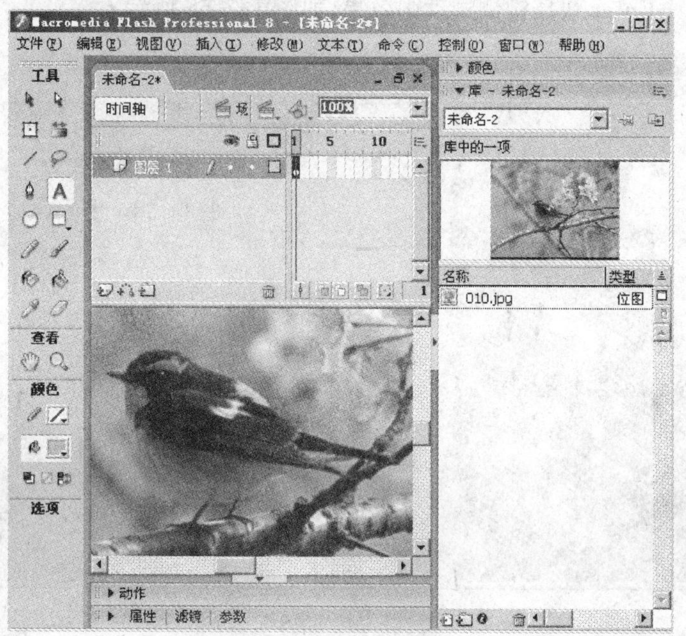

图 13－60 拖入图像

④ 选中图像，选择菜单栏中的“修改”|“转换为元件”菜单项或按 F8 键，弹出“转换为元件”对话框，如图 13－61 所示。

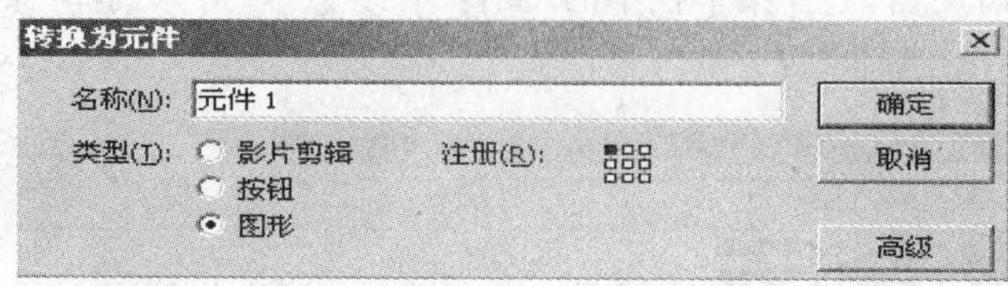

图 13－61 “转换为元件”对话框

⑤ 在对话框的“名称”文本框中输入“图形”，“类型”选择“图形”，单击“确定”按钮，将图像转换为图形元件，如图 13－62 所示。

⑥ 选中图层 1 的第 20 帧，按 F6 插入关键帧。选中元件，在“属性”面板中的“颜色”下拉列表中选择 Alpha，将透明度设置为 10％，如图 13－63 所示。

⑦ 选中 1～20 帧之间的任意帧并右击，在弹出的快捷菜单中选择“创建补间动画”选项，创建补间动画，如图 13－64 所示。

⑧ 按 Ctrl＋Enter 快捷键测试动画效果，如图 13－65 所示。

3）形状补间

形状补间在很多地方都与动画补间相似，它们的根本区别是：形状补间所实现的动画是完成某一对象从一个形状到另一个形状的过渡。只需分别给出动画起点与终点的对象形状，Flash 会自动生成中间的过渡动画。创建形状补间的具体操作如下所述。

① 新建一个空白文档，选择菜单栏中的“文件”|“导入”|“导入到库”菜单项，弹出“导入到库”对话框，选择相应的图像，单击“打开”按钮，将图像导入到“库”面板中，并将图像拖动到舞

图 13－62 转换为元件

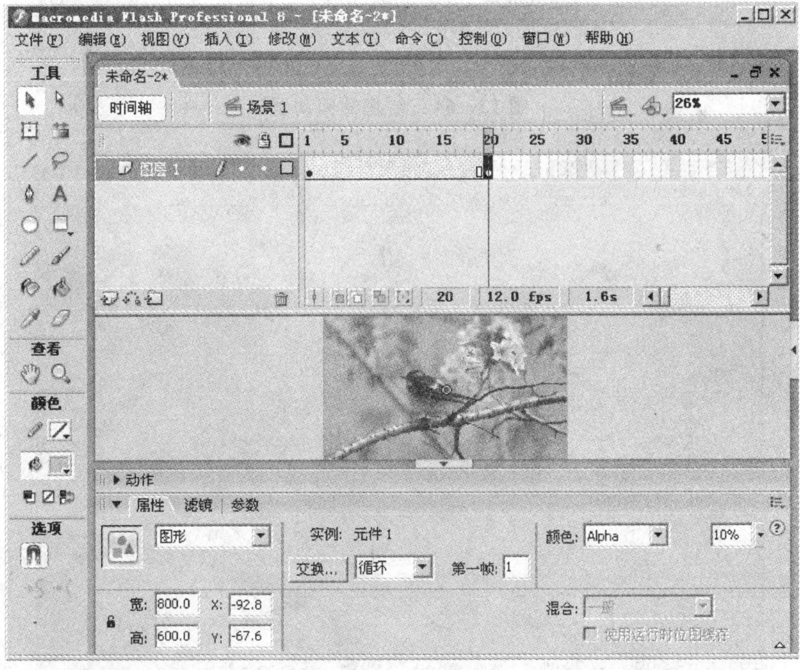

图 13－63 调整透明度

台中，如图 13－66 所示。

② 选择菜单栏中的“修改”|“文档”菜单项，弹出“文档属性”对话框，在对话框中根据图像的大小修改文档的尺寸，并调整图像的位置。

③ 单击时间轴左下角的“插入图层”按钮，在图层 1 的上方创建图层 2，选择工具箱中的

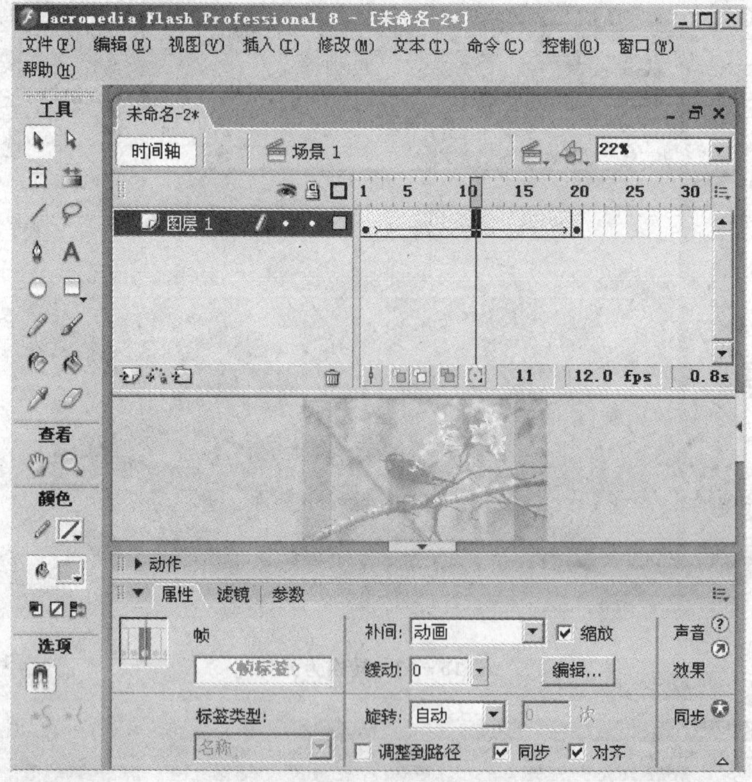

图 13-64 创建补间动画

图 13-65 动画补间

椭圆工具,将“笔触颜色”设置为无,“填充色”设置为#FF99CC,如图 13-67 所示。

④ 按住 Shift 键,在舞台中绘制 4 个相同大小的正圆,如图 13-68 所示。

图 13-66　拖入图像

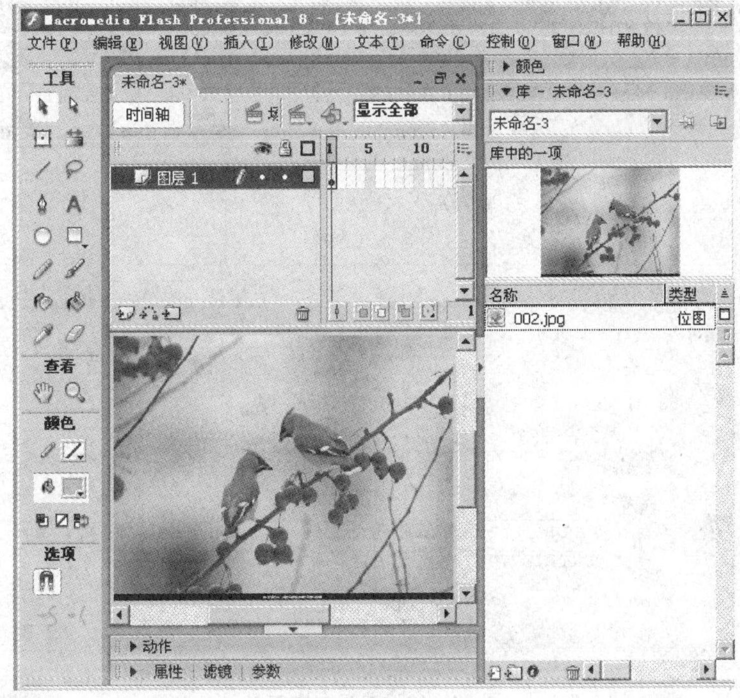

图 13-67　新建图层

⑤ 选中图层 2 的第 25 帧，按 F6 键插入关键帧。选择工具箱中的文本工具，将“字体”设置为华文行楷，“大小”设置为 45，“颜色”设置为＃FF99CC，如图 13-69 所示。

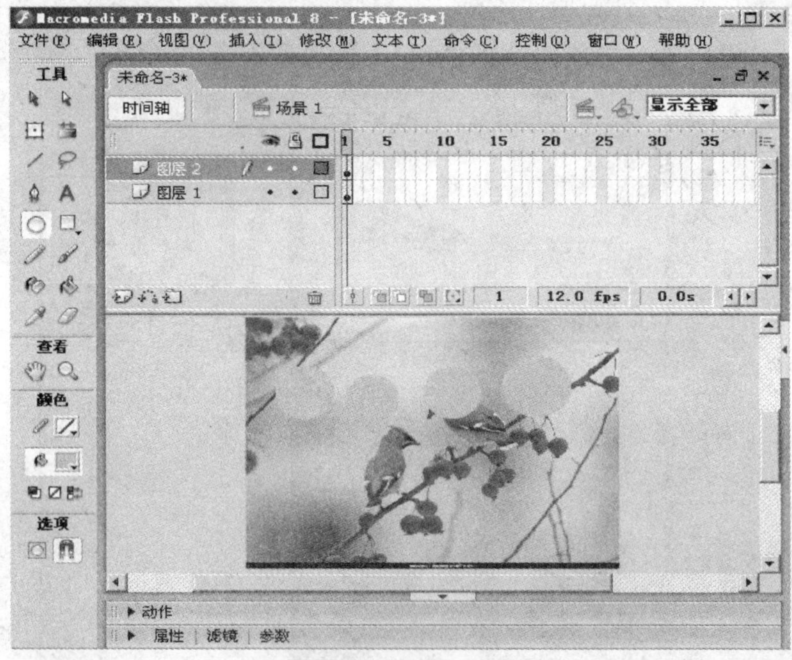

图 13-68 绘制圆形

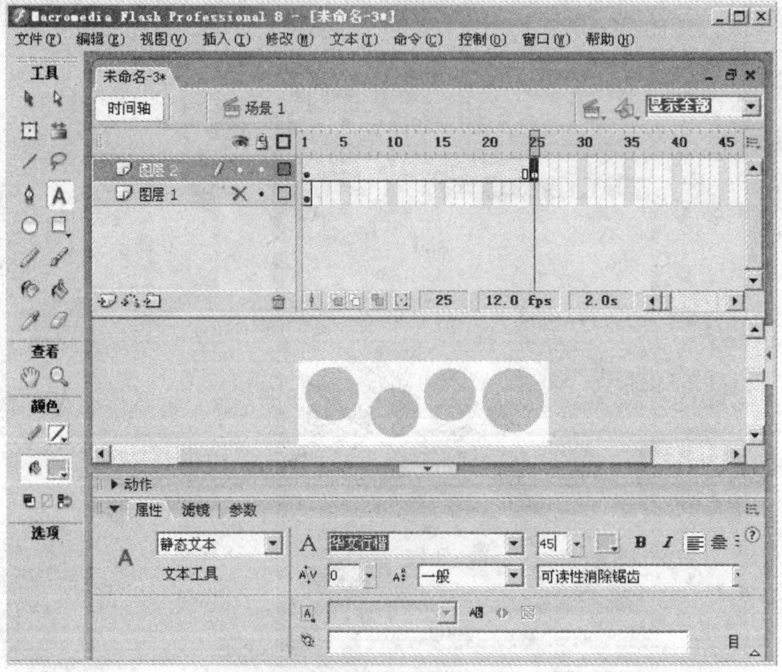

图 13-69 选择文本工具

⑥ 分别在 4 个圆形上面输入相应的文字，并将圆形删除，选中所有的文字，按 Ctrl+B 快捷键分离，如图 13-70 所示。

⑦ 选中图层 1 和图层 2 的第 35 帧，按 F5 插入帧。选中图层 2 的 1～25 帧之间的任意

帧，在“属性”面板中的“补间”下拉列表中选择“形状”，创建形状补间，如图 13－71 所示。

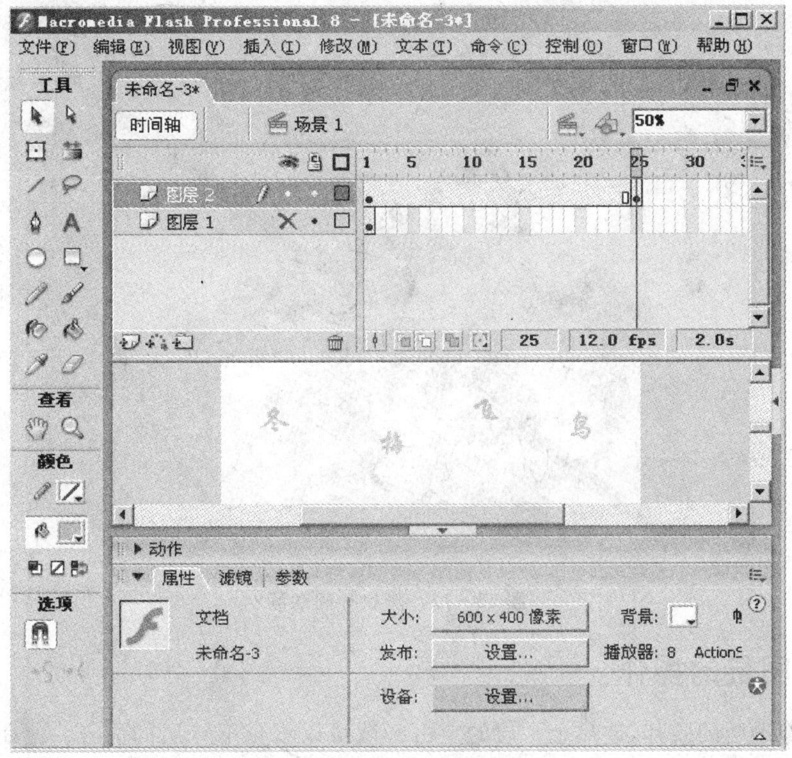

图 13－70　分离文本

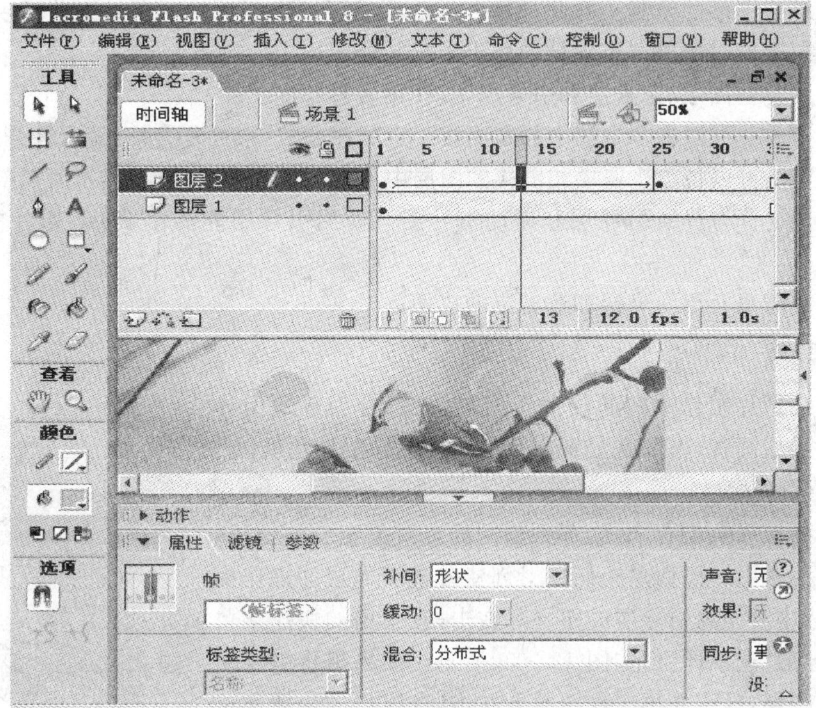

图 13－71　创建补间动画

⑧ 按 Ctrl+Enter 快捷键测试动画效果，如图 13－72 所示。

图 13－72 形状补间动画

13.3.4 图层的操作

图层就像透明的胶片，透过上一层的空白区域可以看见下一层的内容。使用这一功能就可以把一个综合图形拆分成不同部分，分别在不同的图层上绘制，再通过调整不同图层上的图形位置完成综合图形的绘制。因此，Flash 中的图层可以更好地管理和组织动画中的图形，可以对各个图层上的对象进行单独处理而不影响其他图层中的对象。

图层分为普通图层、遮盖层和引导层，其作用各有不同。

- 普通图层：可以将多个帧中的画面按一定顺序叠放，形成复合帧，显示综合画面。
- 遮盖层：可以将与遮盖层相链接的图层中不需要的图像遮盖，只显示所需部分。
- 引导层：分为普通引导层和运动引导层。使用引导层能够使 Flash 影片的布局更加合理。

这一小节着重介绍引导层和遮盖层的应用。

1. 引导层

引导层在影片制作中的起辅助作用，它可以分为普通引导层和运动引导层两种，下面就分别介绍这两种引导层的功能。

1) 普通引导层

普通引导层以图标表示，起到辅助静态对象定位的作用，它可以不使用被引导层而单独使用。创建普通引导层的操作很简单，只需选中要作为引导层的图层并右击，在弹出的快捷菜单中选择“引导层”选项即可，如图 13－73 所示。如果想将引导层转换为普通图层，只需要再次在图层上右击，在弹出的快捷菜单中选择“引导层”选项即可。

图 13－73 普通引导层

2）运动引导层

在 Flash 中创建直线运动是很容易的事情，但创建曲线运动或沿一条特定路径运动的动画却不能直接完成，需要运动引导层的帮助。在运动引导层的名称旁边有一个图标，表示当前图层的状态是运动引导层，与运动引导层关联的图层称为被引导层。将层与运动引导层关联起来可以使被引导层上的任意对象沿着运动引导层上的路径运动。

默认情况下，任何一个新生成的运动引导层都会自动放置在创建该运动引导层的普通层上面。可以像操作普通图层一样重新安排它的位置，不过所有与它关联的层都将随之移动，以保持它们之间的引导与被引导关系。

创建运动引导层的方法也很简单，选中被引导层，单击时间轴左下角的“添加运动引导层”按钮或右击，在弹出的快捷菜单中选择“添加引导层”选项即可。添加的运动引导层如图 13－74 所示。

图 13－74　运动引导层

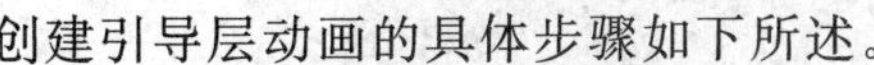

创建引导层动画的具体步骤如下所述。

① 新建一个空白文档，在图层 1 中的第 1 帧处导入图像，如图 13－75 所示。

图 13－75　导入图像 1

② 单击时间轴左下角的“插入图层”按钮，创建一个新的图层。选择菜单栏中的“文件”|“导入”|“导入舞台”菜单项，在弹出的对话框中选择图片，将其导入到舞台，如图 13－76 所示。

图 13 – 76 导入图像 2

③ 选中导入的图像，选择菜单栏中的“修改”|“转换为元件”菜单项，将导入的图像转换为图形元件，如图 13 – 77 所示。

图 13 – 77 转换为图形元件

④ 单击时间轴左下角的"插入图层"按钮，创建图层 3。在工具箱中选择铅笔工具绘制一条路径，如图 13－78 所示。

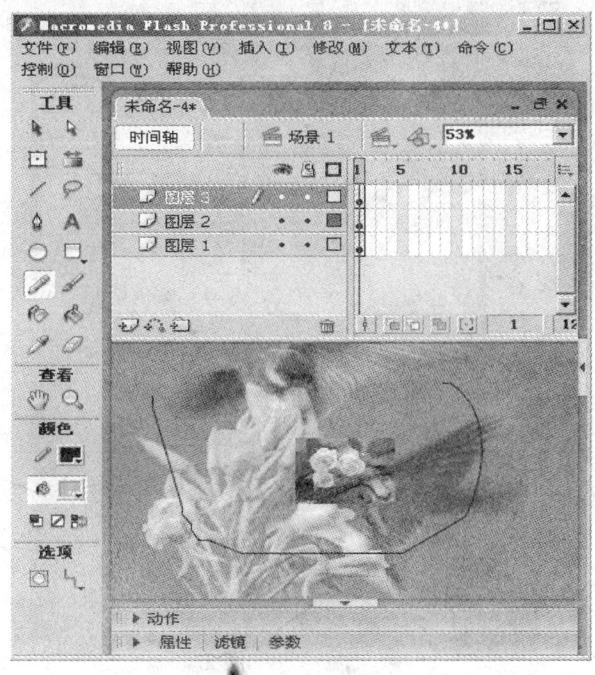

图 13－78　绘制路径

⑤ 选中图层 1 和图层 3 的第 30 帧，按 F5 插入帧。选中图层 2 的第 30 帧，按 F6 插入关键帧，如图 13－79 所示。

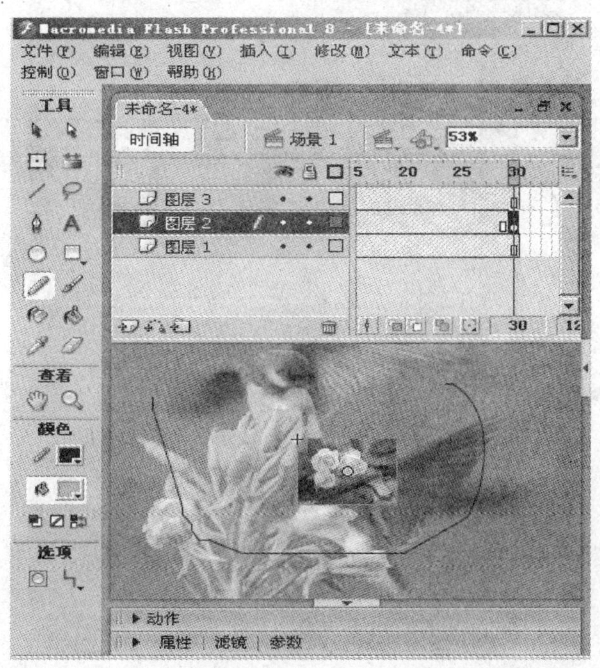

图 13－79　插入帧和关键帧

⑥ 选中图层 2 的第 1 帧，选中元件，将元件拖动到引导线的开始处，如图 13－80 所示。

图 13－80　拖动元件 1

⑦ 选中图层 2 的第 30 帧，选中元件，将元件拖动到引导线的结束处，如图 13－81 所示。

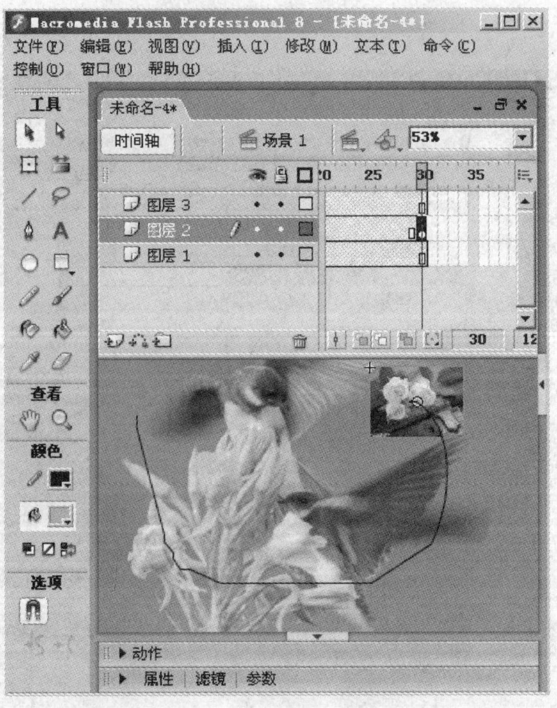

图 13－81　拖动元件 2

⑧ 选中图层 2 的 1～30 帧之间的任意一帧并右击，在弹出的快捷菜单中选择“创建补间动画”选项，创建补间动画，如图 13－82 所示。

⑨ 选中图层 3 并右击，在弹出的快捷菜单中选择“引导层”选项，创建引导层，如图 13－83 所示。

图 13－82　创建补间动画

图 13－83　创建引导层

⑩ 选中图层 2 并右击，在弹出的快捷菜单中选择“属性”选项，弹出“图层属性”对话框，在“类型”中选择“被引导”，如图 13－84 所示。

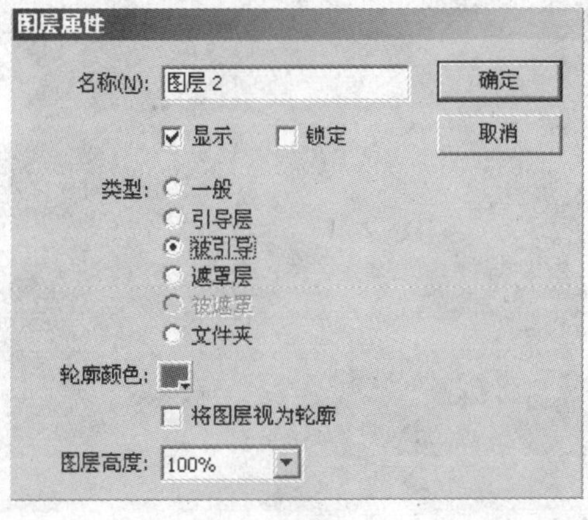

图 13－84　“图层属性”对话框

⑪ 单击“确定”按钮，创建运动引导层，如图 13－85 所示。

图 13－85　创建运动引导层

⑫ 按 Ctrl+Enter 快捷键测试引导层动画，如图 13－86 所示。

图 13－86　测试引导层动画

2. 遮罩层

遮罩层的原理就是将某个图层作为遮罩，遮罩层下的图层就是被遮罩层，而只有遮罩层中的填充色块下面的被遮罩层内容可以看见，填充色块本身是不可见的。遮罩的项目可以是填充的形状、文字对象、图形与元件实例和影片剪辑。一个遮罩层只能含有一个遮罩项目，按钮内部不可能有遮罩层，也不能将一个遮罩应用于另一个遮罩中。制作遮罩层的具体操作步骤如下所述。

图 13－87　导入图像

① 新建一个空白文档，选择菜单栏中的“文件”|“导入”|“导入到库”菜单项，在弹出的对话框中选择图片导入到“库”面板中，将图像拖动到舞台中并调整大小，如图 13－87 所示。

② 单击时间轴左下角的“插入图层”按钮，新建一个图层，如图 13－88 所示。

③ 选择工具箱中的文本工具，将“字体”设置为华文行楷，“大小”设置为 90，“颜色”设置为任意色。选中图层 2 的第 1 帧，输入文字“一只小鸟”，如图 13－89 所示。

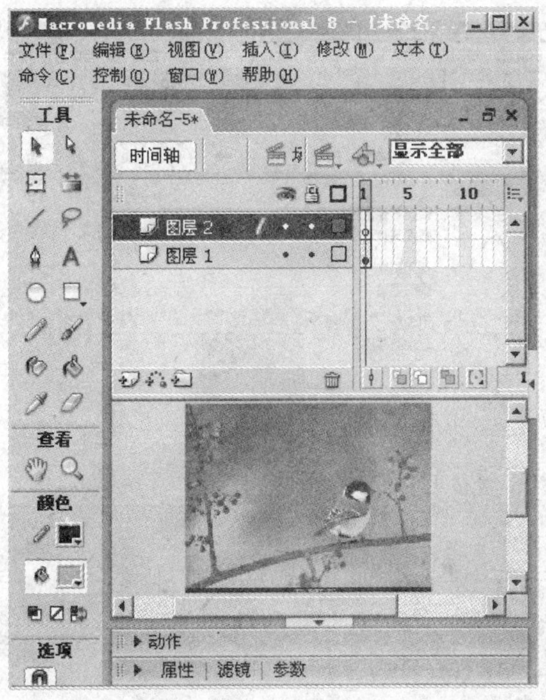

图 13－88　新建图层

④ 选中图层 2 并右击，在弹出的快捷菜单中选择“遮罩层”选项，创建遮罩效果，如图 13－90所示。

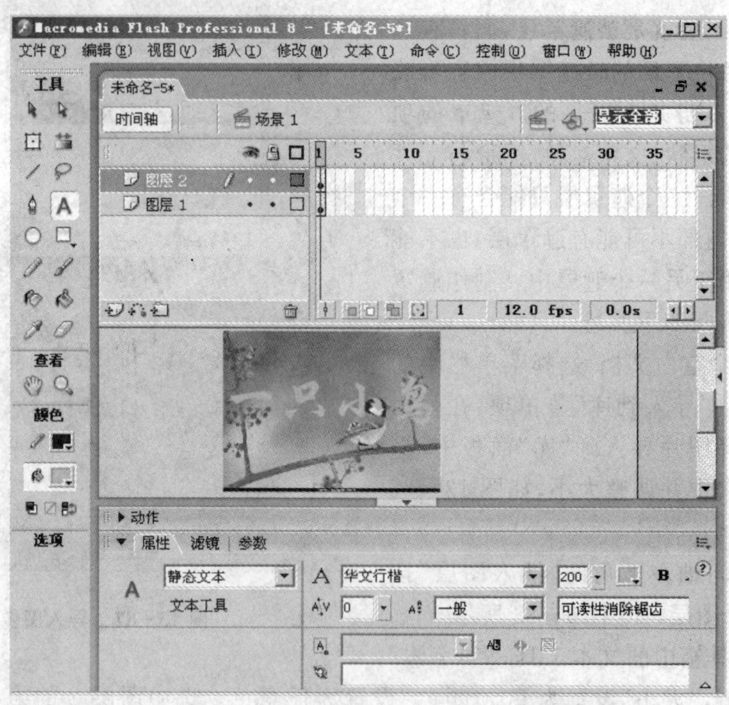

图 13－89　输入文字

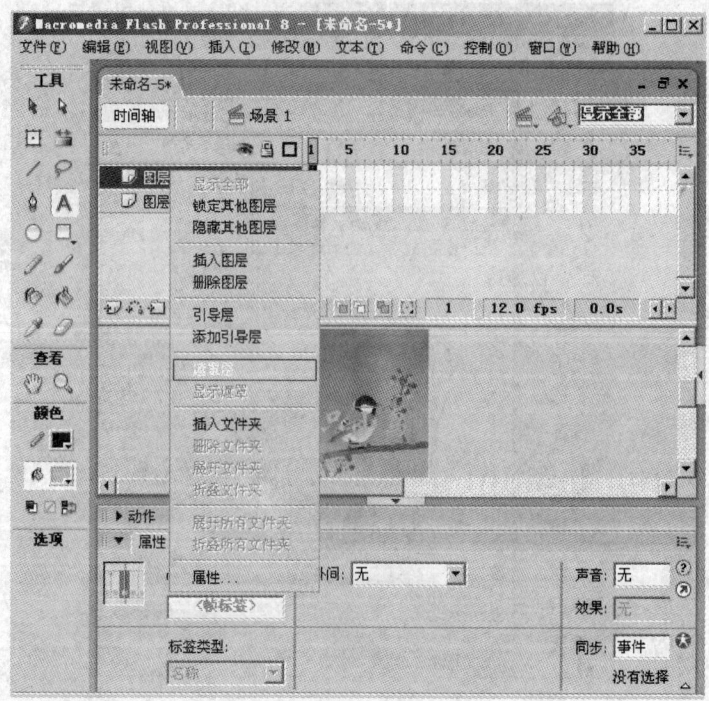

图 13－90　遮罩效果

⑤ 按 Ctrl＋Enter 快捷键测试遮罩效果，如图 13－91 所示。

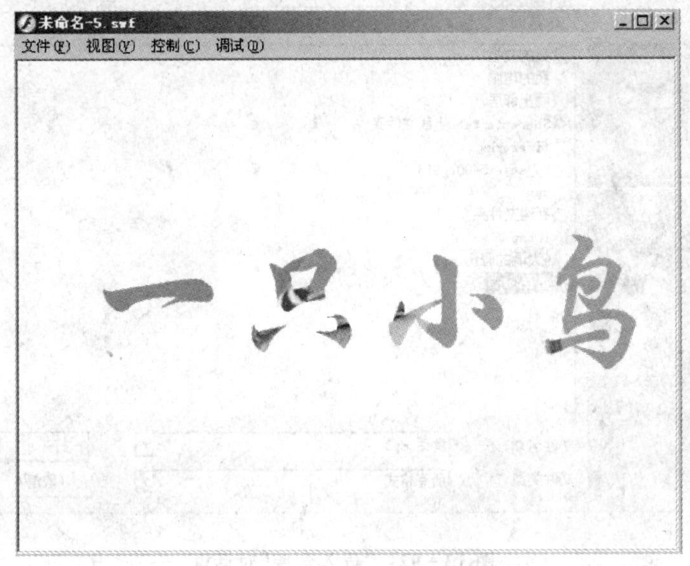

图 13－91 遮罩动画

13.4 声音和视频文件在动画中的使用

给 Flash 影片导入各种声音特效和视频文件，能使 Flash 动画的效果更加丰富。

13.4.1 声音的导入与使用

一个精彩的 Flash 动画作品仅仅有图像动画效果是不够的，还要给图像、按钮乃至整个动画配上适合的背景音乐，这样才能使整个作品更加生动，更具有表现力。

存储音频文件的格式是多种多样的，在 Flash 中可以直接引用的主要有 WAV 和 MP3 两种格式的音频文件，AU 和 AIFF 格式的音频文件使用频率较低。在 Flash 中不能直接使用 MIDI 格式的音频文件，如果要使用，必须经过脚本语言的处理。

在 Flash 中有多种使用声音的方法：可以让声音独立于时间轴连续的播放，也可以使动画和音轨同步，可以为按钮添加声音以增加交互性，还可以制作声音渐进渐出的效果，另外，还可以利用 ActionScript 来控制声音的播放。导入声音的基本操作步骤如下所述。

① 选择菜单栏中的“文件”|“导入”|“导入到库”菜单项，弹出“导入到库”对话框中选择要导入的声音文件，如图 13－92 所示。

② 单击“打开”按钮，这样声音文件就被导入到库中，如果选中库中的一个声音，在预览窗口中就会看到声音的波形。当前导入的声音文件为双声道，故有两条波形，如图 13－93 所示。如果导入的声音为单声道，则只会出现一条波形，如图 13－94 所示。

一般在 Flash 动画中声音主要用于 3 个方面，分别是按钮、主时间轴和声音对象。下面具体讲解向这 3 个对象添加声音效果的方法。

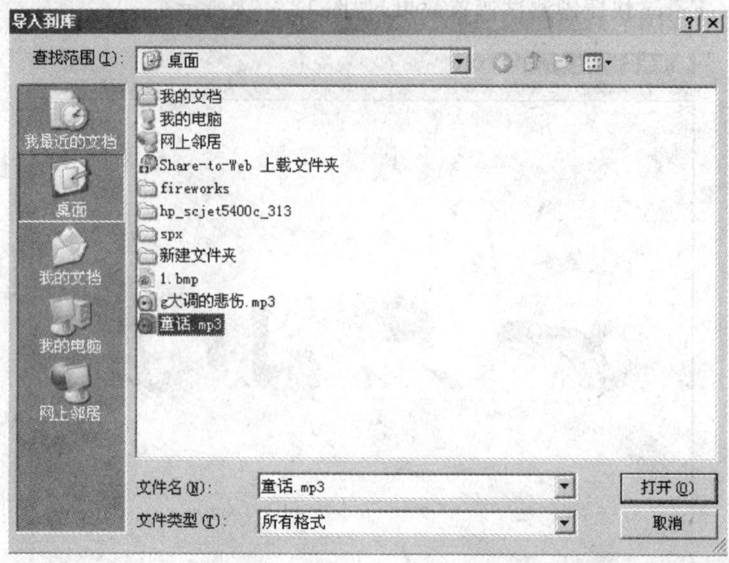

图 13－92 “导入到库”对话框

图 13－93 双声道音频

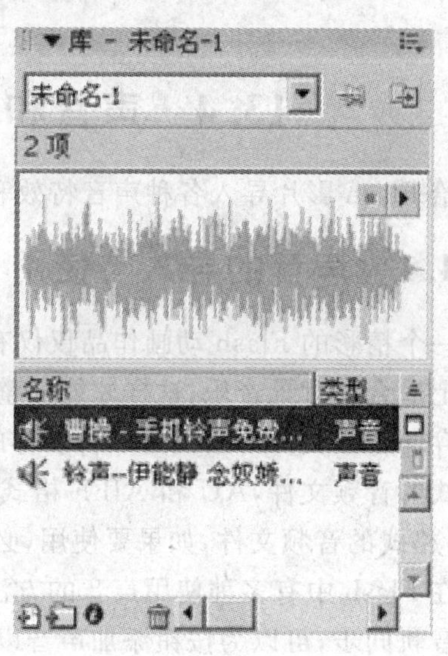

图 13－94 单声道音频

1. 给按钮添加声音

按钮是元件的一种，它可以根据 4 种不同的状态显示不同的图像。给按钮添加音效的方法很简单，只要在 4 个状态中给要发出声音的帧添加声音即可。具体的操作方法如下所述。

① 在“库”面板中选择要添加声音的按钮元件，或在舞台上选择要添加声音的按钮元件的实例。

② 在“库”面板右上角的选项菜单中选择“编辑”命令，或者在按钮元件上右击，在弹出的快捷菜单中选择“编辑”选项，还可以双击按钮元件直接进入按钮的编辑模式，如图 13－95 所示。

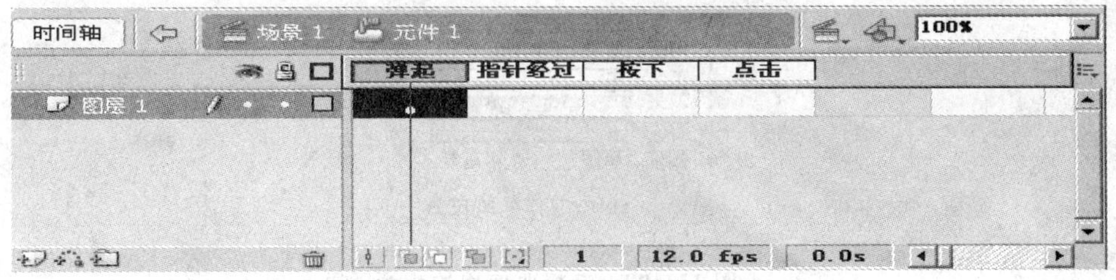

图 13-95 按钮元件的编辑模式

③ 单击"插入图层"按钮，插入一个新图层，并命名为 yinyue，如图 13-96 所示，该图层用来放置响应按钮的声音。

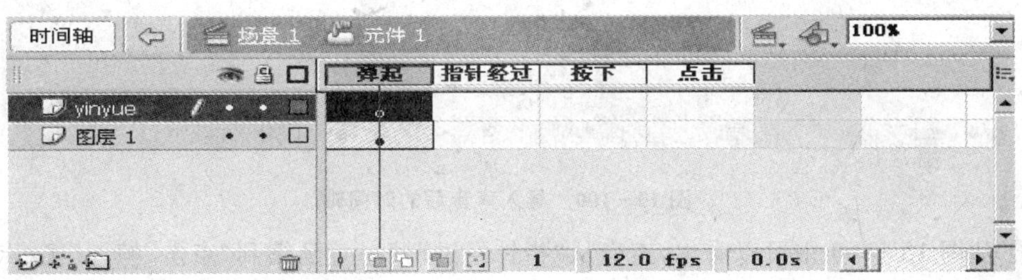

图 13-96 插入图层

④ 在 yinyue 图层中，选中要添加声音效果的帧，按 F7 键插入空白关键帧。这里在"指针经过"帧中创建一个空白关键帧，如图 13-97 所示。

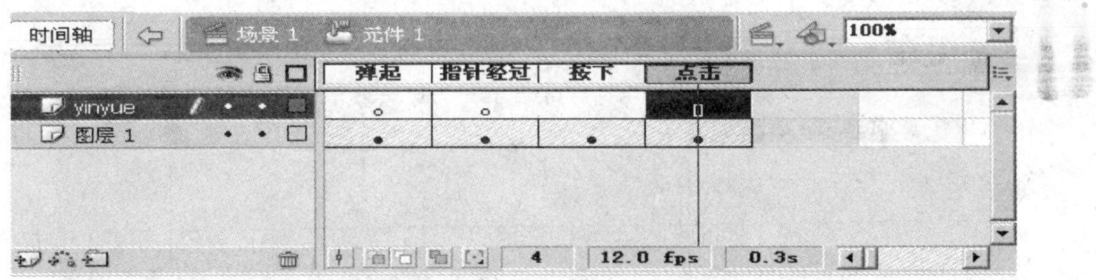

图 13-97 插入空白关键帧

⑤ 选中刚刚插入的空白关键帧，将库中的声音文件拖动到舞台上，如图 13-98 所示。或从"属性"面板的"声音"下拉列表中选择一个已导入影片中的声音文件，如图 13-99 所示。在"属性"面板的"同步"下拉列表中选择"事件"选项，时间轴最终如图 13-100 所示。

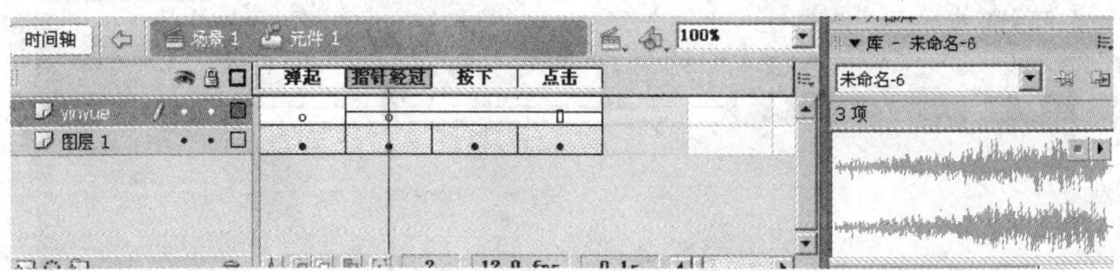

图 13-98 将声音拖入舞台

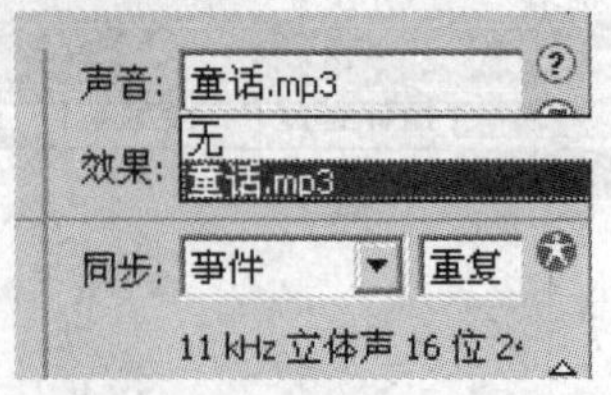

图 13－99　选择要使用的声音

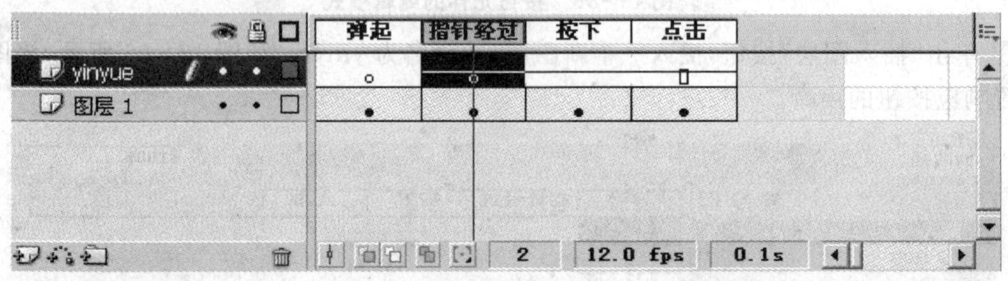

图 13－100　导入声音后的时间轴

⑥ 从图 13－100 中可以看出，声音从“指针经过”帧一直延续到“点击”帧，其实“点击”帧只是指定按钮响应的区域，跟声音并没有关系。

2. 给主时间轴添加声音

① 打开要添加背景音乐的文件，选中要添加声音的那一帧，按 F7 键插入的空白关键帧，如图 13－101 所示。

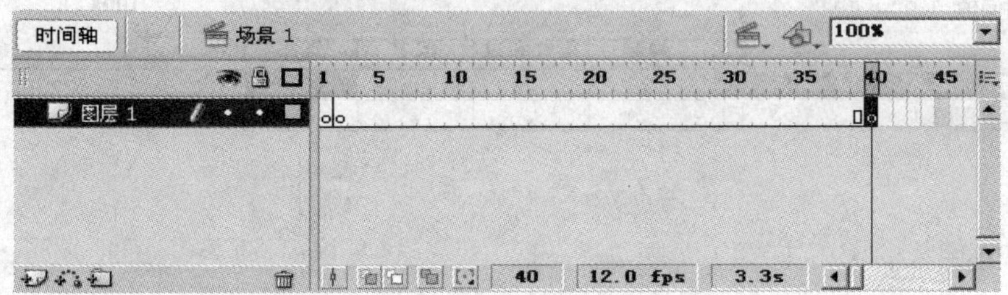

图 13－101　插入空白关键帧

② 选中该帧，将库中的声音文件拖动到舞台中，或从“属性”面板的“声音”下拉列表中选择一个已导入到库中的声音文件，如图 13－102 所示。

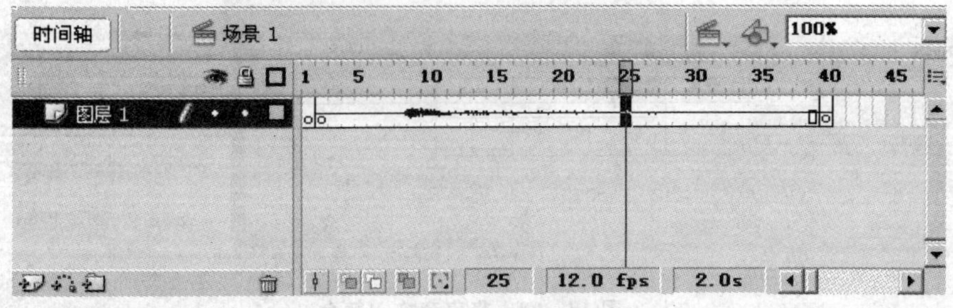

图 13－102　导入声音

③ 如果对声音的起始位置不满意，还可以拖动该关键帧进行起始位置的调整，如图13－103所示。

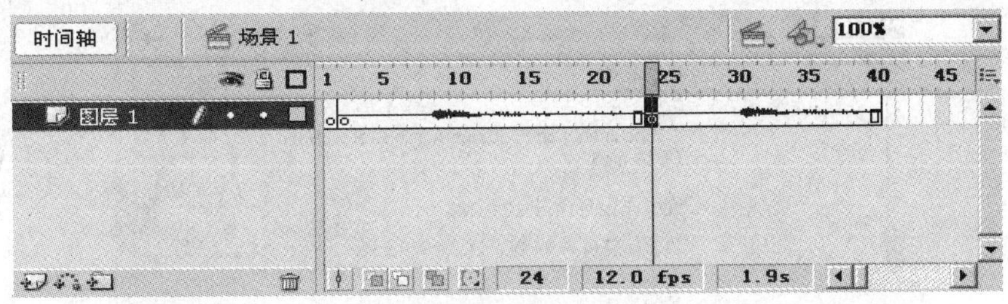

图 13－103　调整起始帧的位置

3. 使用声音

使用动作脚本中的 sound 对象可以动态控制影片中的声音，用户可以在影片在播放时从库中向该影片剪辑添加声音并控制这些声音。例如想改变影片中的背景音乐，只需用新的声音覆盖库中原有的声音即可，无需再进行其他设置。

如果要在 sound 动作中使用声音，具体操作步骤如下所述。

① 在“库”面板中选择一个声音文件。

② 从“库”面板右上角的选项菜单中选择“链接”选项，或者右击在弹出的快捷菜单中选择“链接”选项。

③ 弹出“链接属性”对话框，在对话框中的“链接”选项区中勾选“为 ActionScript 导出”复选框，然后在“标识符”文本框中输入一个标识字符串，单击“确定”按钮，如图 13－104 所示。

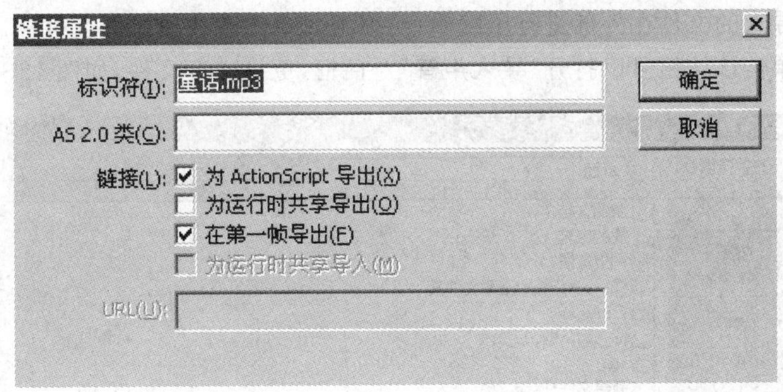

图 13－104　“链接属性”对话框

这样就可以使用 sound 对象的 attachsound 方法在影片运行时将库中的声音文件导入到影片中了。

13.4.2　声音的处理

在动画中导入声音后，可以进行声音的编辑。

1. 设置声音属性

双击“库”面板中的声音图标，打开“声音属性”对话框。在“声音属性”对话框中，最上面的文本框中显示声音文件的文件名，下面是声音文件的路径、创建时间和声音的长度，如图13－105所示。

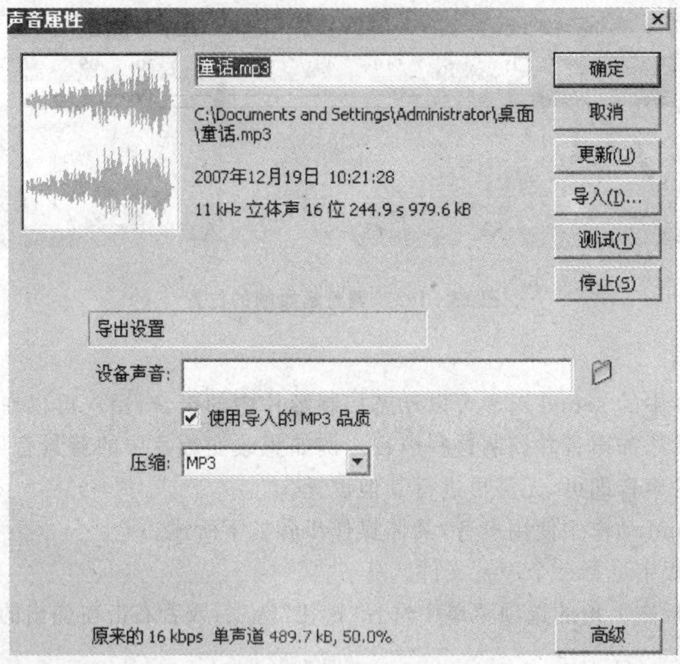

图 13－105 "声音属性"对话框

在对话框的右侧有几个按钮，其作用如下。

■ 更新：导入的文件在外部进行了编辑，可以通过单击该按钮更新文件的属性。

■ 导入：单击该按钮可以打开"导入声音"对话框，更换声音文件，如图 13－106 所示。

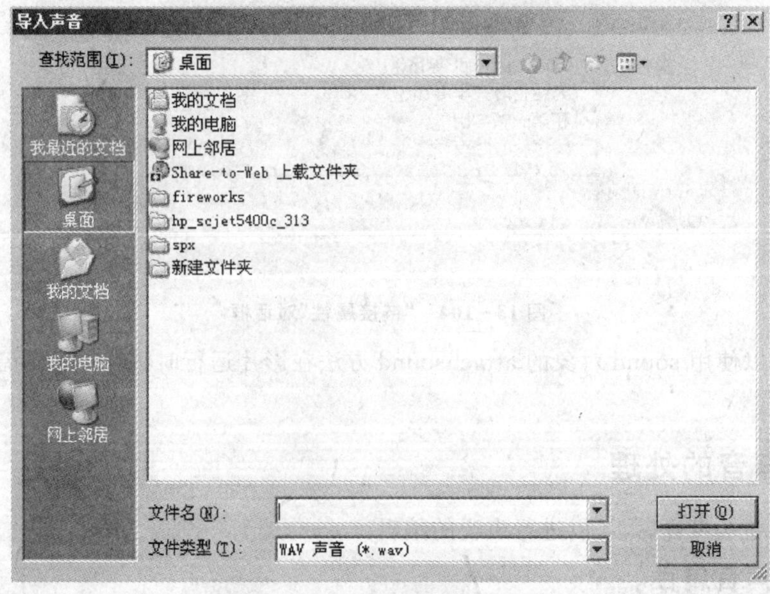

图 13－106 "导入声音"对话框

■ 测试：按照新的属性设置来播放声音。

■ 停止：停止声音的播放。

在“声音属性”对话框的“压缩”下拉列表中，可以对声音进行压缩。声音的压缩可以减少动画的大小，随着声音的采样比率和压缩程度的不同，声音的质量和大小也有所不同。声音的压缩倍数越大，采样比率就越低，声音文件就越小，声音的质量也就越差。

1）ADPCM

ADPCM 设置 16 位的声音数据的压缩，当输出短的事件声音时推荐使用该选项。选择 ADPCM 后，“声音属性”对话框中的显示如图 13－107 所示。

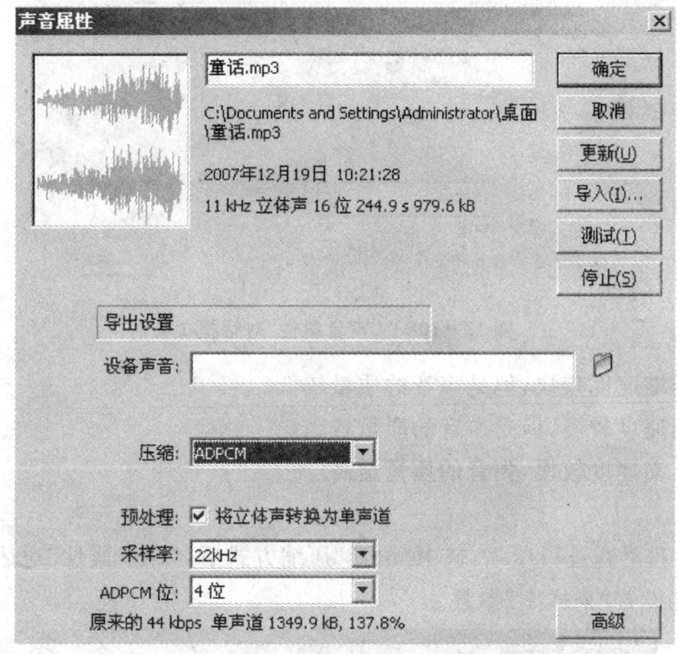

图 13－107 “声音属性”对话框 1

■ 将立体声音转换为单声道：将立体声音转换为单声道的声音。

■ 采样率：输入声音的采样率，采样比率越高，声音的保真效果就越好，文件就越大。

- 5 kHz：最低的可接受标准，能够达到人说话的声音。
- 11 kHz：是标准的 CD 比率的四分之一，是最低的建议声音质量。
- 22 kHz：鉴于目前的网速，建议使用 22 kHz 的采样率。
- 44 kHz：采用标准 CD 音质，可达到最佳的听觉效果。

2）MP3

MP3 是公认的数字音乐格式，并逐渐成为网络音乐的主流格式。它最大的特点就是能以较小的比特率、较大的压缩比达到近乎完美的 CD 音质。选中 MP3 压缩格式后，“声音属性”对话框中的显示如图 13－108 所示。

■ 比特率：决定由 MP3 编码器生成的音乐最大的比特率。在导出音乐时，将比特率设置为 16 kbps 或更高，会达到最佳的效果。

■ 品质：发布 Flash 动画时，设置声音的快慢。

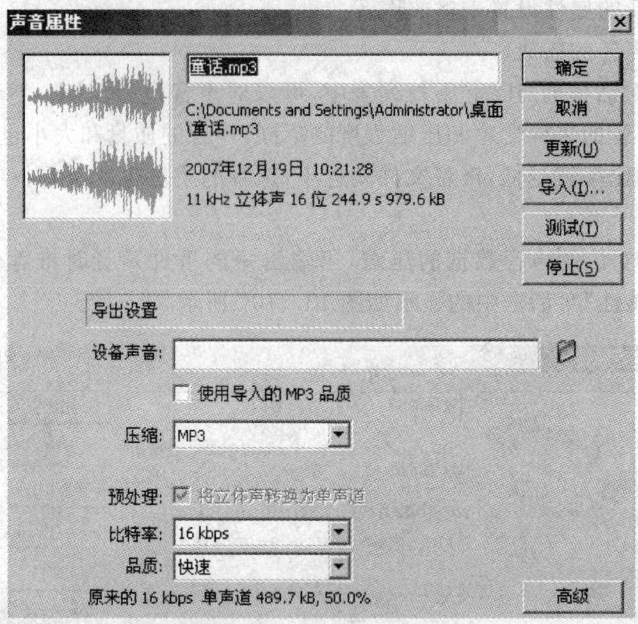

图 13－108 "声音属性"对话框 2

- 快速：压缩速度较快，但是声音的质量较低。
- 中：压缩速度较慢，但是声音的质量较高。
- 最佳：压缩速度较慢，声音的质量最高。

3) 语　音

该选项适用于对语音进行压缩，选中"语音"压缩方式后，"声音属性"对话框中的显示如图 13－109 所示，只能设置"采样率"参数。

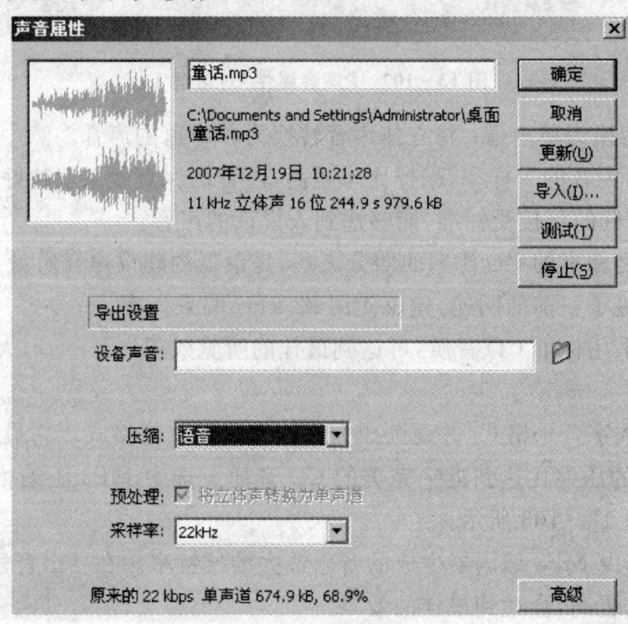

图 13－109 "声音属性"对话框 3

2. 音效的设置

在制作 Flash 动画时有时需要对声音进行编辑，使之具有特殊的效果，例如声道选择、音量变化等，这时就需要用到声音属性中的音效功能了。在“属性”面板的“效果”下拉列表中共有 8 个选项，如图 13－110 所示。

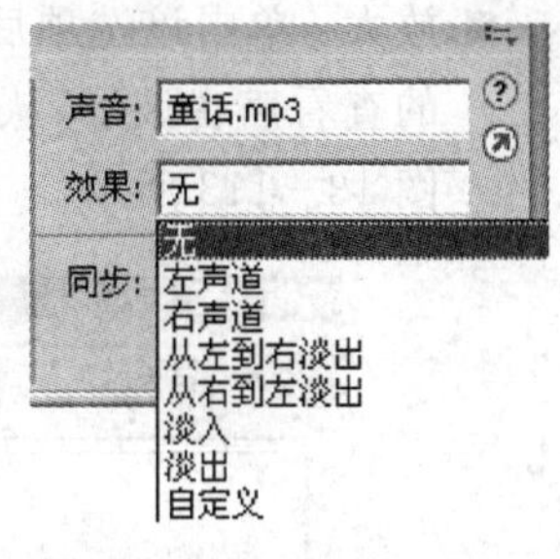

图 13－110　音效选项

除了自带的这几种音效之外，Flash 还提供了自定义编辑音效的功能。单击“效果”下拉列表中的“自定义”选项或单击右侧的“编辑”按钮，弹出“编辑封套”对话框，如图 13－111 所示。

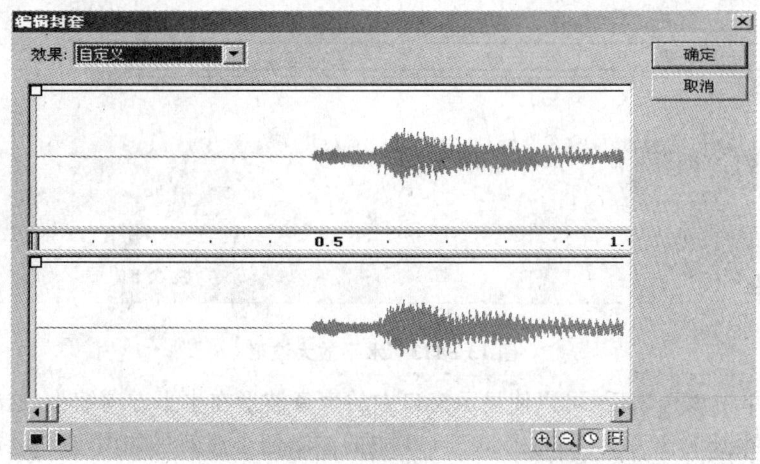

图 13－111　“编辑封套”对话框

对话框中左上角的“效果”下拉列表和“属性”面板中的相同，中间是音效编辑区，编辑区中间是时间轴，左下角的按钮控制声音的播放和停止，右下角的按钮控制显示区的大小和时间轴的单位，左右声道分开编辑，各自有各自的控制点。

从对话框上部的“效果”下拉列表中可以选择某种声音效果，如图 13－112 所示。

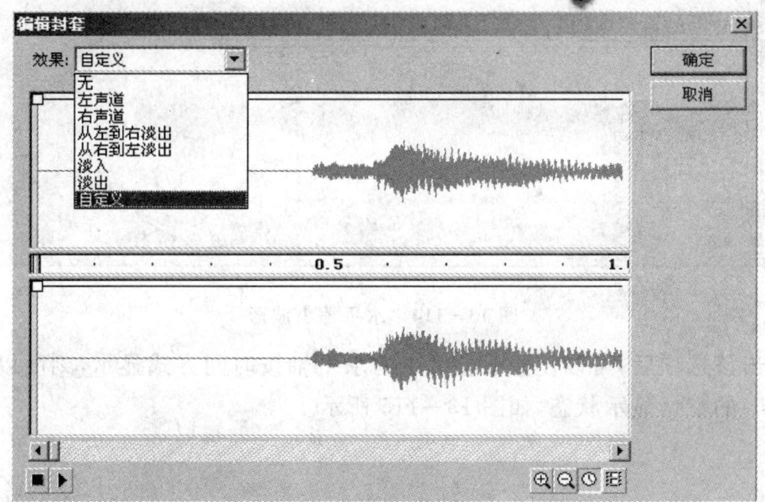

图 13－112　选择声音效果

■ 放大：单击该选项后，可以使显示窗口中的声音波形在水平方向放大，这样可以更细致的查看声音波形，从而对声音进行进一步的调整，将图 13-115 中的波形放大后效果如图 13-113 所示。

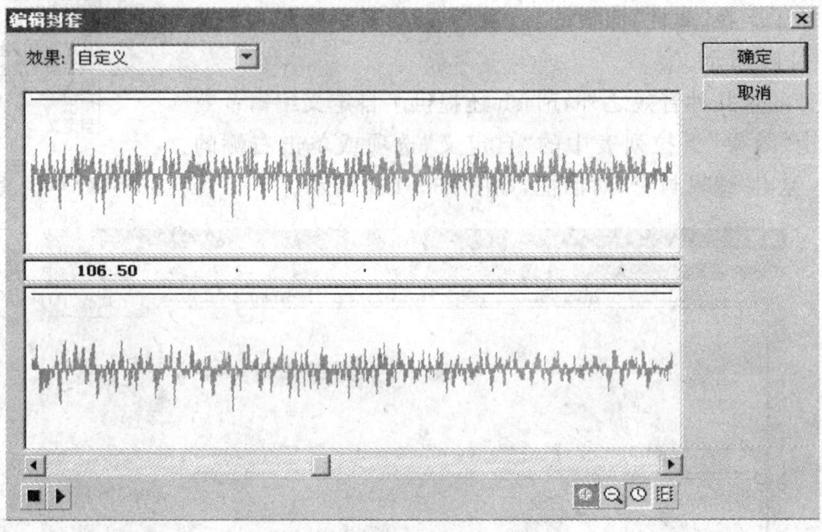

图 13-113　水平放大波形

■ 缩小：单击该选项后，可以使显示窗口中的声音波形在水平方向缩小，这样可以方便查看波形很长的声音文件，将图 13-111 中的波形缩小后效果如图 13-114 所示。

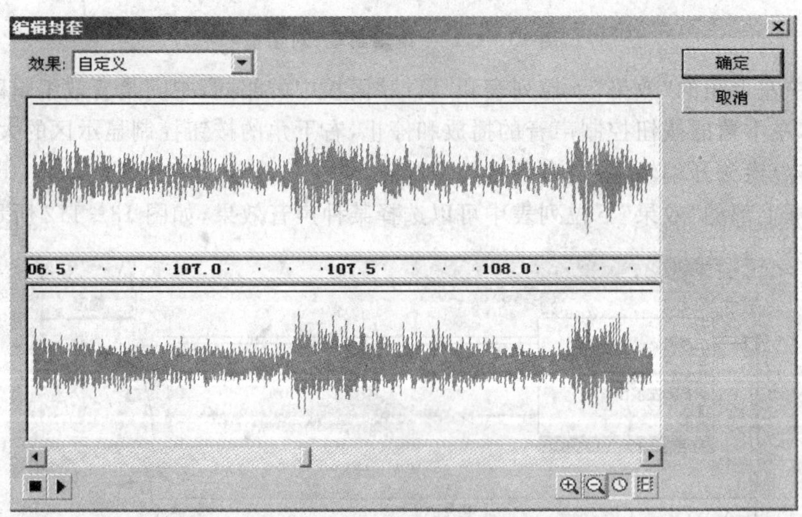

图 13-114　水平缩小波形

■ 秒：单击该选项后，可以使显示窗口中的水平轴按时间方式显示，刻度以秒为单位，这是 Flash 的默认显示状态，如图 13-115 所示。

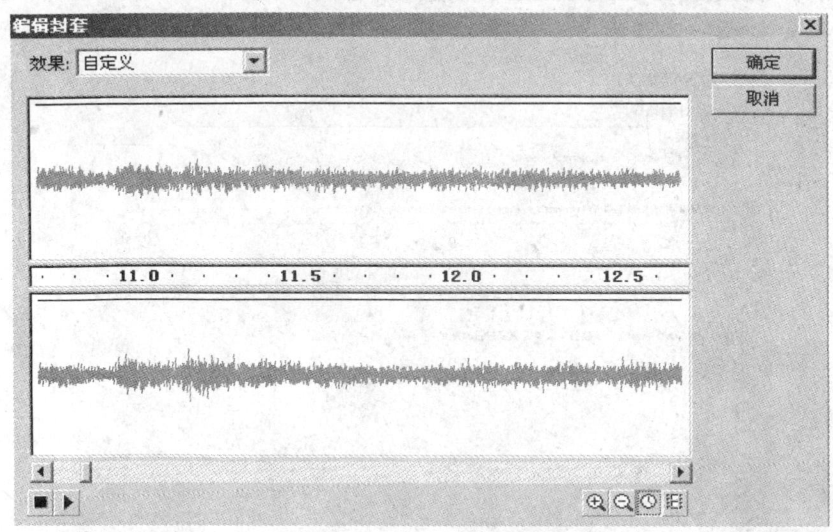

图 13-115 水平轴以秒为单位

13.4.3 视频的导入

在 Flash 8.0 中,用户可以导入 QuickTime 或 Windows 播放器支持的标准媒体文件。对于导入的视频对象,可以进行缩放、旋转、扭曲和遮罩处理,也可以通过编辑脚本来创建视频对象的动画。在 Flash 8.0 中可以导入的视频文件种类很多,其中最常用的由 DirectX 8.0 支持的视频文件有以下几种。

■ Audio Video Interleaved 文件,扩展名为.avi。

■ Windows Media File 文件,扩展名为.wmv 或.asf。

■ Motion Picture Experts Group 文件,扩展名为.mpg 或.mpeg。

常用的由 Quicktime 4 支持的视频文件有以下几种。

■ Audio Video Interleaved 文件,扩展名为.avi。

■ Motion Picture Experts Group 文件,扩展名为.mpg 或.mpeg。

■ QuickTime Movie 文件,扩展名为.mov。

■ Digital Video 文件,扩展名为.dv。

可以在舞台上创建一个视频对象,方法是将"库"面板中导入的视频剪辑的一个实例拖动到舞台中。对于视频元件,可以创建导入的视频剪辑的多个实例,而不会增大 Flash 影片文件的大小。将视频导入为嵌入剪辑的具体操作步骤如下所述。

① 选择菜单栏中的"文件"|"导入"|"导入视频"菜单项,弹出"导入视频"对话框,如图 13-116 所示。

② 单击"文件路径"文本框后面的"浏览"按钮,弹出"打开"对话框,在对话框中选择视频文件,如图 13-117 所示。

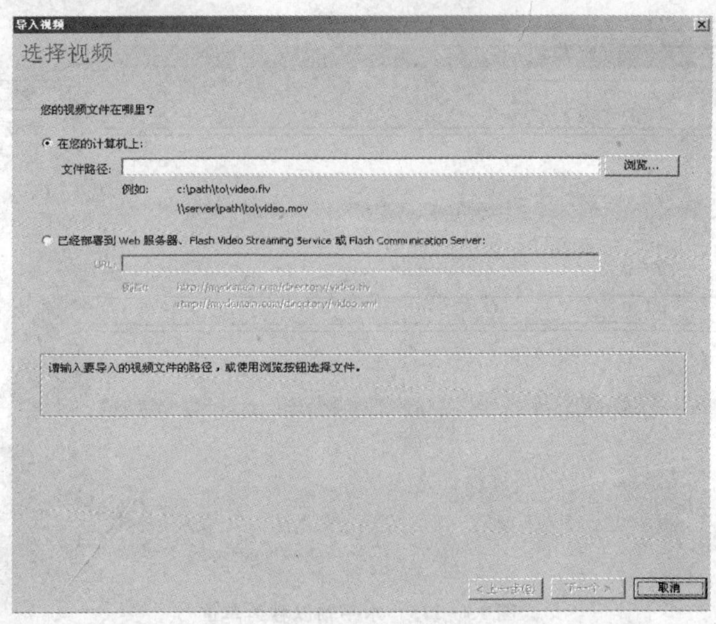

图 13 - 116 “导入视频”对话框

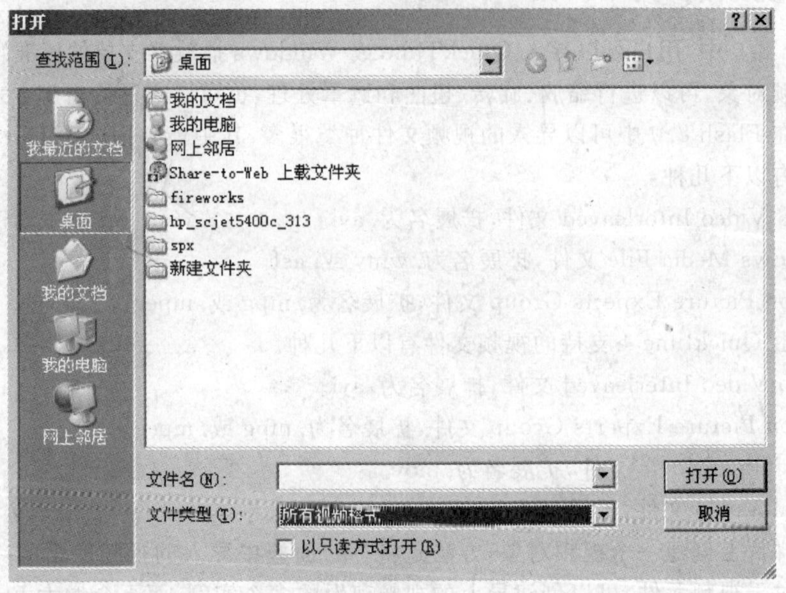

图 13 - 117 “打开”对话框

③ 单击“打开”按钮，“文件路径”文本框中显示了视频文件所在的路径，单击“下一步”按钮，弹出如图 13 - 118 所示的对话框。

④ 选中“从 Web 服务器渐进式下载”单选按钮，单击“下一个”按钮，弹出如图 13 - 119 所示的对话框。

⑤ 在“请选择一个 Flash 视频编码设置文件”下拉列表中选择相应的选项后单击“下一步”按钮，弹出如图 13 - 120 所示的对话框。

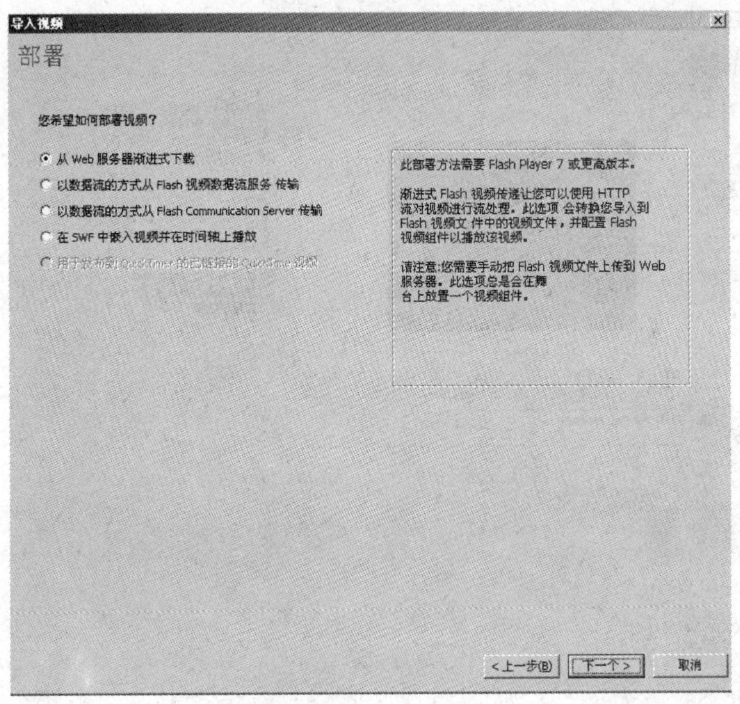

图 13-118　部署视频文件

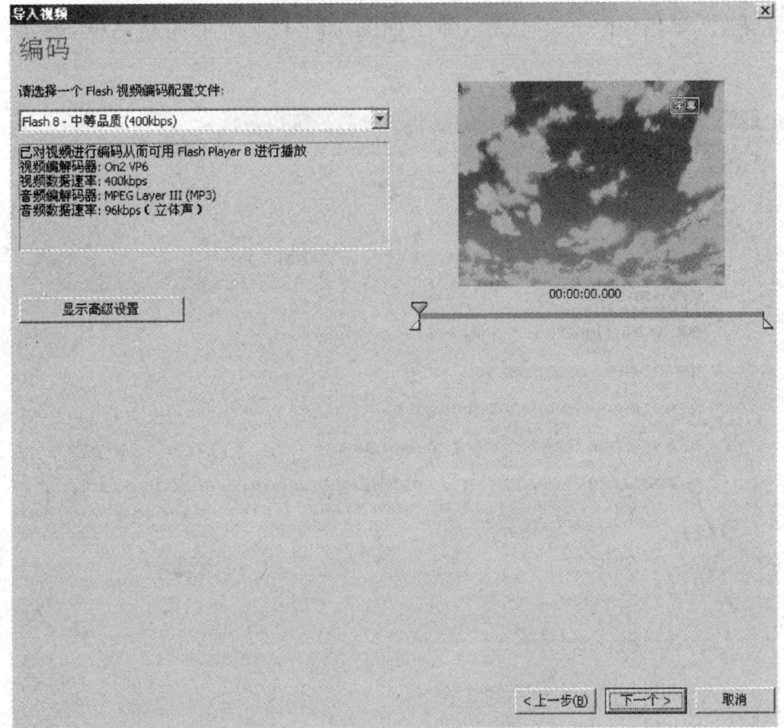

图 13-119　压缩及高级设置

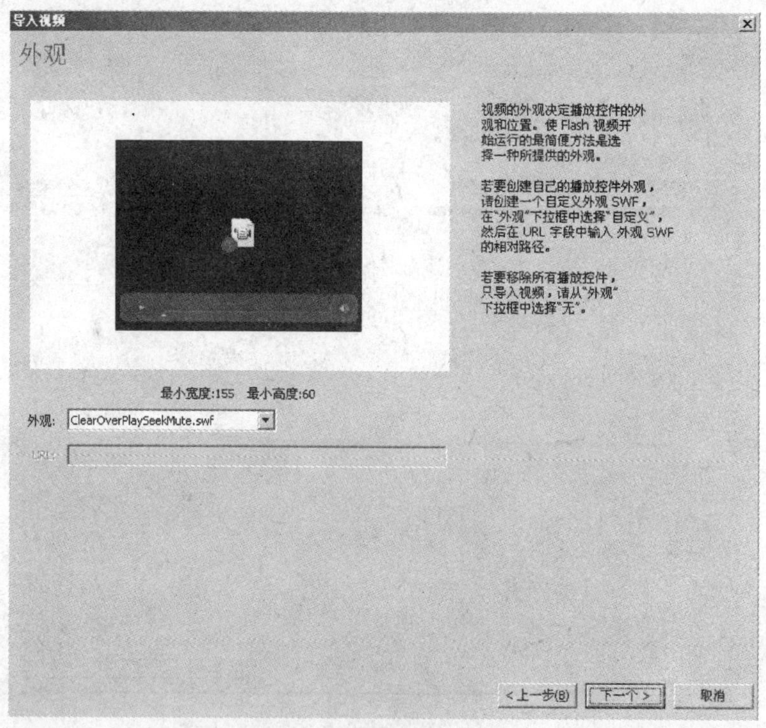

图 13－120　选择外观

⑥ 设置完毕后，单击"下一个"按钮，弹出如图 13－121 所示的对话框，显示完成视频导入的设置概要。

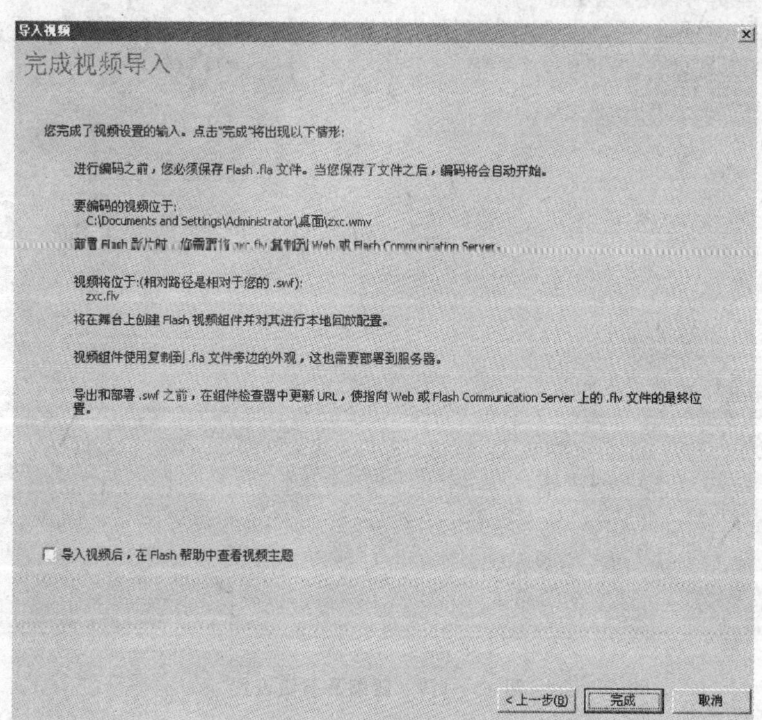

图 13－121　完成视频导入

⑦ 单击“完成”按钮，如果文档是没有保存的，随后就弹出“另存为”对话框，在对话框中选择要保存文件的路径，单击“保存”按钮，即可保存文档。然后弹出“Flash 视频编码进度”对话框，如图 13－122 所示。

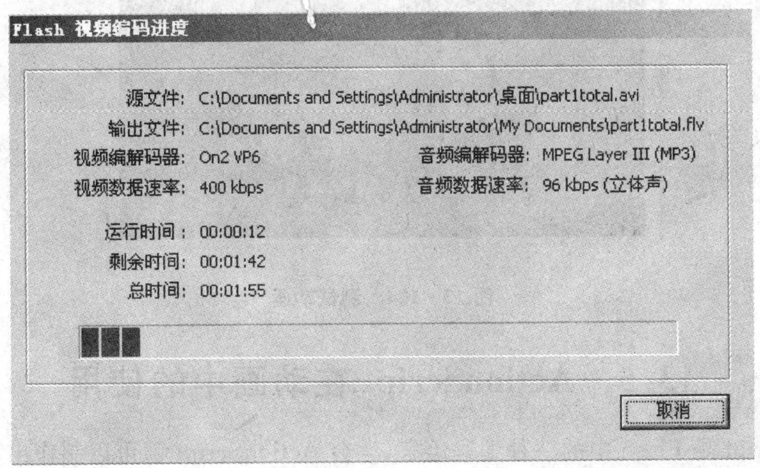

图 13－122　“Flash 视频编码进度”对话框

⑧ 当 Flash 视频编码进度完成后，在舞台中就会显示如图 13－123 所示的效果。

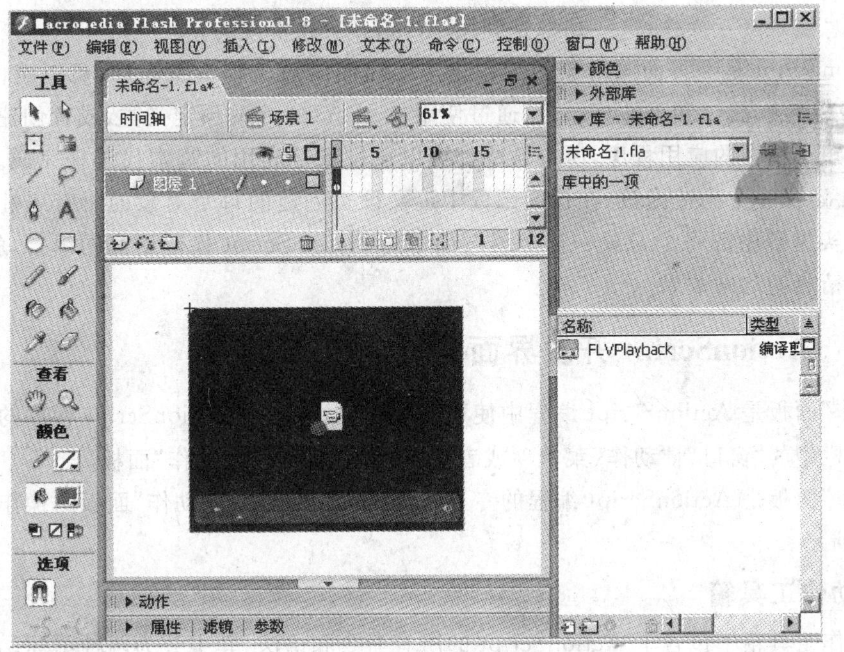

图 13－123　导入到舞台

⑨ 选择菜单栏中的“控制”|“测试影片”菜单项，观看视频导入的 Flash 影片的效果，如图 13－124 所示。

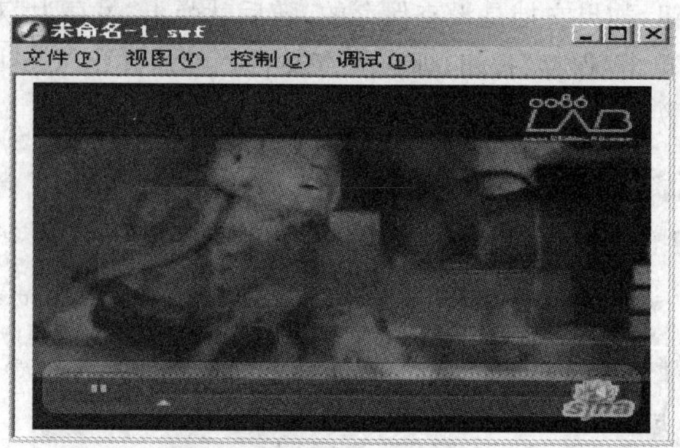

图 13-124　测试动画

13.5　ActionScript 在动画中的使用

ActionScript 是 Flash 中的一种编程语言，学会 ActionScript 就可以制作出功能更为强大的 Flash 作品。本节主要介绍 ActionScript 的基本概念、添加 ActionScript 脚本和常用命令语句等，并通过实例简单地介绍 ActionScript 的基本用法。

Flash 动画不仅可以根据不同的要求动态地调整动画播放的顺序或者内容，也可以接受反馈的信息实现交互操作，这一切都是利用 ActionScript 实现的。

ActionScript 是一种面向对象的编程语言。在面向对象脚本编写中，可以将内置对象与内置的相关方法、属性和事件相结合，通过使用 ActionScript 的预定义类，或者创建自己的类，创建更加短小精悍的应用程序，所有这些都可以通过重复利用的脚本代码来完成。定义一个类时，先要定义一个构造函数，在构造函数中定义该类创建的每个对象的所有属性和方法，就像定义现实世界中的每个对象一样。通过简单的 ActionScript 代码语言的组合，就可以实现很多相当精彩的动画效果。

13.5.1　ActionScript 开发界面

"动作"面板是 ActionScript 编程中使用的主要工具，也是 ActionScript 程序的开发环境。选择菜单栏中的"窗口"|"动作"菜单项或者按 F9 键，即可打开"动作"面板。

"动作"面板是 ActionScript 编程的专用环境，下面介绍一下"动作"面板的操作界面，如图 13-125 所示。

1. 动作工具箱

在动作工具箱中包含了 ActionScript 的所有命令和语法，其中分为两种图标。

- 命令文件夹：针对不同类型的命令进行分类。
- 命令标记：表示带有该标记的命令是一个可使用的命令、语法或者相关工具，双击或者拖动都可以使命令自动加载到编辑区中。

2. 程序添加对象面板

程序添加对象面板是动作工具箱下方的一个专门显示已添加程序的对象列表的面板。

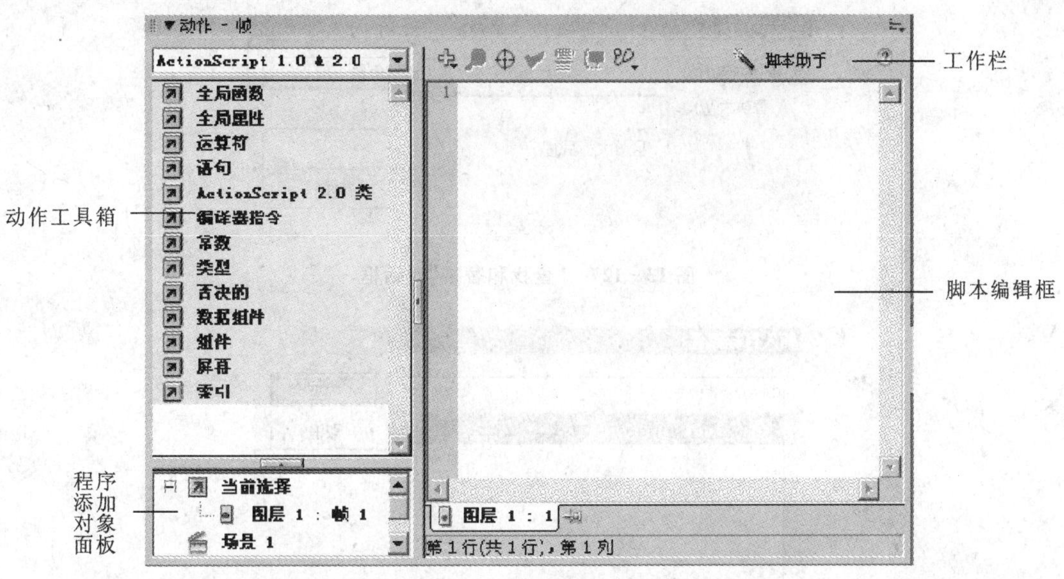

图 13－125　“动作”面板

3. 工具栏

工具栏位于动作工具箱的右侧顶端，在工具栏中可以看到代表特定功能的一系列按钮。

■ “将新项目添加到脚本中”按钮：单击该按钮可以选择需要添加的ActionScript，如图13－126所示。

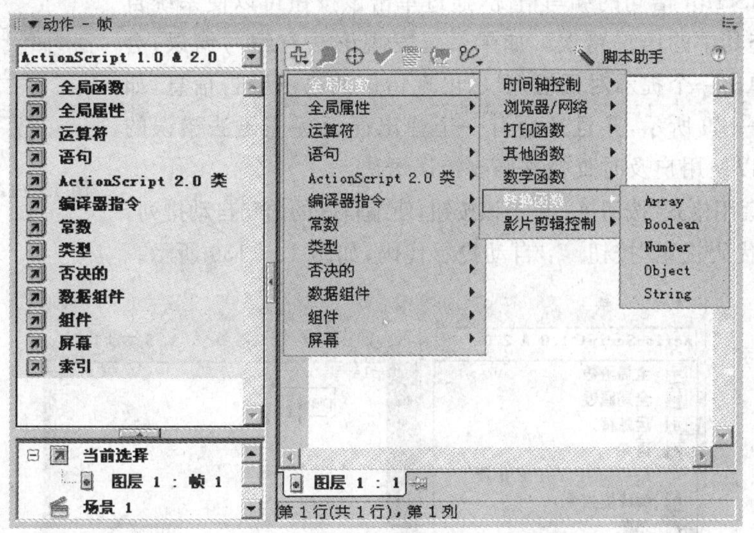

图 13－126　选择需要添加的 ActionScript

■ “查找”按钮：单击该按钮后，弹出“查找和替换”对话框，在对话框中输入要查找和替换的内容，如图13－127所示。

■ “插入目标路径”按钮：单击该按钮后，在弹出的对话框中设置影片实例之间的相对路径，如图13－128所示。

图 13 - 127 “查找和替换”对话框

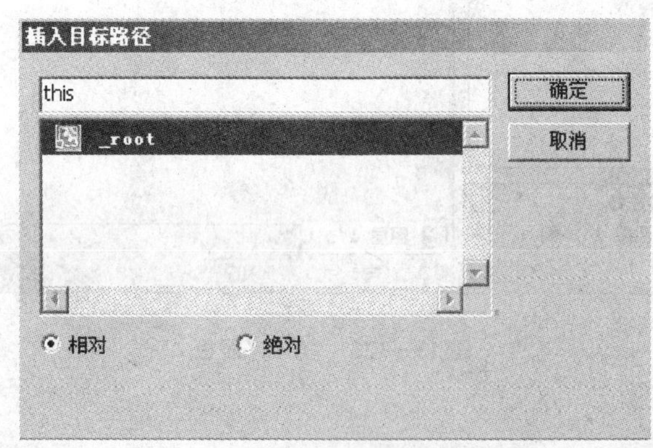

图 13 - 128 “插入目标路径”对话框

■ “语法检查”按钮：在 Flash 的制作过程中需要经常检查 ActionScript 语句的编写情况，通过单击该按钮可以使系统自动检查其中的语法错误。如果系统发现语法有编写错误，会自动弹出一个提示对话框，显示出现错误的语法警告信息，如图 13 - 129 所示，并且还会有一个弹出面板标注语法错误的地方，以便用户及时查找并修改错误语法。

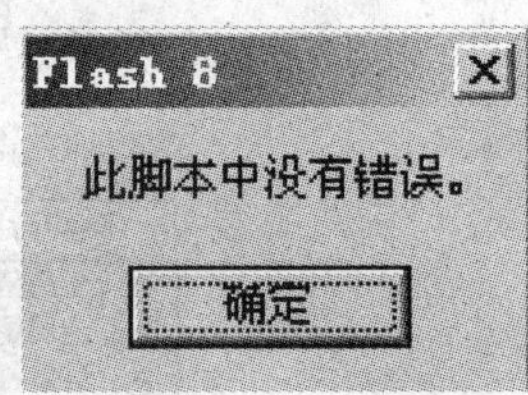

图 13 - 129 语法检查

■ “自动套用格式”按钮：单击该按钮，使编写好的语句自动排列。

■ “显示代码提示”按钮：自动提示代码，如图 13 - 130 所示。

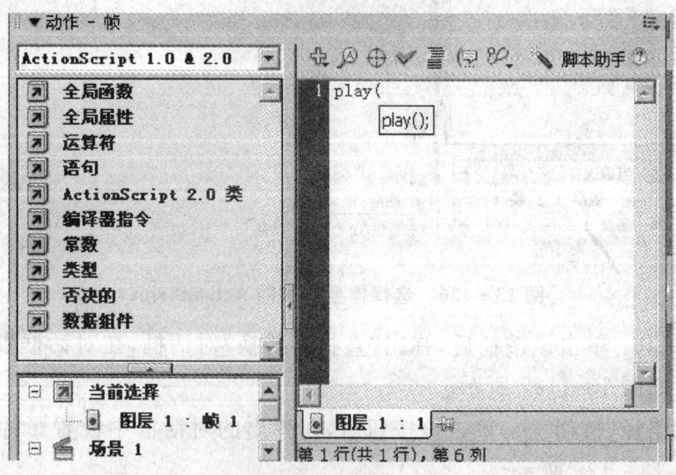

图 13 - 130 自动提示代码

■“调试选项”按钮：根据命令的不同显示不同的出错信息，包括“设置断点”、“删除断点”和“删除所有断点”3 个选项。

4. 脚本编辑框

该编辑框是进行 ActionScript 编程的主要区域，当前对象的所有脚本程序都会在此显示，用户编写的程序内容也会在此显示。

5. “脚本助手”按钮

“脚本助手”按钮 脚本助手能够提示输入脚本的元素，如图 13－131 所示。

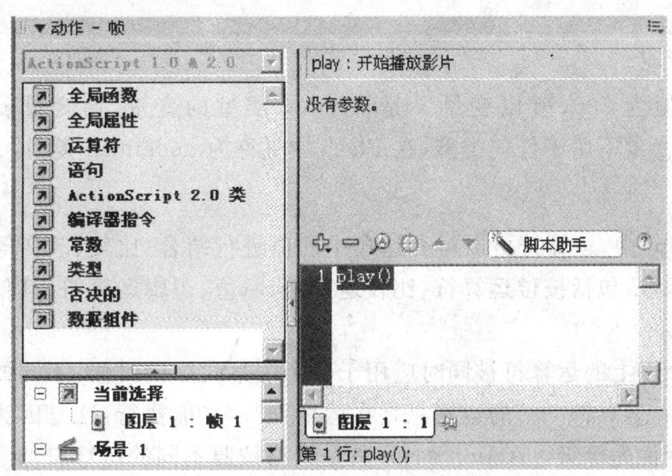

图 13－131　脚本助手

13.5.2　ActionScript 中的参数

要有效地使用编程语言，首先必须了解其中使用到的一些特定的术语和规范，对于 ActionScript 也是一样。

1. 函　数

函数是用来对常量、变量等进行某种运算的方法，如产生随机数、进行数值运算、获取对象属性等。如果将参数传递给函数，则函数会对这些值执行运算。函数可以返回值。

Flash 具有一些内置函数，可用于访问特定的信息、执行特定的任务。例如，获取承载 SWF 文件的 Flash player 的版本号(getVersion())。属于对象的函数称为方法，不属于对象的函数称为顶级函数，可以在“动作”面板的 functions 类别中找到这个函数。

每个函数都有自己的特性，而某些函数需要用户传递特定的值。如果传递的参数多于函数的需要，多余的值将被忽略。如果用户没有传递必需的参数，则将为空的参数指定 undefined 数据类型，这可能会在导出脚本时出现错误。若要调用函数，该函数必须位于播放头到达的帧中。

也可以自定义函数，对传递的值进行一系列语句。自定义函数也可以返回值。一旦定义了函数，就可以从任意一个时间轴中调用它，包括加载的 SWF 文件的时间轴。

可以把编辑完善的函数看做一个“黑匣子”，如果它的输入、输出和目的都有详细的注释，则该函数的用户就不需要确切的了解函数的内部工作原理。

2. 变 量

变量是包含信息的容器。容器本身不变,但内容可以更改。通过在 SWF 文件播放时更改变量的值,可以记录和保存用户操作的信息,记录 SWF 文件播放时更改值,或者计算某个条件是 TRUE 还是 FALSE。

变量是一种可以保留任何数据类型的值的标识符,变量可以被创建、改变和更新,它的储存值可以在脚本中被检索。下面的程序语句是给变量赋值的语句,等号左边的标识符就是变量。

```
a = 200;
name = "Alice";
```

变量 a 的赋值为 200,所以变量 a 是 number 类型的变量,而变量 name 的类型则是 string。如果一个变量不属于任何类型,在 Flash 中被称为 undefined 类型。

3. 运算符

在 ActionScript 中,运算符可以对表达式中的值进行结合、比较、改变等运算。在表达式中会用到运算符函数,包括按位运算符、比较运算符、赋值、逻辑运算符、其他运算符以及算术运算符等。

当两个或两个以上的运算符被同时应用于一个表达式中的时候,不同的运算符有着不同的优先等级。例如,运算符“ * ”的运算总是在运算符“-”之前执行,这是因为乘法的优先等级要高于减法的运算优先等级。ActionScript 就是严格按照不同的运算符的运算优先等级来安排运算执行的前后顺序的。例如,在下面的运算中,由于括号的运算优先等级要高于乘号,因此最终的结果为 20.

```
Number = (8 - 3) * 4;
```

而在下面的运算中,由于乘号的运算优先等级最高,因此最终的结果为－4。

```
Number = 8 - 3 * 4;
```

当两个或两个以上的相同优先等级的运算符在同一个表达式中的时候,它们的执行顺序就具有了结合性,结合性既可以从左到右,也可以从右到左。例如,下面的两个语句就是等价的。

```
Number = 8 * 3 * 4;
Number = (8 * 3) * 4;
```

1) 比较运算符

比较运算符的作用是比较表达式的值,然后在返回一个布尔值。比较运算符经常被用于判断语句的循环是否结束,一些条件语句中也经常使用比较运算符来判断是否满足条件。

ActionScript 的比较运算符及其作用如下。

- ＜:小于操作。
- ＞:大于操作。
- ＜=:小于或者等于操作。
- ＞=:大于或者等于操作。

2）数字运算符

数字运算符的作用是使程序中的数字进行算术运算。

ActionScript 的数字运算符及其所执行的操作如下。

■ +：加运算。

■ -：减运算。

■ *：乘运算。

■ \：除运算。

■ %：求余运算。

■ ++：自加运算。

■ --：自减运算。

■ 按位运算符

使用按位运算符，可以将内部的浮点性数字转换为 32 位的整型数，使工作更加方便容易，而且所有的按位运算符都会对浮点数的每一位进行计算并生成新的值。ActionScript 的按位运算符及其所执行的操作如下。

■ &：字符串叠加。

■ |：字符串相等。

■ ^：按位异或。

■ ~：引号用于表示字符串。

■ <<：按位左移。

■ >>：按位右移。

■ >>>：无符号按位右移，左边空位用 0 填补。

3）逻辑运算符

逻辑运算符作用是比较两个布尔值并返回第 3 个布尔值。ActionScript 的逻辑运算符及其所执行的操作如下。

■ &&：逻辑与。

■ ||：逻辑或。

■ !：逻辑非。

4）等号运算符与赋值运算符

等号运算符用于测试两个表达式是否相等，如果表达式相等，则结果为 TRUE。如果数字和布尔值进行比较，当它们具有相同的值时，被视为相等。如果变量、对象、数组和函数进行比较，则当它们的引用相等时，才被视为相等。

赋值运算符的作用是将赋值运算符右侧的任何类型的值赋于赋值运算符左侧的变量、数组元素或属性。ActionScript 的等号运算符、赋值等运算符的操作如下。

■ ==：相等。

■ !=：不相等。

■ =：赋值运算符。

■ +=：相加后并赋值。

■ -=：相减后并赋值。

■ *=：相乘后并赋值。

■ %=：求余后并赋值。

■ /=：相除后并赋值。

■ <<=：按位左移并赋值。

■ >>=：按位右移并赋值。

■ >>>=：无符号按位右移并赋值。

■ ^=：按位异或并赋值。

■ |=：按位或并赋值。

■ &=：按位与并赋值。

13.5.3 ActionScript 常用语句

在 Flash 中常用的命令语句主要有播放控制语句、fscommand、getURL、条件语句和循环语句等，下面来具体讲述这些常用命令语句的使用方法。

1. 播放控制语句

播放控制语句包括 play(播放)、stop(停止)、stop all sounds(声音的关闭)等，播放控制语句是作用于全部对象的。下面介绍几个重要的播放控制语句。

1) Stop 语句

Stop 语句可以使正在播放的动画停止当前的画面，即当前帧。例如一个文字 Flash 动画，由于内容太长，一屏显示不完而需要多屏显示。但通常情况下帧的播放是不会停顿的，这会使浏览者无法看完每页的内容。这时在第一页的帧上加上 stop 语句，就可以使动画在第一页完全显示后暂停播放，使浏览者可以看完第一页的内容。

下面通过实例来讲述 stop 语句的用法。

① 新建一个空白文档，选择菜单栏中的“文件”|“导入”|“导入到舞台”菜单项，弹出“导入”对话框，在对话框中选择要导入的图像，如图 13-132 所示。单击“打开”按钮，导入图像。

图 13-132 “导入”对话框

② 单击时间轴左下角的“插入图层”按钮，在图层 1 的上方插入图层 2，选择工具箱中的文本工具在舞台中输入一段文字，如图 13－133 所示。

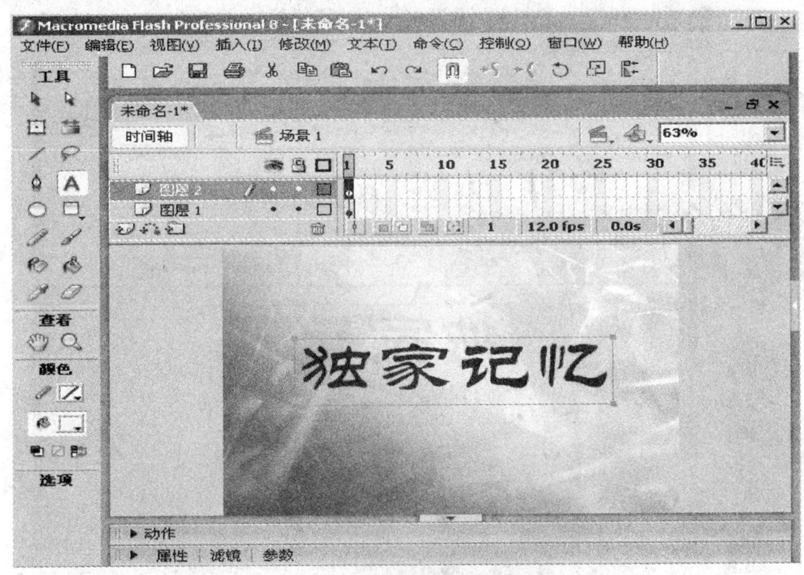

图 13－133　输入文字

③ 单击图层 2 的第 30 帧，按 F6 键插入关键帧，单击图层 1 的第 30 帧，按 F5 键插入帧，将图层 1 的第 1 帧内容延续到第 30 帧，如图 13－134 所示。

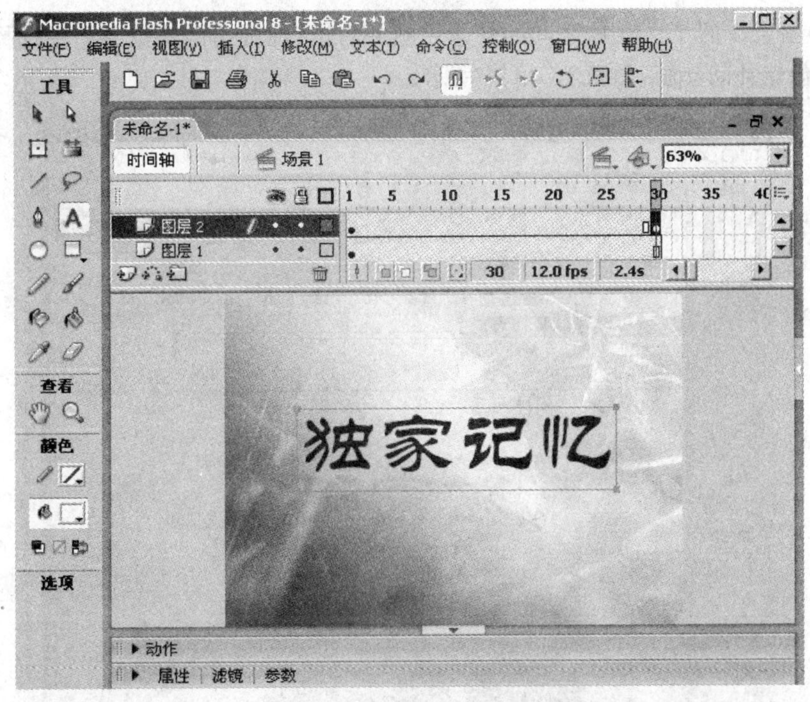

图 13－134　插入帧

④ 选中图层 2 的第 30 帧,选择工具箱中的选择工具,将文本移动到舞台的上方,如图 13－135所示。

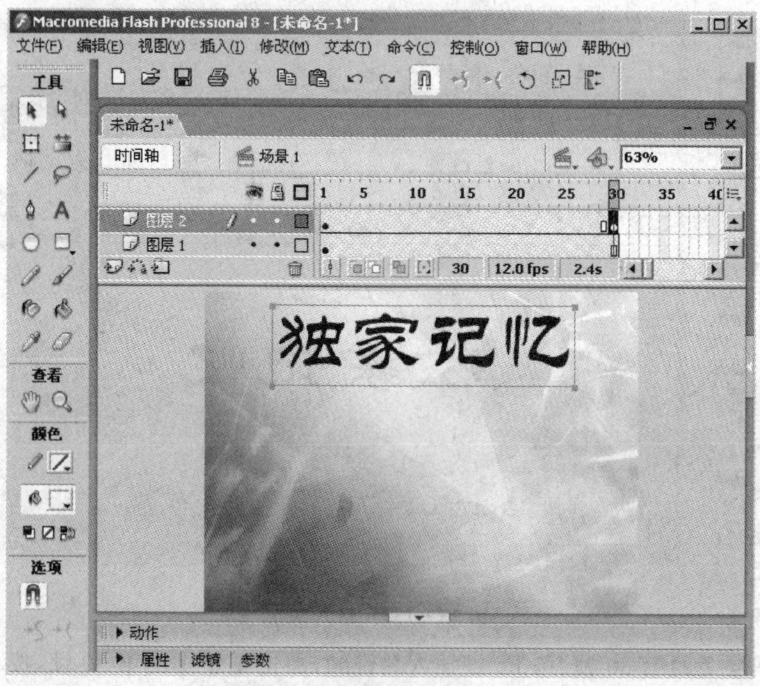

图 13－135　移动文本

⑤ 选中图层 2 的 1～30 帧之间的任意一帧并右击,在弹出的快捷菜单中选择"创建补间动画"选项,创建补间动画,如图 13－136 所示。

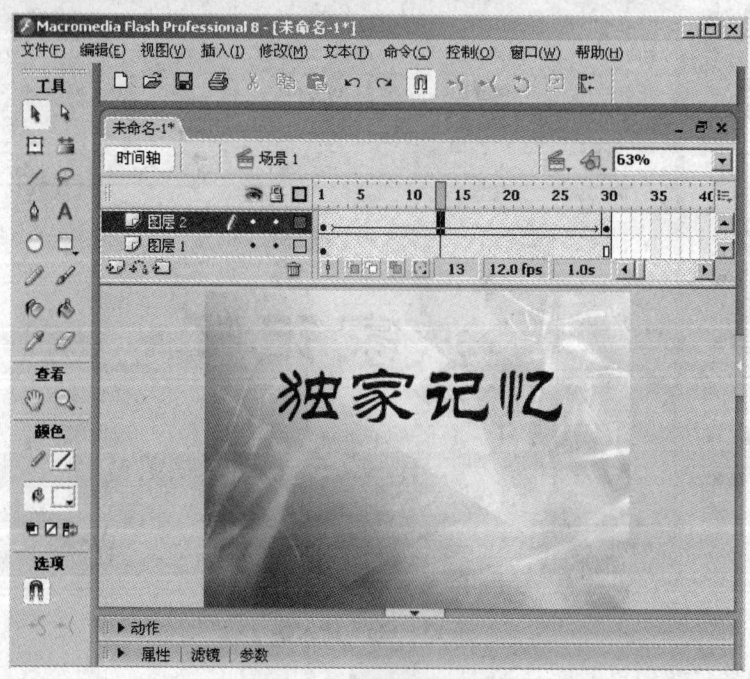

图 13－136　创建补间动画

⑥ 选中图层 2 的第 15 帧，按 F6 键插入关键帧，打开“动作”面板，在脚本编辑框中输入 stop();，如图 13－137 所示。

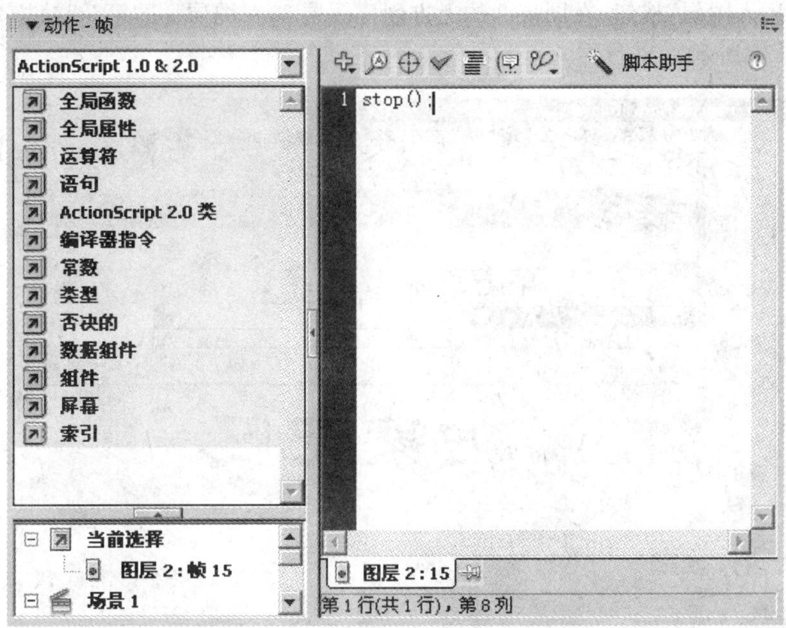

图 13－137　输入代码

⑦ 保存文档，按 Ctrl＋Enter 键测试效果，文字会在第 15 帧暂停，如图 13－138 所示。

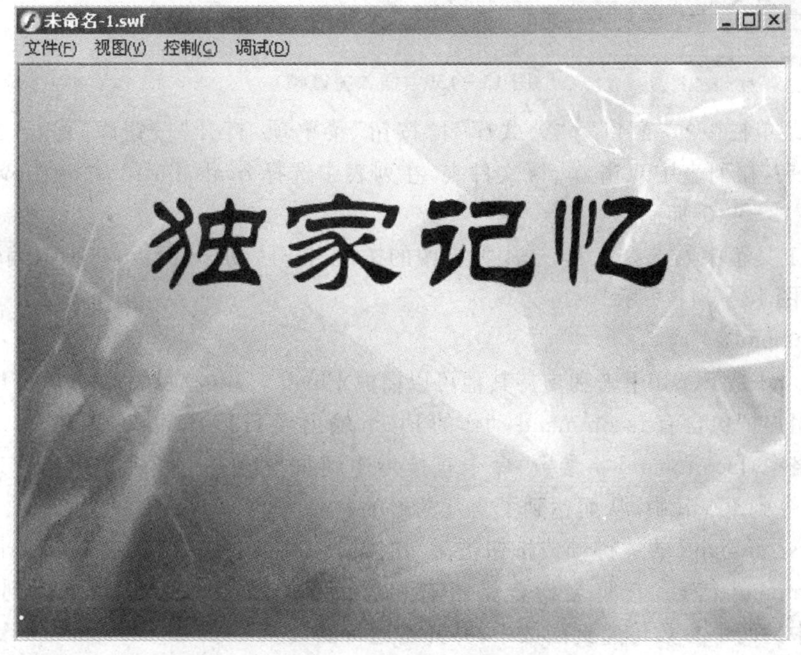

图 13－138　预览动画

2) play 语句

play 语句可以继续播放被停止的动画，下面继续前面的例子介绍 play 语句的用法。

① 单击“插入图层”按钮，在图层 2 的上方创建图层 3，在图层 3 的第 30 帧按 F6 插入关键帧，如图 13 - 139 所示。

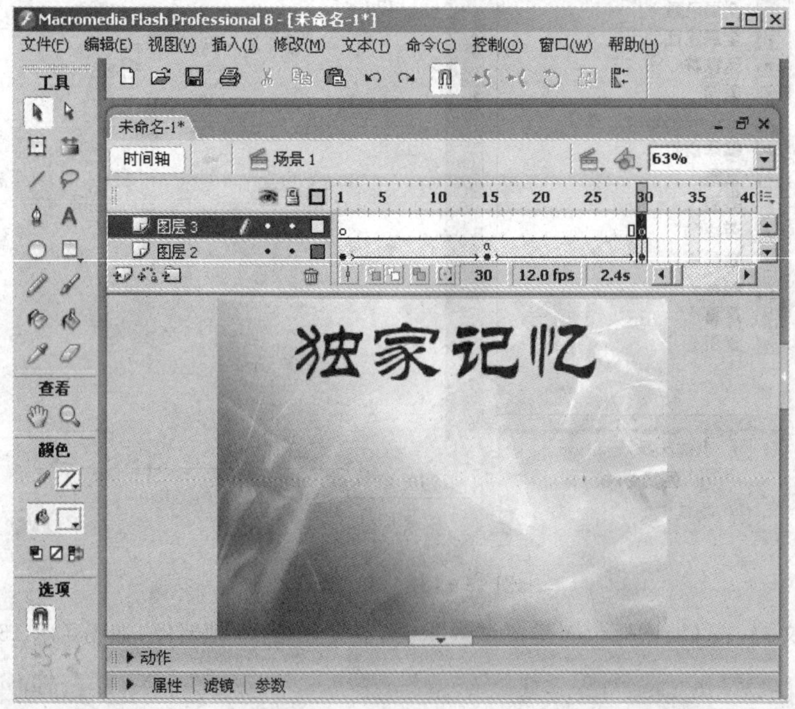

图 13 - 139　插入关键帧

② 选择菜单栏中的“窗口”|“公共库”|“按钮”菜单项，打开“按钮库”面板，双击 classic buttons 文件夹，在列表中双击 ovals 文件夹，在列表中选择 ovals buttons - yellow，并拖动到舞台中，如图 13 - 140 所示。

③ 选择工具箱中的选择工具，选中舞台中的按钮，打开“动作”面板，在脚本编辑框中输入以下脚本，如图 13 - 141 所示。

3) fscommand

Fscommand 是 Flash 用来和支持其他可以播放 Flash 影片的应用程序的，如 Flash player 播放器。当用户把包含有 fscommand 动作的 Flash 输出成 HTML 时，必须和 JavaScript 配合使用。在网络中，fscommand 将参数、命令直接传递到脚本语言中或者脚本语言通过 fscommand 传递命令到 Flash 中，从而达到了交互的目的。

当含有 fscommand 的关键帧或按钮被激活时，Flash 将会传递信息给 JavaScript。当浏览器收到 fscommand 信息，它将会检查是否有相应的 JavaScript 函数，如果找到了，则会把 fscommand 中的两个参数传递到函数中，并开始运行函数。

Fscommand 动作有两个参数：“命令”和“参数”，如图 13 - 142 所示。在“命令”中输入想要调用的函数名。在“参数”中输入字符中需要的参数。“命令”和“参数”中必须使用字母值或者表达语句。

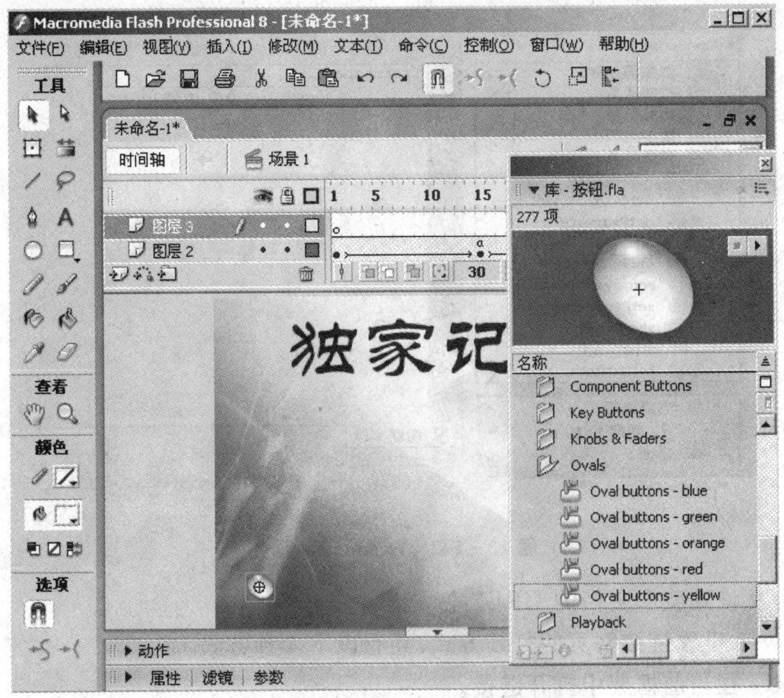

图 13－140　拖动按钮

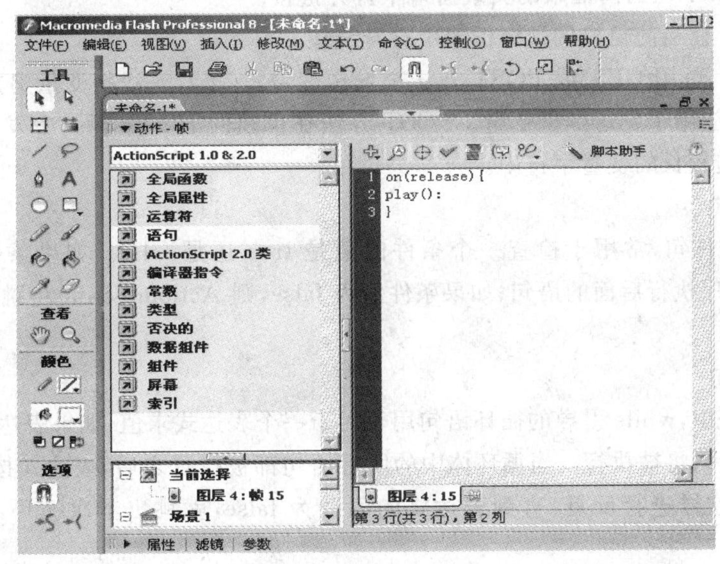

图 13－141　输入脚本

4）getURL

getURL 用于建立 Web 页面链接，该命令不但可以完成超文本链接，而且可以链接 FTP 地址、CGI 脚本和其他 Flash 影片的内容。在 URL 中输入要链接的 URL 地址，最好使用绝对路径，如 http://www.google.com。

getURL 的语法形式为 getURL(url【,windows【,"variables"】】)，各参数含义如下。

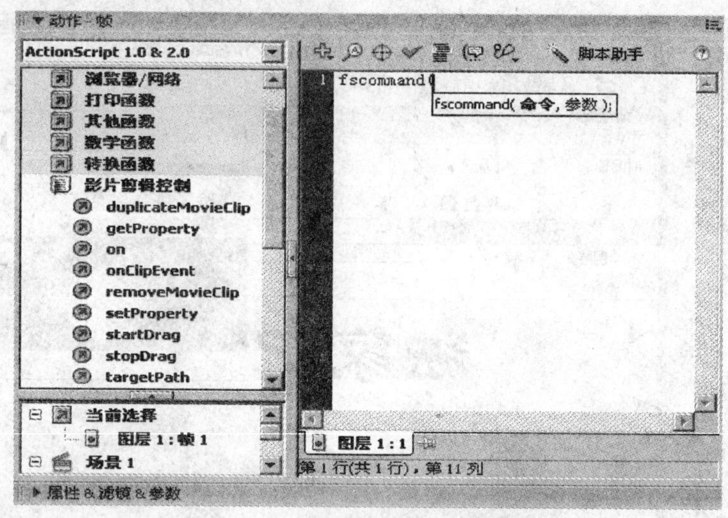

图 13－142 fscommand 动作

- url：可从该处获取文档的 URL。
- windows：设置链接网页的打开方式，共有以下 4 种方式。
  - _self：在当前框架中打开链接。
  - _blank：在一个新窗口中打开链接。
  - _parent：在当前框架的父级窗口中打开链接。
  - _top：在当前窗口的顶级框架中打开链接。
- variable：可用 GET 或 POST 方法来发送变量。GET 方法将变量追加到 URL 的末尾，该方法用于发送少量变量。POST 方法在单独的 HTTP 标头中发送变量，该方法用于发送较长的变量字符串。

5）条件语句

If 引导的条件句，常用于检查一个条件的值是 true 还是 false。如果条件值为 true，则 ActionScript 顺序执行后面的语句；如果条件值为 false，则 ActiongScript 将跳过这个代码段，执行下面的语句。

6）循环语句

在脚本程序中，while 引导的循环语句用于对于一个表达式求值，如果表达式的值为 true，则循环体中的代码将被执行。当循环体中的所有语句都被执行之后，表达式按照程序要求再次进行求值，就这样进行反复，直到表达式的值变为 false，就跳出本次循环，执行循环后的元件。

本章小结

本章从实用的角度出发，通过对一些案例制作过程的讲解和技巧的分析，详细介绍了 Flash 8.0 的各种工具的操作方法、绘图的基本技巧、各类动画制作的相关技术与方法等基础知识。

通过本章的学习，读者能够快速掌握用 Flash 8.0 制作动画的基本思路和技能，为成为全

方位网页动画设计和制作的高手打下坚实的基础。

练习与思考

1. 利用 Flash 8.0 工具箱中的绘图工具绘制一个如图 13－143 所示的 QQ 图形。

图 13－143　fscommand 动作

2. 创建一个如图 13－144 所示的图像由小变大的补间动画。

图 13－144　创建补间动画

3. 利用 Flash 8.0 的元件和库面板，分别创建图形元件、按钮元件和影片剪辑元件。
4. 在图 13－145 所示的关键帧中添加背景音乐《春天在哪里》。

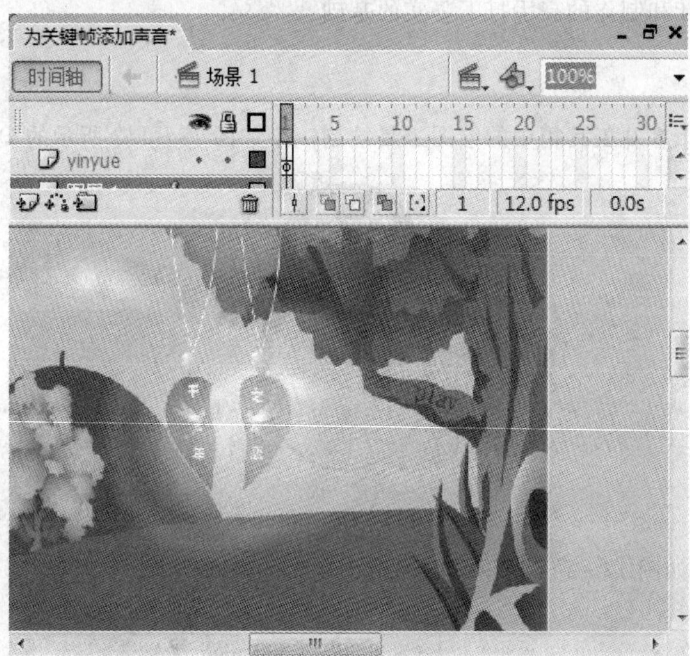

图 13－145　添加音乐

第 14 章　ASP 简介与网站的发布

本书的对象以非计算机专业的网页制作者为主，因此假设读者是不会、或者不太会编写程序为起点，若要从零开始学会动态网页的编程，也不是一章内容就能解决问题的。因此本章的主要目的不是让大家学会编写 ASP 程序，而是学会动态网页的编写。

【本章内容和重点】

- 了解动态网页以及 ASP 的相关概念与知识
- 了解几种常用的动态网页编写的软件名称
- 了解静态与动态网页的区别在哪里
- 能够安装 IIS 及设置 IIS 的常用参数
- 能够调试、修改 ASP 程序的方法
- 能看明白简单的 ASP 程序的基本结构
- 能够对现有的 ASP 程序进行简单的修改

14.1　动态网页的基本知识

动态网页是现在网站的主要形式。本节先介绍一下动态网页的基本概念、特点、应用场合等知识，然后再介绍常用的几种动态网页制作系统。后面的几节介绍一种常见的动态网页制作系统 ASP。

14.1.1　动态网页的基本概念

讲到动态网页，首先就要讲静态网页，两者互为关联。所谓静态网页就是网页的内容是固定的，不会随着时间、使用者等环境的变化而变化的网页。静态网页的扩展名是 html 或 htm 两种。静态网页可以直接在计算机本地直接双击打开浏览网页内容。如果打开网络上的静态网页，那么服务器也只是简单地把网页的内容发送到客户端的浏览器中而已；如果用浏览器的菜单“查看”|“源代码”查看源代码，将会看到与源文件一样的网页代码。到目前为止，前面的所有章节所涉及的网页均为静态网页。

请注意，网页中有 gif 动画文件、有 Flash 动画文件，或者网页中有各种特技、有各种行为等都不是动态网页，这些都不是衡量是否是动态网页的标准。静态或动态与网页本身的内容是无关的，特别复杂的网页也可能是静态的，很简单的一两个字也可能是动态的。

那么什么是动态网页呢？所谓动态网页，是指网页由服务器实时、动态产生的网页。如果客户端打开一个动态网页，则服务器并不是把某个网页直接送过来，而是经过程序的执行，把内容返回给客户端浏览器，然后显示出来。也就是说，客户端得到的网页代码（即用浏览器的菜单“查看”|“源代码”查看到的源代码）将不会与服务器端的一样，或者说在客户端看到的只是程序执行的结果，而不是程序本身，客户端是无法看到动态网页程序的具体内容的。动态网页必须经过服务器的程序，所以若不安装对应的服务器软件，是无法查看动态网页的内容的，

即使是在本机上，也需要安装服务器软件，并以网络地址的方式来浏览网页，而不能双击打开动态网页来浏览网页。所以，一般动态网页在本机的打开方式(即双击打开)是编辑，而静态网页的打开是浏览。

现在的网页大部分都是动态的，静态网页的维护太不方便了。或者说现在编写纯静态的网页显得有点落后了。举个例子：一个单位的产品介绍网页，若做成静态的，那么当产品有变化、增加、或删除等需要修改网页内容的时候，就必须重新对网页进行编辑修改，然后重新上传到服务器。这在修改不是很频繁时是可以的，比如某一单位的产品一个月左右才改变的情况。但如果网页内容变化很频繁，如一个新闻网站的新闻内容随时都在更新，用静态网页基本上不可能实现，因为每增加一条新闻可能就要改写主页目录(添加一行，还要删除老的一行，还要带超链)、添加新的网页，网页上还要标出作者、发布时间、来源等内容。用静态网页的工作量可想而知。如果用动态网页就方便了，计算机最擅长处理的就是有规律的事，最不怕的就是繁。如果用动态网页实现新闻的功能，就很方便了：一个是显示部分：只管从数据库中提取新闻，并以时间倒序排列，按一定的格式(数量、位置、版面等)显示即可；而新闻采编人员可以用另外的页面(普通用户不能用)，向数据库中添加新闻内容即可，这可用一个网页界面，进行添加、修改或删除操作，只需填写标题、正文、作者、时间、来源等信息即可，这个一般叫后台管理功能。

有人会说：不对呀，我明明看到一些新闻网站的新闻是 html 文件呀，这是静态的，不是动态的。没错，那么大的门户网站也有用静态的，但这只是为了加快网站速度采取的一种方法而已。动态网页需要程序的运行比静态网页要慢一些。对于门户网站而言，由于访问量非常大，速度是一个很重要的因素，所以，一般采取动静结合的方法，也就是说是后台管理程序自动生成若干个静态网页，阅读者就可以用速度相对较快的静态文件，而加快服务器的速度，减轻服务器的负担。但一般访问量不是特别大的网站，没必要采取这种方式。

动态网页开发实际上是网页＋程序的方式，既有网页的界面设计，又有程序的设计，从网页的角度来讲，这叫动态网页；若从程序的角度来讲，一般把这种网页程序叫做 B/S 方式的网络程序(即 Browser Server 方式，浏览器—服务器的方式)，编程只需编写服务器一方的程序，客户端不需要安装别的软件，只要浏览器就可以了。

14.1.2 常用动态网页系统介绍

动态网页的原理基本一样，实现方法也是大同小异，比较常用而简单的产品有以下几种。

1. ASP

ASP(Active Server Pages)是 Windows 本身所带的，支持 ASP 的服务器软件叫 IIS(Internet Information Server，Internet 信息服务)，它是 Windows 从 2000 版本开始以组件的方式提供。由于本章主要介绍 ASP，所以细节在此不再讲述。网页文件的扩展名是 asp。

2. JSP

JSP(Java Server Pages)是由 Sun 公司倡导、许多公司参与一起建立的一种动态网页技术标准。Sun 的 Java 是非常出名的一种编程语言，Java 有一整套开发平台，但一般都比较复杂，都是专业程序员所涉及的。JSP 就是基于 Java 脚本的 Web 服务器软件，所以 JSP 也就跟着一起成名了。Java 的一大特点就是跨平台，在不同的软件与硬件平台上都可用，而且使用方法相同。所以在非计算机、非 Windows 平台上的应用 JSP 都占有很大的比例。网页文件的扩

展名是 jsp。

3. PHP

PHP 也是一种 Web 服务器软件，它的最大特点是开放源码，也就是说 PHP 软件本身的源代码在网上都可以找到，编程高手都可以修改 PHP 服务器本身。当然，作为一种开源软件，它也是跨平台的，并不局限于 Windows，在多种操作系统环境都是可以运行的。一般开源的软件也是免费的，PHP 也不例外，所以这也是一般用户，看重 PHP 的主要原因之一。网页文件的扩展名是 php。

4. ASP. NET

. NET 是微软最新推出的一个系列软件，包括 ASP. NET、VB. NET、C＃. NET 等，它们不是独立的几个产品，而是相互联系的软件。表面上来看，ASP. NET 是 ASP 的升级版，但前者功能及开发模式都已经得到了质的变化。如内部的编程语言，ASP 采用的是 VBScript，功能比较简单，而 ASP. NET 用的是 VB. NET 功能强大；另外 ASP. NET 采用与桌面程序方式相同的界面开发模式，完全撇开了 ASP 那种 HTML 与脚本混合编程的方式，使得界面的开发更加容易。网页文件的扩展名是 aspx。

前几种软件系统大部分都是把网页与程序整合在一起进行编写，一个文件中既有网页也有程序。ASP. NET 有点特殊，实现方法与 ASP 有些不同。微软是大力推广. NET 产品的，ASP 已经作为一种比较老的技术了，但 ASP. NET 还是支持 ASP 程序的运行的。

这里只是要对动态网页进行简单的了解，所以选择一种简单的系统 ASP 进行介绍，其他的类似，需要深入的可以自己查阅相关资料，这方面技术资料非常丰富。

14.2　Web 服务器的安装与配置

动态网页必须有 Web 服务器软件的支持才能使用。支持 ASP 的 IIS 是 Windows 本身所带的一个可选组件，在使用 ASP 以前必须安装好，并设置相应的参数，系统才能正常按要求发布网站系统。

14.2.1　IIS 的安装

ASP 动态网页的支持系统是 IIS，而 IIS 是 Windows2000/2003/XP 自带的组件。Windows 的各种服务器版(Server)或高级服务器版(Advanced Server)的默认安装都是带 IIS 的，而专业版(Professional)是不带的，要重新添加组件。计算机是否已经安装了 IIS，可查看控制面板中的管理工具，看是否有程序快捷方式“Internet 服务管理器”，没有则说明还未安装，需要重新安装。

IIS 的安装方法是进入控制面板，进入“添加/删除程序”，再单击“添加/删除 Windows 组件”，然后选中“Internet 服务管理器(IIS)”，一直单击“下一步”即可安装完毕。在安装过程中，可能需要插入 Windows 的系统盘，若没有系统盘，则有光盘上的 I386 文件夹也是可以的。安装完后，即可使用 IIS 了。

14.2.2　IIS 的设置

IIS 安装完后即可对其进行设置。打开 IIS 后，发现有：默认 FTP 站点、默认 Web 站点与默认 SMTP 服务器站点。其中的默认 Web 站点就是发布网站用的,其余两个分别是 ftp 服务器与邮件服务器,可以不管它。在默认 Web 站点上右击或单击工具栏中的属性,将弹出属性对话框(见图 14-1),下面就可以对 Web 站点进行设置了。

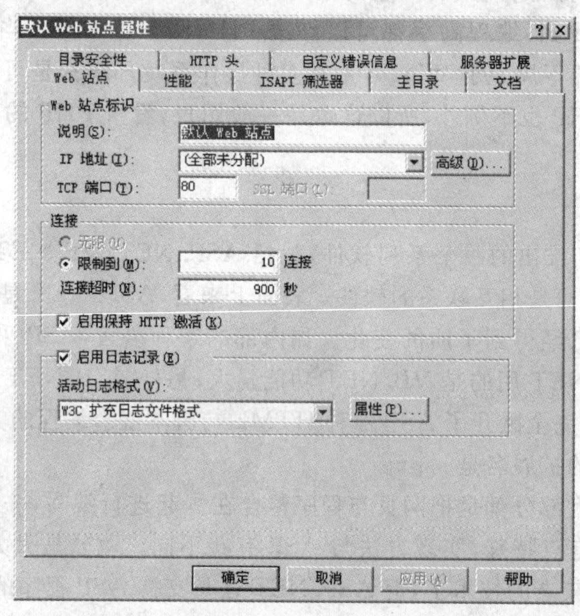

图 14-1　Web 站点属性设置之 Web 站点

1. Web 站点选项卡的相关设置

- 说明:是站点的名称,可以起一个名称,对系统不影响。
- IP 地址:IP 地址在一般情况下可按默认的"全部未分配"即可,只有在安装了多块网卡的情况下,可以选择只有通过某块网卡才能访问。
- TCP 端口:80 是 Web 网页的默认端口。如果端口不是 80,在浏览网页时除了输入地址以外,还要在后面跟一个冒号与端口号。或者说":80"是可以省略的。
- 限制到 10 连接:专业版有 10 个连接的限制(并不能选择无限),所以一般做网站的,要用服务器版或高级服务器版,简单的调试可用专业版。
- 超时:经过若干秒还无法显示网页,将显示错误,避免永远等待一个非常费时或有问题的网页。
- 启用保持 HTTP 激活:若选中则每次激活都保持连接,可提高速度。但若专业版有连接限制时,不要选择此选项,否则每次连接完会释放,另外的用户可继续使用,否则第 11 个人将无法再访问了。
- 启用日志:将服务器的工作都进行记录,包括正常访问与出现问题,以便以后查找相应信息,如可以找到何时有黑客攻击等情况。

2. 主目录选项卡的设置

Web 站点属性设置的主目录如图 14-2 所示。

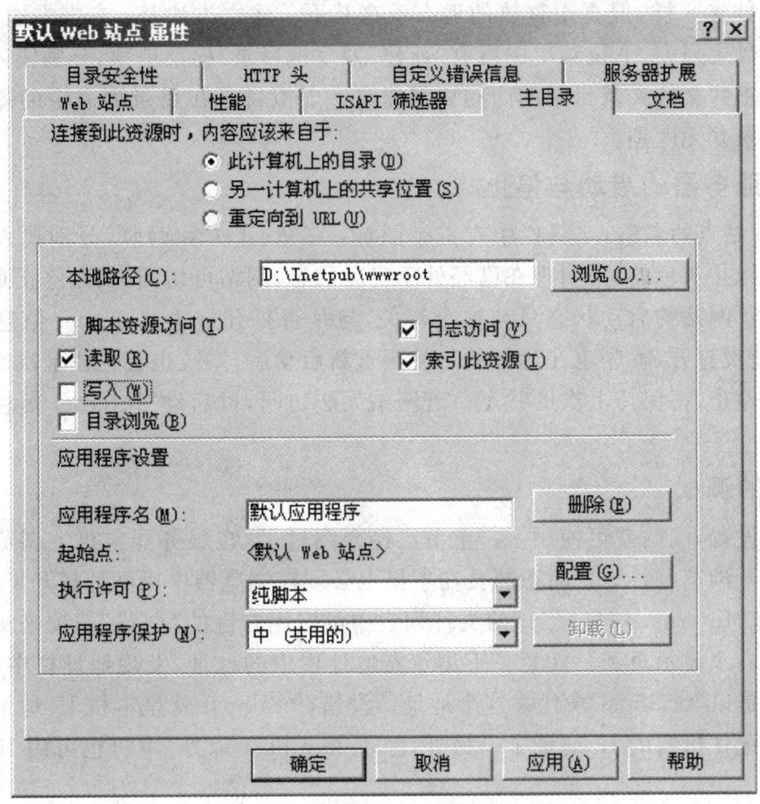

图 14－2　Web 站点属性设置之主目录

- 本地路径：设置发布的网站的站点根，此目录即为别人访问的站点根，可直接以域名或 IP 地址访问的文件夹。所有在此以外的其他文件夹，客户端均不能访问(虚拟目录除外)。
- 访问权限：各种访问权限可根据具体需要进行设定，一般设定脚本资源访问与读取就可以了。
- 其他：按默认设置。

3. 文档选项卡的设置

默认文档一般都要设置的，其作用是直接输入域名或 IP 地址而没有输入网页文件名的情况下，使用什么网页文件。如果设置了多个文件，则系统将按顺序查找文件，如果找到，使用此文件，如果全部文件都不存在或者根本就没有设置默认文档，那么在不输入网页文件名的情况下将会出错。默认文件名一般有 index.asp、index.htm、default.asp 等，列表中原来的默认文件可以删除，添加自己的文件名。

“默认 Web 站点属性”对话框的其他选项卡可以按默认值设置。

4. 新建虚拟目录

上面已经讲过，只有站点根文件夹(即上面设置的本地路径)及其下属的文件夹才能够供客户端访问，其他文件夹都是不能访问的。但如果需要发布的文件夹有多个，而且不在一起，难道必须复制到一起吗？不是的，虚拟目录可以解决这问题。建立的虚拟目录，在访问上与站

点根下面的文件夹一样，但真正存放的地方不在其下。建立方法是：右击左边列表中的站点名称或右边的目录列表，下拉菜单中就有“新建”|“虚拟目录”的菜单项，分别输入别名（即访问的目录名）、真正的文件夹及目录的访问权限即可。虚拟目录在目录列表中的图标有点区别，使用与真实目录并无区别。

6. Web 服务器的启动与停止

选中 Web 站点的名称，工具栏中有三个图标：三角、正方和两竖，分别代表启动、停止与暂停。三角图标是灰色的，说明现在已经处于启动状态，网站可访问，反之停止是灰色的，说明现在已经停止。网站的启动状态只与这个有关，与是否打开这个“Internet 信息服务”的界面无关（其实即使没打开，程序也在运行的），甚至重新启动后，系统也会记住上次的启动状态，若未重新启动或停止，将保持上次的状态。若网站无法访问，可启动“Internet 信息服务”的界面检查。

7. 网页的调试

经过上述设置，网站就可使用了。上节已经介绍过了，在服务器本机上浏览，静态网页可以直接双击打开浏览，而 ASP 动态网页在本机也必须在浏览器中用网址打开。但本机可以稍微简单一点，在“Internet 信息服务”的文件列表中可以用右键的“浏览”选项来浏览网页，这样就会启动浏览器来显示页了。注意一下浏览器地址栏中的地址，发现地址栏中的地址不是一个 IP 地址，而是以 localhost 来代替这个地址。没错，localhost 就是本机 IP 地址的意思，这样在调试时不用记住机器的 IP 地址了。另外，除了 localhost 以外，本机也可用 IP 地址 127.0.0.1 表示。

再次说明： asp 文件不能直接通过双击文件打开调试，asp 文件只能在浏览器中用网络地址的方式进行调试。

14.3 ASP 的基本结构

ASP 动态网页的基本结构就是网页与程序的结合。网页就是前面学过的 HTML 静态网页一样的内容，如果简单地把一个静态 html 文件的扩展名改成 asp，当成 asp 文件进行运行，这也是可以的。程序部分，默认用 VbScript 脚本程序进行编程。

ASP 的整体结构还是网页，在需要程序（或者称为脚本）的地方，用“＜％”切换到程序模式，程序完了再用“％＞”切换回 HTML 网页模式。或者这么说：ASP 中的程序都要放在“＜％”与“％＞”之间。也可以这么说：在“＜％”与“％＞”之间的是程序，按程序的语法执行，在“＜％”与“％＞”之外的是网页，按 HTML 的语法解释。两部分可以任意穿插，甚至在一行中也可相互转换。“＜％”与“％＞”必须成对出现，否则将出错。

Dreamweaver 也可以直接设计 asp 文件，使用方法与静态网页完全一样，一样可以对网页内容进行所见即所得的方式进行设计。与静态网页不同的地方是“＜％”与“％＞”之间的是程序无法显示网页界面，在“设计”视图中用一个符号代替整个程序段。

有关输出到客户端的网页内容，除了在“＜％％＞”外的都是网页内容照样输出以外，还有下面的方法可以输出：

■ 在 HTML 块中，用“＜％＝表达式％＞”可以输出表达式的计算结果。例：“答案是＜％＝1＋2％＞”的输出结果就是“答案是 3”，其中“答案是”是“＜％％＞”外的内容，

照抄，“3”是 1+2 的运算结果。

■ 在程序中，用“Response. Write 表达式”来输出结果。输出的内容与<%%>外的内容合在一起，共同组成网页内容。

14.4　VBScript 简介

VBScript 是一种脚本语言，是与 VB 比较相似的一种解释性语言，是 VB 的一个子集，功能上比 VB 要弱一些，但语法基本上与 VB 一样。与 VB 相比，有一些功能已经取消了，有一些功能有了变化，少量功能得到了增强。主要功能变化有：

■ 取消了 VB 所有的文件操作功能，在 VBScript 中若要使用文件功能，必须用 FSO 组件。

■ 取消了 VB 所有的表单界面，由于 VBScript 在网页上或服务器上使用，表单界面本来就无法使用，所以都取消了。同时在服务器端 VBScript 脚本中，所有牵扯到输入输出的语句或函数也全部取消了。

■ 变量的数据类型的定义全部取消，相当于变量只有一种变体类型。但内部存储的数据还是有类型的，只是变量不再区分类型了。

14.4.1　VBScript 的基本概念

学习编程以前必须把一些常用的 VBScript 概念搞清楚，否则将无法继续学习。

1. 语　句

程序执行的最小单位就是一条语句。程序按指定顺序逐句执行语句，直至全部执行完毕。VBScript 的程序一行一般写一条语句，但一行也可以写多条语句。如果一行要写多条语句，那么语句之间用冒号隔开。VBScript 的所有语句、函数、变量等都与大小写无关。语句一般由若干个关键字组成（关键字一般为英文单词），彼此之间至少用一个空格分开。若语法规定之间已经有符号隔开，则不再需要空格。

2. 数据类型

计算机内部保存与处理的数据是个广义的概念，不只是常规的数值，包括文字、时间和逻辑等值。VBScript 的数据类型有

■ 数值型：表示平常所说的实数，有正负零各值。细分为字节、整型、长整型、单精度、双精度、货币等，如：123.45。

■ 字符型：表示文字，包括英文字符与中文字。如："计算机"。

■ 日期时间型：表示某一时刻，包括年月日时分秒。如：#2008-08-08 20:08:08#。

■ 逻辑型：总共就两种值：真（True）与假（False）。一些语句中要用到条件，其实就是指逻辑型表达式。

■ 对象型：变量中保存一个对象。

3. 常　量

直接表示的值。各种类型的表示方法为：数值型直接用数字、小数点、正负号表示；字符型在文字的两边加双引号（"）；日期型在日期两边加井号（#）；逻辑型就两个值，直接写 True 与 False；对象型无法直接表示。常量可以用 Const 语句定义到一个常量名中，以后可以使用

该名字了。

4. 变　量

内存中保存数据的地方，以变量名区别不同的变量。变量名命名规则：不能与函数或语句的名称相同，字母或汉字开头后看跟字母、汉字或数字。

5. 数　组

数组由数组名称与下标组成，一个数组可以保存多个值，相当于一组变量。下标放在名称后的括弧内，下标一般以 0 开始。数组使用前用 Dim 语句先定义。

6. 集　合

与数组有点类似，一个名称可以访问多项内容。集合可以用数值来访问(与数组类似)，集合中的每个元素，都有一个字符型的名称，集合也可以以此名称访问。

7. 函　数

与数学中的函数类似，由函数名、括弧与参数组成。给出各参数，函数会自动计算并返回一个值。在 VBScript 中，若函数没有参数，可以省略空的括弧。VBScript 的函数共有几十个，有数学函数、字符函数、日期时间函数、类型转换函数以及其他函数。不同的函数，参数的个数与类型也不一样。如 Left 函数是取字符左边的若干个字，两个参数分别是字符与数值型，如 Left("网页设计",3)就会返回"网页设"3 个字。

提示：

所有单词后面跟括号的，就是数组、函数与集合这几种情况，它们的区别有

- 数组：括号里面的是数组的下标，数组分一维、二维等，下标只能用整数。
- 函数：包括内部函数、自定义函数、方法，括号里面的是参数，参数的个数、类型分别不同。
- 集合：用途与数组类似，但下标除了可用整数访问外，还可以用字符型的。

8. 运算符

对数据进行运算的符号：

- 数值型运算符有：加＋、－减、＊乘、/除、MOD 取模、^乘方。与数学公式一样，这些运算符有优先级：乘方最高，乘除、取模次之，加减最低，括弧可以改变优先级，但不管多少个括弧嵌套，一律用小括弧()。
- 字符型运算符有：＋号，对两个字符进行相连；& 号，也是相连，但相连的两个数据会自动转换成字符型，然后再相连。例："A"&1＝"A1"，1＋2＝3，1&2＝"12"，"A"＋1 错。
- 日期型可以加减一个数值，也可减另一个日期。加一数值 N，就是 N 天后的时间，减 N 就是 N 天前；两日期相减就是两日期的相差天数。日期的加减运算中，1 代表一天，小数点后的内容就是一天中的时间，精度到秒。
- 关系型运算：参加运算的是各种类型，结果是逻辑型，主要有：大于(>)、小于(<)、等于(＝)、大于等于(>＝)、小于等于(<＝)、不等于(<>)。数值按数字大小比；日期晚者大；字符按 ASCII 码比较，汉字比字符大。
- 逻辑运算：参加运算的是逻辑型，结果还是逻辑型。NOT：逻辑变反；AND：逻辑与，

两者均为真(True)时结果才为真,否则均为假;OR:逻辑或,两者均为假时结果为假。

9. 表达式

由常量、变量、函数、运算符等组成的一个式子,函数有一个返回值。程序执行到此时表达式中的值都应已经确定的,即程序无法用普通方法解方程。表达式不管多复杂,其实它的用途只是提供一个值。有时为了使表达式不至于太复杂或不重复书写等原因,也可以把一个表达式分解成多个表达式,当中用变量临时保存。

14.4.2　常用语句介绍

VBScript 程序都由语句组成,语句种类很多,现在把常用的一些语句进行介绍。

1. 赋值语句

赋值语句是最常用的语句,一般的程序中可能有 80%的语句属于赋值语句,其作用就是把一个值保存在一个变量中,供后面的程序使用。语法格式是:变量名=表达式。其含义是计算右边表达式的值,把值保存到左边的变量中。此处的"="不叫等号,而叫赋值号。例:A=A+1,这是合法的表示,意思是把 A+1 的值保存到 A 中,即 A 的值增加 1。

赋值语句除了可以给变量赋值以外,还可以给某个数组元素或属性赋值。

注意:不要把赋值号与关系运算的比较号等于搞混了,虽然符号相同,但应用场合不同,含义就不同。直接使用的是赋值号,在 If、While、Until 等后面的是条件,里面若有"=",就是比较号了。如:If A=B Then C=D 中前者是比较号,后者是赋值号。

对象变量的赋值:与普通变量一样,对象型的也可以保存到变量中,以便以后使用,但赋值方法不同,在最前面应该增加一个单词 Set,即 Set 变量名=对象型表达式。

除了赋值语句以外,所有语句的第一个单词都是关键字,是决定这句是什么语句的关键的一个词,相当于中文的谓语(其实赋值语句也是有关键字 LET,不过它是可以省略的)。语句中别的地方也可能还有一些关键词,相当于别的语法成分。

2. 注释语句

单引号(')后的内容均为注释,程序不会执行。注释语句可以单独一行,也可以放在其他语句后面。

3. 变量定义语句

Dim 语句可以定义变量或数组,一条 Dim 语句可以定义多个变量或数组。数组的最小下标默认为 0,最大下标由 Dim 语句指定。

格式是:Dim　变量名,数组名(最大下标)

14.4.3　执行控制结构

程序不只是会顺序执行,还可以根据不同的情况执行不同的语句,也可以让一段程序反复执行多次。这种分支与循环才使得计算机能够进行各种逻辑与重复操作。

说明:下面的格式中,首字母大写的英文为关键字,不变;中文以实际内容代替。

1. 分支结构

1）单行 IF 语句

在一行中就完成一块结构，下行与此无关了。语法格式为：

```
IF 条件 Then 语句
```

当条件为真则执行语句，否则不执行

```
IF 条件 Then 语句 1 Else 语句 2
```

条件为真时执行语句 1，否则执行语句 2

2）块 IF 语句

若语句比较多，可以写成块结构，Then 与 Else 后不直接写语句，换行再写，最后加一句 End If。

```
IF 条件 Then
    语句块 1
Else
    语句块 2
End If
```

3）Select Case 语句

Select Case 语句是多分支语句，对一个表达式的不同值，执行不同的程序块，格式为：

```
Select Case 表达式
Case 列表 1
    语句块 1
Case 列表 2
    语句块 2
……
Case 列表 n
    语句块 n
Case Else
    语句块 n+1
End Select
```

列表可以有多项，每项可以直接使用值，或者用“IS>值”之类的格式表示范围。当表达式在某个列表中时，就执行其后的语句块，当都不满足时，执行 Case Else 后的语句块。

2. 循环结构

循环结构就是让程序反复多次执行同一段程序，完成多次相似的工作。

1）For - Next 循环

```
For 变量 = 初始值 To 终止值 Step 步长
  语句块
Next
```

在此结构中，每执行一次循环，变量的值就会变化一次，直至变量的值超出终止值。

```
For 变量 In 数组或集合名
```

```
  语句块
Next
```

此结构会对整个数组的各个元素或集合的各个对象进行循环

2) Do - Loop 循环

```
Do [While  条件或 Until  条件]
  语句块
Loop [While  条件或 Until  条件]
```

在起始语句 Do 或结束语句 Loop 中,都可以添加 While 条件或 Until 条件来限制何时结束循环退出。While 是指定循环条件,Until 是指定退出条件,两者刚好相反。Do 与 Loop 中若都没有退出的条件,那么会造成死循环(即程序永远执行而无法退出),这种情况还可以在循环中用 Exit Do 语句来退出(这一句一般放在内部的条件语句中,否则就无法实现循环了)。

3. 子程序

当一段相同的程序要多次使用时,可以用子程序来实现。如果直接在程序中多次书写,那么既麻烦,也容易造成不一致,不易修改。用子程序可以只写一次,多次调用,若有修改也只需改一个地方即可,不会出现不一致的现象。子程序分定义与调用两部分,定义一次可以多次调用。

子程序分两种,即自定义函数与过程。自定义函数有返回值,而过程没有返回值。定义方法分别是:

```
Function  函数名(参数列表)
函数体语句块
函数名 = 表达式
End Function

Sub  过程名(参数列表)
过程体语句块
End Sub
```

自定义函数的调用与内部函数一样,可直接调用。函数体中必须有一句“函数名=表达式”的赋值语句作为函数的返回值。

过程是没有返回值的子程序,其调用方法是:

```
Call  过程名(实际参数表)     '或者:
过程名  实际参数表    '即省略关键字 Call,并且省略参数两边的括号
```

如果自定义函数没有返回值(或不需要返回值),那么按照过程调用的方法来调用也是可以的,因此可以不管是否有返回值,一律用 Function,不再使用 Sub 了。对象方法的调用也一样,有返回值的要用括号,没有返回值的,若有参数,参数两边也不再需用括号了。

14.4.4　面向对象程序

VBScript 是一种面向对象的程序设计语言。关于对象的概念比较复杂,现在只需知道:对象是一个包含许多信息与操作的一个综合性的概念。关于对象,有 3 个基本概念:属性、方法、事件。在 VBScript 主要用到的是属性与方法,属性相当于变量,方法相当于函数。对于属

性与方法的写法，都是在对象名（即对象变量）后加一个点（.），再跟属性或方法。如语句“Response. Write "欢迎来到某网站！"”中，Response 是对象，Write 是方法，方法相当于函数，这个不需要返回值，所以参数"欢迎来到某网站！"的括弧可以省略。

如果看到脚本程序中有两个单词，中间以点隔开，那么一般来讲它就是对象了，点前面的是对象名，后面的是属性或方法。直接使用的是方法，有括弧带参数的也是方法，在赋值语句或其他表达式中使用，且无括弧的是属性。

ASP 本身有若干内置对象：Application、Response、Request、Session、Server 等，这些对象在程序中可以直接使用，不用建立。另外，Windows 还带了好多对象（即 Windows 组件或叫 ActiveX 控件），已安装的软件所带的组件也可拿来使用，程序中若要使用这些对象，应先建立。建立对象的语句是：Set 变量名＝CreateObject（"组件名"）。其中组件名分两部分，中间也有个点，但这个与对象的方法、属性完全不同，只是个组件名而已。具体能用的组件与系统的安装有关，一些常用组件可能软件都会带的，安装其中一个，就能使用；有的是 Windows 本身所带，只要 Windows 正常就能使用。

ASP 是 Active Server Pages 的缩写，利用 ActiveX 组件是 ASP 的很大的一个优势。使用组件的方法是类似的，都是通过对象的属性与方法进行操作，为编程带来了方便。组件功能可以不断扩充，利用现有组件就能用简单的几句语句来实现复杂的功能。

从阅读程序的角度来看，如果两个单词之间有个点，那么前面的单词就是对象，后面的就是方法或属性。对象除了 ASP 内置的几个对象可以直接使用以外，其他的对象都需要用 Set 语句通过 CreateObject 函数或其他对象的属性或方法赋值得到。

14.5　ASP 内置对象介绍

ASP 的内置对象，不用建立，可直接使用。ASP 内部使用 VBScript 编程，而 VBScript 如果不与 IIS 服务器及浏览器相关联，那么网页与程序都是彼此独立的，也就失去了动态网页的用途。程序与 ASP 相结合的用法，就是在程序中使用 ASP 的内置对象。ASP 内置对象有 Response、Request、Session、Server 与 Application 对象，下面将逐个介绍。

14.5.1　Response 对象

Response 对象负责把信息传递给客户端的浏览器，除了最有用的、上面介绍过的 Write 方法是把信息输送到浏览器以外，还有一些属性与方法可以使用。除了属性可以对其赋值来实现某些设置以外，所有的方法都是由服务器向浏览器输送信息的，方向不要搞错。

Response 的主要属性与方法有

- ■ Write 方法：输出信息到浏览器。参数：一个任意类型的输出内容。
- ■ Redirect 方法：通知浏览器转到另外的一个地址。参数：1 个字符型的地址。
- ■ Clear 方法：清除先前的输出内容。
- ■ End：结束 ASP 程序的执行，网页结束。
- ■ Flush：把缓冲中未输出的内容输出。
- ■ BinaryWrite 方法：以二进制方式输出，一般用于非文本文件的输出。
- ■ Buffer 属性：设置网页输出是否缓冲。默认为真。设置为真速度要快点。若为假，则不能使用 Clear 清除前面的内容。

■ Expires 属性：设置网页过期时间。单位是分钟。

■ Cookies 集合：设置 Cookies 的各种参数，详见 Cookies 介绍。

14.5.2 Request 对象

Request 对象是获取客户端或浏览器的信息，可以获取各种提交的信息、客户端浏览器信息、以及 Cookies 信息。其主要属性与方法有

■ TotalBytes 属性：返回从客户端所接收到的数据的字节数。

■ QueryString 方法：获取 Get 方法提交的数据或直接跟在地址栏后的数据。若给定一个参数，则返回以此为名(表单的 Name 或 ID 属性)的数据。

■ Form：返回以 POST 方法提交的数据，其余与 QueryString 一致。

■ ServerVariables：返回客户端的信息。有 IP 地址、浏览器信息等，程序可了解客户端的一些信息。

■ Cookies 集合：获取客户端 Cookies 的信息，详见 Cookies 介绍。

其实 QueryString、Form、ServerVariables 与 Cookies 一样，它们的方法都是集合，但一般是可以直接按方法的格式来使用的，所以也可以说就是方法。其中的原因就是在 VBScript 的语法中，每个对象都有一个属性是默认属性，可以省略。

如：x=Request.Form("xm")是获取网页表单中名称是 xm 的控件的值，然后保存到变量 x 中。

另外，Request 对象还可以不用 QueryString 或 Form 方法，后面直接跟括弧与参数，直接使用，这样还可自动获取 QueryString、Form、ServerVariables、与 Cookies 四种集合的值。

14.5.3 Cookies 集合

上面的 Response 与 Request 对象中都有 Cookies 集合对象，它们分别是设置 Cookies 的值与获取 Cookies 的值，方向刚好相反。Cookies 到底是什么呢？

在浏览网页的时候，为了安全考虑，浏览器一般是禁止网页主动读取客户端硬盘的信息或向硬盘中保存信息的(下载文件或上传文件，以及特殊的组件除外)。但如果所有信息都不保存，上网后客户端都不知道你上过此网站，有些事情是比较难办的。比较有用的一个例子就是许多论坛中，系统都会记住用户名与密码，在这台机器登录此论坛，在一定时间内，就不用再登录了，这就是 Cookies 的典型应用。

Cookies，如果按字面翻译，那是小甜饼的意思，这里应该指有用的小东西。如何翻译都不恰当，所以现在一般都不翻译了，直接使用英文原文。Cookies 是由服务器端程序控制向客户端硬盘保存的信息，保存在网页临时文件夹下，信息是加密的。Cookies 的内容只能由本网站的程序获取，网站是不能获取别人网站的 Cookies 信息的。所以 Cookies 还是安全的，不用担心别的网站主动窃取自己机器上的上网信息。

上面谈到的论坛登录情况用 Cookies 就容易实现了。当用户登录后，服务器程序即把登录的用户名与密码用 Response.Cookies 集合保存到客户端硬盘中，当下次再访问此网站时，程序会先用 Request.Cookies 方法检查 Cookies 中的用户信息，若已存在，则自动当成登录，不用再提示登录了。这样可方便用户使用。

Cookies 虽然不能由别的网站读取，但如果其他人使用此机器时，也会认为是上次的用户

在使用，所以一般只用于不是非常重要的信息保存，也只用于自己的机器。像银行账号是不会使用 Cookies 来保存信息的，用户在公共场所如网吧等地方上机也不要保存 Cookies 信息（一般网站在登录时有时间选择保留 Cookies 的时间）。

Cookies 是一个集合，参数一般用字符型的。获取用户信息，保存 Cookies 的例子：

```
User = Request.Form("username")      '读取登录的页面的用户信息
…(此处是检测用户名密码等是否正确的程序，若正确，再保存 Cookies)
Response.Cookies("user") = user      '把用户名保存到 Cookies 中
```

在页面显示中，可以先检查 Cookies 是不是保存过的程序：

```
User = Request.Cookies("user")      '读取 Cookies 中的用户信息
If User<>"" then
    …不是空则说明 Cookies 中保存过用户名
Endif
```

Response.Cookies 除了上面的设置 Cookies 值以外，还有几个属性可以设置：

Expires：设置 Cookies 过期时间，若未设置，则关闭浏览器就失效

Path：设置 Cookies 的有效路径，默认为相同文件夹

在上面保存 Cookies 后，若要使 Cookie 有效期为一个月，则使用语句：

```
Response.Cookies("user").Expires = NOW + 30       'NOW 是内部函数，返回当前日期
```

所有的 Cookie 设置都必须在任何网页内容输出前进行，但在 Response.Buffer＝True 的情况下，后输出也是可以的。

另外，在浏览器的设置中还可以把 Cookies 的功能关闭。当然，一旦关闭了此功能，所有的 Cookies 功能都无法使用了。

14.5.4 Session 对象

Cookies 内容是保存在客户端的，里面的信息可以保存若干天，甚至上年。而 http 协议是一个无状态的通信协议，每个连接都是全新的开始，也就是说，哪怕是单击了一个页面的超链而进入另外一个页面，后一个页面的程序也很难判断刚才上的是哪个页面。同样道理，如果一个网页的某一部分需要更改一点内容，一般也需要整个网页重新下载，除非使用像 AJAX 之类的客户端技术。网站的登录就需要让它记住各网页之间的关系，网站提供的登录方式就是要提供一种记忆功能。Session 就是一种保存在服务器内存中的信息，用来在网页之间进行信息传递，Session 在浏览器关闭后，信息会全部丢失，而无法传递到下次浏览器打开的页面。在 Session 的有效期内称为一个 Session 会话。

虽然 Session 的实现方式及作用与 Cookies 有些不同，但它的功能与 Cookies 的还是有点类似，而且 Session 内部就是采取 Cookies 来实现的，所以当浏览器不支持 Cookies 或将 Cookies 的功能关闭，Session 的功能也将无法使用。

Session 与 Cookies 还有点不同，Session 的保存与获取都是通过 Session 对象实现的。另外 Session 是保存在服务器内存中的，大量的 Session 会占用一定的服务器内存空间，这点与 Cookies 也有所不同。Session 的主要属性与集合有：

■ TimeOut 属性：设置会话有效期时间，单位是分。默认是 30 分钟，由 IIS 属性设置。

■ SessionID 属性：每个 Session 有一个长整数代号，由服务器自动生成。

■ Contents 集合：所有 Session 都保存在 Contents 集合中。由于 Contents 是 Session 的默认集合，所以它也可省略，所以设置与读取 Session 的值都可直接使用相似的办法了：

```
Session("user") = x         '赋值，即设置，等价于 Session.Contents("user") = x
X = Session("user")         '读取"user"的 Session，保存到变量 X 中
```

在各种具有登录功能的网站中，一般都是通过 Session 来记录登录信息，供各页面之间使用。这样只需在每个页面开始读取一下 Session 的值就可以确定登录的信息，方便后续处理。

14.5.5　Server 对象

Server 对象的几个方法，在功能上可以说都是独立的，都是为编程提供一些辅助工具。其主要的属性与方法有

■ ScriptTimeout 属性：ASP 程序的超时时间，单位为秒，即如果一个网页超过这个时间还没执行完，则系统将停止工作，可防止死循环等造成假死机现象。

■ CreateObject 方法：建立一个 ActiveX 组件。面向对象的程序就是可以利用各种 Windows 的组件进行功能的扩展，也正是因此才能使得本身没有文件功能、数据库功能的 VBScript 有了各种强大的功能。此方法的参数都是一个含有两个用点相连的单词，方法返回的是对象型，所以赋值时前面要加 Set，如：

```
Set conn = Server. CreateObject("Adodb.Connection")
Set fso = Server. CreateObject("Scripting.FileSystemObject")
```

■ MapPath 方法：转换网络虚拟目录到物理目录。网上的文件名路径一般都是使用相对目录的，但各种数据库操作等都是要用具体的物理目录(即包含盘符的文件)，此方法就是用来转换的。参数是相对目录，返回是物理目录。

■ HtmlEncode 方法：对字符串进行 HTML 编码。由于网页内容中一些符号在网页中需要特殊的写法，如“"<>&”等，如果一段文字中可能含有这些符号，那么必须用此方法进行编码才能正确显示。

■ UrlEncode：对字符进行 URL 编码。url 编码就是能在地址栏显示的格式。

14.5.6　Application 对象

讲 Application 对象前，先了解一下几个变量的生命周期问题。一个程序中的普通变量，在网页执行完了的时候也就结束了，重新刷新或另外一人重新登录后，变量会重新开始，彼此无关；Session 变量(姑且也叫变量)的有效期是记录同一人的不同网页间的情况，在浏览器没关闭且在有效时间内，那么多次使用网站中的不同的网页，Session 变量的值可以一直有效，而此值是保存在服务器中的，在浏览器关闭后，Session 变量失效，不同的用户会有不同的 Session 变量；Cookies 是保存在客户端的信息，一般可保存同一用户在同一机器上的上机信息，而与浏览器是否关闭无关，但换机器后就失效了。Application 也有类似的作用，但它的作用是针对所有的用户，保存的信息是所有用户都公用的，一般可用于网站的计数器的用途，在 IIS 重新启动后会清 0。

Application 与 Session 类似，也有一个默认的 Contents 集合，此集合名可省略，用法就是后面直接跟括弧与字符名称。如：

```
Application ("counter") = Application ("counter") + 1        '计数器加 1
```

Application 的 Contents 集合有两个方法，可以从集合中删除项目，Remove 方法可以删除一个项目，RemoveAll 可以删除所有项目。如：

```
Application.Remove ("counter")      '删除 Counter 项目
Application.Remove ()               '删除所有项目
```

Application 对象还有两个事件，事件的程序要在网站的固定的 global.asa 文件中加以定义，事件名分别是 OnStart 与 OnEnd，格式如下：

```
Sub Application_OnStart
…Application 对象开始时要执行的程序
End Sub
Sub Application_OnEnd
…Application 对象结束时要执行的程序
End Sub
```

由于 Application 对象的使用也不是非常多，而且概念也比较难理解，故仅作简单介绍。

14.6 其他组件对象简介

前面已经介绍过了，ASP 的 VBScript 程序除了可以直接使用内置对象以外，还有很多 Windows 的组件可以使用。这些组件使用 Server.CreateObject 方法建立，建立后的使用与内置组件差不多，都是用属性或方法提供应用。但由于各种组件可能是不同于 ASP 的其他的软件提供的，能否使用也要受系统的影响，也许某些组件已经被删除而不能使用。下面就动态网页中比较常用的一些组件进行简单介绍。

14.6.1 文件访问类组件

由于 VBScript 已经把 VB 的所有文件操作功能都去掉了，ASP 程序中若要操作文件，必须使用别的办法，系统提供了几个组件可以进行文件的相关操作。

此类组件由几个互相有关联的组件组成：一个是 Scripting.FileSystemObject 对象（简称 fso 对象），可以直接建立；另几个不能直接建立，而是由 fso 对象的属性或方法间接建立，它们是驱动器对象 drive、文件夹对象 Folder、文件对象 File 与文本流对象 TextStream 对象。

Fso 对象的建立方法是：Set fso=Server.CreateObject("Scripting.FileSystemObject")

这几个对象在对文件与文件夹的操作上有非常多的方法和属性。下面把一些方法名称与功能列一下，使用细节就不介绍了。

其中名称后有括号的是方法、括号内为参数，类型是指属性或方法的返回类型，①②③④分别代表 Drive 对象、Folder 对象、File 对象与 TextStream 对象。

1. Fso 对象

以文件、文件夹的操作为主，也可建立各种对象，如表 14-1 所列。

表 14-1 Fso 对象的名称与功能

属性或方法名称	类 型	作 用
BuildPath(路径,文件名)	字符	组合文件路径
CopyFile(源,目的地,覆盖否)	无	复制文件
CopyFolder(源,目的地,覆盖否)	无	复制文件
CreateFolder(文件夹名)	无	建立文件夹
CreateTextFile(文件名,覆盖否)	④	建立文本文件
DeleteFile(文件名,强制否)	无	删除个文件
DeleteFolder(文件夹名, 强制否)	无	删除文件夹
DriveExists(驱动器名)	逻辑	测试驱动器是否存在
FileExists(文件名)	逻辑	测试文件夹是否存在
FolderExists(文件夹名)	逻辑	测试文件夹是否存在
GetAbsolutePathName(路径)	字符	返回绝对路径
GetBaseName(文件名)	字符	返回文件的名称
GetDrive(驱动器名)	①	返回驱动器对象
GetDriveName(文件名)	字符	返回驱动器名
GetExtensionName(文件名)	字符	返回文件的扩展名
GetFile(文件名)	③	返回对应的文件对象
GetFileName(路径)	字符	返回路径中的文件名
GetFolder(文件夹名)	②	返回对应的文件夹对象
GetParentFolderName(路径)	字符	返回文件夹的上一级文件夹
GetSpecialfolder(文件夹名)	②	返回特定的文件夹
GetTempName()	字符	返回一个随机的文件名
MoveFile(源,目的地)	无	移动文件
MoveFolder(源,目的地)	无	移动文件夹
OpenTextFile(文件名,模式)	④	打开文本文件

2. Drive 对象

驱动器对象,返回盘符的信息,无方法。如表 14-2 所列。

表 14-2 Drive 对象的名称与功能

属性或方法名称	类 型	作 用
AvailableSpace 属性	数值	可用空间大小
DriveLetter 属性	字符	驱动器符号
DriveType 属性	字符	驱动器类型
FileSystem 属性	数值	文件系统类型
FreeSpace 属性	数值	可用空间大小
IsReady 属性	逻辑	是否已准备好

续表 14-2

属性或方法名称	类　型	作　用
Path 属性	字符	路径
RootFolder 属性	②	根目录
SerialNumber 属性	数值	磁盘序列号
ShareName 属性	数值	共享名
TotalSize 属性	数值	驱动器总大小
VolumeName 属性	字符	卷标

3. Folder 对象与 File 对象

属性与方法基本一致。如表 14-3 所列。

表 14-3　Folder 对象和 File 对象的名称与功能

属性或方法名称	类　型	作　用
Attributes 属性	字符	属性
DateCreated 属性	日期	建立日期
DateLastAccessed 属性	日期	最后访问日期
DateLastModified 属性	日期	最后修改日期
Drive 属性	①	所属驱动器
Name 属性	字符	名称，字符型
ParentFolder 属性	②	上级文件夹
Path 属性	字符	路径，字符型
ShortName 属性	字符	DOS 短文件名，字符型
ShortPath 属性	字符	DOS 短文件夹名，字符型
Size 属性	数值	所有文件字节数
Copy(目标，覆盖否)	无	复制文件(夹)
Delete(强制否)	无	删除文件(夹)
Move(目标)	无	移动文件(夹)
CreateTextFile(文件名，覆盖否)	④	Folder 方法：建立文本文件
OpenAsTextStream(读写模式)	④	File 方法：以文本方式打开文件

4. TextStream 对象

TextStream 对象的名称与功能如表 14-4 所列。

表 14-4　TextStream 对象的名称与功能

属性或方法名称	类　型	作　用
AtEndOfLine 属性	逻辑	是否已到行尾
AtEndOfStream　属性	逻辑	是否已到文件尾
Column　属性	数值	当前字符的列号

续表 14-4

属性或方法名称	类　型	作　用
Line　属性	数值	当前行号
Close()	无	关闭文件
Read(字节数)	无	读入指定数量的字符
ReadAll()	字符	读入全部文件
ReadLine()	字符	读入一行
Skip(字节数)	无	跳过一定字符内容
SkipLine()	无	跳过一行
Write(字符串)	无	写若干字符到文件中
WriteLine(字符串)	无	写一行内容到文件中
WriteBlankLines()	无	写一空行到文件中

5. Drives、Folders、Files 集合

集合中包含若干的对象。如表 14-5 所列。

表 14-5　Drives、Folders、Files 集合对象的名称与功能

属性或方法名称	类　型	作　用
Count　属性	数值	总对象数量
Item 属性	对象	默认值,访问对象的标识

14.6.2　数据库访问组件

数据库在信息管理系统(MIS)中非常重要,在计算机中,管理的信息一般都通过数据库进行存储与管理,网页中只要保存大量信息,一般都采用数据库的方式。只有很简单的数据才有可能直接使用文本文件的格式存储。所以数据库的访问与操作在动态网站编程中非常重要。

数据库是一种有具体存储格式的特殊的文件,数据库的拓扑结构有好多种,其中以关系型数据库为最常用。一般的关系型数据库中存有若干个二维表,每个表中有若干行(叫记录)和若干列(叫字段),每一列(字段)具有相同的类型与宽度。现在常用的数据库有:Microsoft Access、Microsoft SQL、MySQL、Microsoft Excel(非正规数据库)、VFP 的 DBC 数据库与 DBF 表等。每种数据库的格式不同,功能不同,但在程序中使用的方法很相似。在 VBScript 中使用数据库,主要是通过 ADO 组件来实现的。

ADO 有 7 个对象:Connection、Command、Parameter、Recordset、Field、Property 与 Error 对象;还有 4 个集合:Parameters、Fields、Properties 与 Errors 对象。下面对其中主要的几个对象进行简单介绍,以说明如何操作数据库。

1. Connection 对象

Connection 对象负责与数据库的连接,一旦建立好了连接,以后的所有操作都是针对此数据库进行。数据库的类型、文件名在建立连接时提供,以后对数据库的操作就再也不涉及文件名了。

建立对象使用 Set conn＝Server. CreateObject("ADODB. Connection")，但这样只是建立了一个空的对象，还没与数据库建立连接。要使用具体的数据库前要用 Open 方法打开，用完后用 Close 方法关闭。Connection 的属性与方法主要有这些：

■ Open 方法。建立与具体的数据库进行连接，是所有数据库操作的前提。数据库的类型与文件名可以通过 ConnectionString 属性设置，也可以通过 Open 方法的第一个参数设置。

■ ConnectionString 属性。此属性叫数据库的连接字符串，是一长串字符，对于不同的数据库类型是不同的，文件名也放在里面。

SQL 的连接字符串是：" Provider＝SQLOLEDB. 1;Data Source＝文件名"

Access 的连接字符串是："Provider＝Microsoft. Jet. OLEDB. 4. 0;Data Source＝文件名"

例：

```
Set conn = Server.CreateObject("adodb.connection")
S = "Provider = Microsoft.Jet.OLEDB.4.0;Data Source = " &Server.Mappath("xs.mdb")
Conn.Open s      '方法若不返回值，参数的括号可省略
```

■ Execute 方法：对数据库进行操作，包括 Select 查询、Insert 插入记录、Delete 删除记录、Update 修改记录、Create Table 建立表等命令。这些命令都是以字符串的方式提供，作为 Excecute 方法的第一个参数。如果 Execute 执行的是一条 Select 查询命令，那么返回的是 Recordset 对象，根据此对象，就可访问查询的结果。

■ Close 方法：关闭与数据库的连接，无参数。数据库使用完后要关闭。

■ CommandTimeout 属性、ConnectionTimeout 属性：分别设置 Excute 与 Open 方法的最长等待时间，0 表示无限，默认为 30 秒。

■ Mode 属性：设置对数据库的读写属性，数值型。不同数值代表不同属性，细节略。

2. Command 对象

Command 对象也是用于执行数据库命令的，比 Connection 对象的功能更多。建立对象的方法是：Set comm＝Server. CreateObject("adodb. command")，其主要属性与方法有

■ Execute 方法：与 Connection 的方法一样，也是执行命令的，返回 Recordset 集合对象。

■ ActiveConnection 属性：设置 Command 对象的连接对象，可用对象名，也可用连接字符串。

■ CommandText 属性：下达的命令，可为 SQL 命令，也可其他命令。

■ CommandType 属性：设置 Command 对象的类型，细节略。

■ CommandTimeout 属性：设置 Execute 命令的超时，同上。

3. Recordset 对象

Recordset 对象是一个比较复杂的对象，它是执行结果的记录集，是 Connection 或 Command 对象的 Execute 方法的执行结果。数据库的一个最大的用途就是查询数据，查询到的数据都是放在 Recordset 对象中，因此 Recordset 对象非常有用。Recordset 对象如果不是从 Connection 或 Command 对象的 Execute 方法的执行所得，那么必须先建立：

```
Set rs = Server.CreateObject("ADODB.Recordset")
```

Recordset 对象的属性与方法有：

- ■ ActiveConnection：与 Command 对象一样，是一个连接对象或连接字符串。
- ■ CursorType：设置结果临时表(或称游标)的类型，包括是否可读写、是否指针可倒着移动等。是一个数值型，0～3 代表不同类型。细节略。
- ■ LockType 属性：更新方式。0～3 代表不同的方式。细节略。
- ■ RecordCount、MaxRecords 属性：分别返回记录数、设置每次最大返回记录数。
- ■ Bof、Eof 属性：返回当前记录位置是否已经到达 Recordset 的头(第一记录之前)或尾(最后记录之后)。一般作为结束循环的标志。
- ■ Open 方法：Recordset 对象可以从 Execute 方法执行得到，也可直接用 Open 方法直接执行。可选的参数按顺序分别有：SQL 命令、连接对象或连接字符串、游标类型、更新方式。
- ■ Close 方法：关闭 Recordset 对象。用完要关闭。
- ■ Movefirst、MoveLast、MoveNext、MovePrevious、Move 方法：移动指针。分别是移动到第一条、最后一条、前一条、后一条、指定记录。
- ■ AddNew、Delete、Update 方法：对数据库进行增加、删除及更新操作。这个不是查询用的，是要更新原来的数据库。使用较复杂，细节略。
- ■ Fields 数据集合：这是 Recordset 的默认集合，可以省略。通过它可以访问查询到的数据内容。下面单独介绍。

4. Fields 集合与 Field 对象

Recordset 对象包含一个 Fields 集合(相当于一记录)，而 Fields 集合由若干 Field 对象(相当于记录中的一字段)组成。由于集合的默认属性 Item 可省略，Item 对象的 Value 属性也可省略，所以下面几项的写法功能相同，都是获取当前位置记录的姓名：

```
Xm = rs("姓名")
Xm = rs.fields("姓名")
Xm = rs.fields.Item("姓名")
Xm = rs.fields.Item("姓名").Value
```

如果姓名是第二项，那么"姓名"也可用数值 2 代替。当然既然可写简单的，大家都喜欢写第一种。

Field 对象也有若干属性与方法，但使用不多就不介绍了。

5. 其他对象

除了上述对象外，还有 Properties 集合(Property 对象)、Parameters 集合(Parameter 对象)Errors 集合(Error 对象)。由于这些对象不常用，所以也不介绍了。

6. 数据库操作命令

所谓的数据库命令就是 SQL 命令，是一种标准的数据库语言，它是在 Connection 对象和 Command 对象的 Execute 方法执行的命令或 Recordset 对象的 Open 参数，以字符串方式提供，告诉系统要执行什么命令。由于这些命令都以字符串的方式提供，两边要加引号，如果这些命令中有引号，也可以用单引号，如果要用双引号，VBS 有一个规定：字符串中两个连续的双引号代表一个引号。

现把几个命令的句法结构简单介绍一下：

■ 修改表结构：

语法：Alter Table　表名 Add　列名　类型

或：Alter Table　表名 Modify　列名　类型

例：Alter Table student modify　生日 char(20)

■ 添加记录：

语法：Insert into　表名　(列 1,列 2…) Value (值 1,值 2…)

例：Insert into Student (姓名,性别,学号) Value ('张三','男','08123456')

■ 修改记录：

语法：Update　表名 set　列 1＝值 1,列 2＝值 2…　Where　条件

例：Update student set　姓名＝'李四' where　学号＝'08123456'

■ 删除记录：

语法：Delete From　表 Where　条件

例：Delete From Student Where 学号＝'08123456'

■ 查询记录：这个最复杂,也最常用,而且有返回结果,保存在 Recordset 对象中可继续处理。

语法：Select　列 1,列 2,….. Where　条件

其中列不但可以是一个字段名,也可以是"表达式 AS 新列名"的格式

例：Select max(学号) AS 最大学号, min(学号) AS 最小学号 From student

14.7　客户端脚本与服务器端脚本

上面介绍的 ASP 程序,即 VBScript 脚本程序,都是运行在 Web 服务器上的。前面已经介绍过：ASP 的内容由 HTML 与脚本程序两部分混合而成。在客户端中得到的网页是服务器端执行后送过来的网页,所有的"组合"过程都在服务器端完成。在客户端看到的代码(即浏览器菜单"查看"-"查看源文件"中看到的内容)已经完全是网页内容了,没有任何 ASP 的痕迹了,当然没有程序代码了。所以这章所说的,在"<%"与"%>"之间的脚本程序就叫服务器端脚本。服务器端脚本的设置、执行都由 IIS 来实现。ASP 程序可以执行两种脚本语言,一为 VBScript,另外一种是 Jscript,本章学的是前者。ASP 到底使用的是哪种语言,其设置在网站的属性中设置,步骤是："属性"-"主目录"选项卡-"配置"按钮-"选项"选项卡-"默认 ASP 语言"。由于 ASP 只在服务器中执行,一般现在用 VBScript 的比较多,原因是它比较容易学习。

另一方面,在 11 章中,讲到：Dreamweaver 可以自动生成一些行为程序,并可在网页中直接执行。这些程序与 ASP 程序完全不同,它是属于网页的一部分,直接由浏览器执行,在纯 html 网页中也是可以有的,也可执行,这就是客户端脚本。客户端脚本是放在 HTML 标签<script>中的,对于 ASP 程序来讲,客户端脚本程序的身份与 HTML 网页没什么不同(也是用标签),也是写在"<%"与"%>"之外,服务器也根本不管<script>中的内容,只是简单地把

这些内容送给浏览器而已。而脚本程序的执行是由浏览器来完成的。

由于现在的浏览器除了IE以外还有其他的几种，如：网景的Netscape、火狐Firefox、谷歌浏览器等(但腾讯的TT浏览器及遨游Maxthon等是使用IE为内核的，不算独立浏览器)。不同的浏览器对于客户端脚本的执行是不同的，但现在大部分浏览器都是支持JavaScript脚本的，所以基本上客户端脚本都用JavaScript，这样就可以在所有的浏览器中使用了。IE浏览器除了可以使用JavaScript脚本以外，还可以使用VBScript，但由于其他的浏览器并不支持VBScript，所以使用VBScript作为客户端脚本的并不多。如果网页中使用VBScript作为客户端脚本，那么必须告诉使用者：本网页只能用IE浏览器。这样显然不适合不特定人群的阅读，所以几乎所有的客户端脚本都使用JavaScript。

虽然服务器端与客户端都能使用多种脚本程序，如IE都能使用VBScript与JavaScript脚本，但它们的语法也是略有区别的。服务器端，由于都是无人职守、自动执行的，所以ASP服务器端脚本中是没有任何输入输出语句的(只能用Response输出到客户端，并用Request获取客户段信息)，如对话框函数MsgBox在服务器端不能执行(不可能让服务器上有人守着按鼠标吧?)，而在客户端是可以执行的(浏览者是可以按鼠标的)。另外从安全角度来讲，服务器端只要把系统的安全搞好，一般问题不大，程序应该还算能控制的。但客户端的安全就更重要，一个网页可能有很多不知身份的人在使用，系统既要保证网页内容中的脚本不能破坏客户端机器，也要保证用户不能直接操作服务器上的内容。所以现在的客户端脚本程序的功能要受到一些限制，如不能主动访问硬盘空间等。

调试ASP程序只能在安装IIS的前提条件下，通过网络地址的方式在浏览器中调试(但用localhost可以代替本机IP地址)，而不能用双击ASP文件进行浏览网页。而客户端脚本的调试，完全可以直接打开html文件来显示网页，测试各种脚本程序的功能，与服务器无关。

14.8 ASP实例分析

为了更好地理解ASP程序，下面编写一个完整的、非常简单的ASP程序，并对程序进行分析，希望通过分析，能使读者更好地理解ASP动态网页的编写方法。

网页的内容是网络聊天，大家使用同一地址，输入聊天内容，则所有人都可以看到大家的内容。为了使程序最简单，把登录及验证等功能都去掉，只用一个网页文件chart.asp及一个数据库文件chartdata.mdb。数据库先建立，其中就一个表chart，表的字段有：

ID：自动编号，本程序没用，但如果功能扩展，可作为唯一识别的字段，是有用的。

时间、用户、内容、颜色、IP地址：均为文本型，保存用户提交的相关项目。其中IP地址是自动获取，保存了本程序但没用。

为了分析方便，在每行程序前加了行号：

```
1: <html><head>
2:     <title>聊天系统</title>
3:     <style>
4:     .bg{background-color: #EEFFFF}
5:     </style>
6: </head>
7: <body onload="form1.nr.focus()"><!--光标先定位到内容文本框-->
```

```

<%
nr = Request.Form("nr")
nr = Replace(nr,"'","")      '内容中不能有单引号,否则会出错,去掉
user = Request.Form("user")
ys = Request.Form("color")
ip = Request.ServerVariables("REMOTE_ADDR")

mdb = server.mappath("chartdata.mdb")       '数据库名
Set rs = server.createobject("adodb.recordset")
Set cn = server.createobject("adodb.connection")
cn.open "Driver = {Microsoft Access Driver (*.mdb)}; DBQ = "& mdb
rs.open "select * from chart",cn,1,1

If Request.querystring("delete") = "1234" Then '清空记录的秘密方法
    cn.execute "delete from chart"         '执行删除命令
    Response.redirect "chart.asp"          '重新转到本网页
End if
IF Len(nr)>0 and Len(user)>0 then '有用户名与内容,则插入到表中
    sql = "Insert into chart (时间,用户,内容,颜色,IP 地址) values ('" _
      &Time&"','"&user &"','"&nr &"','"&ys&"','"&ip&"')"
    'Response.write sql '调试时先用这句显示出来,调好后删除或注释掉即可
    cn.execute sql        '执行插入命令
End If

Response.Write "<h2>  = = 随便聊 = =   </h2>"
Do Until rs.eof             '循环显示所有数据库中的内容
    cl = Trim(rs("颜色"))
    If InStr(cl,"<")>0 then cl = ""   '颜色中若有"<",则清空
    If Left(cl,1)<>"#" and cl<>"yellow" and len(cl) = 6 Then cl = [#] + cl
    nr = Server.HtmlEncode(rs("内容"))
    yh = Server.HTMLEncode(TRIM(rs("用户")))
    If cl<>"" then nr = "<font color = " + cl + ">" + nr + "</font>"
    t = cstr(rs("时间"))
    Response.Write "<span class = bg>"&t&"</span> "& yh &": "&nr &"<br>"
    rs.MoveNext
Loop
user = getsetval("user","user","user","")
color = getsetval("color","color","color","")
%>
<form name = "form1" method = "post">
  用户:<input type = "text" name = "user" value = "<% = user %>">
  颜色:<input type = "text" name = "color" size = 10 value = "<% = color %>"><br>
  内容:<input type = "text" name = "nr" size = 60 >
<input type = "submit" value = "提交"><p>
```

```
53: </form></html>
54:
55: <%
56: Function getsetval(cQuery,cSession,cCookie,cDefault)
57: Dim x
58: x = Request.Form(cQuery)
59: If x = "" then x = Session(cSession)
60: If x = "" then x = Request.Cookies(cCookie)
61: If x = "" then x = cDefault
62: Session(cSession) = x
63: Response.Cookies(cCookie) = x
64: Response.Cookies(cCookie).Expires = now + 100
65: getsetval = x
66: End Function
67: %>
```

除了程序中的一些注释外，对其他内容再作一些分析：

① 默认状态，VBScript 的变量是可以不用 Dim 说明的，但先说明是好习惯，这里没说明。

② 11 行：把输入内容中的单引号过滤掉。在 28 行，sql 变量的内容是重新由单引号等组装起来的，内容中若有单引号则会造成程序的错误，所以先用 Replace 函数过滤掉。

③ 10～14 行：获取表单内容。14 行获取 IP 地址，后面只是记录并没显示。

④ 16～20 行：定义各种对象，并从数据库 chart.mdb 中选取所有记录供显示。

⑤ 22～25 行：若在地址后加“? delete=1234”，则清空所有记录内容。

⑥ 26～31 行：若有内容，就插入新记录。27、28 两行是一句，sql 语句就是这么组合起来的，“_”是续行标志。

⑦ 34～44 行：循环输出表中的内容，显示出来。内容与用户要进行 HTML 编码，以免里面有特殊的字符影响显示。时间用样式控制字符背景色。

⑧ 45～46 行：调用 56～66 行的自定义函数，获取并设置 Session 与 Cookies 的内容，使得用户名与颜色不用每次都设置，而且可以自动保存 100 天。

⑨ 48～52 行：显示完内容，显示表单，供再次输入。<form>无 action 属性代表提交给本网页处理。无论是首次使用（不处理提交的页面，就没内容）还是提交处理（有内容，要插入到表中），后面都要显示数据库表中的内容。所以程序写在一起。

本章小结

本章介绍了 ASP 动态网页的一些知识，介绍了 ASP 文件的结构、Web 服务器 IIS 的安装与设置、VBScript 脚本程序、ASP 内置对象、部分外部组件以及数据库访问组件等知识，同时还介绍了服务器端与客户端脚本程序的区别等。本章牵扯的内容非常广，但由于不可能通过一章的内容把编程技术、ASP 对象、数据库技术等都掌握，所以通过本章的学习，不可能让大家马上掌握数据库动态网页的编程。编程的学习需要长期的努力，不断实践练习才能逐步掌握。通过本章的学习，使大家能够掌握一些基本知识，以及能够学会修改一些现成的简单的 ASP 代码，并会简单的调试。

练习与思考

一、问答题

1. 动态网页与静态网页有哪些异同点？

2. 你了解到的有哪些动态网页制作产品或技术？

3. ASP 内置对象与其他组件的使用有何异同点？

4. 在一个 ASP 文件中，如何识别服务器端脚本与客户端脚本？

5. 通过浏览器“查看”|“查看源文件”查看到的代码与 ASP 文件本身的内容有和不同？代码中还有<%%>之类的内容吗？

6. 计算机程序的执行逻辑，主要有哪几种？分别举出 VBScript 程序的几种块结构语句。

7. 请指出 VBScript 语言中的变量与数组、函数与方法、数组与函数、数组与集合、属性与方法、变量与属性几组概念的异同点。

二、操作题

1. 从网上下载若干 ASP 源代码，用 Dreamweaver 打开进行阅读分析，对照代码与设计。

2. 几个人合作输入、调试本章中的聊天例子：以一台机器当服务器，在多台机器当客户机。

参考文献

[1] 该书编委会. Dreamweaver 8.0 网页制作基础与提高[M]. 北京：电子工业出版社,2007.

[2] 张胜,吕雁,等. Dreamweaver 8.0+ASP 动态网站建设基础与实践教程[M]. 北京:电子工业出版社，2007.

[3] 刘瑞华,欧训民,等. Dreamweaver MX 2004[M]. 北京：科学出版社,2005.

[4] 赵祖荫. 网页设计与制作教程. 第 2 版[M]. 北京:清华大学出版社，2005.

[5] 唐安琦,黄光韬. Fireworks MX 2004[M]. 北京：中国宇航出版社,2003.

[6] 石磊. 网页开发 4 合一教程[M]. 北京：中国宇航出版社,2003.

[7] 苑丽芳. Flash 8.0 轻松课堂实录[M]. 北京：北京希望电子出版社,2006.

[8] 刘贵国. Dreamweaver 8.0+ Flash 8.0+ Fireworks 8.0 网页设计完全征服手册[M]. 北京：中国青年出版社,2007.

[9] 腾飞科技编著. Flash 8.0 基础与实例精讲[M]. 北京：人民邮电出版社,2007.

[10] 梁建武等. ASP 程序设计实用教程[M]. 北京：电子工业出版社,2006.

[11] 张景峰主编. ASP 程序设计教程[M]. 北京：清华大学出版社,2005.